柔性直流系统故障分析与保护

李 斌 著

科 学 出 版 社
北 京

内 容 简 介

本书系统阐述了柔性直流系统的故障分析方法、故障限流与隔离方法以及新型继电保护原理等内容。首先，阐述了常规直流系统和柔性直流系统的基本结构、工作原理及其控制保护或控制策略，分析了柔性直流系统的短路故障暂态特征及含柔性直流的交直流系统中交流故障分析方法；然后，论述了柔性直流系统故障限流、隔离、断流的故障处理方法；最后，结合柔性直流系统故障识别与故障隔离的要求，介绍了柔性直流系统的保护配置方案，深入阐述了直流线路行波保护、暂态量保护原理与技术，分析了直流输电线路参数的频变特性，提出了直流线路电流差动保护等新型保护原理与技术。

本书可供高等院校电力系统等相关专业的教师和学生阅读，也可供从事柔性直流系统研究、开发和应用的工程技术人员使用。

图书在版编目(CIP)数据

柔性直流系统故障分析与保护 / 李斌著. —北京：科学出版社，2019.9

ISBN 978-7-03-060798-0

Ⅰ. ①柔…　Ⅱ. ①李…　Ⅲ. ①直流系统-故障-分析　Ⅳ. ①TM62

中国版本图书馆CIP数据核字(2019)第044273号

责任编辑：刘宝莉　陈　婕　赵薇薇 / 责任校对：郭瑞芝

责任印制：赵　博 / 封面设计：陈　敬

科学出版社出版

北京东黄城根北街16号

邮政编码：100717

http://www.sciencep.com

北京建宏印刷有限公司印刷

科学出版社发行　各地新华书店经销

*

2019年9月第　一　版　开本：720 × 1000　1/16

2024年1月第五次印刷　印张：20

字数：400 000

定价：160.00元

(如有印装质量问题，我社负责调换)

前言

全控型电力电子开关器件的发展促使基于电压源型换流器的柔性直流技术日益成熟，以此为核心技术的未来直流电网将以直流形式互联组成电能传输系统，实现新能源的平滑接入、有功无功的独立控制、全局功率的调节互济等。近年来，我国已经有针对性地开展了多个柔性直流输电工程，大大提升了我国柔性直流系统的技术水平和装备制造水平。

柔性直流系统在发挥网络互联、保障安全运行方面面临诸多挑战，其中，柔性直流系统在发生故障情况下如何保障系统生存能力是必须研究解决的关键科学技术问题。柔性直流系统不可避免地存在发生故障的可能，尤其是基于架空线构建的柔性直流电网；柔性直流系统的故障阻尼小、危害大，电网中任一点的故障可能导致全网停运；柔性直流系统的保护难度大，其故障发展速度极快，要求在几毫秒甚至更短时间内实现故障快速可靠定位，而如何兼顾速动性、可靠性等性能要求则成为柔性直流系统继电保护研究的核心难点；柔性直流系统实现故障穿越困难，因此，新能源并网、区域电网互联以及城市负荷的电能供应等需求使得柔性直流系统呈现多端和网络化，在故障情况下如何保障直流系统健全部分的可靠穿越，以及瞬时性故障时如何实现故障线路的可靠重合，成为柔性直流系统或电网发展过程中需研究解决的关键技术问题。为此，本书对柔性直流系统的故障分析与新型保护原理进行了较为全面的阐述、分析和探讨。

本书第 1 章概述柔性直流系统的技术发展现状和存在的问题等。第 2 章介绍常规高压直流输电系统及其基本控制保护原理。第 3 章介绍柔性直流系统的典型换流站拓扑及其控制策略。第 4 章分析柔性直流系统直流侧故障时的暂态特性。第 5 章探讨柔性直流系统接入对交流电网故障特性的影响。第 6 章论述柔性直流系统的故障限流技术，在此基础上研究提出新型桥式故障限流器等。第 7 章阐述基于电容电压箝位型和故障转移型的换流器故障自清除及故障隔离原理。第 8 章介绍混合式、机械式等典型直流断路器的基本工作原理，讨论快速开关、换流等关键技术。第 9 章介绍柔性直流系统的保护分区与配置方案。第 10 章介绍行波保护的基本原理、保护性能及存在的问题等。第 11 章提出基于单端量的快速暂态量保护、基于双端量快速方向纵联保护等直流线路保护新原理，以提高保护动作速度和耐受过渡电阻能力。第 12 章分析直流输电线路具有的分布参数和频变参数特性，阐述相应的常系数分布参数模型和频变参数模型。第 13 章提出考虑线路分布参数、频变特性影响的直流线路电流差动保护新原理，显著提高保护的动作速度和可靠性。

本书是天津大学智能电网保护控制研究团队在柔性直流系统领域的工作积累，在撰写上力求深入浅出，适合高等院校电力系统等相关专业的师生和电网企业的工程师参考使用。感谢何佳伟、李晔、张纪航、张伟鑫、关天一、叶仕磊、王晨阳、吕慧婕、王常骐、刘海金、邱宏等研究生为本书撰写所付出的辛勤工作，感谢李博通副教授和温伟杰博士给予的帮助。感谢众多行业专家的指导和支持。

与本书内容相关的研究工作得到了国家自然科学基金委员会-国家电网公司智能电网联合基金项目(U1866205)、国家自然科学基金面上项目(51677126)以及天津市人才发展特殊支持计划的支持，在此表示感谢。

由于作者水平有限，书中难免存在不妥之处，恳请广大读者批评指正。

李　斌

2019 年 2 月

于天津大学北洋园

目　　录

第1章 绪　　论

1.1 直流输电概述

电能最初是以直流电形式进行输送的。早期送端的直流发电机和受端的直流电动机直接串联，可靠性较差。直流系统不能直接实现电压的升降，无法进行远距离输电。19 世纪末，三相交流发电机、感应电动机和变压器相继问世，鉴于交流电在发电、变压、输电、配电以及用电等领域的明显优势，交流输电和交流电网很快占据了统治地位。

20 世纪中后期，随着高压大功率换流器技术的快速发展，直流输电又开始受到高度重视。由于直流输电具有线路损耗低、传输容量大，且不存在频率稳定性问题等优势，它在远距离大容量输电、电网互联和海底电缆送电等方面具有广阔的应用前景[1]。然而，目前电力系统中发电和用电多为交流电，要采用直流输电，首先要解决换流问题。因此，直流输电技术的发展与换流技术，尤其是与高压大容量换流技术的发展密切相关，而换流技术革新的主要推动力是组成换流站元器件的革命性突破。

1954 年，世界上第一个工业性直流输电工程(瑞典本土至哥特兰岛)投入商业化运行。到 1977 年，全球共有 12 项采用汞弧阀的直流工程投入运行，该时期也被称为汞换流阀时期。然而，汞弧阀存在制造技术复杂、价格昂贵、逆弧故障率较高等缺陷，限制了这一时期直流输电技术的发展。20 世纪 70 年代，高压大功率晶闸管及其在直流输电系统的应用，有效改善了直流输电的运行性能与可靠性，促进了直流输电技术的发展。1970 年，瑞典首先在哥特兰岛上建成了 10MW/50kV 的晶闸管换流阀实验工程。1972 年，加拿大建成了世界上第一个全部采用晶闸管换流阀的直流输电工程。由于晶闸管换流器具有明显的技术优势，它很快取代了汞弧阀换流器，使得直流输电技术进入基于晶闸管换流的黄金发展期。基于晶闸管换流的超、特高压直流输电工程在我国已经得到了广泛应用，发挥了其在远距离大容量输电和电网互联等方面的突出作用。但是，由于晶闸管没有自关断能力，且开关频率较低，晶闸管换流站对交流侧系统的依赖性较大，这也成为晶闸管换流技术发展的重要约束。

20 世纪 90 年代，新型全控型半导体器件——绝缘栅双极型晶体管(insulated gate bipolar transistor，IGBT)开始应用于直流输电[2,3]。随着高压 IGBT 的出现，采用全控型器件构成电压源型换流器进行直流输配电成为可能。1997 年，基于电压源型换流器的直流输电工程——赫尔斯扬实验性工程投入运行[4]。国际大电网会议(International Council on Large Electric Systems，CIGRE)与美国电气和电子工程师协会(Institute of Electrical and Electronics Engineers，IEEE)将这种新型的直流输电技术称为“基于电压源型换流器的高压直流输电”(voltage source converter based high voltage direct current，VSC-HVDC)[5]。为简单、形象地描述此项技术变革，国内专家建议将该技术简称为“柔性直流”输电技术，以区别于采用晶闸管的常规直流输电技术[6]。由于全控型器件具有可控开通和可控关断的能力，这使得由其构成的电压源型换流器在换流原理上完全不同于汞弧阀换流器和晶闸管换流器，能够有效克服常规直流的一些固有缺陷。同时，随着可再生能源接入规模的不断扩大、城市用电负荷的快速增加、直流负荷占比的不断增大，基于全控型器件的电压源型换流器可以更好地适应电力系统的发展趋势。

基于两电平/三电平结构的电压源型换流器控制简单，但存在谐波含量高、开关损耗大等缺陷[7]，同时，IGBT 耐压、耐流能力有限，因此很难满足电力系统高压大容量的电能传输要求。21 世纪初，德国专家提出了模块化多电平换流器(modular multilevel converter, MMC)拓扑结构及其相关技术，显著提升了柔性直流输电工程的运行效益，促进了柔性直流输电技术的发展及其工程推广应用。2010 年，基于 MMC 的柔性直流输电工程——美国 Trans Bay Cable 工程投入运行[8]。自此，基于 MMC 的理论研究与工程应用迅速展开。我国自 2011 年上海南汇±30kV 柔性直流工程建成投运以来，已有多个高压柔性直流输电工程成功投运[9]。同时，模块化多电平结构在直流变压领域的发展和应用，将进一步促进柔性直流输电技术的发展。

1.2 直流输电技术

1.2.1 直流输电技术的优势

直流输电系统主要由整流站、逆变站和直流输电线路等组成，常规 12 脉动直流输电系统拓扑结构如图 1.1 所示。在送电侧将交流电整流成直流电进行传输，完成整流的场所称为整流站；在受电侧，直流电再逆变成交流电供用户使用，完成逆变的场所称为逆变站。整流站和逆变站统称为换流站。

直流电流流通回路的基本形式主要有如下三种：第一种是两端换流器直接相连形成背靠背形式；第二种是高压端通过直流线路，而低压端通过大地(或海水)作为返回线连接形成端对大地(或海水)返回线形式；第三种是高压端通过直流线路，而低压端通过金属导线作为返回线连接形成端对金属返回线形式。由整流和逆变两端及返回连接线形成的电流回路称为直流极。图 1.1 为直流双极大地回线主电路示意图，双极(正极和负极)共用大地回路。

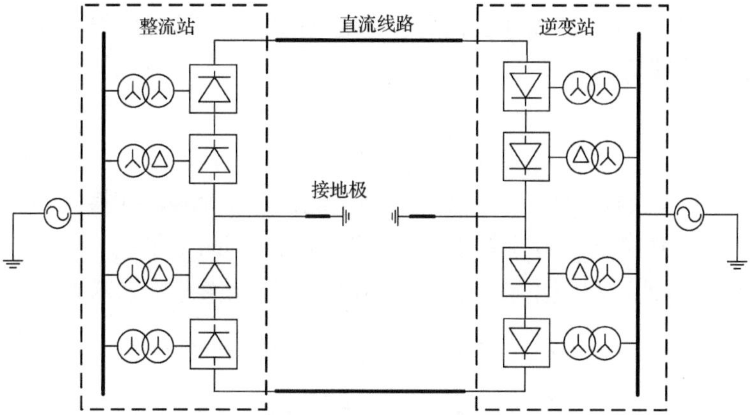

图 1.1　直流双极大地回线主电路示意图

直流输电系统中，换流器和逆变器均采用电力电子开关器件。对于常规直流输电系统，其换流站采用的是晶闸管元件。由于晶闸管具有单向导通性，即电流只能从晶闸管的阳极流向晶闸管的阴极，因此直流输电系统中电流从整流站到逆变站只能单向流通。如图 1.2(a)所示，“+”和“–”分别表示直流输电系统的正极和负极，M 表示整流器(或逆变器)的电流流出端，N 表示整流器(或逆变器)的电流流入端。为了建立直流电流的运行回路，整流器与逆变器的连接拓扑需要满足整流器的电流流出端与逆变器的电流流入端相连，即 M+端与 N+端相连。整流器阀、逆变器阀导通工况下电流回路如图 1.2(b)所示。

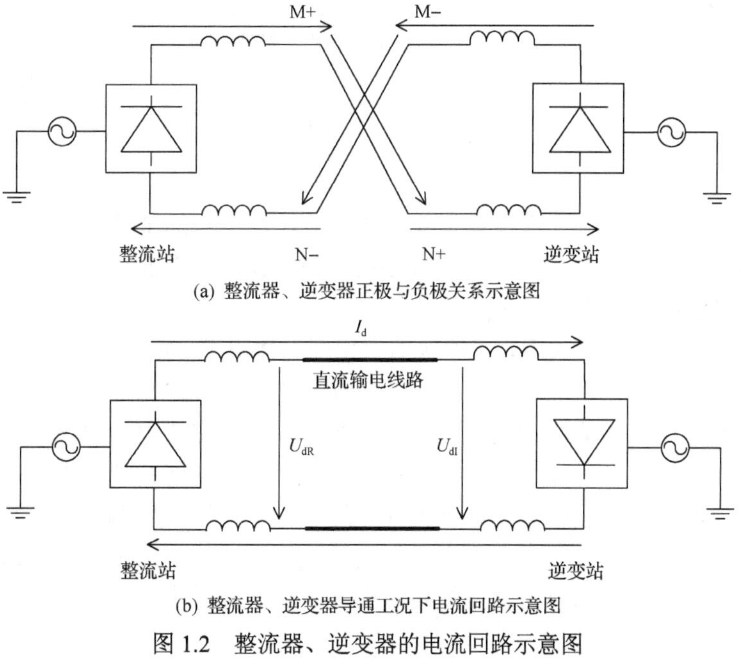

图 1.2　整流器、逆变器的电流回路示意图

直流系统需要在整流端建立稍高于逆变端的电压，这样才能在直流回路中形成直流电流，可以表示为

$$I_d = \frac{U_{dR} - U_{dI}}{R_L} \tag{1.1}$$

式中，下标 R 代表整流侧，下标 I 代表逆变侧；U_{dR} 为整流侧换流器端口直流电压；U_{dI} 为逆变侧换流器端口直流电压；R_L 为直流回路电阻。

为了比较方便，将交流输电和直流输电的输送功率分别表示为

$$P_{ac} = \sqrt{3} V_N I_{ac} \cos\varphi = 3V_{\varphi,N} I_{ac} \cos\varphi \tag{1.2}$$

$$P_{dc} = V_{dc} I_{dc} = 2V_d I_{dc} \tag{1.3}$$

式中，P_{ac} 和 P_{dc} 分别为交流输电和直流输电的输送功率；V_N 为交流输电线路的额定线电压；$V_{\varphi,N}$ 为交流输电线路的相对地电压；I_{ac} 为交流输电线路电流；$\cos\varphi$ 为交流输电线路的功率因数；V_{dc} 为直流两极线路之间的极间电压；V_d 为直流极的对地电压；I_{dc} 为直流线路电流。

假设交流输电和直流输电的每根导线具有相同的截面和绝缘水平，则可近似认为：①交流输电线路和直流输电线路所载电流相等，即 $I_{dc}=I_{ac}$；②交流输电线路和直流输电线路的耐压水平相同，即 $V_d = \sqrt{2} V_{\varphi,N}$。因此，直流输电与交流输电的功率传输能力比为

$$\frac{P_{dc}}{P_{ac}} = \frac{2V_d I_{dc}}{3V_{\varphi,N} I_{ac} \cos\varphi} = \frac{2\sqrt{2}}{3\cos\varphi} \tag{1.4}$$

交流输电线路的功率因数 $\cos\varphi$ 往往接近于 1。当 $\cos\varphi = 2\sqrt{2}/3 \approx 0.9428$ 时，$P_{dc}/P_{ac}=1$。这就意味着：包含两根导线的直流输电线路的输送功率 P_{dc} 和包含三根导线的交流输电线路的输送功率 P_{ac} 是相等的。

从建设成本的角度来看，单位长度的直流线路所需的金属导体和绝缘材料比交流线路节省了三分之一。而且，对于采用架空线构建直流线路的场合，由于直流线路杆塔的荷载更小，其线路架设所需的走廊也更窄。

从运行成本的角度来看，在输送功率相同的情况下，直流线路只有两根导体，因此直流线路导体自身电阻所造成的功率损耗比交流线路少三分之一。而且，由于交流电流在导线传输时的集肤效应，导线所呈现的交流电阻也比直流情况下的电阻略大，这也增大了线路的功率损耗。此外，针对一些必须采用电缆输电的特殊场合，如城市电网往往采用地下电缆、跨海输电往往采用海底电缆等，由于电缆芯线与大地之间构成了同轴电容器，交流输电线路的空载电容电流极为可观，其造成的能耗较大；而直流输电线路的电压波动非常微小，基本上没有电容电流及电容电流产生的损耗。

从输电能力的角度来看，直流输电在技术上而言对传输距离几乎没有限制。而交流输电则因电容电流、耐压水平和运行稳定性等限制了传输距离。另外，交流系统电网互联的必要条件是同步，而直流系统可实现异步电网的互联等。

1.2.2　直流输电技术的发展

1. LCC-HVDC

相对于柔性直流输电而言，一般将基于晶闸管换流的高压直流输电称为常规高压直流输电，又称为电网换相式高压直流输电(line commutated converter high voltage direct current, LCC-HVDC)。LCC-HVDC 输电距离远、输送容量大、损耗小、功率调节迅速灵活、非同步联络能力强，这一技术目前已经相当成熟，并得到了广泛应用，具体涉及电网互联、远距离大容量输电及跨海峡送电等方面。在我国，已经有大量基于 LCC-HVDC 技术的高压直流输电工程实现了成功投运。

但是，LCC-HVDC 也存在自身的技术弊端，如换流元件晶闸管的正常工作需要交流电网提供换相电压，因此与弱交流电网连接并进行供电时容易引起换相失败；基于晶闸管的换流器在运行控制过程中对无功功率的需求较大，需要在交流侧配置大量的滤波器和电容器来补偿无功，这增加了换流站的投资，也可能引起换流站交流母线电压的升高；当潮流反转时，LCC-HVDC 系统直流电压的极性需要反转，极性反转条件下直流输电线路或电缆的充放电问题也是不容忽视的。

2. VSC-HVDC

随着功率半导体器件技术的快速发展，以及大功率 IGBT 的出现，脉宽调制(pulse width modulation，PWM)技术和多电平控制技术开始被应用到 HVDC 输电领域，发展形成了 VSC-HVDC。VSC-HVDC 与 LCC-HVDC 在拓扑结构上的差别主要集中在换流器，大部分 VSC-HVDC 换流器均由全控型电力电子器件 IGBT 构成。目前，较为典型的两电平 VSC 和 MMC 拓扑结构如图 1.3 所示。两电平 VSC 将电容跨接在直流侧正、负极之间，而 MMC 则将电容分散布置于子模块内部，通过子模块之间的相互串联实现直流电压稳定控制。

电压源型换流器采用全控型 IGBT 器件，保证了换流器可以实现自换相，从根本上避免了 LCC 换相失败的问题。而且，VSC 可以独立控制有功功率和无功功率，控制方式灵活；也可以工作在 STATCOM 模式，为交流系统提供无功功率；直流系统潮流反转时，VSC 仅需改变直流电流方向，不需要改变直流电压的极性。此外，相比于 LCC，VSC 可省去大量滤波器和无功补偿设备，其原因有两个：一是 PWM 技术的使用，VSC 系统中只有高频谐波，因而对滤波器的要求大大降低；二是 VSC 的无功调节及控制能力强，在传输有功功率的同时，既可向系统发出无功功率，又可从系统吸收无功功率。

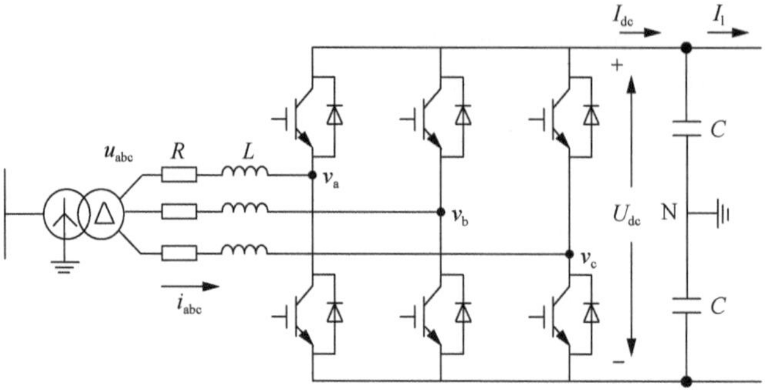

(a) 两电平VSC拓扑结构

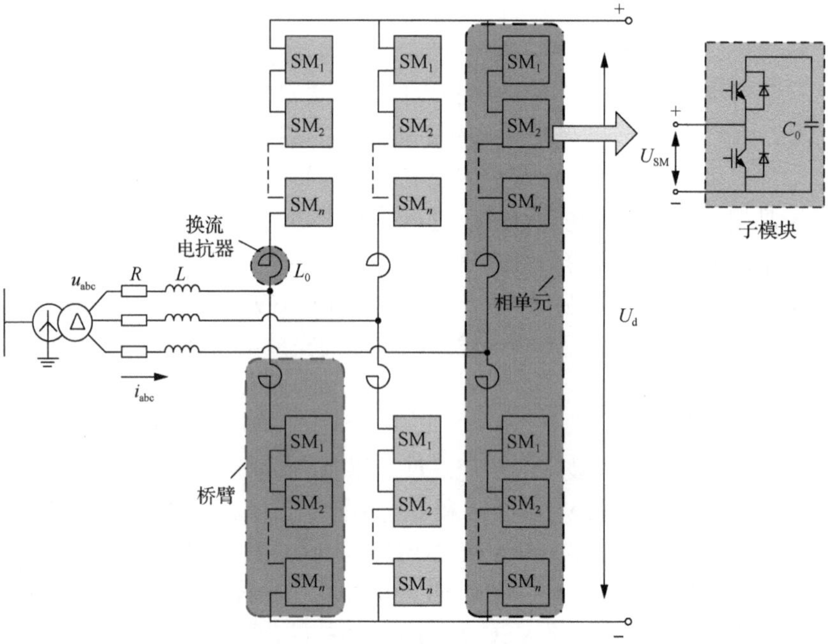

(b) MMC拓扑结构

图 1.3　电压源型换流器拓扑结构

但 VSC-HVDC 同样存在一些技术问题。例如，VSC 损耗较大，一个 VSC 终端的损耗约为 1.6%，其中换流阀的损耗就占到其中的 70%；VSC 的故障处理能力差，当直流侧发生故障时，由于直流侧的电感很小，直流电容的放电将导致直流故障电流快速上升。为了便于对比分析，将 LCC-HVDC 和 VSC-HVDC 的技术特点列于表 1.1。

表 1.1 LCC-HVDC 和 VSC-HVDC 的技术特点对比

技术特点	LCC-HVDC	VSC-HVDC
基本元件	晶闸管	IGBT
谐波分量	较大的低次谐波分量	较小的高次谐波分量
无功功率/有功功率	消耗大量无功功率	有功和无功独立解耦控制
损耗	0.7%	1.6%
最大容量与电压等级	达到 6400MW(±1000kV)	400～800MW(300kV)
与交流电网连接	换流变压器	电抗器与换流变压器
潮流反转	电压极性反转	电压保持不变，电流变化
直流侧故障控制	调整触发角	电容放电、失控
直流侧电感	大	小
直流侧电容	小	大
直流短路电流上升率	小	大

MMC 拓扑结构如图 1.3(b)所示。MMC 采用阶梯波逼近正弦波的调制方式，使得输出的交流电压波形更加接近于标准的正弦波，进一步降低了谐波含量。相比于两电平和三电平式 VSC 的高频次 PWM，MMC 采用的阶梯波调制可使得 IGBT 器件的开关损耗成倍降低。模块化结构串联构建的 MMC 避免了 IGBT 器件的直接串联，随着电平数的增加，可实现更高电压等级、更大容量的电力输送，打破 VSC 输电能力的瓶颈。此外，MMC 结构不存在直流侧集中大电容，分散布置的子模块电容和桥臂电感串联可从一定程度上限制故障电流的上升速度。但是，MMC 所用开关器件数量多，拓扑结构也更为复杂，运行控制需要兼顾如子模块电容电压均衡控制、桥臂环流控制等新问题。

1.3 柔性直流电网的发展

1.3.1 柔性直流系统的发展形态

1. 多端直流输电

国内外直流输电工程大部分是基于点对点的功率传输，以实现远距离大容量输电。随着电网建设需求的提高，多端直流输电得到快速发展[10]。它是由三个以上换流站，通过串联、并联或混联方式连接起来的输电系统，能够实现多电源供电和多落点受电。

世界上已经建设投入了一些多端直流输电工程，包括意大利—科西嘉—撒丁岛三端直流输电系统、加拿大魁北克—新英格兰五端直流系统、日本信浓背靠背三端直流输电系统以及加拿大纳尔逊河四端直流系统等。鉴于柔性直流输电技术在功率解耦控制、无源网络供电和异步电网互联等方面的突出优势，基于柔性直流技术的多端直流输电技术逐渐受到重视。我国于 2014 年建成投运了浙江舟山五端柔性直流输电科技示范工程。如图 1.4 所示，该工程包含 5 个换流站，系统总容量为 1000MW，其中最大的换流站容量为 400MW，直流电压等级为±200kV[11]。

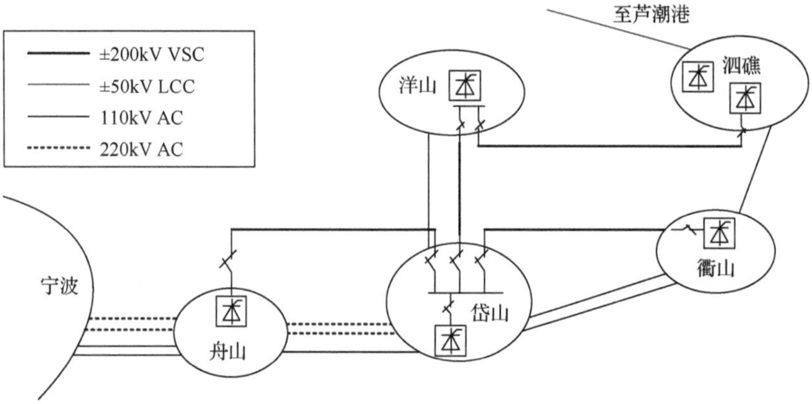

图 1.4　舟山五端柔性直流输电示范工程

2. 直流电网

多端直流输电技术是直流电网发展的基础，它利用多个点对点换流站连接多个交流端点。更进一步地，若将直流输电线在直流侧相互连接，在直流侧构成多点互联，即形成了直流电网。直流电网的构建使得换流站数量大大减少，降低了建设成本。每个换流站单独进行功率传输，灵活切换运行状态，提高了直流电网运行可靠性。

欧洲提出了以直流电网为框架的“超级电网”，它以直流输电网络为基础，连接边远地区的大规模可再生能源电力，并将其传输到各个电力消费中心。美国提出建设直流输电骨干网架，实现电网大规模互联。经过论证，我国则正在建设张北柔性直流电网试验示范工程，工程采用环形电网结构[12,13]，如图 1.5 所示。其中，张北、康保、丰宁建设三个±500kV 送端柔性直流换流站，张北容量为 3000MW，康保、丰宁容量为 1500MW。在北京建设一个±500kV 受端柔性直流换流站，容量为 3000MW。工程将配置直流断路器(DC circuit breaker, DCCB)、直流线路快速保护等关键设备，构建输送大规模风电、光伏、抽水蓄能等多种能源的四端环形柔性直流电网。目前国内外针对直流电网所涉及的各种科学技术问题仍在不断深入研究。

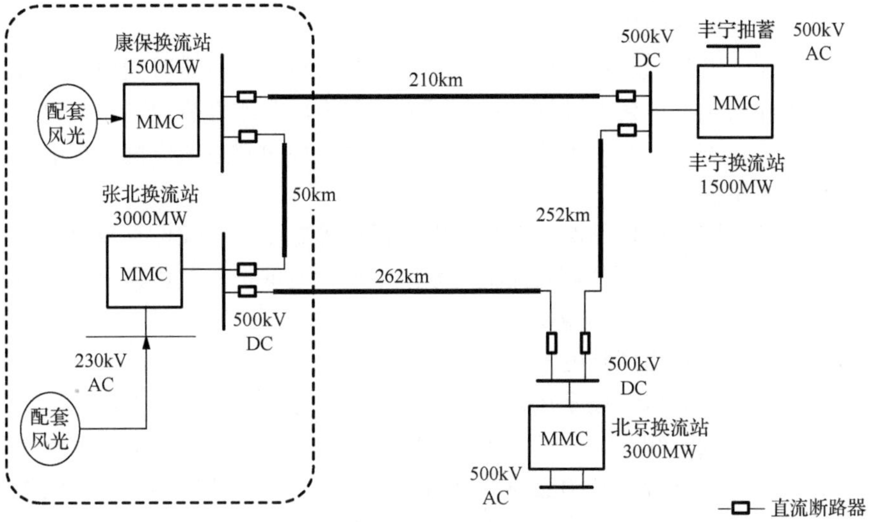

图 1.5 张北柔性直流电网示范工程

1.3.2 柔性直流系统的故障危害与保护

对于我国柔性直流输电技术，从南汇±30kV点对点柔性直流输电工程到舟山±200kV五端柔性直流输电工程，以及正在建设中的张北±500kV柔性直流电网试验示范工程，经历了从点对点输电到直流电网的发展历程，这成为电力系统领域的一次重要技术革命。然而，柔性直流电网在发挥网络互联、保障安全运行方面仍面临诸多挑战。其中，如何保障柔性直流电网在发生直流故障情况下的系统生存能力是亟待研究解决的重要科学技术问题。

1) 直流电网故障不可避免且危害大

柔性直流系统直流故障阻尼小、危害大，电网中任意一点故障可能造成多个换流器闭锁而导致大面积停运。目前的柔性直流输电示范工程多采用直流电缆供电，以降低故障概率。随着输送容量、电压等级的不断提高，基于架空线路输电将成为新一代柔性直流输电技术发展的趋势。如何应对更高概率的直流故障是柔性直流电网面临的关键问题之一。

柔性直流电网故障特性分析是继电保护、故障隔离等关键技术研究的理论基础。根据故障位置的不同可以分为交流侧故障、直流侧故障和换流站故障。对于交流网络，柔性直流换流站的故障出力特征有别于传统同步发电机，柔性直流换流器接入情况下交流电网的故障特征及对交流保护的影响应予以考虑。对于直流网络，故障分析主要是在故障回路等效的基础上通过时频域方法得到暂稳态响应特性，应重点关注交直流侧的交互影响以及直流侧限流、故障隔离等一次设备和保护控制二次设备对故障暂态的影响。

2) 柔性直流电网保护难度大

柔性直流电网故障发展速度极快，要求在几毫秒甚至更短时间内实现故障线路的快速可靠定位。如何兼顾速动性与可靠性要求成为柔性直流电网继电保护研究的核心难点；另外，交直流侧复杂的故障耦合特性也对直流电网保护的选择性和可靠性产生重要影响。

常规交流电网中成熟的距离保护、电流保护等难以实现柔性直流电网中快速可靠的故障区段定位，而常规直流输电系统中的行波保护、欠压微分保护等在柔性直流电网的应用可行性仍需要深入分析论证。

3) 柔性直流故障隔离难度大

直流故障电流无自然过零点使得直流故障隔离存在熄弧困难的问题，如何在直流故障后实现故障线路的快速、可靠切除，是保障健全网络可靠故障穿越的关键技术。柔性直流系统可利用交流断路器实现直流故障电流的清除，但这种方法远远无法满足柔性直流电网快速故障隔离的要求。

目前，直流侧的故障隔离技术根据实现方式不同主要可以分成换流器自清除技术和直流断路器技术。典型半桥式 MMC 由于续流二极管的存在无法实现直流故障的自清除，因此通过对换流器拓扑结构的改进，直流故障后利用反极性电容电压的投入实现直流故障电流自清除是一种可行的直流故障隔离方案。柔性直流电网中最理想的直流故障隔离方法是利用直流断路器实现故障线路的选择性切除，但满足柔性直流电网故障隔离速度、切断容量要求的直流断路器技术仍在经济性、可靠性等方面有待提高。

4) 柔性直流电网故障穿越困难

新能源并网、区域电网互联以及城市负荷的电能供应等需求使得直流系统呈现网络化，故障情况下如何保障直流电网健全部分的可靠故障穿越是保障直流电网供电可靠性的关键问题。

在某些严重故障情况下，换流站可能在数百微秒内就会因为过流而退出运行，对于保护和故障隔离，动作速度要求将极为苛刻。考虑到直流保护、直流故障隔离动作速度可能无法匹配柔性直流电网直流故障发展速度，有效的直流故障限流技术能够限制直流电流的快速上升，降低对直流保护与故障隔离的技术要求，确保直流电网健全网络的可靠故障穿越。

直流故障处理相关理论与技术是柔性直流电网工程应用可行性的核心科学技术问题。本书围绕柔性直流电网，重点阐述直流故障特征、交直流交互耦合特性，并以故障特性分析为基础，重点研究故障限流、快速保护与断流技术，为柔性直流电网故障处理相关理论研究与工程应用提供理论基础。

参 考 文 献

[1] Kalair A, Abas N, Khan N. Comparative study of HVAC and HVDC transmission systems[J]. Renewable and Sustainable Energy Reviews, 2016, 59: 1653-1675.

[2] Ooi B T, Wang X. Boost-type PWM HVDC transmission system[J]. IEEE Transactions on Power Delivery, 1991, 6(4): 1557-1563.

[3] Ooi B T, Wang X. Voltage angle lock loop control of the boost type PWM converter for HVDC application[J]. IEEE Transactions on Power Electronics, 2002, 5(2): 229-235.

[4] 文俊, 张一工, 韩民晓, 等. 轻型直流输电—— 一种新一代的HVDC技术[J]. 电网技术, 2003, 27(1): 47-51.

[5] Asplund G, Eriksson K, Jiang H, et al. DC transmission based on voltage source converters[C]. Proceedings of the 37th Sessions, Paris, 1998.

[6] 徐政. 柔性直流输电系统[M]. 2版. 北京: 机械工业出版社, 2017.

[7] 汤广福, 贺之渊, 庞辉. 柔性直流输电工程技术研究、应用及发展[J]. 电力系统自动化, 2013, 37(15): 3-14.

[8] Teeuwsen S P. Modeling the transbay cable project as voltage-sourced converter with modular multilevel converter design[C]. IEEE Power and Energy Society General Meeting, Detroit, 2011.

[9] 乔卫东, 毛颖科. 上海柔性直流输电示范工程综述[J]. 华东电力, 2011, (7): 1137-1140.

[10] 汤广福, 罗湘, 魏晓光. 多端直流输电与直流电网技术[J]. 中国电机工程学报, 2013, 33(10): 8-17, 24.

[11] 高强, 林烨, 黄立超, 等. 舟山多端柔性直流输电工程综述[J]. 电网与清洁能源, 2015, 31(2): 33-38.

[12] 郭贤珊, 周杨, 梅念, 等. 张北柔直电网的构建与特性分析[J]. 电网技术, 2018, 42(11): 3698-3707.

[13] 汤广福, 王高勇, 贺之渊, 等. 张北500kV直流电网关键技术与设备研究[J]. 高电压技术, 2018, 44(7): 2097-2106.

第 2 章　常规直流输电系统及其控制保护

2.1　常规直流输电系统的基本构成

直流输电是以直流电的形式进行电能传输，而常规直流输电系统是对送电侧和受电侧都是交流电并且以 LCC 作为换流站的直流输电系统的统称。在送电侧需要将交流电变换为直流电，通常将此过程称为整流，再经过直流输电线路将电能输送至受电侧；在受电侧，直流电将会再次被变换为交流电(称为逆变)，之后送到交流输电系统中供用户使用。完成整流和逆变过程的场所分别称为整流站和逆变站，两者统称为换流站。因此，常规直流输电系统主要由整流站、逆变站和直流输电线路组成，其基础结构原理图如图 2.1 所示。

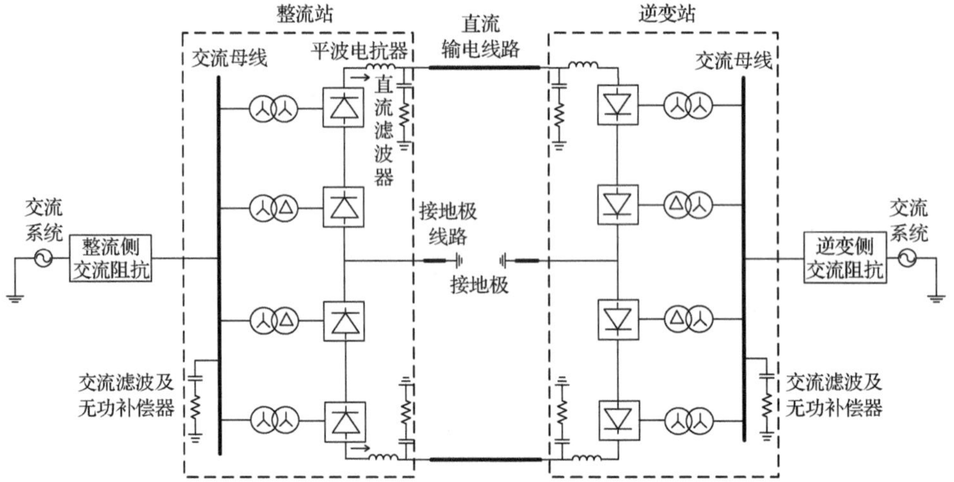

图 2.1　高压直流输电系统基础结构原理图

直流输电换流站的一次设备主要包括换流变压器、换流器、交流和直流滤波器、平波电抗器以及直流场设备。

换流变压器是直流输电换流站的主要设备，连接着交流、直流系统，其作用是调整交流电压以满足换流阀换流的要求，同时实现交流、直流系统间的电气隔离。换流变压器漏抗在换流过程中充当换相阻抗的作用。对于 12 脉动换流器，换流变压器通过改变接线方式，为两个串联换流器提供相差 30°的交流输入电压，波形叠加后形成 12 脉动。

直流输电系统的换流过程由换流器完成。换流器根据波形输出脉动次数可以分为 6 脉动换流器和 12 脉动换流器。目前用于直流输电的 6 脉动换流器均采用三相桥式换流回路。12 脉动换流器由两个交流侧电压相位相差 30°的 6 脉动换流器串联组成。目前已投入运行的超高压直流输电系统换流器基本均采用 12 脉动换流器。每一个 6 脉动换流器有 6 个桥臂，桥臂通常称为阀或阀臂，阀由可控硅元件串联组成，出于对元件耐压能力上的要求，高压直流输电普遍采用晶闸管等半控元件，不过随着电力电子技术的不断发展，可以预见，以 IGBT 为代表的全控型元件势必会在高压直流输电领域得到越来越广泛的应用。

在运行过程中，换流器不可避免地在其交流侧和直流侧产生谐波电流和谐波电压。理论上，n 脉动换流器在其交流侧主要产生 $nk\pm1$ 次特征谐波，在其直流侧主要产生 nk 次特征谐波，其中 n 为 6 的正整数倍，k 为任意正整数[1]。谐波会影响供电质量，导致电容器和附近的电机过热，危及各种用电设备的正常运行。因此，必须在换流站的交流母线上加装交流滤波器，交流滤波器的作用主要包括消除换流器换流时在交流侧产生的谐波并提供换流器换流时所需的无功功率。同时，为了防止换流器换流所产生的谐波电流增加电网的有功损耗以及对通信系统造成干扰，需要在换流器直流侧加装直流滤波器。由于换流器直流侧的谐波频率不会像交流侧那样复杂，所以直流滤波器的结构相对比较简单，最常用的为双调谐滤波器和三调谐滤波器。对于 12 脉动换流器的换流站来说，一般为 12/24 次双调谐滤波器和 12/24/36 三调谐滤波器。

由于换流器是一个谐波源，故在换流器直流侧除了要安装直流滤波器外，还要装平波电抗器。平波电抗器通常为感抗值很大的电感，其主要作用是在线路出现过电压时防止高电压作用于换流器，损坏换流阀。同时，平波电抗器的作用还体现在抑制由于线路电压突变造成的线路电流突变，减少换相失败发生的可能，避免线路电流出现断流等。

除此之外，在换流站内还配有许多直流场设备，主要包括直流旁路开关、旁路刀闸、高速直流开关、直流避雷器、冲击电容器以及混合光学测量系统等。上述电气设备一起构成了直流输电系统换流站的主要结构。

直流输电线路与交流输电线路相比最明显的区别在于传输线数量，以最常见的双极大地回线为例，只需两根传输线即可实现双极输电而达到同样的输电效果，交流输电线路需要双回三相共 6 根传输线。在输电线选材方面，直流输电线路与交流输电线路基本相同，均采用架空导线或者电缆，由此可见，直流输电在线路造价和输电走廊宽度等方面优势明显。

2.2　常规直流输电系统的基本原理

2.2.1　换流器的基本工作原理

三相桥式换流器的接线原理如图 2.2 所示，该换流器由六个桥臂组成，桥臂按正常运行状态下轮流开通的次序编号，根据晶闸管的单向导电性按规律被轮流触发导通。常规换流器的工作原理可理解为根据晶闸管的特点对电能形式进行变换的过程。

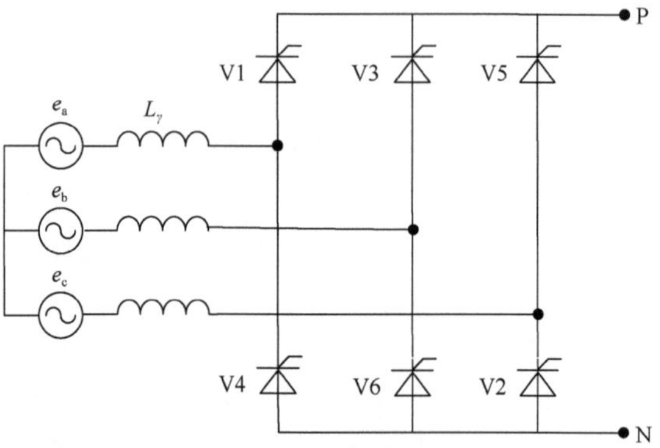

图 2.2　三相桥式换流器的接线原理图

换流器采用晶闸管作为控制器件。晶闸管具有如下特点：

(1) 晶闸管具有单向导通性，且只有在阳极电压高于阴极电压的情况下才能够导通，不存在反方向电流，即直流电流恒为正值。

(2) 晶闸管换流阀的导通条件为，当晶闸管承受正向电压，同时仅在门极(控制极)存在触发电流的情况下才能导通，两个条件必须同时具备，缺一不可。晶闸管一旦导通，门极便失去控制作用，即晶闸管换流阀的控制极没有关断能力。

(3) 只有在外加电压和外电路作用下，晶闸管流通的电流下降到接近零的某一个数值以下时才能够关断。

为了阐明基本原理，在本节的分析中采取下列假定条件：

(1) 三相交流电源的电动势是对称的正弦波，频率恒定。

(2) 交流电网的阻抗也是对称的，而且忽略不计换流变压器的激磁导纳。

(3) 直流侧平波电抗器具有很大的电感，使直流侧电流 I_d 经滤波后波形是平直的，没有纹波。

(4) 阀的特性是理想的，即通态正向压降和断态漏电流小到可以忽略不计。

(5) 六个桥阀以 1/6 周期的等相位间隔依次轮流触发。

图 2.2 中，e_a、e_b 和 e_c 分别为交流系统三相等效电动势，L_γ 为交流系统每相等效电感(从电源计算到桥臂的交流端)；为便于分析，在一般情况下，交流系统的等效电阻可以忽略不计。

以系统等效线电动势 e_{ab} 的矢量作为基础，则相应的线电动势为

$$\begin{cases} e_{ab} = \sqrt{2}E\sin(\omega t) \\ e_{bc} = \sqrt{2}E\sin\left(\omega t - \dfrac{2\pi}{3}\right) \\ e_{ca} = \sqrt{2}E\sin\left(\omega t + \dfrac{2\pi}{3}\right) \end{cases} \tag{2.1}$$

式中，E 为换流变压器阀侧交流线电压的有效值。

进而可知，电源相电动势的瞬时值为

$$\begin{cases} e_a = \sqrt{\dfrac{2}{3}}E\sin\left(\omega t - \dfrac{\pi}{6}\right) \\ e_b = \sqrt{\dfrac{2}{3}}E\sin\left(\omega t - \dfrac{5\pi}{6}\right) \\ e_c = \sqrt{\dfrac{2}{3}}E\sin\left(\omega t + \dfrac{\pi}{2}\right) \end{cases} \tag{2.2}$$

直流电压的形成是每个周波晶闸管三相触发和换相共同的结果。从每一相的触发与导通来看，当任一相电压为正半波时，所连接桥的上桥阀具备导通的条件，一旦注入控制极电流，则阀相应导通，由于导通阀的压降很小可以忽略不计，故此时 P 点电压与对应相电压相等。同理，当任一相电压为负半波时，其所连接的下桥阀控制导通，N 点电压与对应相电压相等。从三相触发与导通的规律来看，由于直流系统控制晶闸管接收等距触发脉冲导通，V1～V6 按顺序触发，触发时刻相隔 60°且各个阀的导通保持 120°宽。其中上半桥的换相顺序是 V1—V3—V5 循环，下半桥的换相顺序是 V2—V4—V6 循环，各相电压值按顺序提供给直流系统 P 点与 N 点，则完成一个周波的三相触发、换相过程，形成直流电位 U_p 与 U_n。不难理解，直流系统电压为 P 点与 N 点的电位差，直流系统电压用 U_d 表示，则 $U_d = U_p - U_n$。由于 P 点、N 点电位值与交流系统电源相电动势相等，所以整流桥直流端之间的电压 U_d 大小为交流侧线电动势。

晶闸管导通的时刻不同，直流电压也有很大的差别。图 2.3(a)、(b) 中的实线表示的是两种不同导通时刻下换流器直流电压的波形图，直流控制系统以交流侧线电压由负到正的过零点作为脉冲触发时刻的起始点，对应的触发角为 $\alpha = 0°$ 的情况。图 2.3(a) 为触发角 $\alpha = 0°$ 时换流器交流侧电动势与直流侧电压波

形图，图 2.3(b)触发角 $\alpha=30°$ 时换流器交流侧电动势与直流侧电压波形图，图中 e_a、e_b 和 e_c 分别为交流系统三相相电动势，e_{ab}、e_{ac}、e_{bc}、e_{ba}、e_{ca} 和 e_{cb} 分别为交流系统三相线电动势，U_p 和 U_n 分别为直流端 P 点和 N 点的电位值，U_d 为直流系统电压。

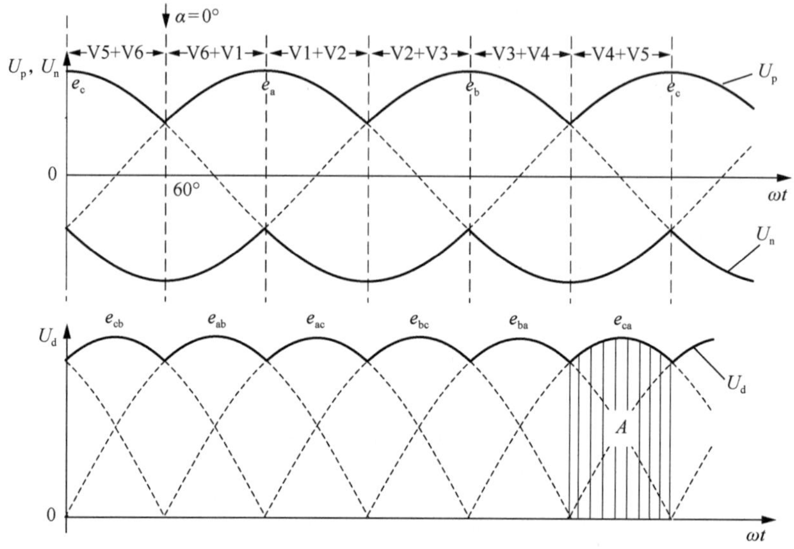

(a) $\alpha=0°$时，换流器交流侧电动势与直流侧电压关系波形图

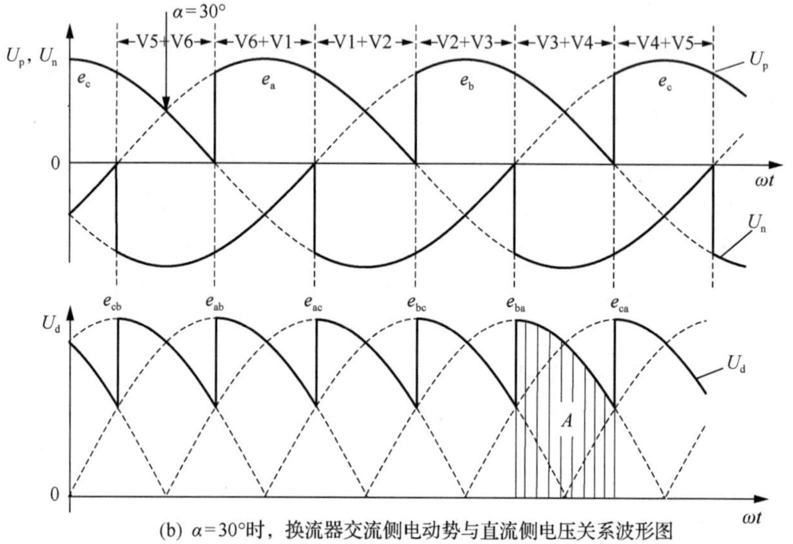

(b) $\alpha=30°$时，换流器交流侧电动势与直流侧电压关系波形图

图 2.3　不同导通时刻换流器直流侧电压的波形图

以图 2.3(a)为例，从 $\omega t = 0°$ 开始阀 V5+V6 处于导通状态，$\omega t = 60°$ 是阀 V5 向阀 V1 的换相瞬间。此时，施加在阀 V1 阳极的电压为 e_a，阴极的电压为 e_b，在理想的换相工况下，换相工程瞬间完成，阀 V1 顺利导通，此时直流电压 U_d 为交流系统线电动势 e_{ab}。根据阀 V1～V6 按顺序触发，触发时刻相隔 60°以及各个阀的导通保持 120°的触发规律，其他换相瞬间可同理分析。值得注意的是，在实际工程应用中，为了防止触发角过小导致换相失败，一般要求触发角 α 不小于 5°[2]。

由于 $\alpha = 0°$ 时，图 2.3(a)中所示面积 A 上电压值等价于无相控的理想空载直流电压，即自然换相工况下的直流空载电压 U_{d0}：

$$U_{d0} = \frac{3}{\pi}\int_0^{\frac{\pi}{3}} \sqrt{2}E\sin\alpha \mathrm{d}\alpha = \frac{3\sqrt{2}}{\pi}E = 1.35E \tag{2.3}$$

同理可知，对于有相控的理想空载直流电压 U_d 为

$$U_d = \frac{3}{\pi}\int_\alpha^{\alpha+\frac{\pi}{3}} \sqrt{2}E\sin\alpha \mathrm{d}\alpha = \frac{3\sqrt{2}}{\pi}E\cos\alpha = 1.35E\cos\alpha \tag{2.4}$$

由式(2.4)可知，当触发角 $0° \leqslant \alpha < 90°$ 时，$U_d > 0$，U_p 为正极电压，U_n 为负极电压，此时换流器为电源端换流器，处于整流器状态；当触发角 $\alpha > 90°$，即逆变角 $\beta < 90°$（$\beta = 180° - \alpha$）时，$U_d < 0$，从直流侧看满足逆变条件，此时换流器为受端换流器，处于逆变器状态。如图 2.1 所示，整流器和逆变器通过直流线路连接时，要求同电位点相连接。

直流输电工程应用中，通常采用两个换流器串联形成的换流装置。单个换流器为 6 脉动换流器，将两个 6 脉动换流器的触发脉冲间隔设置为等距的 30°，则可以实现 12 脉动的换流装置，12 个桥臂在一个周波内按序轮流导通一次，完成其换相和换流过程，输出 12 脉动的直流电压。多个 6 脉动换流器串联会更加减少直流系统谐波的影响，但是同时带来的问题是触发脉冲需要更小的同步、等距时间间隔，这不仅涉及直流控制保护系统，还涉及换流变压器的制造。

2.2.2　直流系统基本控制原理

1. 直流系统功率传输原理

为便于分析高压直流输电系统的控制原理，根据直流输电原理绘制出高压直流输电系统等效电路和电压分布图，如图 2.4 所示，等效电路包括整流器、直流输电线路和逆变器三部分，整流器将交流电流转换为直流电流 I_d，I_d 通过直流输电线路送至逆变器转换为交流电。根据基尔霍夫定律分析等效电路可知：

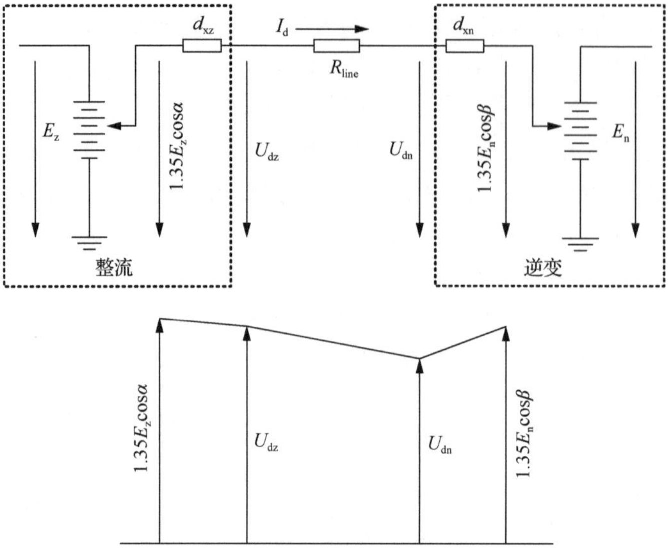

图 2.4　高压直流输电系统等效电路与电压分布图

整流侧的直流电压可以表示为

$$U_{dz} = 1.35E_z\cos\alpha - d_{xz}I_d \tag{2.5}$$

逆变侧的直流电压表示为

$$U_{dn} = 1.35E_n\cos\beta + d_{xn}I_d \tag{2.6}$$

直流电流表示为

$$I_d = \frac{1.35\left(E_z\cos\alpha - E_n\cos\beta\right)}{d_{xz} + R_{line} + d_{xn}} \tag{2.7}$$

整流器终端的功率为

$$P_{dz} = U_{dz}I_d \tag{2.8}$$

逆变器终端的功率为

$$P_{dn} = U_{dn}I_d = P_{dz} - I_d^2 R_{line} \tag{2.9}$$

式中，E_z 和 E_n 分别为整流侧和逆变侧换流变压器阀侧交流线电压的有效值；α 为整流侧触发角；β 为逆变侧逆变角；d_{xz} 和 d_{xn} 分别为整流侧和逆变侧的等效换相电抗；U_{dz} 和 U_{dn} 分别为整流侧和逆变侧的直流电压；R_{line} 为直流输电线路等效电阻；P_{dz} 和 P_{dn} 分别为整流器和逆变器终端的功率。

式(2.7)中，d_{xz}、R_{line}和d_{xn}都为恒定值，因此直流电压、直流电流的大小仅与α、β、E_z和E_n有关。高压直流输电控制系统主要通过调节换流器触发角以及整流侧和逆变侧交流系统电动势来维持直流侧电压。

因为晶闸管具有单向导通性，所以直流回路的电流只能单向流动，因此整流侧直流电压均应高于逆变侧直流电压，且直流电流取决于整流侧与逆变侧之间的直流电压差值。此外，直流输电系统传输功率由直流电流和直流电压确定，故容易理解虽然电流方向不能改变，但是可以通过改变电压极性实现功率的传输方向的改变。简而言之，对于晶闸管换流器，从原理上讲整流站和逆变站都是通过对直流电压的控制来实现直流功率和直流电流的控制目标的。

2. 相位控制触发方式

由上述直流输电控制基本原理分析可知，换流器触发角是高压直流输电控制系统的重要控制量。控制系统通过分别调节整流侧触发角α和逆变侧逆变角β实现对直流电压及直流电流的控制作用。其相位控制的触发方式包括等触发角控制和等相位间隔控制两种。

1) 等触发角控制

等触发角控制又称为分相控制。采取分相控制时，换流器每个换流阀的触发相位控制电路是相互独立分开的。其控制电路以加在阀上的交流线电压为参考，以阀侧交流线电压过零点为触发脉冲发出时刻的起始点。等触发角控制即在各换流阀相同的触发角度下，施加触发脉冲。

理想状况下，当系统正常运行时，交流侧三相电压对称，因而产生的触发脉冲也是三相对称的。但是交流侧三相电压很难做到对称，也就是说瞬时值变正的零点间隔不相等，造成三相换流阀的触发间隔不相等。因此，造成在换流器的交流侧和直流侧产生非特征谐波电压和电流。此外，触发脉冲间隔不相等，会造成换流变压器直流偏磁，导致换流变压器损耗及噪声加大。

由于可能产生谐波和造成换流变压器直流偏磁，工程中很少采用等触发角控制方式。

2) 等相位间隔控制

等相位间隔控制又称为等间隔控制或等距离脉冲控制。每个换流器仅需要装设一套相位控制电路，发出等间隔的触发脉冲序列，依据一定的导通顺序，依次施加于相应的换流阀。对于 6 脉动换流器，等相位间隔为 60°；对于 12 脉动换流器，等相位间隔为 30°。

当交流系统三相电压不对称时，在等相位间隔控制作用下，虽然各阀的触发角会不相等，但能有效地抑制非特征谐波可能形成的恶性循环，防止发生谐波不稳定现象。由于触发间隔相等，产生的非特征谐波很有限，克服了按相控制的主要缺点，成为当前普遍采用的触发相位控制方式。

该控制方式的主要缺点是，在交流系统发生不对称故障时，电压不对称，若采用等相位间隔控制，则各换流阀的触发角之间相差较大，可能造成调节器工作困难，但可设法予以克服。

2.3　高压直流系统的故障分析

直流线路一般跨距较长，周围环境变化较大，发生故障的概率高。同时，各换流站中的换流器也可能出现各类短路故障，如阀短路故障与换流器出口短路故障。由于换流站的电路结构及控制方式不同，换流站会表现出不同的故障特性。

2.3.1　阀短路故障分析

阀短路故障是换流器内部或外部绝缘损坏或被短接的故障。在阀的正向或反向电压阻断期间都可能发生阀短路故障，而且整流器的阀短路故障是换流器最严重的一种故障，它比逆变器的阀短路故障要严重得多。本节对于阀短路故障的讨论将以整流器阀短路故障为主。

电网换相换流器阀短路故障具有复杂的时空特性。如图 2.2 所示，从空间上看，三相桥式 6 脉动换流器具有 6 个换流阀，即有 6 种故障位置。从时间上看，6 个换流阀在正常运行状态下有 12 种导通状态，包括 6 种换相导通状态和 6 种非换相导通状态，即有 12 种故障时段。但是，整流器阀短路故障的情况发展规律一致，即整流器阀短路时，换流器交流侧交替地发生两相短路和三相短路；交流侧电流激增；换流桥直流侧电流下降。因此可选取其中一种情况分析，以下分析以阀 V1 向 V3 换相结束后阀 V1 发生短路故障的情况为例，如图 2.5 所示，以 $\omega t = 0°$ 时刻开始分析。

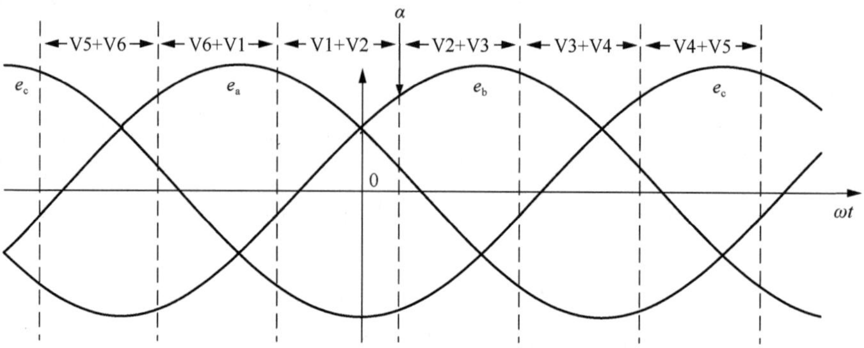

图 2.5　换流器交流侧三相电压波形图

第一阶段，$\omega t = 0° \sim \alpha$。

在此阶段，阀 V1 与阀 V2 导通，阀 V3 未参与换相，故障尚未发生，流过阀 V1 与阀 V2 的电流为

$$i_1 = i_2 = I_d \tag{2.10}$$

式中，i_1 为流过阀 V1 的电流；i_2 为流过阀 V2 的电流；I_d 为直流线路电流。

第二阶段，$\omega t = \alpha \sim 90°$，从阀 V3 开始导通到阀 V4 压降变为正值为止。

在阀 V3 的触发脉冲发出之后，阀 V3 开始导通，并与阀 V1 进行换相，在换相过程中，a、b 两相处于短路状态，此时等效电路如图 2.6 所示。假设 a、b 相交流线电动势为 $e_{ab} = \sqrt{2}E\sin(\omega t)$，$E$ 为交流系统线电动势有效值。此时 a、b 相中流过的短路电流 i 由式(2.11)和式(2.12)决定：

$$2L_\gamma \frac{\mathrm{d}i}{\mathrm{d}t} = \sqrt{2}E\sin(\omega t) \tag{2.11}$$

$$i = \frac{\sqrt{2}E}{2L_\gamma}\int_\alpha^{\omega t}\sin(\omega t)\,\mathrm{d}t = \frac{\sqrt{2}E}{2\omega L_\gamma}[\cos\alpha - \cos(\omega t)] = I_{s2}[\cos\alpha - \cos(\omega t)] \tag{2.12}$$

式中，L_γ 为交流系统每相等效电感；α 为触发角；I_{s2} 为两相短路电流的幅值。

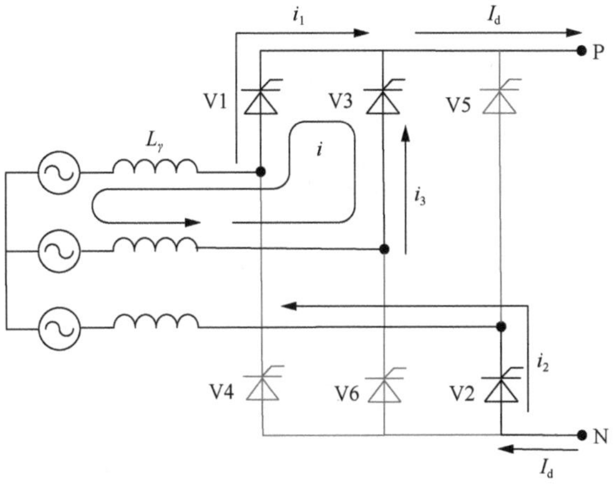

图 2.6　阀 V1 到阀 V3 换相期间等效电路图

显然，流过阀 V3 的电流 $i_3 = i$，且初始条件为当 $\omega t = \alpha$ 时，$i_3 = 0$。

由基尔霍夫电流定律可知：

$$i_1 = I_d - i_3 = I_d - \frac{\sqrt{2}E}{2\omega L_\gamma}[\cos\alpha - \cos(\omega t)] = I_d - I_{s2}[\cos\alpha - \cos(\omega t)] \tag{2.13}$$

阀 V2 中有电流 $i_2 = i_d$ 流过，其他阀中无电流流过。

正常情况下，当换相结束后，阀 V1 中没有电流存在，即 $i_1 = 0$。此时 $\omega t = \alpha + \gamma$（$\gamma$ 为换相重叠角），由式(2.12)得

$$\gamma = \arccos\left(\cos\alpha - \frac{I_d}{I_{s2}}\right) - \alpha \tag{2.14}$$

假设在换相结束后，阀 V1 立即发生短路故障，则在换相结束的终点 $\omega t = \alpha + \gamma$ 以后，图 2.6 所示的等效电路的情况将继续存在。但是，由于阀 V1 发生短路，其电流开始反向，且电流绝对值在不断增大。在 $\omega t = 60° \sim 90°$ 的区间内，虽然阀 V4 的控制极已经收到触发脉冲，但是其阴极电位高于阳极电位，阀 V4 无法正常开通。

第三阶段，$\omega t = 90° \sim (90° + \gamma')$，相当于从阀 V4 开始导通至阀 V2 和阀 V4 换相结束。其中 γ' 为阀 V2 和阀 V4 的换相角。

在 ωt =90°之后，阀 V4 的阳极电位高于阴极电位，此时在触发脉冲的作用下，阀 V4 能够立即开通，其电路示意图如图 2.7 所示。由于此时阀 V1 与阀 V4 同时导通，该 6 脉动整流器直流侧被短接，输出直流电压为零，即该阶段相当于四个晶闸管同时导通，交流侧形成三相短路，因而此时流过各阀中的电流应按三相短路来计算。

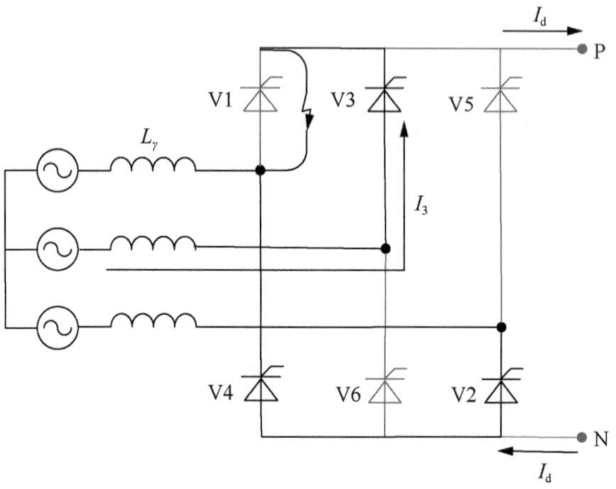

图 2.7　阀 V1、阀 V3、阀 V2 和阀 V4 导通的等效电路

根据假设，$e_{ab} = \sqrt{2}E\sin(\omega t)$，于是在阀 V2 与阀 V4 换相过程中，流过阀 V3 的电流为

$$i_3 = -I_{s3}\cos(\omega t + 30°) + A' \tag{2.15}$$

式中，$I_{s3}=\dfrac{\sqrt{2}E}{\sqrt{3}\omega L_{\gamma}}$ 为三相短路电流的峰值。由于当 $\omega t=90°$ 时，$i_3=I_{s2}\cos\alpha$，所以可以求得常数值 A'，代入式(2.15)可得到阀 V3 的电流按下式变化：

$$i_3=I_{s2}\cos\alpha-I_{s3}[\cos(\omega t+30°)+0.5] \tag{2.16}$$

此时，流过短路阀 V1 位置处的电流为

$$i_1=i_d-i_3=i_d-I_{s2}\cos\alpha+I_{s3}[\cos(\omega t+30°)+0.5] \tag{2.17}$$

同理可求得，流过阀 V2 与阀 V4 中的电流为

$$i_2=i_d-I_{s3}[1-\cos(\omega t-90°)] \tag{2.18}$$

$$i_4=i_d-i_2=I_{s3}[1-\cos(\omega t-90°)] \tag{2.19}$$

第四阶段，$\omega t=(90°+\gamma')\sim(120°+\alpha)$，即从阀 V2 和阀 V4 换相结束到阀 V5 触发时刻开始。

当阀 V2 向阀 V4 换相结束后，阀 V2 关断，阀 V4 继续导通，此时阀 V1 与阀 V3 仍然导通，换流流器又变为 a、b 两相短路状态，其等效示意图如图 2.8 所示。

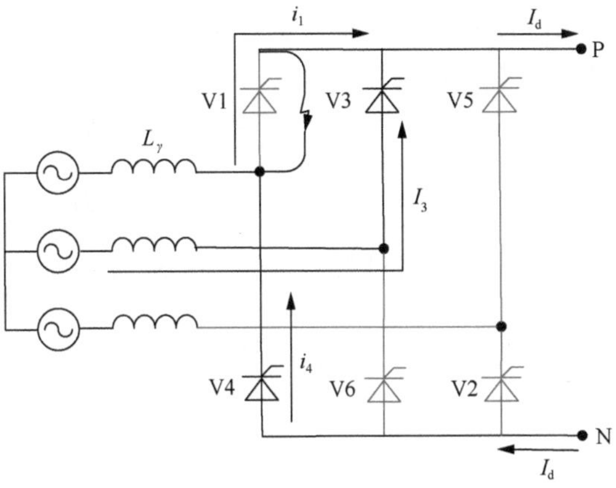

图 2.8　阀 V1、阀 V3 和阀 V4 导通的等效电路

这时流过阀中的电流可按上述两相短路的状态进行分析，可得

$$i_3=I_{s2}[\cos\alpha+\cos(90°+\gamma')-\cos(\omega t)]-I_{s3}[\cos(120°+\gamma')+0.5] \tag{2.20}$$

$$i_1=i_d-i_3 \tag{2.21}$$

$$i_4=i_d \tag{2.22}$$

第五阶段，$\omega t=(120°+\alpha)\sim(180°+\alpha+\gamma'')$，即从阀 V5 触发时刻开始到阀 V4 和阀 V6 换相完成。其中γ''为阀 V4 和阀 V6 的换相重叠角。

当$\omega t=120°+\alpha$，阀 V5 接收到触发脉冲时，由于其承受正向电压，能够正常导通。阀 V5 导通后，阀 V3 向阀 V5 换相，交流 a、b、c 三相再次短路，如图 2.9 所示，其分析与上述三相短路过程类似。

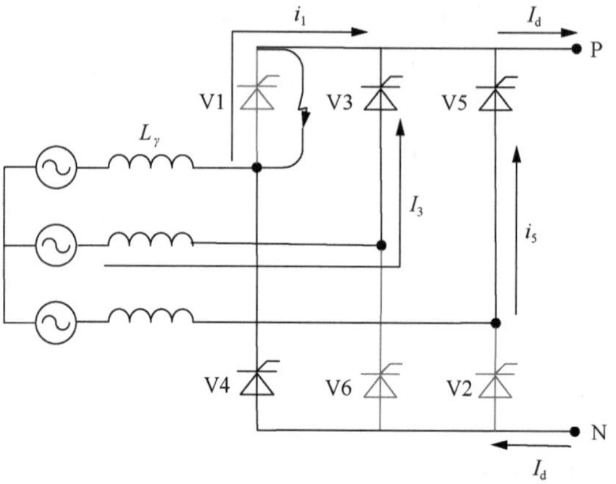

图 2.9 阀 V1、阀 V3、阀 V5 和阀 V4 导通的等效电路

从阀 V3 导通开始，a、b 两相一直处于短路状态，短路电流很大，导致阀 V3 向阀 V5 的换相角增大到 90°以上。

同理，根据$\omega t=120°+\alpha$，$i_5=0$的初值条件，求得流过阀 V5 的电流为

$$i_5=I_{s3}[\cos(30°+\alpha)-\cos(\omega t-90°)] \tag{2.23}$$

当$\omega t=120°+\alpha_0$时，通过式(2.20)计算初值条件，求得流过阀 V3 的电流为

$$\begin{aligned}i_3=&I_{s2}[\cos\alpha+\cos(90°+\gamma')-\cos(120°+\alpha)]\\&-I_{s3}[\cos(\omega t+30°)+0.5+\cos(120°+\gamma')-\cos(150°+\alpha)]\end{aligned} \tag{2.24}$$

流过阀 V1 的电流为

$$i_1=i_d-i_3-i_5 \tag{2.25}$$

在式(2.15)中，令$\frac{di_3}{d(\omega t)}=0$，可求得$i_3$取得极大值的条件是$\omega t=150°$（$\omega t=k\pi-30°, k=1$），并将其代入式(2.24)中，可得$i_3$的最大值$i_{3\max}$：

$$\begin{aligned}i_{3\max}=&I_{s2}[\cos\alpha+\cos(90°+\gamma')-\cos(120°+\alpha)]\\&-I_{s3}[-0.5+\cos(120°+\gamma')-\cos(150°+\alpha)]\end{aligned} \tag{2.26}$$

如果 $\alpha \geqslant 30°$，i_3 的最大值发生在 $\omega t=120°+\alpha$ 时，即阀 V5 收到触发脉冲的时刻，随后 i_3 将单调地减小。

在式(2.26)中，假设 $\alpha=0$，$\gamma'=0$ 时，$i_{3\max}$ 将达到极大值。即当换流阀的控制触发角为零，并且是空载运行时，在阀 V3 触发导通后，阀 V1 立刻发生阀短路的极端情况下，通过正常阀 V3 的故障电流将达到极大值，其数值为

$$\begin{aligned} i_{3\max} &= I_{s2}[1+0+0.5]-I_{s3}[-0.5-0.5+0.866] \\ &= 0.952\frac{E}{\omega L_\gamma}=1.432I_{s3} \end{aligned} \tag{2.27}$$

当阀 V6 接收到触发脉冲时，阀 V3 向阀 V5 换相尚未结束，此时由于阀 V6 阳极电位小于阴极电位，阀 V6 不能导通。在阀 V3 的电流减小到零以前，换流器将保持阀 V1、阀 V3、阀 V4 与阀 V5 同时导通的状态。一直到阀 V3 向阀 V5 换相结束时，阀 V6 承受正向电压导通，开始由阀 V4 向阀 V6 正常换相。在式(2.26)中，在假设 $\alpha=0$，$\gamma'=0$ 的极端情况下，令 $i_3=0$，可以求得阀电流 i_3 下降到零的时刻为 $\omega t=265.7°$。在阀电流 i_3 下降到零之前，阀 V1 将会收到触发脉冲，但是阀 V1 已发生阀短路故障，因而触发脉冲不产生任何影响，这一过程将一直持续到阀 V3 的电流下降到零。

仍假设在 $\alpha=0$，$\gamma'=0$ 的极端情况下，由 $\dfrac{\mathrm{d}i_1}{\mathrm{d}(\omega t)}=0$ 可得 i_1 在 $\omega t=210°$时达到极大值，于是有

$$|i_{1\max}|=\left|-1.877\frac{E}{\omega L_\gamma}\right|=|-2.299I_{s3}| \tag{2.28}$$

阀 V3 关断后，由于阀 V6 阳极电位高于阴极电位，此时在触发脉冲的作用下，阀 V6 立即导通。此时，交流侧仍为三相短路故障，因而阀 V1 与阀 V5 中电流分别为式(2.25)与式(2.23)所示，而阀 V4 与阀 V6 则在三相短路过程中进行换相。

第六阶段，在 $\omega t=265.7°$之后，阀 V4 与阀 V6 换相结束，此时换流器等效电路如图 2.10 所示，a、c 两相形成两相短路。同时，由于阀 V4 的关断，换流器直流侧短路消失。

当阀 V2 接收到触发脉冲时，阀 V5 与阀 V1 的换相过程尚未结束，阀 V2 承受反相电压不能立即导通。需等到 $u_{b1}>0.5(u_{a1}+u_{c1})$ 时，阀 V2 方能导通，阀 V6 向阀 V2 正常换相，交流侧 a、b、c 三相短路，换流器直流侧再次被短路，如图 2.11 所示。

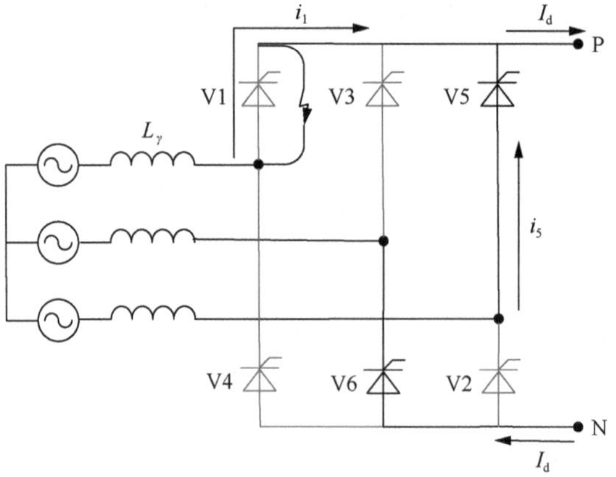

图 2.10　阀 V1、阀 V5 与阀 V6 导通时的等效电路

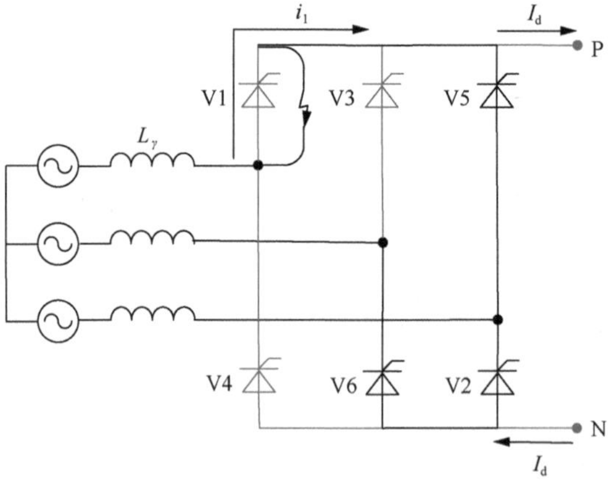

图 2.11　阀 V1、阀 V5、阀 V6 和阀 V2 导通时的等效电路

仍假设在 $\alpha = 0$，$\gamma' = 0$ 的极端情况下，由式(2.23)可知，当 ωt <265.7°时，i_5 为增函数；当 ωt >265.7°时，i_5 为减函数，波形如图 2.12 所示。在 ωt =265.7°时，i_5 达到最大值，即

$$i_{5\max} = 1.521\frac{E}{\omega L_\gamma} = 1.863 I_{s3} \tag{2.29}$$

当 $\omega t = 330°$ 时，阀 V2 和阀 V6 进行换相。换相结束后，三相短路结束，再次形成 a、c 两相短路，阀 V5 与阀 V2 形成旁通对，造成直流母线被短接。

当 ωt =360°时，阀 V3 收到触发脉冲，由于承受正向电压立即导通，交流侧再次进入三相短路状态。阀 V3 中的电流开始从零增长，此处分析与上述三相短路故障分析相同，故不做赘述。

自此，a 相绕组流过的短路电流的时间为 1 个周期，经历了从正减小到零，继而反向增大到最大值，之后又开始减小并过零变正的过程。阀 V3 触发时，阀

V5 向阀 V1 的换相过程是否已经结束与换流变压器电感等因素密切相关，若换相尚未结束，则阀 V5 与阀 V1 一起向阀 V3 换相；若换相已经结束，则阀 V1 向阀 V3 换相。换相结束后的故障发展过程是前面过程的周期性重复。图 2.12 为阀 V1 向阀 V3 换相结束后，阀 V1 发生短路的有关波形图。

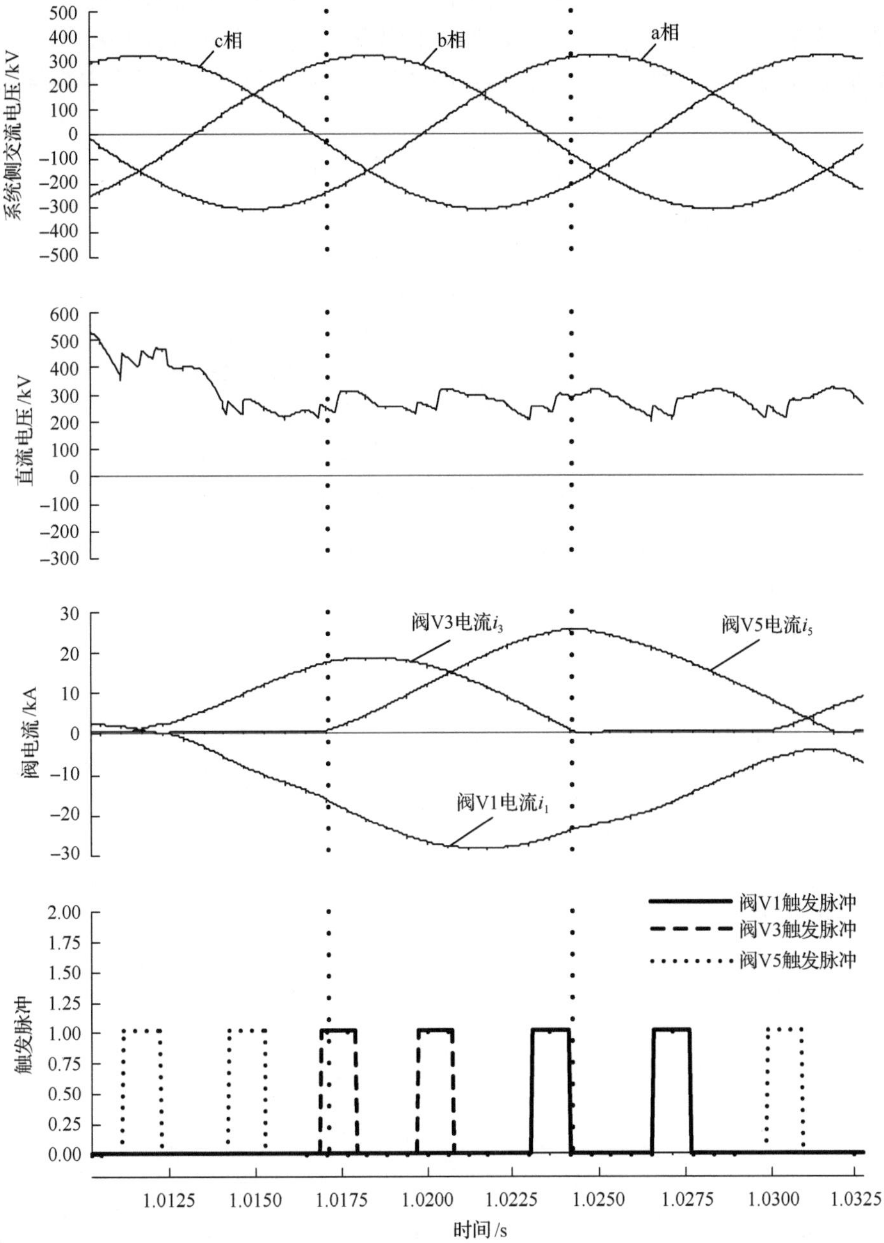

图 2.12　换流阀短路故障波形图

从上述的分析过程中可以看出，换流阀短路故障具有严格的周期特性，这将导致换流阀直流侧输出电压、电流呈现周期振荡，振荡频率为 50Hz。

2.3.2 换流器出口短路故障分析

当换流器直流侧发生出口短路故障时，相当于三相桥式 6 脉动整流器被短路，其故障示意图如图 2.13 所示。与阀短路故障不同的是，阀短路过程中，故障阀处电流能够双向流动，而在换流器出口短路过程中，各换流阀仍保持着单向导通。

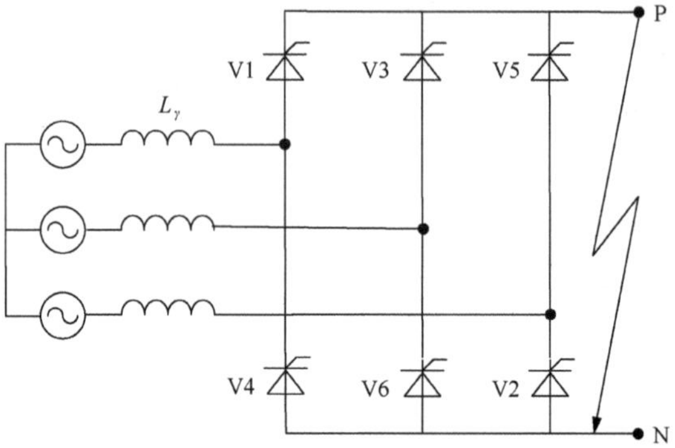

图 2.13 换流器出口短路故障示意图

为简化分析，假设换流器运行在 $\alpha=0$，$i_d=0$ 的空载运行状态，在阀 V3 导通时，换流器出口发生了短路故障，其故障电流波形图如图 2.14 所示。

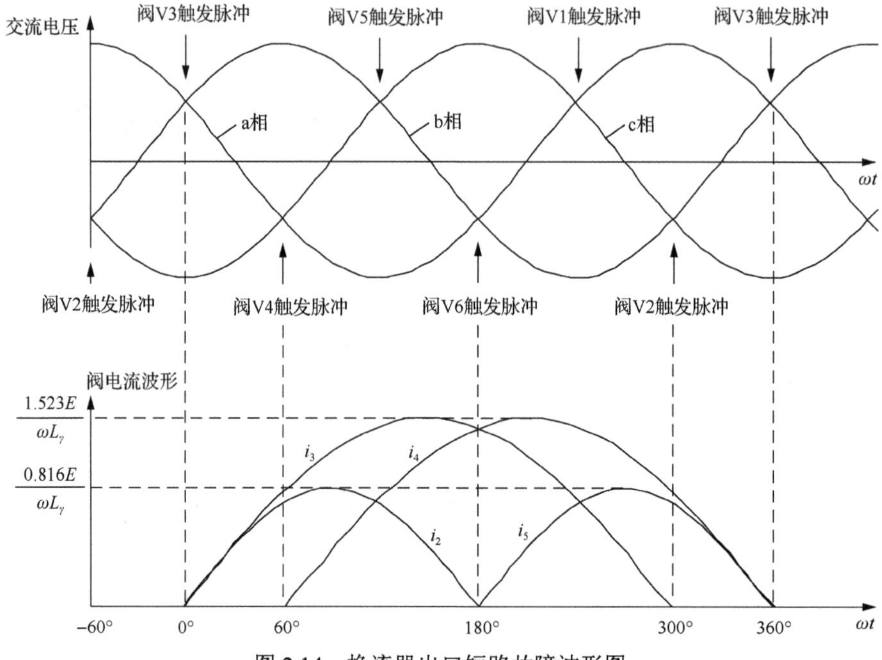

图 2.14 换流器出口短路故障波形图

当 0°＜ ωt ＜60°时，阀 V2 与阀 V3 导通，由于此时换流器被短路，相当于 b、c 两相发生了两相短路，有

$$i_1 = i_3 = \frac{\sqrt{2}E}{2\omega L_\gamma}[0.5 - \cos(\omega t + 60°)] = I_{s2}[0.5 - \cos(\omega t + 60°)] \tag{2.30}$$

当 ωt =60°时，阀 V4 收到触发脉冲并开通，由于此时阀 V2、阀 V3、阀 V4 均开通，因而交流侧形成三相短路，有

$$i_2 = \frac{\sqrt{2}E}{\sqrt{3}\omega L_\gamma}\cos(\omega t - 90°) = I_{s3}\cos(\omega t - 90°) \tag{2.31}$$

$$i_3 = \frac{\sqrt{2}E}{\sqrt{3}\omega L_\gamma}[0.866 - \cos(\omega t + 30°)] = I_{s3}[0.866 - \cos(\omega t + 30°)] \tag{2.32}$$

$$i_4 = \frac{\sqrt{2}E}{\sqrt{3}\omega L_\gamma}[0.866 + \cos(\omega t + 150°)] = I_{s3}[0.866 + \cos(\omega t + 150°)] \tag{2.33}$$

当 ωt =120°时，阀 V5 收到触发脉冲，由于在开通的阀 V2 与直流侧短路点的作用下，此时阀 V5 的阳极电位低于阴极电位，阀 V5 无法开通。

当 ωt =180°时，阀 V2 中的电流 $i_2 = 0$，阀 V2 关断，此时阀 V5 阳极电位高于阴极电位，阀 V5 在触发脉冲的作用下开通，交流侧仍为三相短路故障，电流 i_3 与 i_4 仍按式(2.32)与式(2.33)发展，阀 V5 中流过 c 相短路电流。在 ωt =180°时，阀 V6 收到触发脉冲，与阀 V5 类似，需等到阀 V3 关断后，阀 V6 才能导通。

当 ωt =300°时，阀 V3 关断，换流器只剩下阀 V4 与阀 V5 导通，此时交流侧变为 a、c 两相短路故障。

$$\begin{aligned} i_4 = i_5 &= \frac{\sqrt{2}E}{2\omega L_\gamma}[0.5 + \cos(\omega t - 240°)] \\ &= I_{s2}[0.5 + \cos(\omega t - 240°)] \end{aligned} \tag{2.34}$$

当 ωt =360°时，换流器短路电流等于零。若故障继续存在，且由于在 ωt =300°时，阀 V2 的触发脉冲发出，则在 ωt =360°时，阀 V3 的脉冲继续发出，换流器再次进入阀 V3 与阀 V2 开通时的 b、c 两相短路情况。

换流器出口短路的第一个导通周期内，阀电流的峰值分别为

$$i_{3\max} = i_{4\max} = \frac{1.523E}{\omega L_\gamma} = 1.866 I_{s3} \tag{2.35}$$

$$i_{2\max}=i_{5\max}=\frac{0.816E}{\omega L_{\gamma}}=I_{s3} \tag{2.36}$$

因此，在换流器出口短路故障期间，最大短路电流的峰值为$1.866I_{s3}$，通过电流的历时为300°，其中阀V3与阀V4产生的功耗最大。

2.3.3 直流线路故障

对于直流系统，直流线路故障的分析与换流器出口短路故障是类似的。故障发生后，实际接入直流回路的电阻值变小。由于换流器控制触发脉冲并不连续，且线路上存在分布电容，因而在故障初期，线路电流会出现短暂的过流。

整流站配有的定电流调节控制装置的调节速度一般较快，当检测到直流线路上电流大于目标值时，会迅速增大晶闸管的控制触发角，使直流电压下降。因此，对于直流线路的故障电流能起到一定的控制作用。

在常规直流系统正常运行时，控制模块始终保证系统输送功率的稳定，而当系统出现故障扰动时，控制模块将立即起作用，快速抑制故障的发展，以维持系统的稳定。

进一步考虑当系统发生严重故障或设备发生永久故障、超过了控制系统的控制极限、直流系统无法恢复稳定时，此时直流系统的保护动作停运直流系统，隔离故障设备，如换流站发生阀短路故障，交流侧将出现交替两相短路与三相短路故障，短路电流很大。此时，控制系统不能抑制故障发展，需要保护迅速动作紧急移相，闭锁换流器。

2.4 高压直流系统的保护方案

在常规直流换流站运行过程中，换流站可能发生各种故障或不正常运行状态，其自身以及与之相连的交流系统是否能够安全稳定运行至关重要。当换流器发生阀短路、线路接地、相间短路等故障时，可能会产生严重过电流，危害换流变压器和换流阀等换流设备的安全，甚至危及与之连接的交流系统的可靠运行，扩大事故范围。为了保护设备设施免受故障过电流的危害及保证交流系统的稳定运行，常规直流换流站的保护系统起到了至关重要的作用。

直流系统保护的常见动作方式包括告警、紧急移相、投旁通对、闭锁换流器、跳交流断路器以及直流系统再启动等。

2.4.1 直流系统的保护分区

为了对换流站重要一次设备形成区域性保护，实现保护功能清晰化和区域化，需要对直流系统进行保护分区。分区的原则是对重要一次设备形成区域性重点保护，并以该区域一侧或两侧电气量构成保护判据。常规高压直流输电系统在运行过程中应该尽可能避免换流阀元件遭受过电流的危害，从而实现对功率的有效传输，因此保护配置是否可靠至关重要。通常高压直流输电系统保护分区如图 2.15 所示，包含交流保护区、换流变压器保护区、换流器保护区和直流线路保护区四部分。

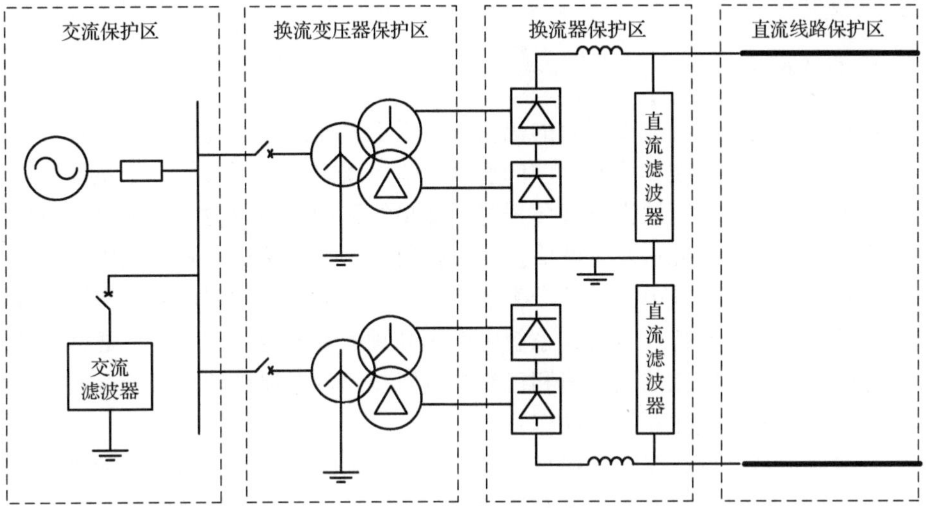

图 2.15　高压直流输电系统保护分区示意图

(1) 对于直流系统的交流保护区，配置了母线差动保护和交流滤波器保护。

(2) 对于换流变压器保护区，配置了换流变差动保护、换流变过电流保护和过负荷保护。

(3) 对于换流器保护区，配置了阀短路保护、桥差动保护、过电流保护、接地过电流保护、开路试验保护、交流过压保护、交流欠压保护，其中主保护是阀短路保护，过电流保护、接地过电流保护等作为阀短路保护的后备保护。

(4) 对于直流线路保护区，配置了行波保护、电压微分保护、纵联差动保护、直流过压保护、横差保护、直流欠压保护、直流断线保护、谐波保护和线路阻抗监视保护。

2.4.2　直流系统的保护配置

以直流线路保护为例，主保护一般为行波保护和微分欠压保护，同时配备纵联差动保护作为后备保护。三种保护中任一保护动作后，其接下来的动作策略均为直流系统再启动，目的在于尽量减少直流系统的停运次数。

当三种保护中任一保护发出动作指令后，定电流控制器将触发角增大到 90°以上，使整流器进入逆变运行，直流线路向交流侧快速释放能量。直流线路电流将很快下降到零，在一定的去游离时间后，直流系统进行再启动尝试。如果直流故障已经被清除，再启动过程中，控制模块将检测到直流电压的建立，最后恢复系统的正常运行。如果再启动过程中，直流电压不能建立，说明直流故障依然存在，再启动不成功，再次进行换流器移相变为逆变状态运行。一般直流系统会设定再启动次数，如果超过设定次数后直流系统仍未启动成功，将闭锁换流器，停运直流系统。

1. 行波保护

根据行波理论，行波以固有的幅值和略低于光速的速度传播，电压和电流被认为是其各自正向行波和反向行波的叠加。输电线路故障行波的一个重要特性是波的折射和反射。当行波沿导线传播时，如果线路的参数或波阻抗在某一点处突然改变，那么在该点处将发生波的反射和折射。例如，接地故障导致电压突然变化，将造成线路突然放电，故障产生的行波从发生故障的位置向线路两端传播。而且，故障行波的不断反射会在系统中产生高频的暂态电压和电流。通常，故障后通过瞬时电压、电流的采样值和已知的波阻抗，可以通过计算故障行波来判断直流线路是否发生故障并采取动作。

行波保护是直流线路的主保护，基于行波理论的保护原理提供了最快保护的可能性。直流线路的行波保护是利用故障开始初期出现的行波电压、行波电流或两者组合中含有的暂态故障信息，在极短时间内检出故障。

目前，运行的直流输电线路几乎都以行波保护作为线路主保护[3-9]。原因在于行波保护利用故障初期的故障电压、电流进行故障检验，既保证了保护的动作速度，又避免了极控对保护的影响。除此之外，与交流输电不同，常规直流输电线路故障时的故障行波只在故障点和换流站之间发生折射，最大限度地减少了故障行波在线路上的衰减。

行波保护按照有无通道分为有通道保护和无通道保护两类，按照原理可分为行波差动保护、行波方向保护、行波距离保护、行波极性比较式方向保护和行波幅值比较式保护等。

2. 电压微分欠压保护

直流微分欠压保护与行波保护的保护目的和动作策略相同。它检测直流系统的电压和电压变化率，并采用微分和欠压两种保护动作条件相互结合来提高保护的正确性。其中，微分保护由微分电路构成。当直流线路发生接地故障时，直流电压以较高的速率 $\mathrm{d}U/\mathrm{d}t$ 降低到较小的值，微分检测部件快速动作。为了使微分检测更加准确，需要同时检测直流欠电压，使用较高的微分整定值和较低的欠电压水平，再考虑适当延时防止暂态电压下的保护误动。

为了区分整流器内故障与直流线路故障，需同时测量 $\mathrm{d}U/\mathrm{d}t$ 和 $\mathrm{d}I/\mathrm{d}t$ 。较高的 $\mathrm{d}I/\mathrm{d}t$ 正值，即电流在正常方向上增加，说明故障发生在直流电路电流互感器的线路侧，而较大的负值则表明故障点在整流器内。

行波保护与微分欠压保护存在一个共同的缺点，即两种保护的动作灵敏性均会随着故障点过渡电阻的增大而降低。

3. 纵联电流差动保护

直流线路发生故障时，基于基尔霍夫电流定律的纵联电流差动保护可以判断故障的发生。一般来说，直流线路差动保护作为后备保护，可以检测到行波保护和微分欠电压保护不能检测到的高阻接地故障。

直流线路的纵联差动保护原理与交流线路的差动保护原理相似，也是通过比较本站和对站的直流线路电流的差值，当差值大于定值后经一定延时保护动作。延时需要躲过线路外部故障电容电流的影响，以及直流系统正常运行且功率调整期间可能出现的两侧电流短时不一致等情况。高压直流输电多用于远距离输电，通道传输时间较长。直流系统正常运行时，两侧的电流都是很平稳的直流量，没有明显的同步点可以作为参考，因此直流线路纵联电流差动保护作为后备保护对采样同步的要求有所降低。

参考文献

[1] 赵畹君. 高压直流输电系统的运行和控制[M]. 北京: 中国电力出版社, 2004.

[2] 陶瑜. 直流输电控制保护系统分析及应用[M]. 北京: 中国电力出版社, 2015.

[3] 赵畹君. 高压直流输电工程技术[M]. 北京: 中国电力出版社, 2004.

[4] Nnaidoo D, Ijumba N M. HVDC line protection for the proposed future HVDC system[C]. IEEE Conference on Power System Technology, Singapore, 2004.

[5] Naidoo D, Ijumba N M. A protection system for long HVDC transmission lines[C]. Power Engineering Society Inaugural Conference and Exposition in Africa,Durban, 2005: 150-155.

[6] 艾琳. 高压直流输电线路行波保护的研究[D]. 北京: 华北电力大学, 2002.

[7] 高锡明, 张鹏, 贺智. 直流输电线路保护行为分析[J]. 电力系统自动化, 2005, 29(14): 96-99.

[8] Liu X L, Osman A H, Malik O P. Hybrid traveling wave/boundary protection for monopolar HVDC line[J]. IEEE Transactions on Power Delivery, 2009, 24(2): 569-578.

[9] Liu X L, Osman A H, Malik O P. Hybrid traveling wave/boundary protection for bipolar HVDC line[J]. IEEE Transactions on Power Delivery, 2009, 24(2): 1-8.

第 3 章　柔性直流系统的基本结构和工作原理

柔性直流系统中，换流站是进行交直流输电形式变换、能量传输与控制的场所。换流器是换流站的核心，是连接交直流系统的桥梁，也是决定系统运行方式与运行性能的关键因素。电压源型换流器是基于全控型电力电子器件 IGBT 的换流装置，具有多种结构拓扑与控制方式。根据结构的不同，电压源型换流器可以分为基于 PWM 的两电平/三电平电压源型换流器和模块化多电平换流器两大类。

3.1　两电平电压源型换流器的基本结构和工作原理

3.1.1　基本结构

三相两电平 VSC 是采取典型的 PWM 方式[1]实现交直流变换的换流器，其主电路结构如图 3.1 所示。

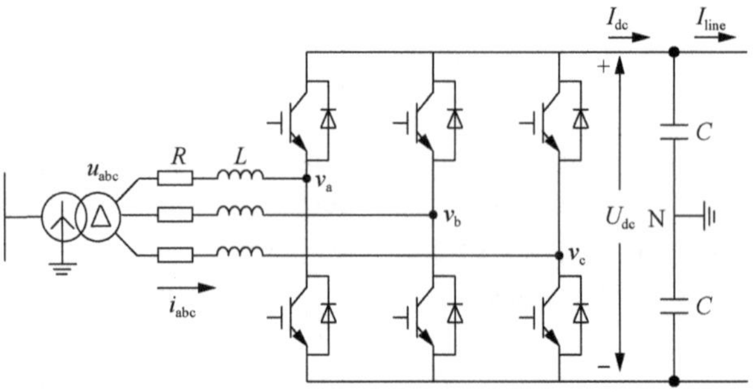

图 3.1　三相两电平 VSC 主电路结构

柔性直流换流站主要由换流变压器、换流电抗器、交流滤波器、换流电路、直流电容器等部分组成。

换流变压器和换流电抗器是换流站和交流系统之间能量交换的纽带。换流变压器一般带有分接头控制，并设计为消除零序分量的接法，此时两端中必有一侧为接地系统，如 Yn/Y 或者 Yn/△等，可以隔离交直流侧故障情况下两端零序分量的相互影响。换流电抗器的接入增加了交流系统侧到换流器的电气距离，是 VSC 交流侧输出相位控制的基础，并借此实现有功功率和无功功率的控制。

交流滤波器的作用是滤除 VSC 经过 PWM 形成方波中所含的谐波。滤波器与换流电抗、换流变压器及系统阻抗相互作用，在主回路对高次谐波形成高阻，并提供低阻旁路通道，从而达到滤除谐波的目的，确保交流侧波形为正弦波。

换流电路结构与三相电压型桥式逆变电路相同。每相由上、下两个桥臂组成，借助两组开关器件来控制桥臂的导通和关断。开关器件由 IGBT 和反并联的二极管组成。换流电路直流侧出口处接有串联等效大电容，用于维持直流电压稳定，通常将两电容的中点接地作为参考电位点。如果直流侧正负两极间电压为 U_{dc}，则正负两极电位则分别为 $+U_{dc}/2$、$-U_{dc}/2$。

3.1.2　调制原理

三相两电平 VSC 一般采用 PWM 方式。每相交流侧输出相对于直流侧参考中性点电位为两种电平，故采取双极性调制。当采用标准正弦波作为调制波时，称为正弦脉宽调制(Sinusoidal PWM，SPWM)。选取高频率的三角波或锯齿波作为载波，将调制波与载波进行波形比较，当调制波波形幅值高于载波时，控制上桥臂或下桥臂导通或关断，将直流电压施加在交流侧，产生一系列幅值等于直流侧电压、宽度正比于调制波幅值的矩形脉冲序列来等效调制波，经过滤波，即可得到满足要求的交流输出波形。

以图 3.2 为例进行分析说明。a、b、c 三相共用三角波(u_c)作为载波，选取相位依次相差 120°的正弦波(u_{ra}、u_{rb}、u_{rc})作为调制波，采取相同的控制规律来控制 a、b、c 三相各个桥臂上开关器件的通断。

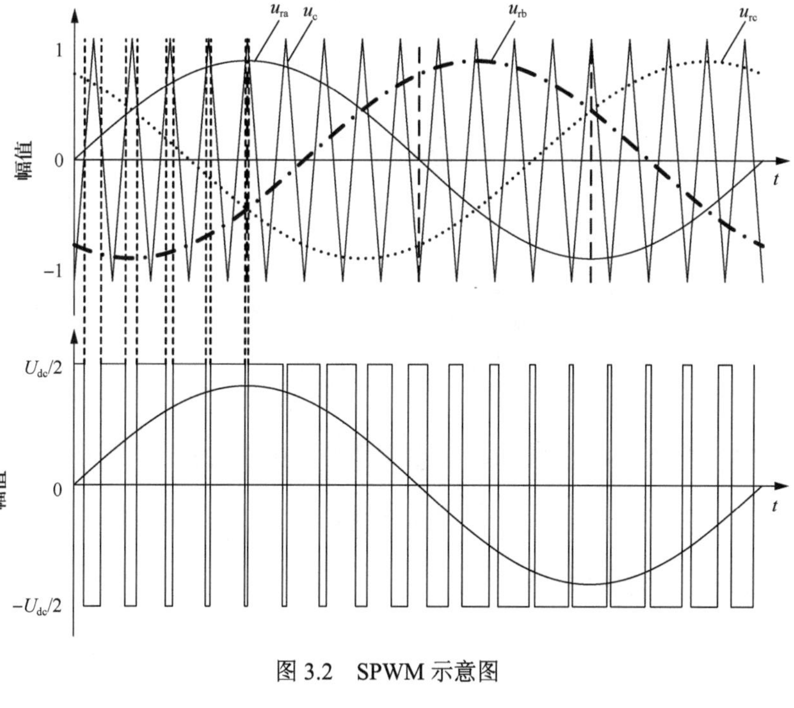

图 3.2　SPWM 示意图

以 a 相为例，当 $u_{ra}>u_c$ 时，a 相上桥臂导通，下桥臂关断，则 a 相交流侧输出电压相对于直流侧中性点 N 的电压为 $U_{dc}/2$。反之，当 $u_{ra}<u_c$ 时，a 相下桥臂导通，上桥臂关断，a 相交流侧输出电压相对于直流侧中性点 N 的电压为 $-U_{dc}/2$。

调制过程中，对于每相上、下两个桥臂施加的开关信号始终相反，不会同时导通。向某个桥臂施加导通信号时，根据交流侧电流方向的不同，桥臂电流可能流经 IGBT，也可能流经反向并联的二极管。同理，b、c 相调制得到相位依次滞后 120°的 SPWM 波，实现了直流到三相交流的转换。

经过上述调制，得到的交流侧电压波形为系列的矩形脉冲波形，经过滤波即可得到正弦波形。理论分析可知，三相两电平 VSC 采用 PWM 时，谐波主要分布在频率较高的开关频率及其整数倍频率附近，便于滤波器设计。

3.1.3 数学模型

VSC 的数学模型是换流站控制系统构建的基础。如图 3.1 所示，L 为交流系统到换流器桥臂中点的等效连接电抗；R 为换流器损耗的等效电阻。在 abc 坐标系下，可得交流网侧电压 u_{abc} 与换流器交流侧出口电压 v_{abc} 满足

$$\begin{aligned}
&L\frac{di_a}{dt}+Ri_a=u_a-v_a\\
&L\frac{di_b}{dt}+Ri_b=u_b-v_b\\
&L\frac{di_c}{dt}+Ri_c=u_c-v_c\\
&\frac{C}{2}\frac{dU_{dc}}{dt}=I_{dc}-I_{line}
\end{aligned}\tag{3.1}$$

即

$$\begin{aligned}
&\frac{di_{abc}}{dt}=\frac{1}{L}(u_{abc}-v_{abc}-Ri_{abc})\\
&C\frac{dU_{dc}}{dt}=2(I_{dc}-I_{line})
\end{aligned}\tag{3.2}$$

利用派克变换将 abc 坐标系下方程变换到 $dq0$ 坐标系下，由于

$$i_{dq0}=Pi_{abc}\tag{3.3}$$

式中，P 为派克变换矩阵，即

$$P=\frac{2}{3}\begin{bmatrix}\cos(\omega t) & \cos\left(\omega t-120^\circ\right) & \cos\left(\omega t+120^\circ\right)\\ -\sin(\omega t) & -\sin\left(\omega t-120^\circ\right) & -\sin\left(\omega t+120^\circ\right)\\ \frac{1}{2} & \frac{1}{2} & \frac{1}{2}\end{bmatrix} \tag{3.4}$$

则

$$\frac{\mathrm{d}i_{\mathrm{dq0}}}{\mathrm{d}t}=\frac{\mathrm{d}P}{\mathrm{d}t}i_{\mathrm{abc}}+P\frac{\mathrm{d}i_{\mathrm{abc}}}{\mathrm{d}t} \tag{3.5}$$

所以，$dq0$ 坐标系下换流器交流侧动态响应满足

$$\begin{aligned}\begin{bmatrix}\frac{\mathrm{d}i_{\mathrm{d}}}{\mathrm{d}t}\\ \frac{\mathrm{d}i_{\mathrm{q}}}{\mathrm{d}t}\\ \frac{\mathrm{d}i_{0}}{\mathrm{d}t}\end{bmatrix}&=\frac{2}{3}\omega\begin{bmatrix}-\sin(\omega t) & -\sin\left(\omega t-120^\circ\right) & -\sin\left(\omega t+120^\circ\right)\\ -\cos(\omega t) & -\cos\left(\omega t-120^\circ\right) & -\cos\left(\omega t+120^\circ\right)\\ 0 & 0 & 0\end{bmatrix}\begin{bmatrix}i_{\mathrm{a}}\\ i_{\mathrm{b}}\\ i_{\mathrm{c}}\end{bmatrix}\\ &\quad+P\frac{1}{L}\left(\begin{bmatrix}u_{\mathrm{a}}\\ u_{\mathrm{b}}\\ u_{\mathrm{c}}\end{bmatrix}-\begin{bmatrix}v_{\mathrm{a}}\\ v_{\mathrm{b}}\\ v_{\mathrm{c}}\end{bmatrix}-R\begin{bmatrix}i_{\mathrm{a}}\\ i_{\mathrm{b}}\\ i_{\mathrm{c}}\end{bmatrix}\right)\end{aligned} \tag{3.6}$$

$$\begin{bmatrix}\frac{\mathrm{d}i_{\mathrm{d}}}{\mathrm{d}t}\\ \frac{\mathrm{d}i_{\mathrm{q}}}{\mathrm{d}t}\\ \frac{\mathrm{d}i_{0}}{\mathrm{d}t}\end{bmatrix}=\frac{1}{L}\begin{bmatrix}u_{\mathrm{d}}\\ u_{\mathrm{q}}\\ u_{0}\end{bmatrix}-\frac{1}{L}\begin{bmatrix}v_{\mathrm{d}}\\ v_{\mathrm{q}}\\ v_{0}\end{bmatrix}-\frac{R}{L}\begin{bmatrix}i_{\mathrm{d}}\\ i_{\mathrm{q}}\\ i_{0}\end{bmatrix}+\omega\begin{bmatrix}i_{\mathrm{q}}\\ -i_{\mathrm{d}}\\ 0\end{bmatrix} \tag{3.7}$$

正常工作状况下，交流侧三相对称，可以认为 0 轴分量上的值始终为 0，因此可将其省去，得到换流器交流侧电流动态响应在 dq 轴坐标下的数学模型表达式为

$$\begin{cases}L\dfrac{\mathrm{d}i_{\mathrm{d}}}{\mathrm{d}t}=u_{\mathrm{d}}-v_{\mathrm{d}}-Ri_{\mathrm{d}}+\omega Li_{\mathrm{q}}\\ L\dfrac{\mathrm{d}i_{\mathrm{q}}}{\mathrm{d}t}=u_{\mathrm{q}}-v_{\mathrm{q}}-Ri_{\mathrm{q}}-\omega Li_{\mathrm{d}}\end{cases} \tag{3.8}$$

将上述数学模型与电压、功率等控制器结合，即可实现对电压源型换流站的柔性控制。

3.2　二极管箝位型三电平电压源型换流器的基本结构和工作原理

二极管箝位型三电平 VSC[2]是在两个电力电子开关器件串联的基础上，在中性点加箝位二极管构成的一种三电平换流器结构。它的基本拓扑结构如图 3.3 所示。

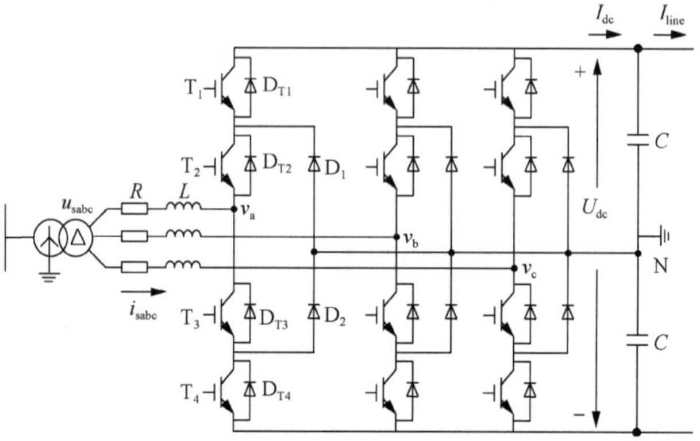

图 3.3　二极管箝位型三电平 VSC 基本拓扑结构图

二极管箝位型三电平 VSC 由三相共六个桥臂构成，每相包含上下共计四个串联开关器件和两个箝位二极管。串联的开关器件由 IGBT 与反向并联二极管组成。以 a 相桥臂为例，四个串联开关器件中的 IGBT 和反向并联二极管分别是 T_1、D_{T1}、T_2、D_{T2}、T_3、D_{T3}、T_4、D_{T4}。直流侧由两个等效大电容串联，支撑直流电压，以其电压中点作为电位参考点。

根据图 3.3 所示拓扑结构图，对 a 相工作状态进行如下分析。

状态 1：当 a 相上桥臂开关器件 T_1 和 T_2 导通，下桥臂开关器件 T_3 和 T_4 关断，此时若工作于整流状态，则电流从交流侧流经上桥臂反向并联的二极管 D_{T1} 和 D_{T2}，交流侧电压等于直流侧正极电压$+U_{dc}/2$；若工作于逆变状态，则电流经 IGBT 流向交流侧，忽略 IGBT 上的压降，则 a 相交流侧输出电压相对于直流侧中性点 N 的电压仍然为$+U_{dc}/2$。

状态 2：当开关器件 T_2 和 T_3 导通，而 T_1 和 T_4 关断，此时无论工作于整流还是逆变状态，若忽略电子器件阻抗，a 相交流侧均相当于直接接于直流侧零电位点，则该状态下，交流侧输出电压为 0。

状态 3：当 a 相下桥臂开关器件 T_3 和 T_4 导通，上桥臂开关器件 T_1 和 T_2 关断，此时若工作于逆变状态，则电流从交流侧流经下桥臂反向并联的二极管 D_{T3} 和 D_{T4}，交流侧电压等于直流侧负极电压$-U_{dc}/2$；若工作于整流状态，则电流经 IGBT 流向交流侧，忽略 IGBT 上的压降，则 a 相交流侧输出电压相对于直流侧中性点 N 的电压仍然为$-U_{dc}/2$。

可见在二极管箝位三电平 VSC 中，T_1 和 T_3 处于互补状态，而 T_2 与 T_4 处于互补状态，不存在 T_1 与 T_4 同时导通的状态。在一个周期中，处于中间位置的 IGBT 导通时间更长，所以也会使中间两个 IGBT 发热量较高。

根据二极管箝位型三电平 VSC 的工作原理，如图 3.4 所示，当采用方波调制时，其交流侧输出电压波形如图 3.5 所示，图中 v_a、v_b、v_c 为换流器交流侧出口电

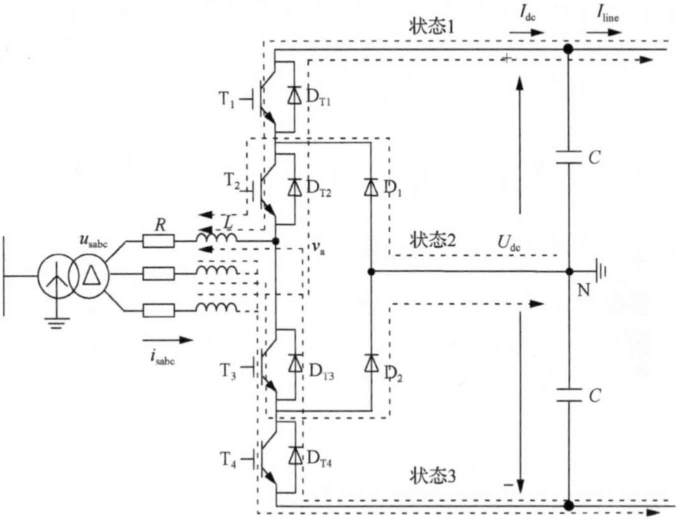

图 3.4　二极管箝位型三电平 VSC 工作原理图

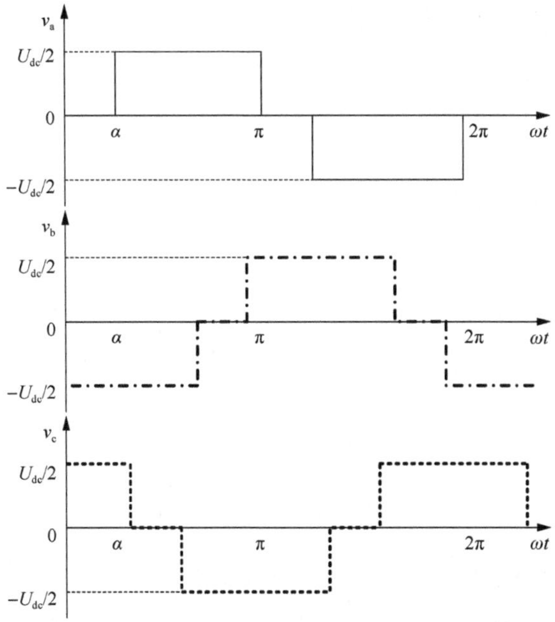

图 3.5　二极管箝位型三电平 VSC 方波调制波形

压，α 为触发角。由图可见，相比较两电平 VSC，三电平 VSC 由于具备更多输出电平数，电压输出波形畸变更小。

二极管箝位型三电平 VSC 的结构比两电平 VSC 增加了更多的器件。当电平数逐渐增多时，二极管箝位型多电平 VSC 所需的箝位二极管数量将迅速上升。再者，PWM 要求这一类换流器中每个桥臂的开关器件的开关频率要远高于工频，这对开关器件提出了严格的要求。另外，PWM 输出的波形仍然需要进行滤波处理，滤波器的占地以及波形质量问题使得这类 VSC 的应用受限，目前主要应用于较小功率传输和变换的场合。

3.3 模块化多电平换流器的基本结构和工作原理[3,4]

3.3.1 模块化多电平换流器的基本结构

MMC 采取模块化设计，每个桥臂由一定数量的、具有相同模块化结构的子模块构成。三相 MMC 主回路的拓扑结构如图 3.6 所示。

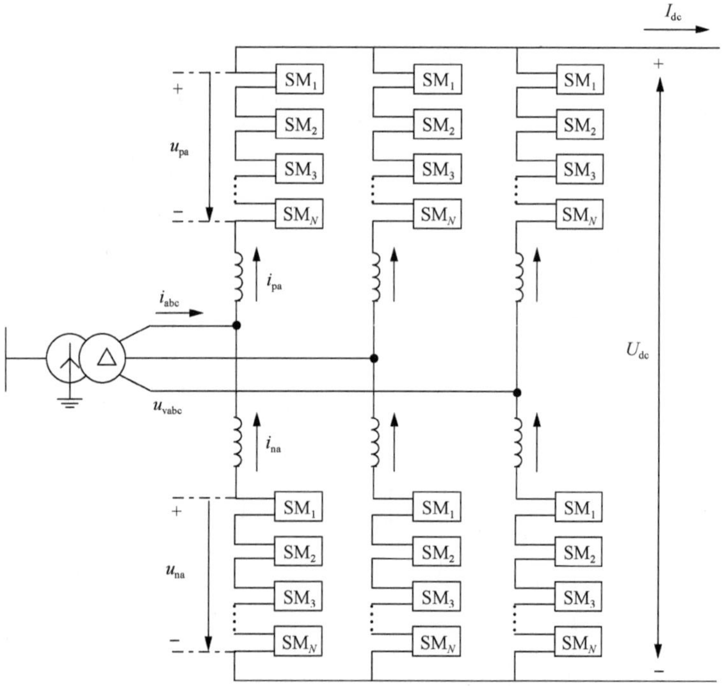

图 3.6 三相 MMC 主回路的拓扑结构

MMC 有 6 个桥臂，每个桥臂由 1 个桥臂电抗器和 N 个子模块(submodule，SM)串联而成，每一相的上下两个桥臂共同构成相单元。通过改变每个桥臂中投入的子模块数量，即可改变电路的工作状态，从而灵活实现交流侧输出电压变化。

此外，MMC 每个桥臂所能承担的最大电压等级由串接的子模块数量决定，单个开关器件承受电压由子模块电容电压决定，可以克服有限个开关器件直接串联而导致的电压分配不均的问题，有利于提高电压等级，实现高电压直流输电的应用。

MMC 桥臂的单个子模块的拓扑结构如图 3.7 所示。其中，T_1、T_2 为开关器件 IGBT，D_1、D_2 为反并联的二极管，C_0 为直流侧电容(又称为分布电容)；U_c 为子模块电容电压，u_{sm} 为子模块连接端口电压，i_{sm} 为流入子模块的电流，各物理量的参考方向如图 3.7 所示。每个子模块由连接端口串联接入主电路拓扑，MMC 换流站直流电压通过接入 MMC 子模块的分布电容来支撑。

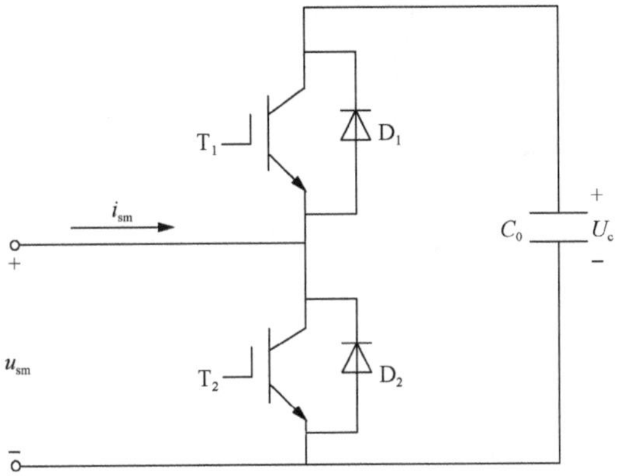

图 3.7　子模块的拓扑结构

子模块存在三种不同的工作状态。每种工作状态下，根据电流流向的不同，又包含两种不同的工作模式，如表 3.1 所示。

1) 工作状态 1——对开关器件 T_1 和 T_2 施加关断信号

该种工作状态也称为“闭锁状态”。由于与 IGBT 反并联的续流二极管 D_1 和 D_2 的作用，该工作状态又包含两种工作模式，分别为工作模式 1 和工作模式 4。

工作模式 1：电流从子模块端口流入，经过反并联的续流二极管 D_1 向子模块电容进行充电，因此在 MMC 启动时，子模块工作于这种模式。

工作模式 4：电流经反并联二极管 D_2 直接从子模块端口流出，此时子模块电容被旁路，在非正常工作状态或故障时为保护子模块而采用这种工作模式。

2) 工作状态 2——对开关器件 T_1 施加开通信号，对 T_2 施加关断信号

这种工作状态下反向并联二极管 D_2 因承受反向电压而不能导通，但子模块电容却始终处于投入状态下，因此又称为“投入状态”。子模块电容处于充电或放电的情况分别称为工作模式 2 和工作模式 5。

工作模式 2：电流从子模块端口流入，经过反并联的二极管 D_1 向子模块电容进行充电，T_1 导通触发信号虽然存在，但由于承受反向电压而并未导通。

表 3.1　子模块的工作状态和工作模式

工作状态	电流流入子模块	电流流出子模块
工作状态 1（闭锁状态）	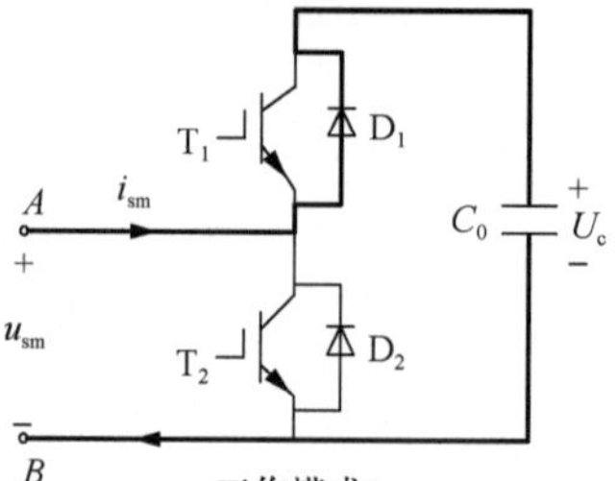 工作模式1	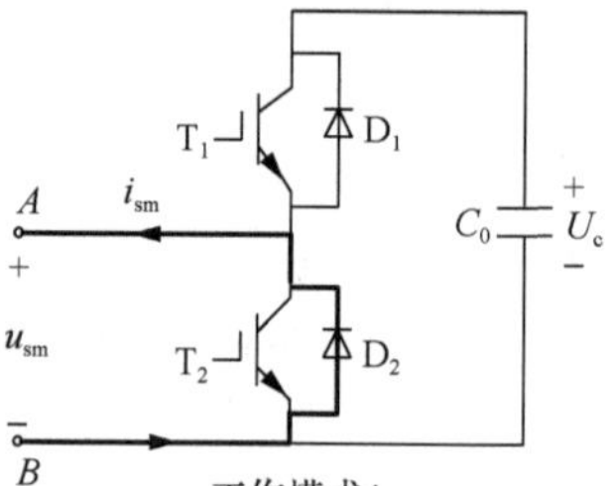 工作模式4
工作状态 2（投入状态）	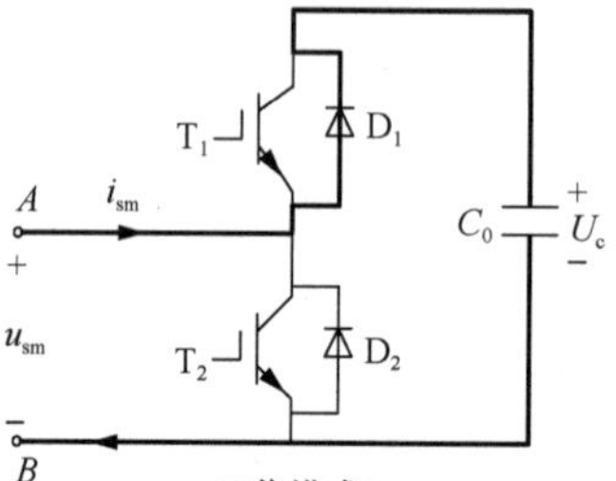 工作模式2	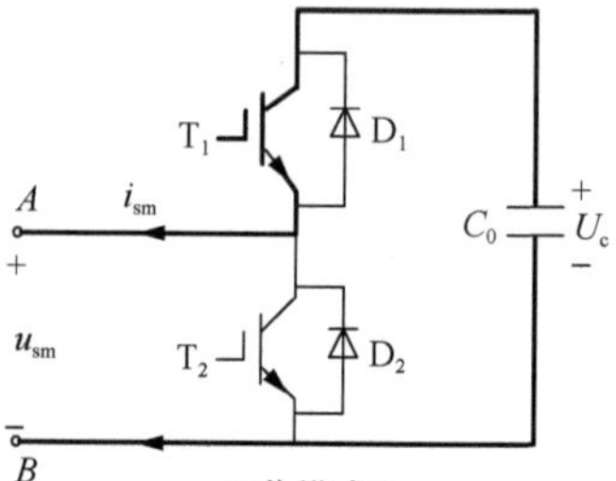 工作模式5
工作状态 3（切除状态）	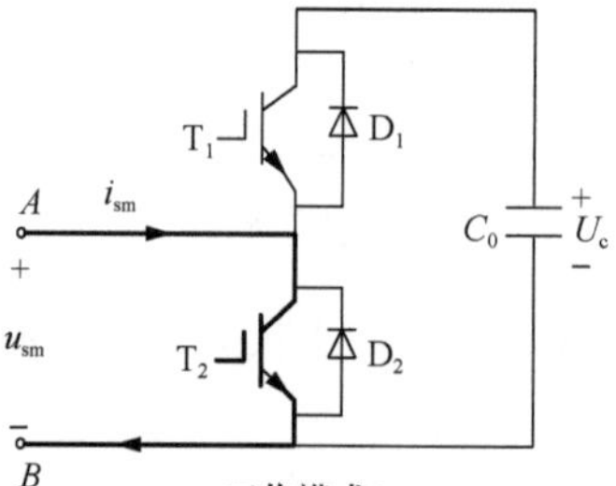 工作模式3	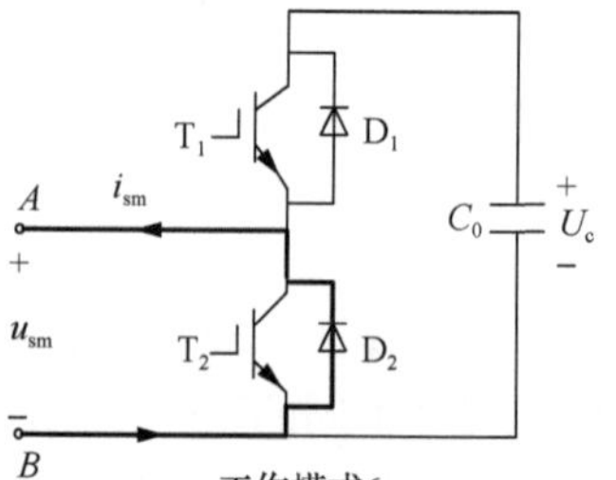 工作模式6

工作模式 5：电流经子模块电容和 T_1 从子模块端口流出，此时子模块电容处于接入主电路状态，向外提供电能，处于放电状态。

3）工作状态 3——对开关器件 T_1 施加关断信号，对 T_2 施加开通信号

此时 T_1 因加关断信号而处于关断状态，D_1 因承受反向电压也处于关断状态。这种工作状态下子模块电容始终处于被旁路的状态，子模块输出电压为零，因此又称为“切除状态”。根据电流流向的不同，可分为工作模式 3 和工作模式 6。

工作模式 3：电流从子模块端口流入，此时 T_2 处于导通状态，而 D_2 承受反向电压，电流经过 T_2 将电容器旁路。

工作模式 6：电流经过 D_2 将电容器旁路。虽然 T_2 施加了开通信号，但由于其承受反压并未导通。

对上述分析进行总结可以得到表 3.2，表中给出 T_1、T_2、D_1 和 D_2 的工作状态，1 对应导通状态，0 对应关断状态。从表 3.2 可以看出，对应每一个模式，T_1、T_2、D_1 和 D_2 中有且仅有一个处于导通状态。因此，可以认为，子模块进入稳态模式后，有且仅有一个管子处于导通状态，其余三个管子都处于关断状态。另外，若将 T_1 与 D_1、T_2 与 D_2 分别集中起来作为开关 S_1 和 S_2 看待，那么对应投入状态，S_1 是导通的，S_2 是关断的；对应切除状态，S_2 是导通的，S_1 是断开的；对应闭锁状态，S_1 和 S_2 中哪个导通、哪个关断是不确定的。根据以上分析可以得出结论：只要对每个子模块上下两个 IGBT 的开关状态进行控制，就可以实现投入或切除该子模块。

表 3.2　子模块的工作状态和工作模式

状态	模式	T_1	T_2	D_1	D_2	电流方向	u_{sm}	说明
闭锁	1	0	0	1	0	*A* 到 *B*	U_c	电容充电
	4	0	0	0	1	*B* 到 *A*	0	旁路
投入	2	1	0	0	0	*A* 到 *B*	U_c	电容充电
	5	0	0	1	0	*B* 到 *A*	U_c	电容放电
切除	3	0	1	0	0	*A* 到 *B*	0	旁路
	6	0	0	0	1	*B* 到 *A*	0	旁路

3.3.2　三相模块化多电平换流器的工作原理

三相 MMC 的拓扑结构如图 3.6 所示。以五电平 MMC 对三相 MMC 工作原理(图 3.8)为例进行介绍。对于五电平拓扑，每个相单元由 8 个子模块构成，上、下桥臂分别有 4 个子模块。

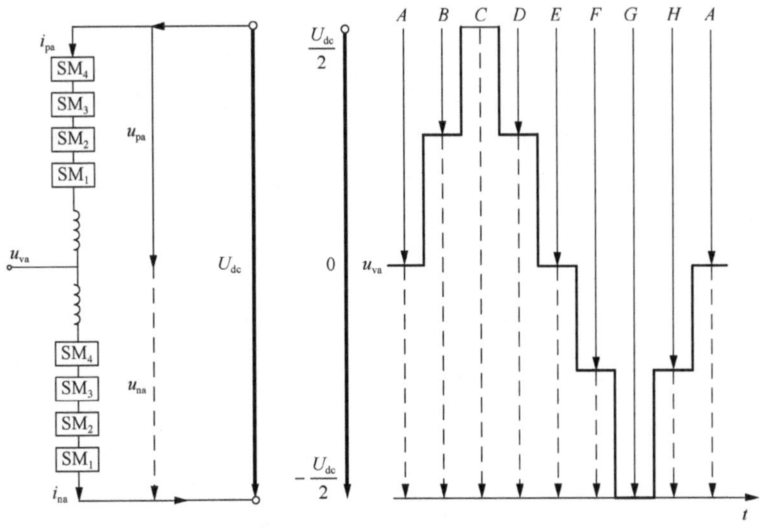

图 3.8　五电平 MMC 工作原理

MMC 在运行时需要同时满足直流侧和交流侧两端的约束条件：

(1)维持直流电压恒定。直流电压由三个相互并联的相单元支撑，由图 3.8 可知，通过维持三个相单元中处于投入状态的子模块数相等且恒定，来维持直流电压稳定，因此上、下桥臂电压应满足(不考虑电阻电感压降)

$$u_{pa}+u_{na}=u_{pb}+u_{nb}=u_{pc}+u_{nc}=U_{dc} \tag{3.9}$$

(2)输出三相正弦交流电压。由条件(3.9)可知，每相处于投入状态的子模块数恒定，通过调整三个相单元上、下桥臂中各自处于投入状态的子模块数，实现对换流器输出交流侧电压的调节，即通过调节图 3.8 中实线 u_{pa} 和虚线 u_{na} 的长度，达到交流侧输出电压 u_{va} 为正弦波的目的。

依据上述两个条件，对于五电平 MMC 换流站，在每个工频周期内，u_{va} 需要经历图 3.8 所示 A、B、C、D、E、F、G、H 八个不同的阶段，不同阶段对应上、下桥臂投入子模块数见表 3.3。

表 3.3　u_{va} 不同阶段所对应的子模块投入模式

时间段	A	B	C	D	E	F	G	H
u_{va} 值	0	$U_{dc}/4$	$U_{dc}/2$	$U_{dc}/4$	0	$-U_{dc}/4$	$-U_{dc}/2$	$-U_{dc}/4$
上桥臂投入的子模块数	2	1	0	1	2	3	4	3
下桥臂投入的子模块数	2	3	4	3	2	1	0	1
相单元投入的子模块数	4	4	4	4	4	4	4	4
直流侧电压	U_{dc}	U_{dc}	U_{dc}	U_{dc}	U_{dc}	U_{dc}	U_{dc}	U_{dc}

通过以上对五电平 MMC 工作原理的分析可以得到以下几点结论：

(1)在不考虑桥臂具有一定冗余子模块的情况下，若 MMC 每个相单元由 $2N$ 个子模块串联而成，则上、下桥臂分别有 N 个子模块，可以构成 N+1 个电平。

(2)任一时刻每个相单元投入的子模块数为 N，即投入的子模块数必须满足 $M+L=N$，其中 M 为上桥臂投入的子模块数，L 为下桥臂投入的子模块数。

(3)采取均压控制使得每个子模块电容电压维持均衡，其平均值为 U_c，则 MMC 的直流侧电压与子模块电容电压满足

$$U_c=\frac{U_{dc}}{M+L}=\frac{U_{dc}}{N} \tag{3.10}$$

MMC 交流侧输出的 N+1 个电平由高至低分别为 $\frac{N}{2}U_c$，$\left(\frac{N}{2}-1\right)U_c$，$\left(\frac{N}{2}-2\right)U_c$，$\cdots$，0，$\cdots$，$-\left(\frac{N}{2}-2\right)U_c$，$-\left(\frac{N}{2}-1\right)U_c$，$-\frac{N}{2}U_c$。当每个桥臂的子模块数量足够多时，通过模块数量改变得到的交流侧输出波形已经非常接近正弦波，不需要像采取 PWM 控制方式的电压源型换流站一样安装滤波器，这种方法不会减小占

地面积，更利于集成。图 3.9 给出 21 电平 MMC 正常工作时阀侧电压波形，可见与五电平 MMC 相比，波形已明显得到改善。

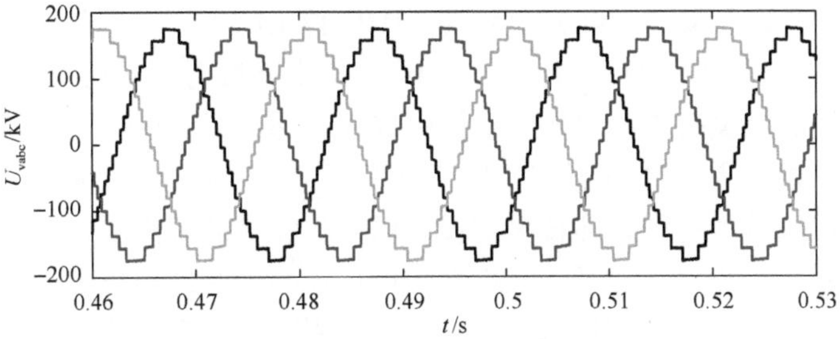

图 3.9　21 电平 MMC 正常工作时阀侧电压波形

(4) 由基尔霍夫电压定律(Kirchhoff's voltage law, KVL)可得，在任一时刻换流站交流侧输出电压 $u_{\rm va}$ 满足

$$u_{\rm va}=\frac{U_{\rm dc}}{2}-u_{\rm pa}=u_{\rm na}-\frac{U_{\rm dc}}{2} \tag{3.11}$$

3.3.3　最近电平逼近调制原理

MMC 具有大量子模块，常采用阶梯波调制方式。阶梯波调制方式可以分为特定谐波消去阶梯波调制和电压逼近调制。特定谐波消去方式动态性能较差，且计算量较大，因而常用于电平数较少的场合。电压逼近调制可以分为空间矢量控制(space vector control，SVC)和最近电平逼近调制(nearest level modulation，NLM)[5,6]。此处主要介绍最为常用的最近电平逼近调制。

MMC 换流站通过控制上下桥臂投入的子模块数，使换流站交流侧出口电压 $u_{\rm v}$ 与调制电压 $u_{\rm r}$ 匹配。用 $u_{\rm ra}$ 表示 a 相调制波的瞬时值，$U_{\rm c}$ 表示子模块的直流电容电压平均值，并假设每个相单元含有的子模块数为 $2N$。由式(3.11)可得 a 相上、下桥臂需要投入的子模块数分别为

$$\begin{cases} n_{\rm up}=\left(\dfrac{U_{\rm dc}}{2}-u_{\rm ra}\right)\dfrac{1}{U_{\rm c}}=\dfrac{N}{2}-\dfrac{u_{\rm ra}}{U_{\rm c}} \\ n_{\rm down}=\left(\dfrac{U_{\rm dc}}{2}+u_{\rm ra}\right)\dfrac{1}{U_{\rm c}}=\dfrac{N}{2}+\dfrac{u_{\rm ra}}{U_{\rm c}} \end{cases} \tag{3.12}$$

由于投入的子模块数必须是整数，因此上、下桥臂实际投入的子模块数满足

$$\begin{cases} n_{\rm up}=\dfrac{N}{2}-{\rm round}\left(\dfrac{u_{\rm ra}}{U_{\rm c}}\right) \\ n_{\rm down}=\dfrac{N}{2}+{\rm round}\left(\dfrac{u_{\rm ra}}{U_{\rm c}}\right) \end{cases} \tag{3.13}$$

式中，$\text{round}\left(\dfrac{u_{ra}}{U_c}\right)$表示取与$\dfrac{u_{ra}}{U_c}$最接近的整数。

因此，从理论上来讲，NLM 能够将 MMC 输出的电压与调制波电压之差控制在$\pm U_c/2$以内。同理，也可以计算得到 b、c 相上下桥臂投入的子模块数。

由于子模块数量有限，投入的子模块数 n 必然满足 $0 \leqslant n \leqslant N$。若计算得到的 n_{up}、n_{down} 在上述范围之内，则称 NLM 工作在正常工作区。当调制波幅值超出 NU_c 时，由于子模块数量有限，即使全部投入仍无法满足调制需求，交流波形发生畸变，谐波率上升，NLM 无法将 MMC 输出的电压与调制波电压之差控制在$\pm U_c/2$之内，此时称 NLM 工作在过调制区。实际工程中，通常保留一定裕度以保证调制波幅值不超过 NU_c，避免过调制情况发生。

3.3.4　模块化多电平换流器的数学模型

图 3.10 为考虑交直流侧中性点的 MMC 拓扑结构。图中，换流器出口的电流参考方向为直流侧流向交流侧；直流侧中性点用点 O 表示，交流侧中性点用点 O′表示。电阻 R_0 为整个桥臂的等效损耗(各个桥臂的损耗看成近似相同)；L_0 为桥臂

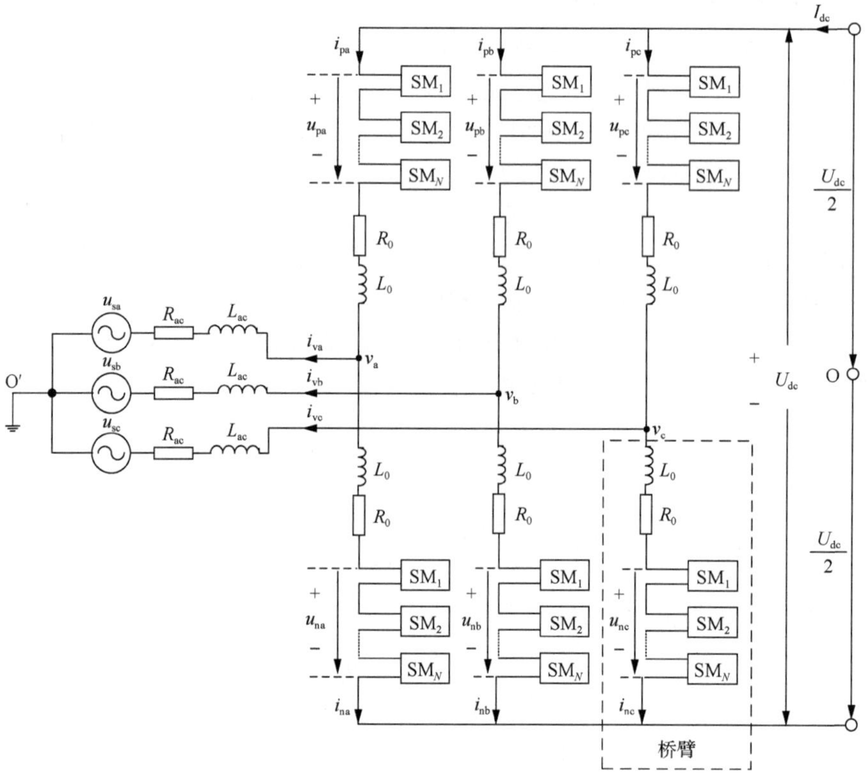

图 3.10　三相 MMC 等效电路图

电抗器的电感；R_{ac} 和 L_{ac} 分别为换流器交流出口 v_k 到交流系统等效电动势之间的等效电阻和电感；u_{pk} 和 u_{nk}(k=a, b, c)分别为上、下桥臂所有子模块构成的桥臂电压；i_{pk} 和 i_{nk} 分别为流经上、下桥臂的电流；U_{sk} 为交流电网电压；U_{dc} 为直流电压；i_{vk} 为阀侧换流器出口输出的三相电流。

1. 交流回路的数学模型

由图 3.10 可知，对于 k 相，根据基尔霍夫电压定律，对上、下桥臂分别列写基尔霍夫电压定律及基尔霍夫电流定律(Kirchhoff's current law，KCL)方程可得

$$u_{oo'}=-\frac{U_{dc}}{2}+u_{pk}+R_0 i_{pk}+L_0\frac{di_{pk}}{dt}+L_{ac}\frac{di_{vk}}{dt}+R_{ac}i_{vk}+u_{sk}\quad（上桥臂）\tag{3.14}$$

$$u_{oo'}=\frac{U_{dc}}{2}-u_{nk}-R_0 i_{nk}-L_0\frac{di_{nk}}{dt}+L_{ac}\frac{di_{vk}}{dt}+R_{ac}i_{vk}+u_{sk}\quad（下桥臂）\tag{3.15}$$

根据基尔霍夫电流定律可得

$$i_{vk}=i_{pk}-i_{nk}\tag{3.16}$$

为了方便公式的表示，定义

$$\begin{cases}u_{diffk}=\dfrac{u_{nk}-u_{pk}}{2}\\ L=L_{ac}+\dfrac{L_0}{2}\\ R=R_{ac}+\dfrac{R_0}{2}\end{cases}\tag{3.17}$$

式中，u_{diffk} 为 MMC 的 k 相上下桥臂的差模电压(也称内部虚拟电动势)。

由于交流侧中性点 O′和直流侧中性点 O 等电位，因此 $u_{oo'}$=0。令式(3.14)与式(3.15)相加，并结合式(3.16)和式(3.17)，可得

$$L\frac{di_{vk}}{dt}+Ri_{vk}=u_{diffk}-u_{sk}\tag{3.18}$$

式(3.18)即为三相静止坐标系下 MMC 交流回路的基频动态数学模型。稳态运行时其电压和电流都是正弦形式的交流量，不利于后续控制器的设计。为了得到易于控制的直流量，可以对式(3.18)进行坐标变换，将三相静止坐标系下的正弦交流量变换到两轴同步旋转坐标系 dq 下的直流量。

上述的坐标变换采用经典的派克变换，即

$$f_{\mathrm{dq}}(t)=T_{\mathrm{3s\text{-}dq}}(\theta)f_{\mathrm{abc}}(t) \tag{3.19}$$

$$f_{\mathrm{abc}}(t)=T_{\mathrm{dq\text{-}3s}}(\theta)f_{\mathrm{dq}}(t) \tag{3.20}$$

$$T_{\mathrm{3s\text{-}dq}}(\theta)=\frac{2}{3}\begin{bmatrix}\cos\theta & \cos\left(\theta-\dfrac{2\pi}{3}\right) & \cos\left(\theta+\dfrac{2\pi}{3}\right)\\ -\sin\theta & -\sin\left(\theta-\dfrac{2\pi}{3}\right) & -\sin\left(\theta+\dfrac{2\pi}{3}\right)\end{bmatrix} \tag{3.21}$$

$$T_{\mathrm{dq\text{-}3s}}(\theta)=\begin{bmatrix}\cos\theta & -\sin\theta\\ \cos\left(\theta-\dfrac{2\pi}{3}\right) & -\sin\left(\theta-\dfrac{2\pi}{3}\right)\\ \cos\left(\theta+\dfrac{2\pi}{3}\right) & -\sin\left(\theta+\dfrac{2\pi}{3}\right)\end{bmatrix} \tag{3.22}$$

式中，θ一般取u_{sa}的相位(余弦形式)，通过锁相环(phase locked loop，PLL)来获得，当PLL实现锁相同步时，θ就等于u_{sa}的相位；$T_{\mathrm{3s\text{-}dq}}(\theta)$为从$abc$三相静止坐标系到$dq$旋转坐标系的变换矩阵(3s指三相静止坐标系)；$T_{\mathrm{dq\text{-}3s}}(\theta)$为从$dq$旋转坐标系到$abc$三相静止坐标系的变换矩阵。

对式(3.18)施加式(3.21)的坐标变换可得

$$\begin{cases}L\dfrac{\mathrm{d}i_{\mathrm{vd}}}{\mathrm{d}t}+Ri_{\mathrm{vd}}=u_{\mathrm{diffd}}-u_{\mathrm{sd}}+\omega Li_{\mathrm{vq}}\\ L\dfrac{\mathrm{d}i_{\mathrm{vq}}}{\mathrm{d}t}+Ri_{\mathrm{vq}}=u_{\mathrm{diffq}}-u_{\mathrm{sq}}-\omega Li_{\mathrm{vd}}\end{cases} \tag{3.23}$$

式中，u_{sd}、u_{sq}和i_{vd}、i_{vq}分别为电网电压和电流的d轴、q轴分量；u_{diffd}、u_{diffq}分别为差模电压的d轴、q轴分量。

式(3.23)为dq坐标系下MMC交流回路的动态响应数学模型。式(3.8)及式(3.18)分别给出两电平VSC及MMC的数学模型。上述数学模型为VSC控制器设计提供了基础。在换流站站级控制中，通过将dq坐标系下换流器数学模型解耦，可实现对有功及无功类变量的控制。

对式(3.23)进行拉普拉斯变换，可得到MMC在dq坐标系下基频动态方程的频域形式为

$$\begin{cases}(R+Ls)i_{\mathrm{vd}}(s)=-u_{\mathrm{sd}}(s)+u_{\mathrm{diffd}}(s)+\omega Li_{\mathrm{vq}}(s)\\ (R+Ls)i_{\mathrm{vq}}(s)=-u_{\mathrm{sq}}(s)+u_{\mathrm{diffq}}(s)+\omega Li_{\mathrm{vd}}(s)\end{cases} \tag{3.24}$$

通过式(3.24)可以得到差模电压与输出电流之间的关系，这是后续的内环电流控制器设计的基础。

2. 直流回路数学模型

定义 MMC 的 k 相上下桥臂共模电压为

$$u_{\mathrm{com}k}=\frac{1}{2}(u_{\mathrm{n}k}+u_{\mathrm{p}k}) \tag{3.25}$$

定义 MMC 内部 k 相的不平衡电流为

$$i_{\mathrm{diff}k}=\frac{1}{2}(i_{\mathrm{p}k}+i_{\mathrm{n}k})=I_{\mathrm{dc}k}+i_{\mathrm{cir}k} \tag{3.26}$$

式中，$I_{\mathrm{dc}k}$ 为内部不平衡电流 $i_{\mathrm{diff}k}$ 的直流分量，即流过 k 相单元的直流电流；$i_{\mathrm{cir}k}$ 为内部不平衡电流 $i_{\mathrm{diff}k}$ 的交流分量，即环流，一般以二次谐波为主[4]。

令式(3.14)与式(3.15)相减，并结合式(3.25)和式(3.26)定义，可得

$$L_0\frac{\mathrm{d}i_{\mathrm{diff}k}}{\mathrm{d}t}+R_0 i_{\mathrm{diff}k}=\frac{U_{\mathrm{dc}}}{2}-u_{\mathrm{com}k} \tag{3.27}$$

式(3.27)为 abc 坐标系下 MMC 的直流回路数学模型。由于 MMC 内部环流中二次谐波的相序是负序的[4]，在进行坐标变换时，需要采用从 abc 三相静止坐标系变换到 $d^{-2}q^{-2}$ 旋转坐标系的变换矩阵 $T_{\text{3s-dq}}(-2\theta)$。

对式(3.26)进行 $d^{-2}q^{-2}$ 坐标变换可得

$$\begin{cases}L_0\dfrac{\mathrm{d}i_{\mathrm{diffd}}}{\mathrm{d}t}=-u_{\mathrm{comd}}-R_0 i_{\mathrm{diffd}}-2\omega L_0 i_{\mathrm{diffq}}\\[2ex] L_0\dfrac{\mathrm{d}i_{\mathrm{diffq}}}{\mathrm{d}t}=-u_{\mathrm{comq}}-R_0 i_{\mathrm{diffq}}+2\omega L_0 i_{\mathrm{diffd}}\end{cases} \tag{3.28}$$

对式(3.28)进行拉普拉斯变换，可得 $d^{-2}q^{-2}$ 坐标系下 MMC 内部环流动态方程的频域形式为

$$\begin{cases}(R_0+L_0 s)i_{\mathrm{diffd}}(s)=-u_{\mathrm{comd}}(s)-2\omega L_0 i_{\mathrm{diffq}}(s)\\ (R_0+L_0 s)i_{\mathrm{diffq}}(s)=-u_{\mathrm{comq}}(s)-2\omega L_0 i_{\mathrm{diffd}}(s)\end{cases} \tag{3.29}$$

通过式(3.29)可以得到共模电压与内部环流之间的关系，这是环流抑制控制器设计的基础。

3.4 柔性直流系统的控制策略

由式(3.8)和式(3.23)对比可见，MMC 型与 VSC 型换流站的数学模型在 *dq* 坐标系下形式完全相同，两者的差异仅体现在交直流变换方式不同。因此，基于 MMC 和两电平或三电平的 VSC 柔性直流系统在直流系统级控制和站级控制上具有完全相同的控制策略。通过站级控制得到阀级控制参考值之后，两种不同类型的换流器则采取不同的调制策略来控制桥臂 IGBT 的导通和关断，以实现整个控制流程。控制系统按控制层级分为三个层次：换流器阀级控制、换流站级控制和直流系统级控制。三级控制协调配合，实现交直流系统稳定。

3.4.1 换流器阀级控制

换流器阀级控制是指换流器的调制方式及其控制。针对不同的换流器结构，可采取不同的调制方式。两电平换流器和二极管箝位三电平换流器往往采用 PWM 方式。MMC 则采用阶梯波调制，由于电平数较多，其输出波形更加逼近正弦波。对于 MMC，其阀级控制中的调制方式详见 3.3.3 小节。

3.4.2 换流站级控制

换流站级控制就是对换流站输出的有功功率、无功功率等相关变量进行控制。目前电压源型换流站的控制方式主要可以分为间接电流控制和直接电流控制两种。间接电流控制的优点是控制静态特性好，控制结构简单；缺点是动态响应慢，不能控制内部过流，因此在实际工程中较少应用。而直接电流控制利用 *dq* 坐标系数学模型，采用电流内环和功率外环的双闭环控制结构，可以实现快速电流响应、有功无功解耦控制。由于在 *dq* 坐标系下，VSC 型换流站和 MMC 型换流站数学模型相同，故两种换流站站级控制是相同的。

在 *dq* 坐标系下，MMC 的控制策略可以分解为外环功率控制器、内环电流控制器和环流抑制控制器。外环功率控制器一般根据有功、无功、直流电压等参考值计算内环电流控制器中输出电流的 *dq* 轴参考值 i_{vdref} 和 i_{vqref}；内环电流控制器主要通过调节 MMC 上下桥臂的差模电压 u_{diffd} 和 u_{diffq}，使 *dq* 轴电流快速跟踪其参考值 i_{vdref} 和 i_{vqref}；环流抑制控制器通过调节 MMC 上下桥臂的共模电压 u_{comd} 和 u_{comq}，将内部环流抑制为 0。这三种控制器的相互结合形成了完整的 MMC 控制策略。

1. 外环功率控制器

柔性直流换流站功率外环控制主要分为有功功率控制和无功功率控制两类。其中，有功功率控制包括定直流电压控制、定有功功率控制、定频率控制等控制形式；无功功率控制包括定交流电压控制、定无功功率控制等控制形式。柔性直流换流站具备高度可控特性，可实现有功功率与无功功率的解耦控制。在柔性直流系统中，每个换流站可以在有功类控制量和无功类控制量中各选择一个进行控制。为了保持系统功率平衡和直流电压稳定，多端柔性直流系统中必须至少有一端换流站控制直流电压，而其他换流站根据实际运行工况，选择其他功率外环控制模式。

1) 定直流电压控制

定直流电压控制用于平衡柔性直流系统有功功率，保持直流侧电压稳定。其控制实质是通过控制换流站注入直流系统中的有功功率，保持直流侧电容电压稳定在参考值。

由瞬时功率理论[7]可知，当 d 轴与电网电压合成矢量重合时，注入交流系统的瞬时有功功率和无功功率，可以表示为

$$\begin{cases} P_{\rm s} = 1.5u_{\rm sd}i_{\rm vd} \\ Q_{\rm s} = -1.5u_{\rm sd}i_{\rm vq} \end{cases} \tag{3.30}$$

又由图 3.1 及图 3.6 可知

$$P_{\rm dc} = U_{\rm dc}I_{\rm dc} \tag{3.31}$$

由交直流功率平衡得

$$P_{\rm ac} = P_{\rm s} = \frac{3}{2}u_{\rm sd}i_{\rm vd} = P_{\rm dc} = u_{\rm dc}I_{\rm dc} \tag{3.32}$$

由式(3.32)可知，只需通过调节换流器交流侧 d 轴电流即可实现对直流侧电压的控制。为了消除稳态误差，本章以直流侧电压误差量为输入信号，d 轴电流 $i_{\rm d}$ 为输出信号，设计 PI 控制器及限幅环节，具体控制方程如式(3.33)所示。图 3.11 为定直流电压具体的控制框图。

$$i_{\rm vdref} = \left(k_{\rm p} + \frac{k_{\rm i}}{s}\right)(U_{\rm dcref} - U_{\rm dc}) \tag{3.33}$$

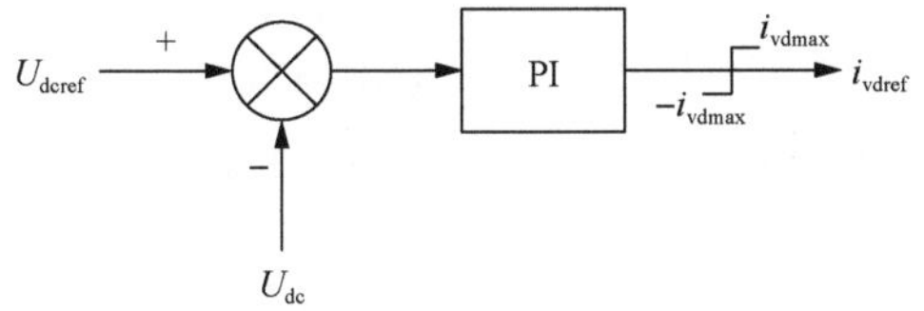

图 3.11　定直流电压控制框图

2) 定有功功率控制

定有功功率控制是控制换流站交流侧输入的有功功率。由式(3.30)可以由有功参考值 $P_{\rm ref}$ 直接计算出 d 轴参考电流 $i_{\rm vdref}$，因此交流侧输入有功的控制可以通过调节交流侧 d 轴电流来实现。然而，为了消去稳态误差，一般需要加上有功功率的负反馈 PI 调节项，如图 3.12 所示，其 PI 控制方程的设计如式(3.34)所示：

$$i_{\mathrm{vdref}}=\left(k_{\mathrm{p}}+\frac{k_{\mathrm{i}}}{s}\right)(P_{\mathrm{ref}}-P) \tag{3.34}$$

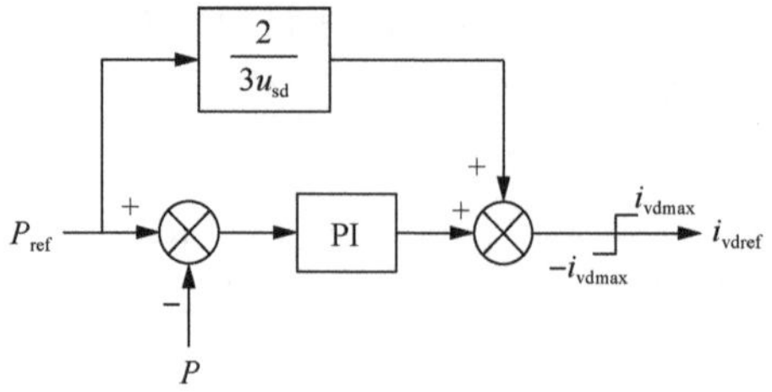

图 3.12　定有功功率控制框图

3) 定无功功率控制

若控制目标为无功功率，则可以根据式(3.30)直接计算出 q 轴参考电流 i_{vqref}，具体的控制回路与定有功功率控制器相似，如图 3.13 所示。

$$i_{\mathrm{vqref}}=\left(k_{\mathrm{p}}+\frac{k_{\mathrm{i}}}{s}\right)(Q_{\mathrm{ref}}-Q) \tag{3.35}$$

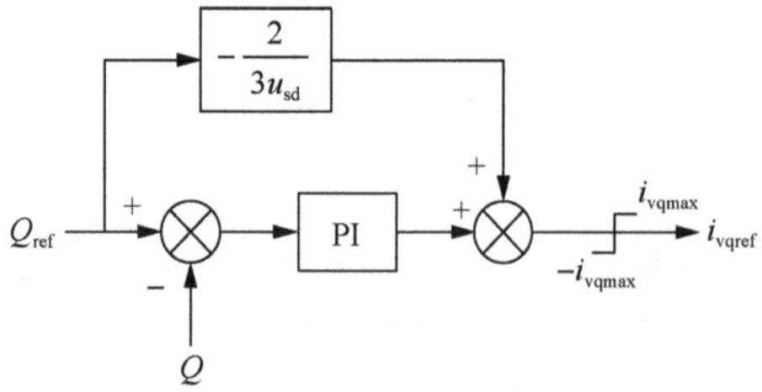

图 3.13　定无功控制框图

4) 定交流电压控制

交流系统潮流中的无功功率直接影响交流母电压，因此可以通过控制注入 PCC 点的无功功率来维持交流电压的稳定。又因无功功率直接取决于交流 q 轴电流，所以定交流电压控制可以通过控制 q 轴电流实现。如图 3.14 所示，为消除稳态误差，采用 PI 控制器进行调节，交流电压幅值为 U_{sm}，则有

$$i_{\mathrm{vqref}}=\left(k_{\mathrm{p}}+\frac{k_{\mathrm{i}}}{s}\right)(U_{\mathrm{smref}}-U_{\mathrm{sm}}) \tag{3.36}$$

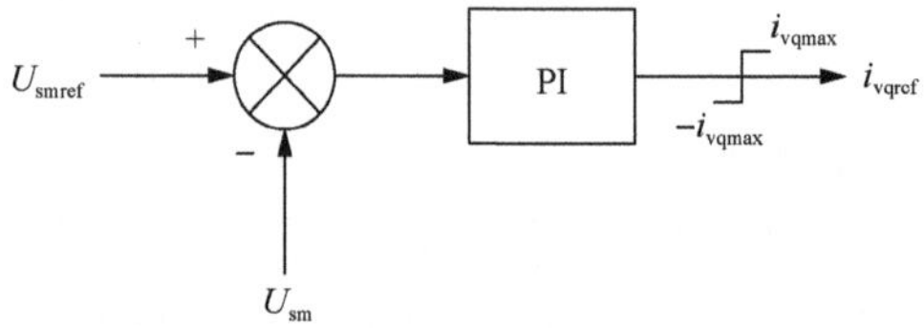

图 3.14　定交流电压控制框图

2. 内环电流控制器

电流内环的主要控制对象为换流器交流侧 dq 轴电流。它的主要作用在于跟踪外环功率输出的 dq 轴电流参考值 i_{vdref}、i_{vqref}。

但是，由换流站数学模型式(3.8)和式(3.24)可知，i_{vd}、i_{vq} 为输出变量，u_{diffd}、u_{diffq} 为控制变量，u_{sd}、u_{sq} 为扰动变量。从中可见 dq 轴电流之间存在交叉耦合关系，同时还存在电网电压的扰动项。通常借助 PI 控制器消除交叉耦合项和扰动项以实现对 dq 轴电流的独立控制，从而实现对有功功率、无功功率的独立控制。

对式(3.24)利用比例积分控制时，可得到

$$\begin{cases} u_{\text{diffdref}}(s)=u_{\text{sd}}(s)-\omega L i_{\text{vq}}(s)+[i_{\text{vdref}}(s)-i_{\text{vd}}(s)]\left(k_{\text{p1}}+\dfrac{k_{\text{i1}}}{s}\right) \\ u_{\text{diffqref}}(s)=u_{\text{sq}}(s)+\omega L i_{\text{vd}}(s)+[i_{\text{vqref}}(s)-i_{\text{vq}}(s)]\left(k_{\text{p1}}+\dfrac{k_{\text{i2}}}{s}\right) \end{cases} \tag{3.37}$$

式(3.37)所示的控制器通过耦合补偿和前馈补偿实现了对 dq 轴电流的独立控制，而且能避免稳态误差的产生。图 3.15 是电流内环控制框图和换流器交流侧 dq 轴电流动态响应框图。

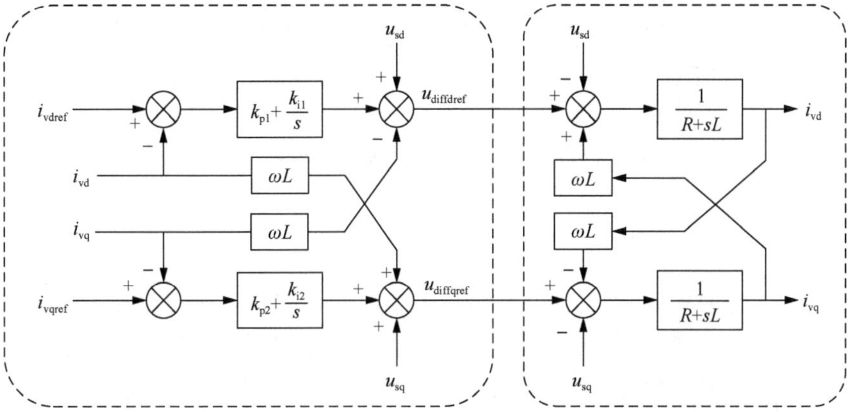

(a) 控制器框图　　(b) 电流动态响应框图

图 3.15　电流内环控制框图和换流器交流侧 dq 轴电流动态响应图

3. 环流抑制控制器

环流抑制控制器的控制目标是将不平衡电流中的环流分量抑制到零。由于不平衡电流主要包含直流量和 2 倍频的环流分量，通过 $d^{-2}q^{-2}$ 坐标变换得到的 i_{diffd} 和 i_{diffq} 均为环流分量在 dq 同步旋转坐标系下的直流分量，因此控制器的控制目标是将 i_{diffd} 和 i_{diffq} 控制为零。环流抑制控制器的设计方法类似内环电流控制器，是基

于直流回路的数学模型式(3.29)设计的，其中，i_{diffd}、i_{diffq} 为输出变量，u_{comd}、u_{comq} 为控制变量，且不平衡电流的 d 轴、q 轴分量之间存在耦合。

对式(3.29)利用比例积分控制时，可得到

$$\begin{cases} u_{\text{comdref}}(s) = -2\omega L_0 i_{\text{diffq}}(s) - \left(i_{\text{diffdref}}(s) - i_{\text{diffd}}(s)\right)\left(k_{\text{p3}} + \dfrac{k_{\text{i3}}}{s}\right) \\ u_{\text{comqref}}(s) = 2\omega L_0 i_{\text{diffd}}(s) - \left(i_{\text{diffqref}}(s) - i_{\text{diffq}}(s)\right)\left(k_{\text{p4}} + \dfrac{k_{\text{i4}}}{s}\right) \end{cases} \tag{3.38}$$

式中，为了抑制环流，一般将 i_{diffdref} 与 i_{diffqref} 设置为 0。

由此可以得到环流抑制控制器的控制框图和内部环流响应框图，如图 3.16 所示。

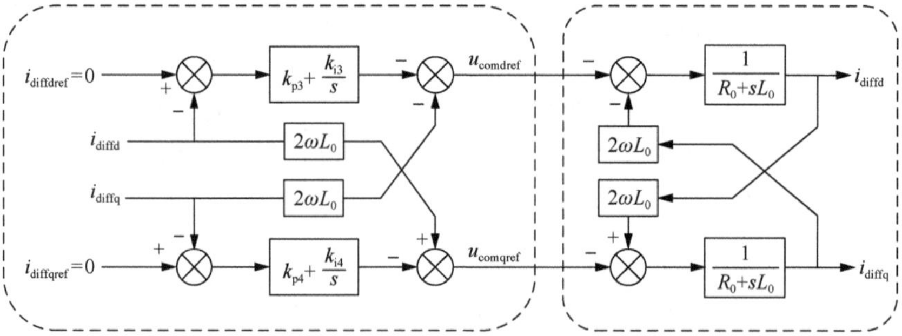

(a) 控制器框图　　(b) 内部环流响应框图

图 3.16　环流抑制控制器控制框图和内部环流响应框图

4. 最终控制量计算

根据式(3.22)对由式(3.37)得到的 u_{diffdref}、u_{diffqref} 进行 dq 反变换，就可以得到 MMC 差模电压的参考值 u_{diffkref}。同理，通过环流抑制控制策略式(3.38)得到的 u_{comdref}、u_{comqref} 经式(3.22)进行 $d^{-2}q^{-2}$ 反变换(θ 用-2θ 替代)就可以得到 MMC 共模电压的参考值 u_{comkref}。依据式(3.17)中差模电压和式(3.25)中共模电压的定义，最终可以得到计算三相桥臂电压指令值 u_{pkref}、u_{nkref} 的公式为

$$\begin{cases} u_{\text{pkref}} = u_{\text{comkref}} - u_{\text{diffkref}} \\ u_{\text{nkref}} = u_{\text{comkref}} + u_{\text{diffkref}} \end{cases} \tag{3.39}$$

根据式(3.39)可得到三相上下桥臂的参考电压，然后可采用最近电平逼近调制等调制策略进行调制，计算得到上下桥臂应投入的子模块数量；最后根据子模块的电容电压平衡策略得到各个子模块中 IGBT 的触发信号，至此即为 MMC 的全部

稳态控制过程。

3.4.3 直流系统级控制

直流系统级控制处于柔性直流输电系统控制的最高级。在收到电力调度中心对于柔性直流系统的有功类、无功类物理量的控制整定值后，借助不同的系统级控制方式得到相关参考值，作为换流站站级控制的参考值输入。

对于多端柔性直流系统，当某一端换流站因故障或其他原因退出柔性直流系统时，其他换流站应当相应地做出控制方式的调整。多端柔性直流系统级控制包括基于通信的控制方式和无通信控制方式两大类。基于通信的控制方式主要指主从控制，即利用换流站间的通信系统实现控制方式变换。无通信控制方式主要包括直流电压偏差控制和下垂控制，可根据当前运行状态自动做出控制调整。

总体来说，常见的直流系统级控制主要包括主从控制方式、直流电压偏差控制方式和下垂控制方式等。

1. 主从控制方式

主从控制[8,9]是实现直流系统级控制较为简单的方式。该控制策略将多端柔性直流系统中的换流站划分为主换流站、从换流站及常规换流站。

主换流站采取定直流电压控制方式，由主站来维持多端柔性直流系统电压稳定。非主站换流站采取定有功功率及无功功率控制。以五端柔性直流系统为例，图 3.17 给出从正常运行状态到主站退出时的控制原理示意图。

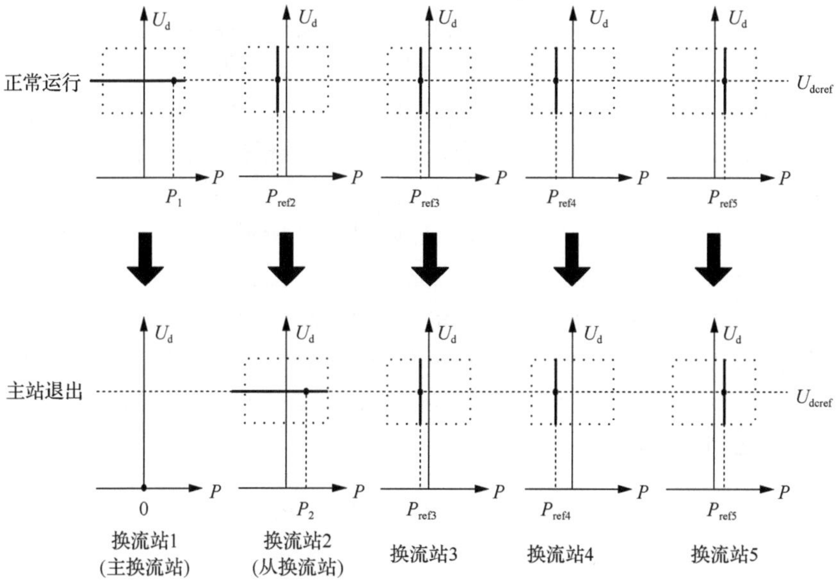

图 3.17　主从控制方式示意图

主换流站是维持柔性直流系统电压稳定与功率平衡的节点。如图 3.11 所示，举例来说，正常运行时，主换流站及换流站 5 分别向系统注入功率 P_1、P_{ref5}；换流站 2、换流站 3、换流站 4 从系统吸收有功功率，满足

$$P_1 = -P_{ref2} - P_{ref3} - P_{ref4} - P_{ref5} \tag{3.40}$$

当主换流站退出运行时，直流系统功率平衡状态被打破。此时将会向从换流站发出控制方式切换信号，当从换流站收到主站信号后，改变有功类控制器从正常运行状态下控制有功功率 P_{ref2}，转换为控制直流电压 U_{dcref}，成为主站退出后直流系统新的主换流站。与此同时，其他换流站将继续保持原有控制方式运行，保持原有参考值不变，从而维持了直流系统在主站退出后的稳定，达到新的平衡，并满足

$$P_2 = -P_{ref3} - P_{ref4} - P_{ref5} \tag{3.41}$$

主从控制策略的优点在于控制思路简单，易于实现，对于小型多端电网的优势较为明显；其缺点在于主控站任务艰巨，若调节时容量达到上限或因故障退出，需要通过通信系统使其中一个从控站立即切换为主控站并实现平稳交接，对通信系统的要求较高。

2. 直流电压偏差控制方式

主从控制方式要求各端换流站之间依赖通信实现有效的控制方式变换。直流电压偏差控制是一种不依赖通信的控制方式，其设计原理简单、可靠性强，较适用于多端柔性直流系统。直流电压偏差控制[10,11]的基本思想是在原有主控站的基础上，提前选择一个从控站作为备用的定电压主控站，但这个备用的定电压主控站的直流电压指令值并不是额定的直流电压值，而是根据原有主控站(定电压换流站)是处于整流状态还是逆变状态划分为两种工作情况。同样以五端柔性直流系统为例，直流电压偏差控制方式的基本原理如图 3.18 所示。

直流电压偏差控制的第一种工作情况如图 3.18(a)所示。

(1)正常运行情况下，换流站 1 采用定直流电压控制，其直流电压参考值为 U_{dcref1}，工作于整流模式下，向系统注入有功功率；换流站 2、换流站 3、换流站 4、换流站 5 采取定有功功率控制，可以分别工作于整流或逆变状态，整体上从系统吸收有功功率，达到平衡态：

$$P_1 = -P_{ref2} - P_{ref3} - P_{ref4} - P_{ref5} \tag{3.42}$$

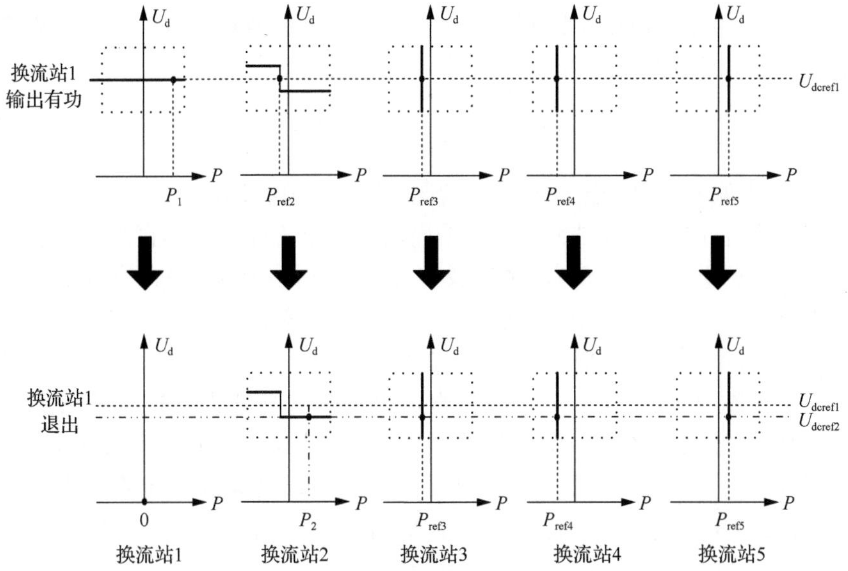

(a) 主控站为整流站时的模式切换过程

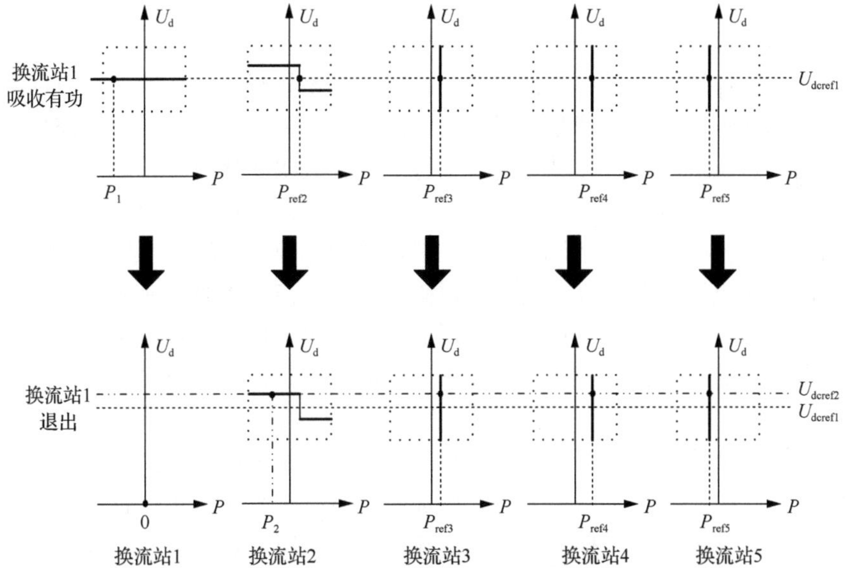

(b) 主控站为逆变站时的模式切换过程

图 3.18　直流电压偏差控制基本原理

(2) 换流站 1 退出运行后，换流站注入直流网络的功率小于换流站从直流电网吸收的功率，直流电网有功不足，不足的部分通过直流电容放电补足，所以直流电容电压下降，导致直流电压下降；当直流电压下降到一定程度，换流站 2 将能够自动地切换为定直流电压控制，且新的直流电压参考值为 U_{dcref2}，此数值略低于 U_{dcref1}。系统达到新的平衡状态：

$$P_2 = -P_{ref3} - P_{ref4} - P_{ref5} \tag{3.43}$$

直流电压偏差控制的第二种工作情况如图 3.18(b)所示。

(1)正常运行情况下，换流站 1 采用定直流电压控制，其直流电压参考值为 U_{dcref1}，工作于逆变模式下，从系统吸收有功功率；换流站 2、换流站 3、换流站 4、换流站 5 采取定有功功率控制，分别工作于整流或逆变状态，整体上向系统提供有功功率，可达到平衡态(同式(3.42))。

(2)换流站 1 退出运行后，注入直流电网络的功率大于换流站从直流电网吸收的功率，直流电网有功供过于求，直流电容充电，从而导致直流电压上升。当直流电压上升到一定程度，换流站 2 将能够自动地切换为定直流电压控制，且新的直流电压参考值为 U_{dcref2}，此数值略高于 U_{dcref1}。系统达到新的平衡状态(同式(3.43))。

3. 下垂控制方式

1)基本工作原理

上述主从控制和直流电压偏差控制在任意时刻只有一个换流站承担直流系统电压控制的任务，同时维持整个直流系统的功率平衡，这种特性对主控站即电压控制站的容量要求较高，尤其是当运行方式发生大幅变化时，单站的容量很难满足平衡整个直流系统功率的要求，与此同时对主控站相连的交流系统的冲击也较大，因此上述两种控制策略通常应用在端数较少且换流站容量差别很大的直流系统中。而直流电压下垂控制方式[12]可以弥补这个缺点。下垂控制将稳定直流电压的任务分配给多个换流站，在相互间无通信的情况下使运行在该策略下的换流站沿着各自独立的 U_{dc}-P 斜率特性曲线搜寻新的运行点，以实现直流功率快速平衡的分配。

下面以一个四端柔性直流系统为例，参照图 3.19 说明下垂控制的基本工作原理，其中 $P>0$ 时视为换流站工作在整流状态。在一个多端柔性直流系统中，通常有多个换流站采用下垂控制，其他换流站一般采用恒功率控制。在本例中，换流站 1 和换流站 2 采用下垂控制，换流站 3 和换流站 4 采用恒功率控制。所有采用下垂控制的换流站一般会根据非下垂站的功率需求分别设定一个初始的额定运行点。如图 3.19(a)所示，换流站 1 和换流站 2 的初始运行点分别设定为(P_{1ref}，U_{dcref})和(P_{2ref}，U_{dcref})，使得初始运行时系统内功率平衡，直流电压保持在其额定值 U_{dcref}。此时，换流站 1 和换流站 2 工作在逆变模式，换流站 3 和换流站 4 工作在整流模式。当换流站 3 的功率指令增加后，直流系统内的功率失去平衡，换流站 3 和换流站 4 注入直流系统的功率大于换流站 1 和换流站 2 从直流系统吸收的功率，造成直流电压升高。此时换流站 1 和换流站 2 的运行点同时按照各自的下垂曲线进行移动以平衡系统内的有功功率，图 3.19(b)给出了换流站 3 改变功率指令后各个站的最终运行点。由图 3.19 可以看出，当系统内出现不平衡的功率时，所有采用下垂控制的换流站(1 和 2)共同承担了维持功率平衡、稳定直流电压的任务。本例中采用功率阶跃的方式描述下垂控制的运行过程，若是某站因故障退出，其运行过程与本例类似。下垂控制的不足之处在于，经下垂控制优化运行点后，母线电压的实际值与其额定值之间出现略微偏差。

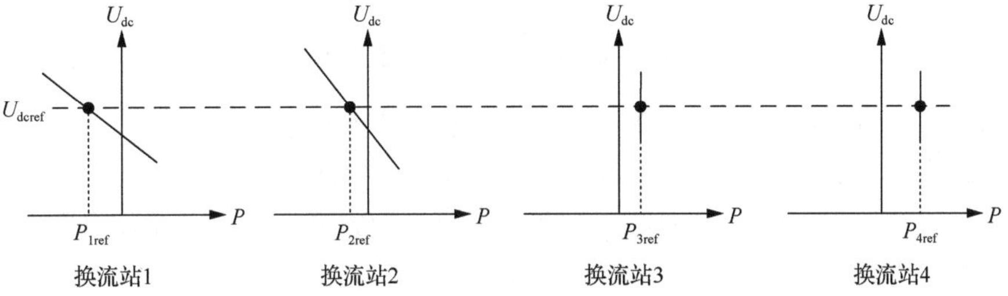

(a) 初始运行模式

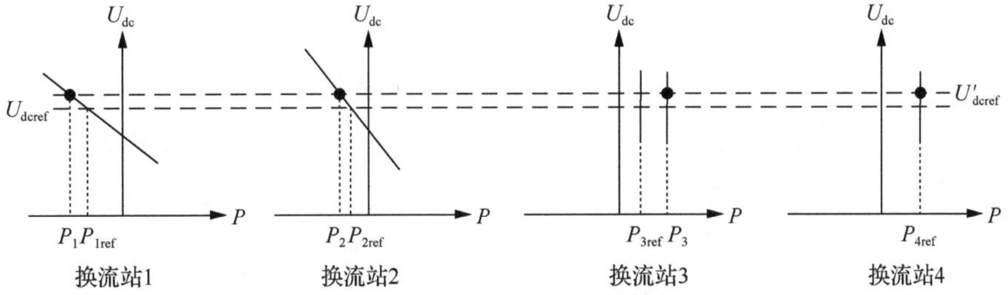

(b) 换流站3的功率指令发生变化

图 3.19　下垂控制工作原理

2) 下垂控制器的实现

下垂控制器的控制目的是使换流站在特定的 U_{dc}-P 下垂曲线上运行，其实质为功率控制器与直流电压控制器的结合，可以完成对换流站输入交流功率控制的同时，实现直流网络中功率传输的平衡。如图 3.20(a)所示，下垂控制器的输出 err 为

$$\text{err} = k_p(P_{ref} - P) + k_u(U_{dcref} - U_{dc}) \tag{3.44}$$

式中，k_p、k_u 为下垂控制器的比例系数；P_{ref} 和 U_{dcref} 分别为有功功率和直流电压的参考值；P 和 U_{dc} 分别为有功功率和直流电压的实际值。

从式(3.44)可以看出，根据 k_p、k_u 参数的选取不同，下垂控制器存在三种控制模式，如图 3.20(b)所示。

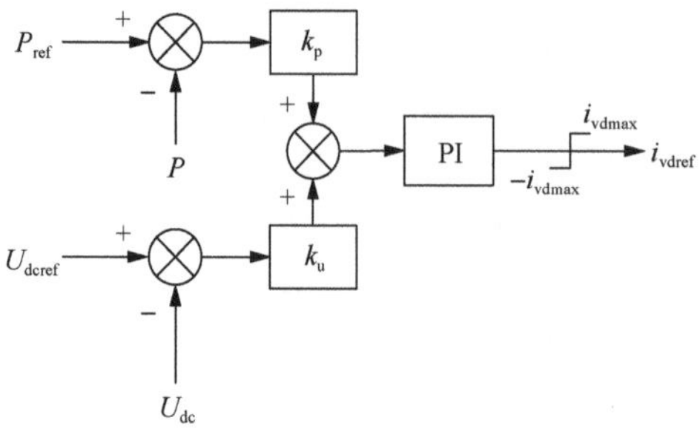

(a) 下垂控制器框图

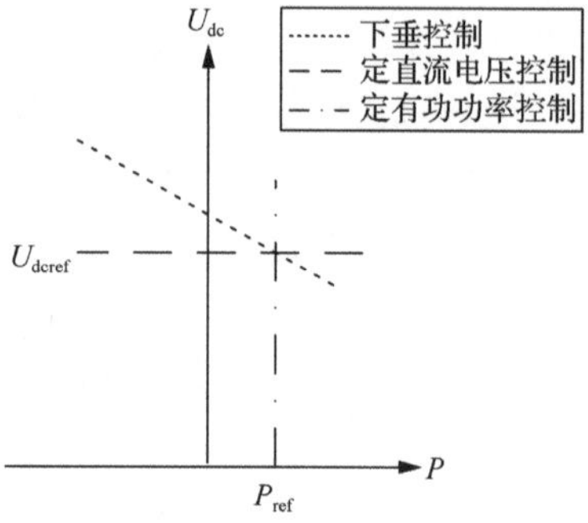

(b) 下垂控制器的三种控制模式

图 3.20 直流电压下垂控制器

(1) 定直流电压控制：$k_p=0$ 且 $k_u=1$，控制直流电压稳定。

(2) 定有功功率控制：$k_p=1$ 且 $k_u=0$，控制换流站的有功功率。

(3) 下垂控制：$k_p\neq0$ 且 $k_u\neq0$，通过选取直线的斜率 $k=-k_p/k_u$ (k_p、k_u 默认大于 0) 来决定换流站所运行的下垂曲线。

假设下垂控制默认选择 $k_p=1$ 且 $k_u=k_i$，k_i ($i=1,2,\cdots$) 为各个换流站的下垂系数 ($k_i=-1/k$)，则采取下垂控制的换流器在稳态时满足

$$P=P_{ref}+k_i(U_{dcref}-U_{dc}) \tag{3.45}$$

结合式(3.44)和式(3.45)可以看出，当换流站工作在下垂控制模式时，下垂控制器可以视作一个参考值随系统扰动变化的定有功功率控制器，此有功功率参考值可通过式(3.45)求得，与系统内直流电压的变化值及对应站的下垂系数相关。

对于一个 n 端柔性直流系统，假设其中有 m 个换流站采用下垂控制(以下简称此类换流站为下垂站)，其余 $n-m$ 个换流站均采用定有功功率控制(不存在定直流电压控制的换流站)，若近似认为各换流站处的直流电压变化量相同，则当直流系统内某一时刻出现了不平衡有功功率 ΔP 时，设第 i ($i=1, 2,\cdots, m$) 个下垂控制换流站承担的不平衡有功功率为 ΔP_i ($\Delta P_i=P_{iref}-P_i$)，则可以推得

$$\Delta P=\sum_{i=1}^{m}\Delta P_i=-\Delta U_{dc}\sum_{i=1}^{m}k_i=\frac{\Delta P_i}{k_i}\sum_{i=1}^{m}k_i \tag{3.46}$$

$$\Delta P_i=\frac{\Delta P k_i}{\sum\limits_{i=1}^{m}k_i} \tag{3.47}$$

由式(3.47)可知，下垂控制换流站 i 承担的不平衡功率与其下垂系数呈正比例关系，因此常规的下垂控制一般根据换流站的容量设置其下垂系数，即满足

$$\frac{k_i}{k_j} = \frac{P_{i\max}}{P_{j\max}}, \quad \forall i \neq j \tag{3.48}$$

式中，$P_{i\max}$ 为换流站 i 的额定容量。当满足式(3.48)后，容量大的下垂控制站的下垂系数较大，可以承担更多的不平衡功率。由此常规下垂控制中的下垂系数 k_i 可由式(3.49)求得[13]，即

$$k_i = \frac{P_{i\max}}{\alpha(U_{\text{dcmax}} - U_{\text{dcref}})} \tag{3.49}$$

式中，U_{dcmax} 为系统允许的最大直流电压；U_{dcref} 为额定直流电压；α 为电压极限波动范围的系数，如取 0.9，目的是使下垂控制保持在电压的极限范围之内。

当多个换流站采取下垂控制方式时，因为均参与直流电压支撑，系统的稳定运行点对每个下垂控制换流站的参数非常敏感。系统下垂控制器实现了由多个换流站共同作用以决定系统运行状态，具备较强的灵活性和稳定性，但是需要从系统整体统筹考量，存在较大困难，有待克服。

参 考 文 献

[1] Rodriguez J, Lai J S, Peng F Z. Multilevel inverters: A survey of topologies, controls, and applications[J]. IEEE Transactions on Industrial Electronics, 2007, 49(4): 724-738.

[2] 汤广福. 基于电压源换流器的高压直流输电技术[M]. 北京: 中国电力出版社, 2010.

[3] 赵成勇. 柔性直流输电建模和仿真技术[M]. 北京: 中国电力出版社, 2014.

[4] 徐政. 柔性直流输电系统[M]. 2 版. 北京: 机械工业出版社, 2017.

[5] Meshram P M, Borghate V B. A simplified nearest level control (NLC) voltage balancing method for modular multilevel converter (MMC) [J]. IEEE Transactions on Power Electronics, 2015, 30(1): 450-462.

[6] Li B, Zhang W, He J. Inertia emulation and dynamic voltage support scheme for MMC-based dc systems[J]. IET Renewable Power Generation, 2019, 13(1): 146-154.

[7] Akagi H, Kanazawa Y, Nabae A. Instantaneous reactive power compensators comprising switching devices without energy storage components[J]. IEEE Transactions on Industry Applications, 2008, IA-20(3): 625-630.

[8] Lu W, Ooi B T. Optimal acquisition and aggregation of offshore wind power by multiterminal voltage-source HVDC[J]. IEEE Power Engineering Review, 2007, 22(8): 71-72.

[9] Lu W, Ooi B T. Premium quality power park based on multi-terminal HVDC[J]. IEEE Transactions on Power Delivery, 2005, 20(2): 978-983.

[10] Sakamoto K, Yajima M, Ishikawa T, et al. Development of a control system for a high-performance self-commutated AC/DC converter[J]. IEEE Transactions on Power & Energy, 1998, 117(1): 225-232.

[11] Nakajima T, Irokawa S. A control system for HVDC transmission by voltage sourced converters[C]. IEEE Power Engineering Society Summer Meeting, Edmonton, 1999, 2: 1113-1119.

[12] 陈谦, 唐国庆, 潘诗锋. 采用多点直流电压控制方式的 VSC 多端直流输电系统[J]. 电力自动化设备, 2004, 24(5): 10-15.

[13] 朱瑞可, 王渝红, 李兴源, 等. VSC-MTDC 系统直流电压自适应斜率控制策略[J]. 电力系统自动化, 2015, 39(4): 63-68.

第4章 柔性直流系统的短路故障暂态特征

4.1 基于两电平电压源型换流器的直流系统短路故障暂态特性

两电平 VSC 是应用较为成熟的柔性直流系统 AC/DC 换流器。基于两电平 VSC 构建的柔性直流系统中的直流线路短路故障主要包括两极短路故障和单极接地故障[1-4]。

4.1.1 两电平电压源型换流器两极短路故障

两极短路故障是直流系统危害最为严重的故障类型，其等效电路如图 4.1 所示。图中，u_{sabc} 表示交流侧电源的三相电压，R_s 和 L_s 分别表示 VSC 交流侧的等效电阻和电感；VSC 的六个桥臂分别由 IGBT 器件串并联构成，D_1~D_6 表示与 IGBT 并联的续流二极管；C 为 VSC 直流侧的并联大电容；R 和 L 分别为直流线路的等效电阻和电抗。由于直流线路的等效电容远小于 VSC 直流侧的并联电容 C，所以故障分析时可以忽略不计。

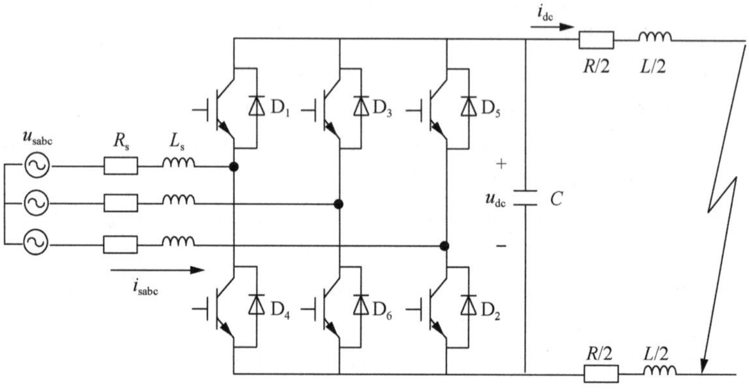

图 4.1 两极短路故障等效电路图

直流侧发生两极短路故障后，由于 IGBT 和续流二极管的作用，直流故障暂态发展过程可以分为以下四个阶段。

1. 直流侧大电容放电阶段

故障初期直流电压 u_{dc} 大于交流侧线电压，此时直流线路故障电流将以直流侧大电容的放电电流为主，而交流侧供给的故障电流仅为桥臂电抗的续电流。该阶段的等效电路可以简化为图 4.2 所示，其暂态过程可以表示成微分方程式(4.1)：

$$LC\frac{\mathrm{d}^2u_{\mathrm{dc}}}{\mathrm{d}t^2}+RC\frac{\mathrm{d}u_{\mathrm{dc}}}{\mathrm{d}t}+u_{\mathrm{dc}}=0 \tag{4.1}$$

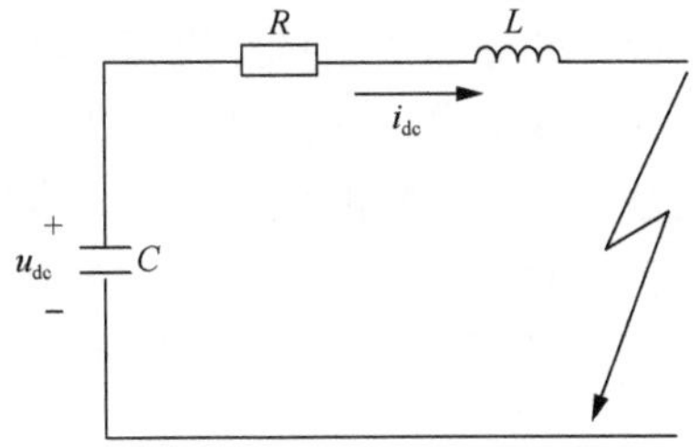

图 4.2　两极短路故障的直流电容放电阶段等效图

一般来说，直流线路的等效电阻很小，其阻尼特性一般满足 $R<2\sqrt{(L/C)}$，所以方程(4.1)的特征根是一对共轭复数：

$$\lambda_{1,2}=-\frac{R}{2L}\pm\sqrt{\left(\frac{R}{2L}\right)^2-\frac{1}{LC}}=-\sigma\pm\mathrm{j}\omega' \tag{4.2}$$

式中

$$\sigma=\frac{R}{2L},\quad \omega'=\sqrt{\frac{1}{LC}-\left(\frac{R}{2L}\right)^2}$$

假设故障瞬间直流电压、直流线路电流的初始值分别为 U_0、I_0，可以求得直流电压 u_{dc}、直流线路电流 i_{dc} 的时域解分别为

$$\begin{cases}u_{\mathrm{dc}}=A\mathrm{e}^{-\sigma t}\sin(\omega't+\theta)\\ i_{\mathrm{dc}}=A\sqrt{\dfrac{C}{L}}\mathrm{e}^{-\sigma t}\sin(\omega't+\theta-\beta)\end{cases} \tag{4.3}$$

式中

$$A=\sqrt{U_0^2+\left(\frac{U_0\sigma}{\omega'}-\frac{I_0}{\omega'C}\right)^2}$$

$$\theta=\arcsin\left(\frac{U_0}{A}\right),\quad \theta-\beta=\arcsin\left(\frac{I_0}{A\sqrt{C/L}}\right)$$

由式(4.1)可得，直流侧两极故障后，直流电容放电是一个二阶欠阻尼振荡过

程：直流线路的故障电流急剧上升；直流电压将会衰减振荡过零。

2. 二极管自然换相导通阶段

当 u_{dc} 下降到交流侧线电压以下时，交流侧电源将开始经过续流二极管向故障点馈入故障电流。此时二极管的导通依据自然换相原则，因此该暂态过程可称为二极管自然换相导通阶段。在该阶段，交流侧电源和直流侧大电容同时向故障点馈流。由于二极管存在交替导通、关断的换相过程，这种换相过程每发生一次，暂态过程就要重新求解一次。而每个状态的初始条件由前一次换相过程决定。以 D_1、D_2 导通为例，故障电流的流通路径如图 4.3 所示。

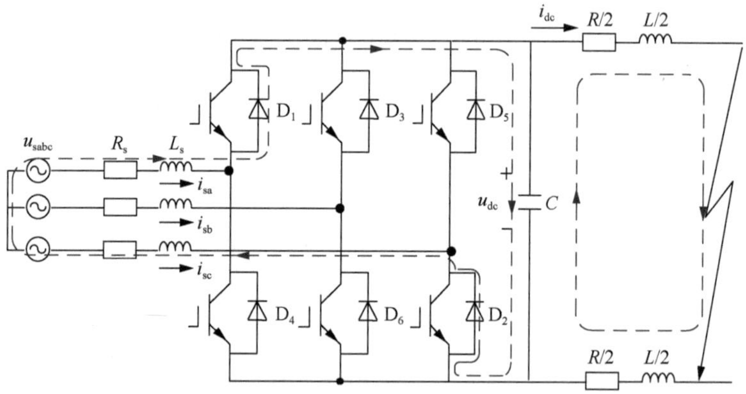

图 4.3 二极管自然换相导通阶段的故障电流流通路径

以图 4.3 中 i_{sa}、i_{dc}、u_{dc} 为状态变量，求解多元状态方程(4.4)，即可求得该状态下的交直流侧电流和直流电压的暂态时域解。

$$\begin{bmatrix} \dfrac{\mathrm{d}i_{sa}}{\mathrm{d}t} \\ \dfrac{\mathrm{d}i_{dc}}{\mathrm{d}t} \\ \dfrac{\mathrm{d}u_{dc}}{\mathrm{d}t} \end{bmatrix} = \begin{bmatrix} -\dfrac{R_s}{L_s} & 0 & -\dfrac{1}{2L_s} \\ 0 & -\dfrac{R}{L} & \dfrac{1}{L} \\ \dfrac{1}{C} & -\dfrac{1}{C} & 0 \end{bmatrix} \begin{bmatrix} i_{sa} \\ i_{dc} \\ u_{dc} \end{bmatrix} + \begin{bmatrix} \dfrac{1}{2L_s} \\ 0 \\ 0 \end{bmatrix} u_{sac} \tag{4.4}$$

3. 二极管同时导通阶段

当直流侧电容电压 u_{dc} 衰减振荡过零时，直流线路的短路电抗所产生的反电动势将使 VSC 内 6 个二极管同时导通，从而在直流侧形成一个一阶放电回路。由于直流侧电压被全导通的二极管箝位为零(虽然存在一定前向导通电压，但是该值很小，基本可以忽略)，该过程中的直流侧电容没有充放电过程。

对于交流侧，由于 6 个续流二极管全部导通，不再对交流侧电源体现出单向导通性，因此交流侧相当于发生了对称三相短路故障。由叠加原理可知，该阶段可以分解成交流侧三相短路和直流侧短路电抗续流放电两个部分。这两部分的等效电路如图 4.4 所示。

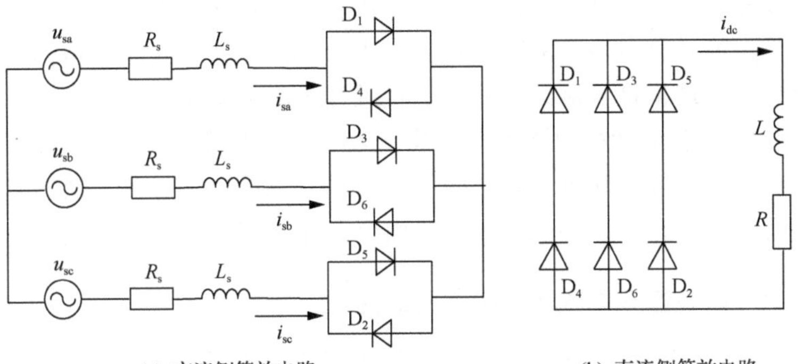

图 4.4　续流二极管同时导通过程中的等效电路

设直流电压过零时刻为 t=0 时刻，交流侧 a 相电压表示为 $u_{sa}=U_m\sin(\omega t+\varphi_0)$，a 相电流瞬时值为 I_{a0}，直流线路瞬时值为 I_0'，则由图 4.4 可求得交、直流侧故障电流的暂态响应如下：

$$i_{sa}=I_m\sin(\omega t+\varphi_0-\varphi)+[I_{a0}-I_m\sin(\varphi_0-\varphi)]e^{-\frac{R_s}{L_s}t} \tag{4.5}$$

$$i_{dc}=I_0'e^{-\frac{R}{L}t} \tag{4.6}$$

式中

$$I_m=\frac{U_m}{\sqrt{R_s^2+(\omega L_s)^2}},\qquad \varphi=\arctan\left(\frac{\omega L_s}{R_s}\right)$$

根据图 4.4 可以得到该过程中续流二极管的故障电流，如式(4.7)所示：

$$\begin{cases} i_{D1}=\dfrac{1}{3}i_{dc}+\dfrac{1}{2}i_{sa} \\ i_{D4}=\dfrac{1}{3}i_{dc}-\dfrac{1}{2}i_{sa} \end{cases} \tag{4.7}$$

由上述分析可知，该阶段内直流回路的电流 i_{dc} 是一个衰减量；交流侧出现三相短路过电流；桥臂内续流二极管遭受直流短路电流和交流侧过电流的同时刻冲击，过流危害最严重。

4. 不控整流的持续运行阶段

随着直流电流逐渐衰减，桥臂续流二极管开始对交流侧体现出单向导通性，经过一定的过渡过程以后，故障过程将进入最终的不控整流稳态运行阶段。直流电流不会过零，这也是直流系统故障熄弧难度大的本质原因。

VSC 交流电感会使得换流器在不控整流阶段发生明显的换相重叠，传统不控整流响应特征的计算方法难以对该阶段进行精确求解。关于考虑换相重叠的不控整流响应特征的求解方法将在本章后续内容中详细展开说明。

4.1.2　两电平电压源型换流器单极接地故障

以图 4.5(a)所示的正极接地故障为例进行说明，图中，u_{sabc}为交流侧电源的三相电压；R_s和L_s分别为 VSC 交流侧的等效电阻和电感；u_{dcP}、u_{dcN}分别为正、负极电压；R_f为过渡电阻；C为 VSC 直流侧的并联大电容；R_{line}和L_{line}分别为直流线路的等效电阻和电抗。为分析问题的方便，假设 IGBT 在故障瞬间立即闭锁。

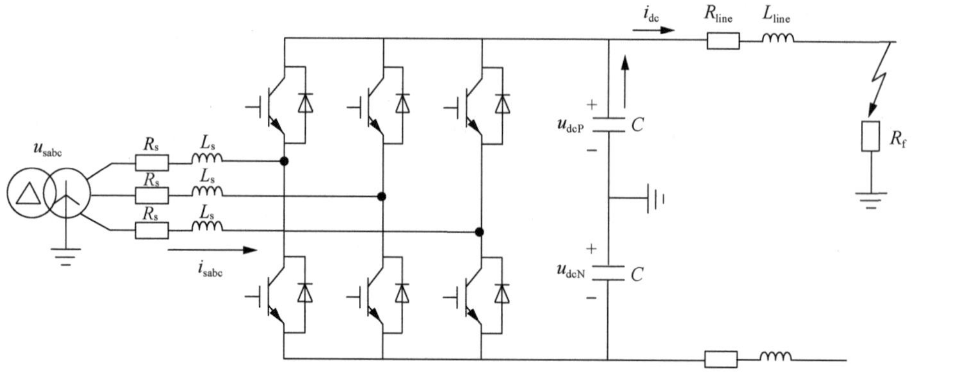

(a) 单极接地等效电路

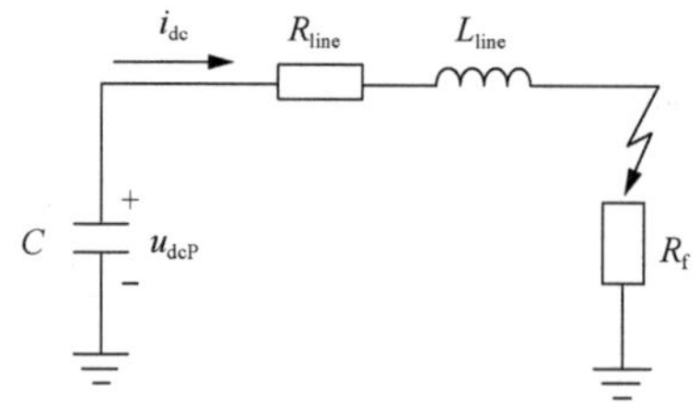

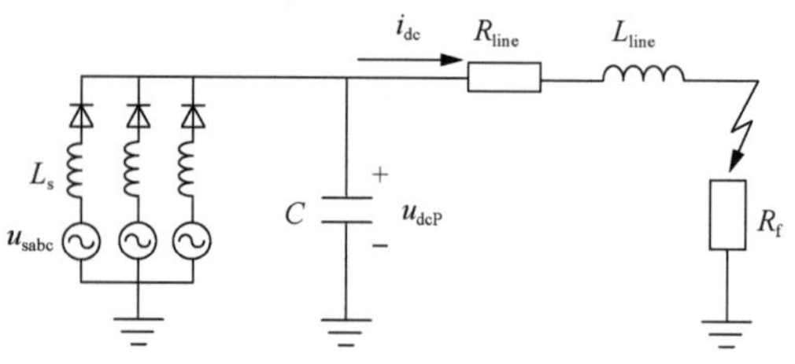

(b) 接地极电容放电　　　　(c) 交流侧电源馈流

图 4.5　单极接地故障的等效电路

1. 直流侧接地极电容放电阶段

由图 4.5(a)可知，故障初期的故障极电压 u_{dcP} 大于交流侧相电压幅值，因此在故障发生初期，故障线路电流仅由故障极所对应的电容放电电流构成。交流侧供给的故障电流仅是交流电抗器的续电流，近似可以忽略。因此，该阶段的等效电路可以表示为图 4.5(b)，其暂态过程如式(4.8)所示：

$$LC\frac{\mathrm{d}^2u_{dcP}}{\mathrm{d}t^2}+RC\frac{\mathrm{d}u_{dcP}}{\mathrm{d}t}+u_{dcP}=0 \tag{4.8}$$

式中

$$R=R_{line}+R_f,\quad L=L_{line}$$

直流线路的两极短路故障多为金属性接地故障。单极接地故障一般情况下要考虑可能存在的较大的过渡电阻，而过渡电阻对故障回路的阻尼特性会产生影响。

1) 故障回路电阻较小，满足 $R<2\sqrt{(L/C)}$

当过渡电阻较小，满足 $R<2\sqrt{(L/C)}$ 时，方程(4.8)的特征根是一对共轭复数。

$$\lambda_{1,2}=-\frac{R}{2L}\pm\sqrt{\left(\frac{R}{2L}\right)^2-\frac{1}{LC}}=-\sigma\pm \mathrm{j}\omega'$$

式中

$$\sigma=\frac{R}{2L},\quad \omega'=\sqrt{\frac{1}{LC}-\left(\frac{R}{2L}\right)^2}$$

假设故障瞬间故障极电压、直流线路电流分别为 U_{p0}、I_0，根据初始条件可以求得直流电压 u_{dcP}、直流线路电流 i_{dc} 的时域解为

$$\begin{cases}u_{dcP}=A\mathrm{e}^{-\sigma t}\sin(\omega' t+\theta)\\ i_{dc}=A\sqrt{\dfrac{C}{L}}\mathrm{e}^{-\sigma t}\sin(\omega' t+\theta-\beta)\end{cases} \tag{4.9}$$

式中

$$A=\sqrt{U_{p0}^2+\left(\frac{U_{p0}\sigma}{\omega'}-\frac{I_0}{\omega' C}\right)^2}$$

$$\theta=\arcsin\left(\frac{U_{p0}}{A}\right)$$

$$\theta-\beta=\arcsin\left(\frac{I_0}{A\sqrt{C/L}}\right)$$

2) 故障回路电阻较大，满足 $R>2\sqrt{(L/C)}$

当过渡电阻较大，满足 $R>2\sqrt{(L/C)}$ 时，方程(4.8)的特征根是一对负实数。

$$\lambda_{1,2}=-\frac{R}{2L}\pm\sqrt{\left(\frac{R}{2L}\right)^2-\frac{1}{LC}}$$

此时方程的解为

$$\begin{cases}u_{\mathrm{dcP}}=A_1\mathrm{e}^{\lambda_1 t}+A_2\mathrm{e}^{\lambda_2 t}\\ i_{\mathrm{dc}}=-C\left(A_1\lambda_1\mathrm{e}^{\lambda_1 t}+A_2\lambda_2\mathrm{e}^{\lambda_2 t}\right)\end{cases}\tag{4.10}$$

式中

$$A_1=\frac{I_0/C+\lambda_2 U_{\mathrm{p0}}}{\lambda_2-\lambda_1},\quad A_2=\frac{I_0/C+\lambda_1 U_{\mathrm{p0}}}{\lambda_1-\lambda_2}$$

2. 交流侧电源的馈流阶段

随着放电过程的进行，故障极的电容电压逐渐下降。当故障极电压下降到低于任意交流侧相电压以后，交流侧电源开始向直流侧馈入故障电流，此时等效电路如图 4.5(c)所示。该过程无法直接得到时域解析解，但各电气量暂态值可以通过求解式(4.11)所示的状态方程得到：

$$\begin{bmatrix}\dfrac{\mathrm{d}u_{\mathrm{dcP}}}{\mathrm{d}t}\\ \dfrac{\mathrm{d}i_{\mathrm{dc}}}{\mathrm{d}t}\\ \dfrac{\mathrm{d}i_{\mathrm{s}}}{\mathrm{d}t}\end{bmatrix}=\begin{bmatrix}0 & -\dfrac{1}{C} & \dfrac{1}{C}\\ \dfrac{1}{L_{\mathrm{line}}} & -\dfrac{R_{\mathrm{line}}+R_{\mathrm{f}}}{L_{\mathrm{line}}} & 0\\ -\dfrac{1}{L_{\mathrm{s}}} & 0 & 0\end{bmatrix}\begin{bmatrix}u_{\mathrm{dcP}}\\ i_{\mathrm{dc}}\\ i_{\mathrm{s}}\end{bmatrix}+\begin{bmatrix}0\\ 0\\ L_{\mathrm{s}}\end{bmatrix}u_{\mathrm{s}}\tag{4.11}$$

由于各桥臂之间不断地进行着换相过程(满足自然换相原则)，各个导通阶段状态回路不同，因此在每个导通阶段内都需重新建立如式(4.11)所示的状态方程并进行求解。

4.1.3 仿真分析与验证

在MATLAB/Simulink仿真环境下搭建基于两电平VSC的两端柔性直流系统，系统仿真模型拓扑结构如图 4.6 所示，仿真模型参数如表 4.1 所示。

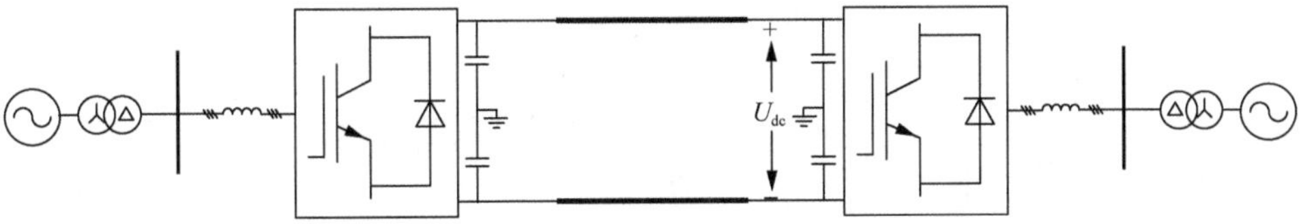

图 4.6　基于两电平 VSC 的两端柔性直流系统仿真模型

表 4.1　仿真模型的参数

系统参数	参数值
额定直流电压/kV	±5
额定容量/(MV·A)	10
直流电容/F	0.02
交流电抗/mH	10
线路等效电阻/(Ω/km)	0.0139
线路等效电感/(mH/km)	0.159

1. 两极短路故障的仿真验证

假设在 t=5s 时，距离换流站出口 10km 处发生两极短路故障。由表 4.1 的仿真参数可以计算得到故障后直流侧电压和直流侧电流。

1) 直流侧电压

电容放电阶段和二极管自然换相导通阶段的直流电压主要是 RLC 放电过程，将系统参数和初值条件代入式(4.3)，可以得到式(4.12)所示的近似计算直流电压的公式(计算公式均为弧度制)：

$$u_{dc} = 10640e^{-43.71t}\sin(171.86t + 1.36) \tag{4.12}$$

二极管同时导通阶段的电压值为 0。

2) 直流侧故障电流

电容放电阶段和二极管自然换相导通阶段的直流电流主要由电容放电提供；二极管同时导通阶段的直流电流主要由短路电抗供给。因此，由式(4.3)和式(4.6)可得到直流电流的计算表达式(4.13)和式(4.14)：

$$i_{dc} = 18868e^{-43.71t}\sin(171.86t + 0.04) \tag{4.13}$$

$$i_{dc} = 10919e^{-87.42t} \tag{4.14}$$

两极短路故障的仿真结果和理论计算结果如图 4.7 所示。由图 4.7 可知，理论计算结果与仿真结果是完全一致的，验证了理论分析的正确性。不控整流阶段的故障电压电流仿真计算将在本章后续内容中详细说明。

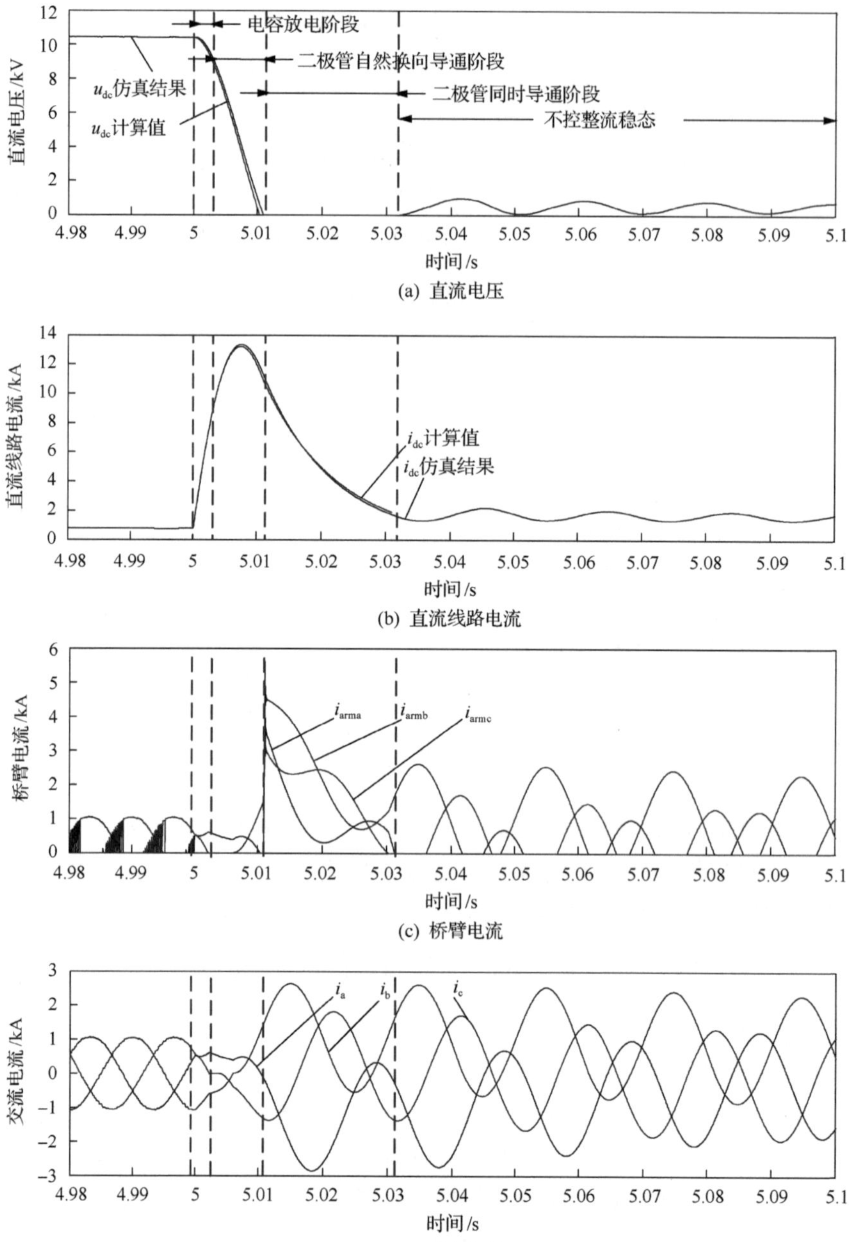

(d) 交流电流

图 4.7　两极短路故障的仿真结果和理论计算结果

2. 单极接地故障的仿真验证

针对单极接地故障，在仿真模型中分别进行过阻尼和欠阻尼两种类型单极接地故障测试，验证理论分析的正确性。

1)过阻尼情况

假设在时间 $t=5$s 时，距换流器出口 10km 处发生正极经过渡电阻($R_f=0.6$)接地故障，仿真结果如图 4.8 所示。

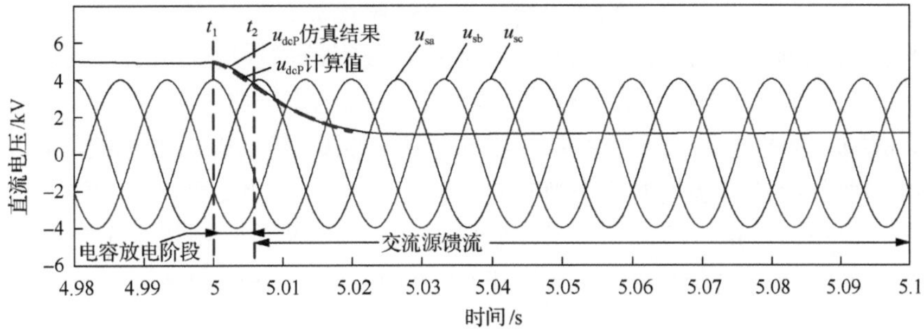

(a) 直流电压

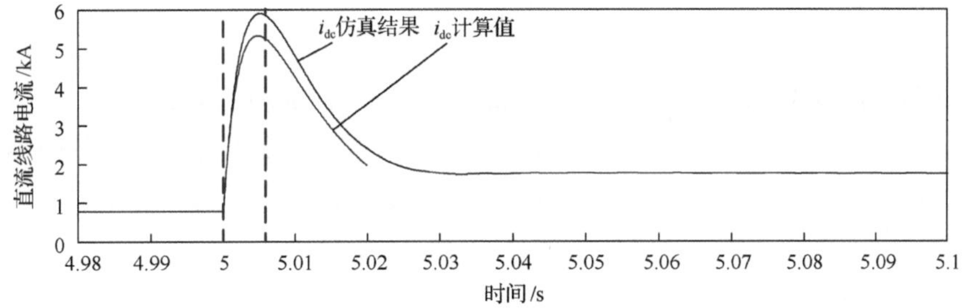

(b) 直流线路电流

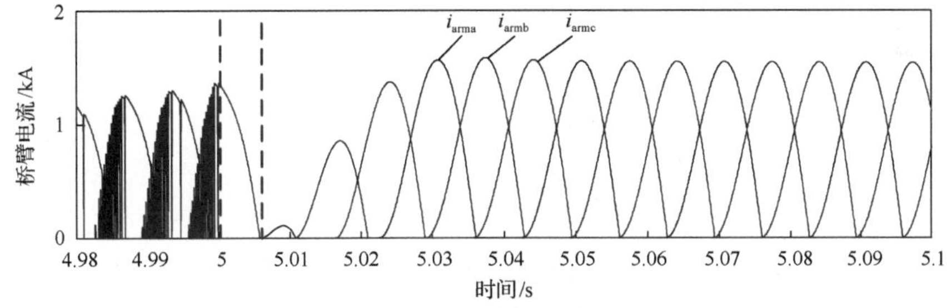

(c) 桥臂电流

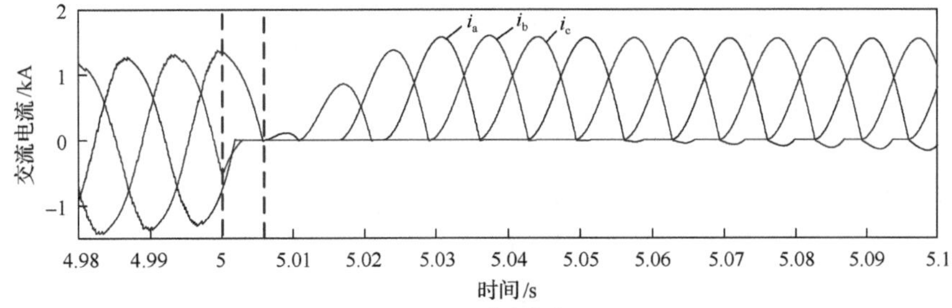

(d) 交流电流

图 4.8　正极经过渡电阻接地故障仿真结果

如仿真结果所示，在 t_1 时刻发生故障以后，故障极电压因电容放电而快速下降，此时由于故障极电压大于交流侧相电压，交流侧向故障点提供的故障电流仅是交流电抗的续电流，可以忽略。在 t_2 时刻，故障极电容电压下降到交流侧某一相电压以下，交流侧电源开始向直流侧馈入故障电流。

虽然交流侧电源向直流侧馈入故障电流，使得故障极电流无法得到精确的解析解，但是通过以上分析可知，故障初始阶段故障电流仍然主要由电容放电供给。而且，故障初期是直流故障中主要关注的时期(过电流等问题出现在故障初期，保护往往需要利用故障初期的暂态特征进行快速动作)，因此，可以用故障极电容放电过程作为单极接地故障的主要故障特征，评估故障电流、电压水平。

根据本算例的仿真参数，得到如下所示的故障极电压、电流评估公式：

$$u_{\mathrm{dcP}} = -1218\mathrm{e}^{-382.6t} + 6144\mathrm{e}^{-82.2t} \tag{4.15}$$

$$i_{\mathrm{dc}} = -9320\mathrm{e}^{-382.6t} + 10101\mathrm{e}^{-82.2t} \tag{4.16}$$

利用式(4.15)和式(4.16)对单极接地故障初始阶段(20ms)的故障极电压、电流进行评估。由图 4.8(a)、(b)可以看出，理论计算结果基本能够正确估算故障电压和故障电流水平。因此，保护方案设计、设备选型时，可以以电容放电作为单极接地故障初期的主要故障特征。

2)欠阻尼情况

假设在 t=5s 时，距换流器出口 10km 发生正极金属性接地故障，仿真结果如图 4.9 所示。同样以电容放电作为故障主要特征，对故障初期的故障电压、电流水平进行评估，可得到式(4.17)和式(4.18)：

$$u_{\mathrm{dcP}} = 5032\mathrm{e}^{-43.71t}\sin(171.86t+1.37) \tag{4.17}$$

$$i_{\mathrm{dc}} = 17847\mathrm{e}^{-43.71t}\sin(171.86t+0.0438) \tag{4.18}$$

由图 4.9(a)、(b)可以看出，理论计算结果基本能够正确估算故障初期的电压、电流水平。

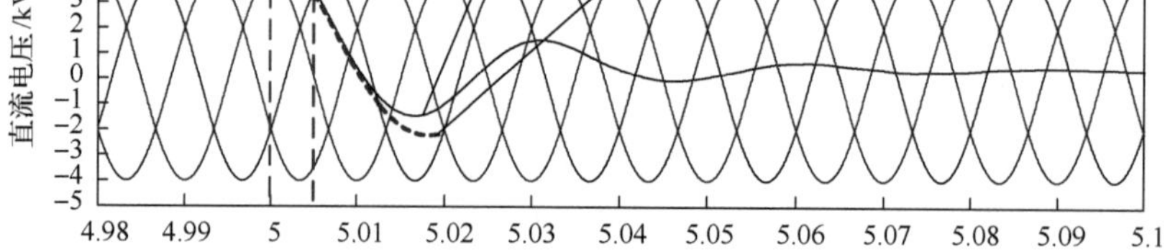

(a) 直流电压

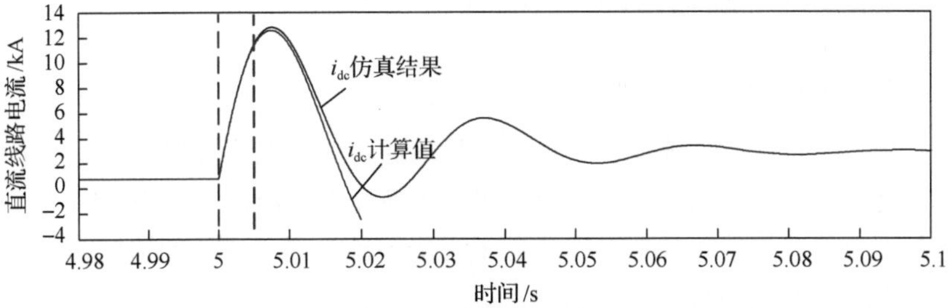

(b) 直流线路电流

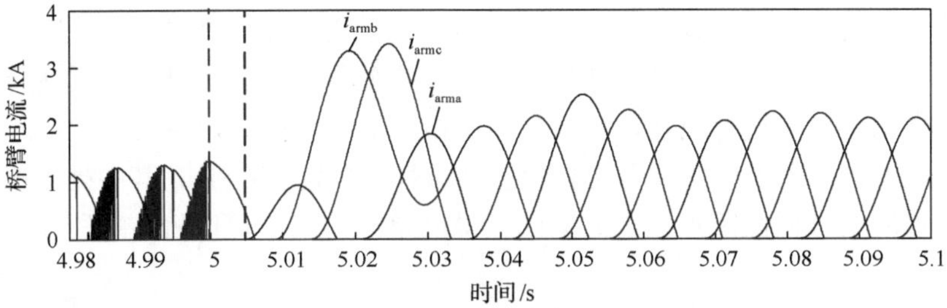

(c) 桥臂电流

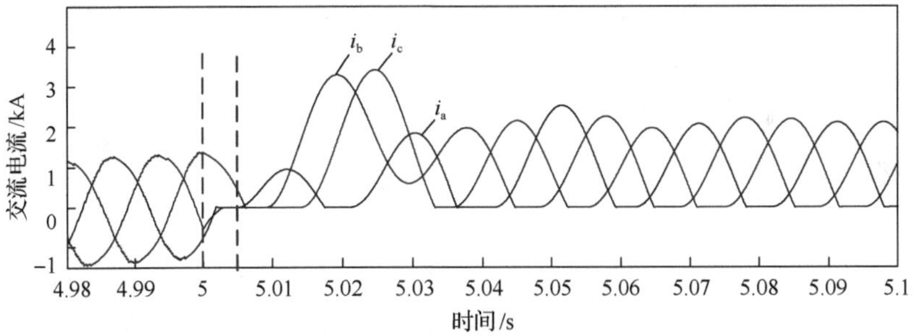

(d) 交流电流

图 4.9　正极金属性接地故障仿真结果

4.2　基于模块化多电平换流器的直流系统短路故障暂态特性

与两电平 VSC 相比，MMC 具有更好的电能质量，可控性相对较高，开关损耗较低，而且应用于高压直流系统时，对开关器件的制造难度要求相对较低，因此成为柔性直流输电、直流电网领域的主流换流器类型。本章对 MMC 型直流系统中最为典型的两种故障类型进行详细的理论分析与仿真验证[5-9]。

4.2.1 模块化多电平换流器两极短路故障

1. 两极短路故障理论分析

基于 MMC 的直流系统发生两极短路故障后，故障电流快速上升。为了保护换流器，在检测到直流故障的发生后会立即闭锁换流器内所有子模块。因此，根据子模块是否闭锁可以将故障暂态过程分成子模块闭锁前和子模块闭锁后两个部分。

1) 子模块闭锁前阶段

子模块闭锁以前的等效电路如图 4.10 所示。该阶段内故障电流主要由子模块电容放电和交流侧电源馈流两部分组成，其中前者占主导部分，因此在估算故障电流时可以仅考察子模块电容的放电电流。在此期间，换流站内子模块仍然按照正常运行调制模式进行投切，任意时刻每相上下两个桥臂始终共有 N 个子模块处于投入状态、N 个子模块处于切除状态(假设电平数为 $N+1$)，其中处于投入状态下的子模块电容向故障点放电。因此，最简单的方式下可以将该阶段简化等效，

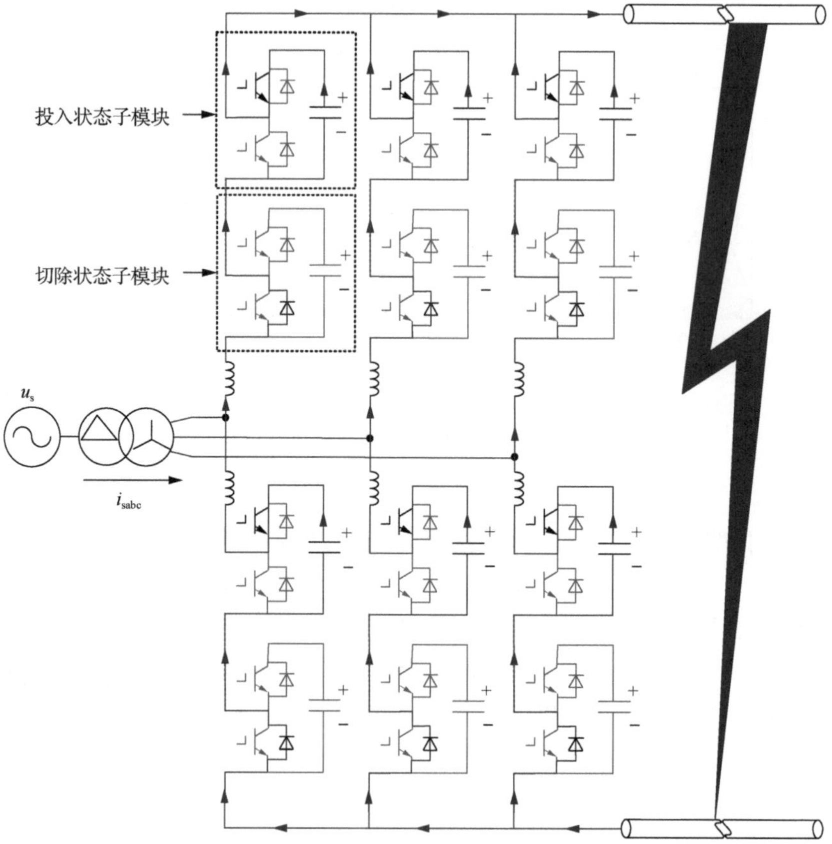

图 4.10 子模块闭锁前等效电路

如图 4.11(a)所示。事实上，在换流站子模块电容电压平衡控制作用下，该阶段内处于投入状态下的子模块电容不断变化，每相所有子模块可近似等分为两组(每组含有 N 个子模块)，依次交替放电，如图 4.11(b)所示。结合子模块电容电压平衡控制原则可知，放电过程中处于投入状态下的子模块电容随着其电压的下降会被不断替换，取而代之的是原本处于切除状态、电压相对较高的子模块电容。上述替换过程的存在，使得实际上 MMC 子模块电容在该阶段内对故障点的放电过程比图 4.11(a)所示的放电过程严重；当然，该放电过程也比图 4.11(c)所示的两组子模块电容(每组 N 个)以并联形式同时向故障点放电的过程轻微。因此，实际在该阶段内 MMC 子模块电容对故障点的放电程度介于每相 N 个子模块电容放电和每相两组 N 个子模块电容并联放电两种形式之间。考虑最严重情况，可以将该过程近似等效成后者，如图 4.11(d)所示。

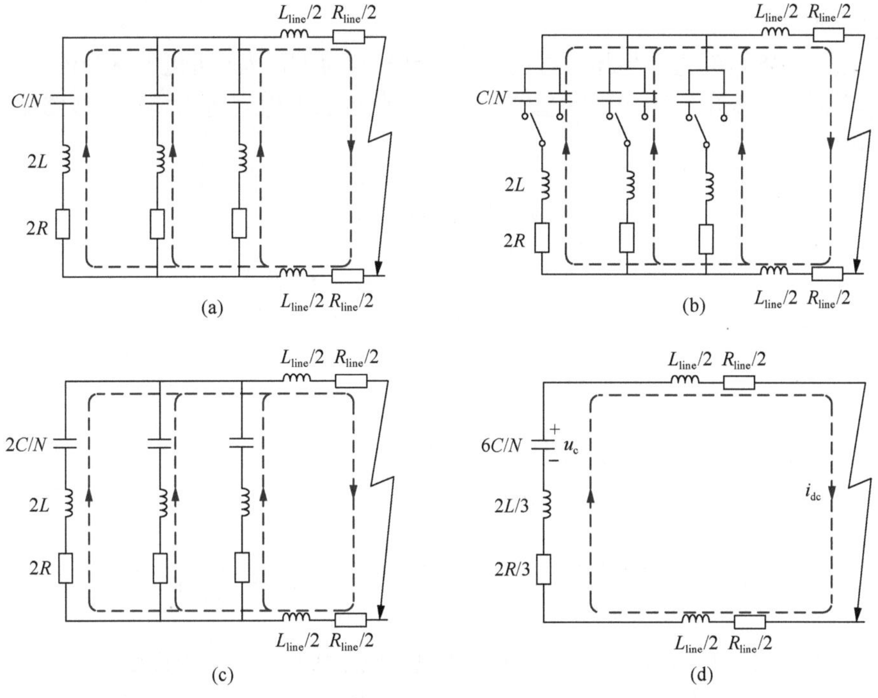

图 4.11　两极短路故障 MMC 子模块闭锁前等效电路

因此如 4.1 节所述，该阶段的暂态过程亦可用式(4.19)表示：

$$L_e C_e \frac{d^2 u_c}{dt^2} + R_e C_e \frac{du_c}{dt} + u_c = 0 \tag{4.19}$$

式中

$$L_{\mathrm{e}}=\frac{2L}{3}+L_{\mathrm{line}}\text{，}\quad R_{\mathrm{e}}=\frac{2R}{3}+R_{\mathrm{line}}\text{，}\quad C_{\mathrm{e}}=\frac{6C}{N}$$

通常，$R_{\mathrm{e}}<2\sqrt{L_{\mathrm{e}}/C_{\mathrm{e}}}$，所以子模块电容放电是一个二阶欠阻尼振荡过程。方程(4.19)的特征根是一对共轭复数。

$$\lambda_{1,2}=-\frac{R_{\mathrm{e}}}{2L_{\mathrm{e}}}\pm\sqrt{\left(\frac{R_{\mathrm{e}}}{2L_{\mathrm{e}}}\right)^2-\frac{1}{L_{\mathrm{e}}C_{\mathrm{e}}}}=-\sigma\pm\mathrm{j}\omega' \tag{4.20}$$

式中

$$\sigma=\frac{R_{\mathrm{e}}}{2L_{\mathrm{e}}}\text{，}\quad \omega'=\sqrt{\frac{1}{L_{\mathrm{e}}C_{\mathrm{e}}}-\left(\frac{R_{\mathrm{e}}}{2L_{\mathrm{e}}}\right)^2}$$

假设故障瞬间直流电压、直流线路电流分别为 U_0、I_0，可近似认为图 4.11(d)所示级联子模块电容电压初始值亦为 U_0，由此可求得电容电压和直流线路故障电流的暂态解分别为

$$\begin{cases}u_{\mathrm{c}}=A\mathrm{e}^{-\sigma t}\sin(\omega' t+\theta)\\ i_{\mathrm{dc}}=A\sqrt{\dfrac{C_{\mathrm{e}}}{L_{\mathrm{e}}}}\mathrm{e}^{-\sigma t}\sin(\omega' t+\theta-\beta)\end{cases} \tag{4.21}$$

式中

$$A=\sqrt{U_0^2+\left(\frac{U_0\sigma}{\omega'}-\frac{I_0}{\omega' C_{\mathrm{e}}}\right)^2}$$

$$\theta=\arcsin\left(\frac{U_0}{A}\right),\quad \theta-\beta=\arcsin\left(\frac{I_0}{A\sqrt{C_{\mathrm{e}}/L_{\mathrm{e}}}}\right)$$

由式(4.21)可知，在该阶段，子模块电容电压快速下降，直流线路故障电流快速上升。但是故障电流的大小受到子模块电容、桥臂子模块数量和桥臂电抗的影响，当系统容量、电压等级固定时，子模块电容越大，桥臂子模块数越少，桥臂电抗越小，故障电流越大。这一特点与物理特性是相符的：子模块电容越大，故障前电容中存储的能量越大，故障后放电电流也就越大；子模块数量越少，图 4.11(d)中所示的等效电容也就越大，代表存储的能量也越多，因此放电电流也越大；桥臂电抗越大，根据 $W_{\mathrm{L}}=Li^2/2$ 可知，存储同样的能量时需要的电流就越小，因此故障电流越小。

2) 子模块闭锁后初始阶段

当直流侧发生故障以后，换流器可能因桥臂快速过流而闭锁换流器内所有子模块，从而进入子模块闭锁后阶段。在子模块闭锁后初期阶段，故障电流主要由两部分组成：交流侧电源的馈流和桥臂电抗的续电流，如图 4.12(a)所示。

由于桥臂电抗续电流使续流二极管一直导通，二极管对交流侧电源不体现出单向导通性。如图 4.12(b)所示，交流侧三相电源相当于经 R_s、L_s、R、L 组成的对称阻抗供给短路电流。此时由于直流线路相当于是中性线，交流侧电源供给的故障电流并不馈入直流线路，直流电流仅由桥臂电抗续电流供给，以 RL 形式逐渐衰减。根据叠加原理，该阶段内交流侧电源馈流(单相)和桥臂电抗续电流等效电路如图 4.12(b)、(c)所示。

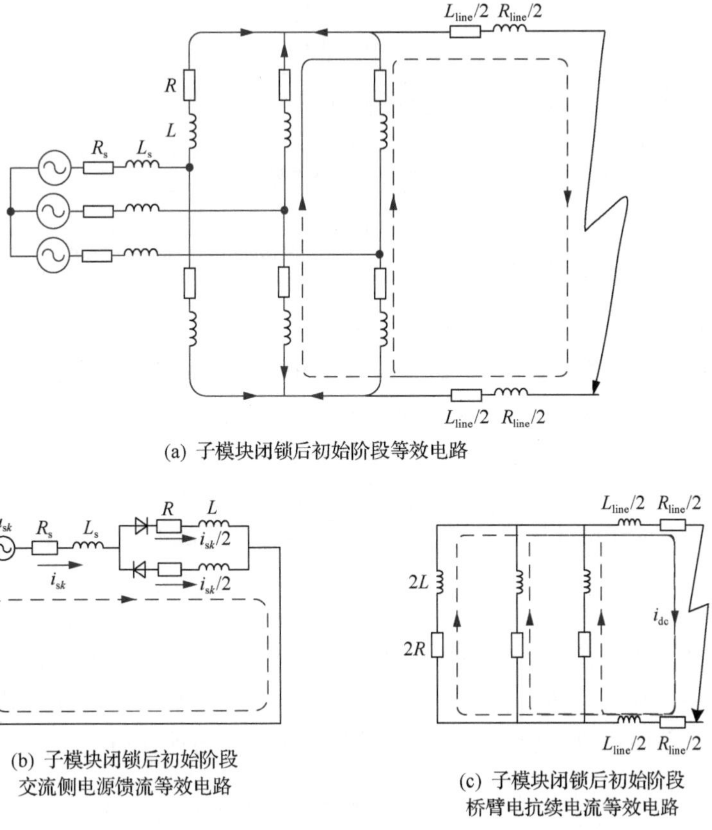

图 4.12　子模块闭锁后初始阶段等效电路

假设子模块闭锁后初始瞬间的直流线路电流值为 I_0'，交流侧电源电压瞬时值为 $u_{sk}=U_m\sin(\omega t+\varphi_0)$，交流侧馈流中的衰减直流分量与桥臂电抗续电流相比很小，因此可忽略不计。此时可分别求得

$$i_{sk}=\frac{U_{m}}{|Z|}\sin(\omega t+\varphi_0-\varphi) \tag{4.22}$$

$$i_{dc}=I_0'e^{-t/\tau} \tag{4.23}$$

式中

$$|Z|=\sqrt{(R_s+R/2)^2+\omega^2(L_s+L/2)^2}$$

$$\varphi=\arctan\left[\frac{\omega(L_s+L/2)}{R_s+R/2}\right]$$

$$\tau=\frac{2L/3+L_{line}}{2R/3+R_{line}}$$

因此，上、下桥臂的故障电流可分别表示为

$$\begin{cases} i_{kup}=\dfrac{i_{sk}}{2}+\dfrac{i_{line}}{3}=\dfrac{U_m}{2|Z|}\sin(\omega t+\varphi_0-\varphi)+\dfrac{1}{3}I_0'e^{-t/\tau} \\ i_{kdown}=-\dfrac{i_{sk}}{2}+\dfrac{i_{line}}{3}=-\dfrac{U_m}{2|Z|}\sin(\omega t+\varphi_0-\varphi)+\dfrac{1}{3}I_0'e^{-t/\tau} \end{cases} \tag{4.24}$$

3) 子模块闭锁后不控整流稳态阶段

随着桥臂电抗续电流的不断衰减，六个桥臂会分别出现电流过零现象，此后续流二极管将体现出单向导通性。因此，MMC 最终会以不控整流桥的形式运行。由于此时不控整流桥的等效直流负载就是短路线路阻抗，该阶段交流侧、直流侧、换流器侧仍将受到严重的过电流危害，相应的电流响应特征需要考虑桥臂电抗对不控整流换相重叠的影响才能进行精确求解。此部分在本章 4.2.2 小节再做详细分析。

2. 仿真验证

如图 4.13 所示，在 PSCAD/EMTDC 仿真平台上搭建了两端 MMC 型直流系统仿真模型，其具体仿真参数如表 4.2 所示。为了计算方便，线路模型采用集中参数模型。下面通过相应的仿真算例验证理论分析与计算的正确性。

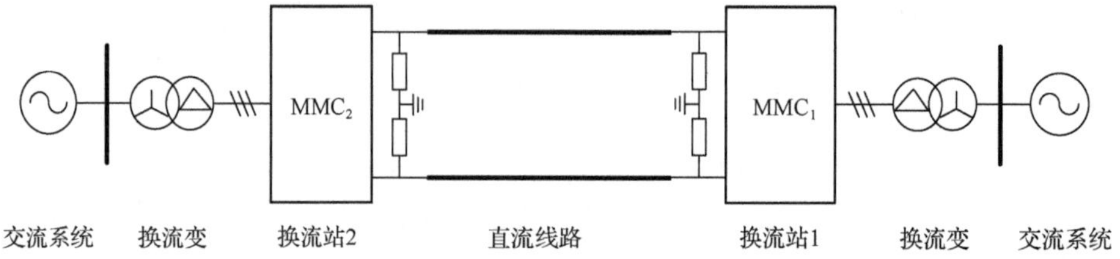

图 4.13　两端 MMC 型直流系统仿真模型拓扑

假设 t=1s 时在距离换流站 1 出口 10km 处发生两极短路故障，并假设在故障后 3ms 闭锁换流站。

1) 子模块闭锁前阶段

由表 4.2 可得

$$R_e=\frac{2R}{3}+R_{line}=2\times 0.01\times 100/3+0.55\times 2=1.7667\Omega$$

$$L_e=\frac{2L}{3}+L_{line}=0.0376\times 2/3+0.0129\times 2=0.0509\text{H}$$

$$C_e=\frac{6C}{N}=6\times 9750\times 10^{-6}/100=5.85\times 10^{-4}\text{F}$$

表 4.2　仿真模型系统参数

系统参数	参数值
额定直流电压/kV	±200
额定容量/(MV·A)	300
交流额定电压/kV	200
电平数	101
子模块电容/μF	9750
桥臂电抗器电感/mH	37.6
线路等效电阻/(Ω/km)	0.055
线路等效电感/(mH/km)	1.29
线路长度/km	100

因此有

$$\sigma=\frac{R_e}{2L_e}=17.355\text{，}\quad \omega'=\sqrt{\frac{1}{L_eC_e}-\left(\frac{R_e}{2L_e}\right)^2}=182.43\text{rad/s}$$

又因 U_0=408kV，I_0=0.722kA，可得该阶段直流线路电流暂态响应为

$$i_{dc}=43.88\text{e}^{-17.355t}\sin(182.43t+0.0165) \tag{4.25}$$

2) 子模块闭锁后初始阶段

由表 4.2 及式(4.25)计算可得：τ=0.0288，I_0'=22.2595kA，所以该阶段内直流电流暂态响应表达式为

$$i_{dc}=22.2595\text{e}^{-t/0.0288} \tag{4.26}$$

两极短路故障的仿真结果如图 4.14 所示。由仿真结果可知，子模块闭锁前阶

段和子模块闭锁后初始阶段的理论计算结果是十分准确的。系统各侧暂态特征亦与理论分析相符，充分证明了理论分析、计算的正确性。

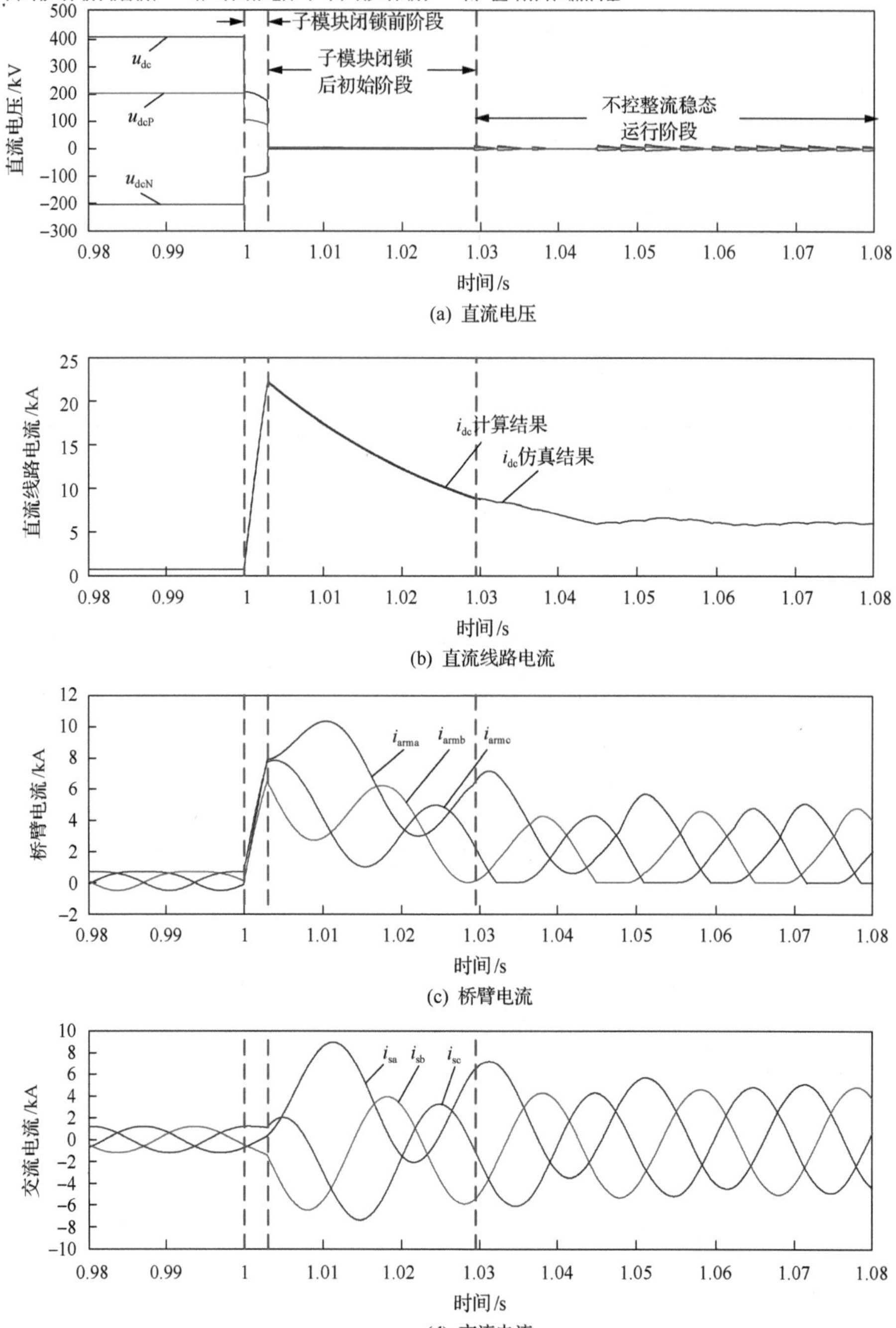

图 4.14　MMC 型直流系统两极短路故障仿真结果

4.2.2　模块化多电平换流器两极短路不控整流阶段的故障电流

MMC 型直流系统发生两极短路故障后，在子模块闭锁后不控整流稳态运行阶段的电流、电压响应特征的准确计算对评估交直流侧的过电流水平、设计交直流系统保护配置以及为关键设备选型等具有重要意义[10]。目前实际工程的 MMC 型直流系统中，换流器内部电力电子器件自保护裕值一般较低，直流故障后可能在几百微秒就实现快速闭锁，此时换流器闭锁前电容放电产生的过电流能够得到有效限制，因此换流器闭锁后桥臂电抗续电流较小，使得前文所述的闭锁后初始阶段的特征不再存在，而是直接过渡进入不控整流稳态运行阶段。这种情况下，交直流侧以及换流器桥臂过流峰值主要取决于不控整流稳态运行阶段的过电流水平，因此需对该阶段的故障响应特性进行精确的理论计算。

MMC 中各个桥臂存在桥臂电抗器，其主要作用为限制故障电流、实现能量传递。由于桥臂电抗的存在，两极短路故障不控整流稳态运行阶段将会存在严重的换相重叠角，且该重叠角一般大于 $\pi/3$，因此传统不控整流桥的计算方法将无法适用于该阶段电流响应特征的计算。文献[11]分析了不同的交流侧电抗值导致不同换相重叠角时的不控整流响应特性，但是 MMC 电抗存在于换流器桥臂中，其响应特性求解方法将有所不同。本节将重点对两极短路故障不控整流稳态运行阶段的响应特征进行详细的理论分析，提出两极短路故障不控整流稳态运行阶段交流侧电流、直流侧电流以及桥臂电流的数学计算方法[12]。

1. 两极短路稳态特性分析

MMC 两极短路故障不控整流稳态运行阶段的等效电路如图 4.15 所示，定义各桥臂电流正方向为从交流侧流向换流器方向，且认为不控整流阶段直流侧电流为恒定不变的直流量。图中，D_1、D_3、D_5 表示共阴极组二极管，D_2、D_4、D_6 表示共阳极组二极管；e_a、e_b、e_c 分别为交流三相相电压，其中设 a 相电压为 $e_a=E\sin(\omega t)$；L_s 为桥臂电感（忽略桥臂电阻）；R_d 和 L_d 分别为直流线路的等效电阻和电感。分析时，由于各桥臂对称，仅以 a 相上桥臂电流 i_1 为例进行求解，其他桥臂均可类比。

此外，定义换相重叠角 γ 为换相二极管开始导通至被换相二极管完全关断所持续的电角度。由不控整流桥换相原则及换相重叠角的定义知，当换相重叠角分别处于 $[0,\pi/3)$、$[\pi/3,2\pi/3)$、$[2\pi/3,\pi)$、$[\pi,4\pi/3)$ 时，不控整流阶段分别对应于换流器处于两个桥臂与三个桥臂、三个桥臂与四个桥臂、四个桥臂与五个桥臂、五个桥臂与六个桥臂交替导通的过程。因此，当换相重叠角不同时，不控整流运行响应特性就会有所不同，需对不同换相重叠角情况分别进行求解。对于换相重叠角小于 $\pi/3$ 的情况，相关分析计算已经较为成熟[13]，这里不再赘述。一般情况下，考虑到桥臂电抗器的存在，使得 MMC 两极短路故障不控整流阶段的换相重叠角大于 $\pi/3$，具体分析如下。

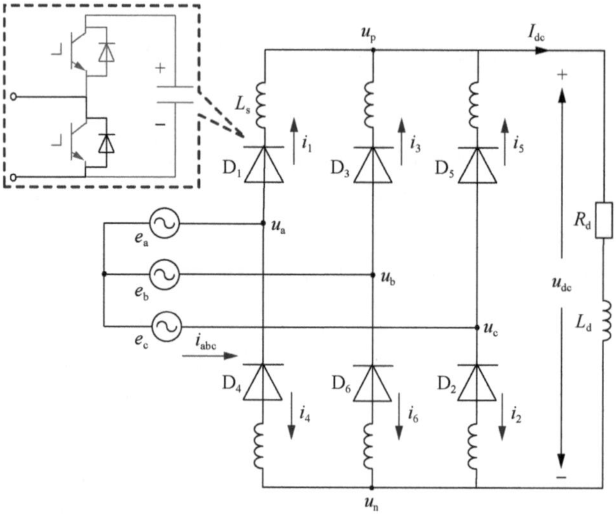

图 4.15　MMC 两极短路故障不控整流运行阶段的等效电路

1) $\pi/3 \leqslant \gamma < 2\pi/3$

当换相重叠角 γ 处于 $\pi/3 \sim 2\pi/3$ 时，对于三相不控整流电路，其工作情况将是三个桥臂导通和四个桥臂导通交替出现的情况，如图 4.16 所示(以桥臂 5 向桥臂 1 换相为例)。

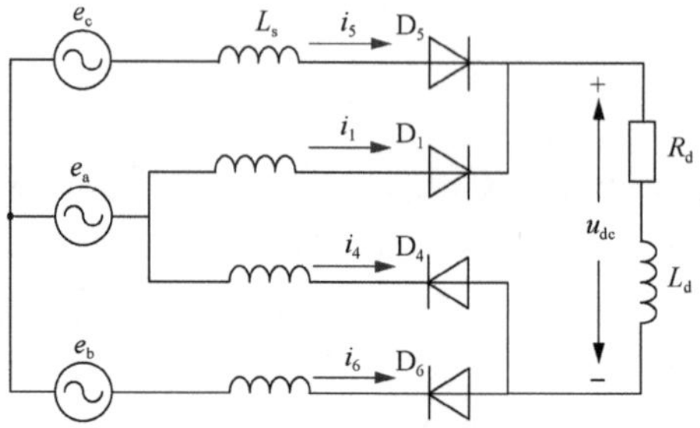

(a) 四个桥臂导通等效电路

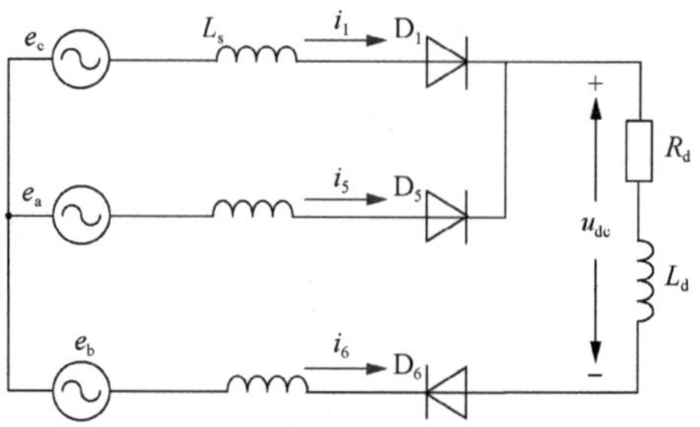

(b) 三个桥臂导通等效电路

图 4.16　$\pi/3 \leqslant \gamma < 2\pi/3$ 电路导通工作情况

根据不控整流自然换相原理可知，在 D_1 导通前，三相不控整流电路中 D_4、D_5、D_6 导通。因此，当交流相电压开始满足 $e_a>u_p$，即 $e_a>e_c$ 时，桥臂 5 开始向桥臂 1 换相。桥臂电感的存在使得桥臂电流不能突变，因此可得到桥臂 1 电流求解的初始条件：当 $\omega t=\pi/6$ 时，$i_1=0$，其中 i_1 代表桥臂 1 的电流。此后该桥臂电流将逐渐上升，等效的三相不控整流电路将进入 D_1、D_4、D_5、D_6 同时导通的情况。下一阶段 D_4 关断使得电路拓扑发生变化，因此为求得该阶段持续的电角度，应对 D_4 的关断时刻进行分析。根据换相重叠角的定义可知，在 $\omega t=\pi/6+\gamma$ 时，D_5 将会完全关断。不控整流桥导通、关断始终按照 D_1—D_2—D_3—D_4—D_5—D_6—D_1 的顺序交替进行，且依次相差 $\pi/3$。因此，在 $\omega t=\gamma-\pi/6$ 时，D_4 将会关断，进入三个桥臂导通阶段，即四个桥臂导通阶段持续电角度范围为 $\pi/6\leqslant\omega t<\gamma-\pi/6$。等效电路如图 4.16(a)所示。

依据电路分析，此阶段满足

$$
\begin{aligned}
u_{dc} &= e_c - L_s\frac{di_5}{dt} - e_a + L_s\frac{di_4}{dt} = e_c - L_s\frac{di_5}{dt} - e_b + L_s\frac{di_6}{dt} \\
&= L_s\frac{di_1}{dt} + L_s\frac{di_4}{dt} = e_a - L_s\frac{di_1}{dt} - e_b + L_s\frac{di_6}{dt}
\end{aligned}
\tag{4.27}
$$

式中，i_1～i_6 分别为桥臂 1～6 的电流；u_{dc} 为直流侧电压；L_s 为桥臂电感。

由于

$$
\frac{di_1}{dt}+\frac{di_5}{dt}=-\left(\frac{di_4}{dt}+\frac{di_6}{dt}\right)=\frac{di_{dc}}{dt}=0
$$

因此直流侧电压可求解为

$$
u_{dc}=\frac{1}{2}(e_c-e_b)=\frac{\sqrt{3}}{2}E\sin\left(\omega t+\frac{\pi}{2}\right)
\tag{4.28}
$$

且有

$$
L\frac{di_1}{dt}=\frac{1}{2}(e_a-e_c)
\tag{4.29}
$$

根据初始条件 $\omega t=\pi/6$ 时，$i_1=0$，桥臂 1 电流可求解为

$$
i_1=-\frac{\sqrt{3}E}{2X_s}\cos\left(\omega t-\frac{\pi}{6}\right)+\frac{\sqrt{3}E}{2X_s}
\tag{4.30}
$$

式中，$X_s=\omega L_s$。

由于不控整流桥导通、关断始终按照 D_1—D_2—D_3—D_4—D_5—D_6—D_1 交替进

行，且依次相差 π/3，可知在 $\omega t=\pi/2$ 时 D_2 将会开通。因此，当满足 $\gamma-\pi/6\leqslant\omega t<\pi/2$ 时，D_4 关断而 D_2 未开通，此时等效电路将处于 D_1、D_5、D_6 同时导通的状态，即三相不控整流电路进入三个桥臂导通阶段，其等效电路如图 4.16(b)所示。

与 D_1 导通的初始阶段电路分析相似，可求得该阶段电路将满足

$$u_{\mathrm{dc}}=-\frac{3}{2}e_{\mathrm{b}}=-\frac{3}{2}E\sin\left(\omega t-\frac{2\pi}{3}\right) \tag{4.31}$$

$$L\frac{\mathrm{d}i_1}{\mathrm{d}t}=\frac{1}{2}(e_{\mathrm{a}}-e_{\mathrm{c}}) \tag{4.32}$$

在 $\gamma-\pi/6\leqslant\omega t<\pi/2$ 阶段，桥臂电流的初始值可由上一阶段的终值决定。而由式(4.30)可知，当 $\omega t=\gamma-\pi/6$ 时，

$$i_1=-\frac{\sqrt{3}E}{2X_{\mathrm{s}}}\cos\left(\gamma-\frac{\pi}{3}\right)+\frac{\sqrt{3}E}{2X_{\mathrm{s}}}$$

因此可求得在该阶段流过桥臂 1 的电流为

$$i_1=-\frac{\sqrt{3}E}{2X_{\mathrm{s}}}\cos\left(\omega t-\frac{\pi}{6}\right)+\frac{\sqrt{3}E}{2X_{\mathrm{s}}} \tag{4.33}$$

此后换相过程将在四个桥臂导通和三个桥臂导通两种情况下交替进行，可用上述方法进行类似求解，可得到一个工频周期(20ms)内桥臂 1 电流的解析表达式：

$$i_1=\begin{cases}0, & 0\leqslant\omega t<\dfrac{\pi}{6}\ \text{或}\ \dfrac{5\pi}{6}+\gamma\leqslant\omega t<2\pi\\ -\dfrac{\sqrt{3}E}{2X_{\mathrm{s}}}\cos\left(\omega t-\dfrac{\pi}{6}\right)+\dfrac{\sqrt{3}E}{2X_{\mathrm{s}}}, & \dfrac{\pi}{6}\leqslant\omega t<\gamma+\dfrac{\pi}{6}\\ -\dfrac{\sqrt{3}E}{2X_{\mathrm{s}}}\cos\gamma+\dfrac{\sqrt{3}E}{2X_{\mathrm{s}}}, & \gamma+\dfrac{\pi}{6}\leqslant\omega t<\dfrac{5\pi}{6}\\ -\dfrac{\sqrt{3}E}{2X_{\mathrm{s}}}\cos\left(\omega t+\dfrac{\pi}{6}\right)-\dfrac{\sqrt{3}E}{2X_{\mathrm{s}}}\cos\gamma, & \dfrac{5\pi}{6}\leqslant\omega t<\dfrac{5\pi}{6}+\gamma\end{cases} \tag{4.34}$$

根据换相原理及电路特征可知，当 $\gamma+\pi/6\leqslant\omega t<5\pi/6$ 时，仅存在桥臂 1、2、6 导通。此时，上桥臂中仅桥臂 1 导通，由于 $I_{\mathrm{dc}}=i_1+i_3+i_5$，可用该时间段内的桥臂 1 电流估算直流电流，即

$$I_{dc}=-\frac{\sqrt{3}E}{2X_s}\cos\gamma+\frac{\sqrt{3}E}{2X_s} \tag{4.35}$$

同时，根据各阶段的直流电压解析式可求得直流电压的平均值为

$$\begin{aligned}U_{dc}&=\frac{3}{\pi}\left[\int_{\frac{\pi}{6}}^{\gamma-\frac{\pi}{6}}\frac{\sqrt{3}E}{2}\sin\left(\omega t+\frac{\pi}{2}\right)d(\omega t)-\int_{\gamma-\frac{\pi}{6}}^{\frac{\pi}{2}}\frac{3E}{2}\sin\left(\omega t-\frac{2\pi}{3}\right)\right]\\&=\frac{3\sqrt{3}E}{2\pi}\cos\gamma+\frac{3\sqrt{3}E}{2\pi}\end{aligned} \tag{4.36}$$

由于直流电压与电流满足关系 $U_{dc}=R_d\times I_{dc}$，可求得换相重叠角 γ 为

$$\gamma=\arccos\left(\frac{R_d\pi-3X_s}{R_d\pi+3X_s}\right) \tag{4.37}$$

由式(4.34)、式(4.37)即可得到任意时刻桥臂 1 电流，其他桥臂电流求解方法则可依次类推。而交流侧电流可根据式(4.38)求得

$$\begin{cases}i_a=i_1+i_4\\i_b=i_3+i_6\\i_c=i_2+i_5\end{cases} \tag{4.38}$$

同时由式(4.37)可得，当 $100<R_d/L_s\leqslant900$ 时，换相重叠角满足 $\pi/3\leqslant\gamma<2\pi/3$，即为本节求解方法适用范围；当 $R_d/L_s>900$ 时，换相重叠角小于 $\pi/3$，可用传统方法求解；当 $R_d/L_s\leqslant100$ 时，换相重叠角将大于 $2\pi/3$，本节求解方法不再适用。

2) $2\pi/3\leqslant\gamma<\pi$

如前文所述，当 $R_d/L_s\leqslant100$ 时，换相重叠角将大于 $2\pi/3$，使得 MMC 两极短路不控整流稳态阶段不再是三个桥臂导通和四个桥臂导通交替出现的情况，而是四个桥臂导通和五个桥臂导通交替出现。

通过分析可知，对应该情况的换相重叠角 γ 处于 $2\pi/3\leqslant\gamma<\pi$。同样以桥臂 1 开始导通时为初始，分别分析 $2\pi/3\leqslant\gamma<\pi$ 时五个桥臂导通和四个桥臂导通两种情况下的响应特征。

在 D_1 导通初始阶段，D_1、D_3、D_4、D_5、D_6 同时处于导通状态。D_1 开始导通的条件为其阳极电压 e_a 大于阴极电压 u_p，又由于在此阶段之前为桥臂 D_3、D_4、D_5、D_6 导通的情况，根据相应的电路拓扑可求得 $u_p=-e_a/2$。因此可得在该情况下桥臂 1 开始导通的条件为 $e_a>0$，即 $\omega t>0$，相应得到该阶段的初始条件为：$\omega t=0$ 时，$i_1=0$。

类似于 1) 中所述方法，以此为初始条件，根据电路拓扑列写微分方程即可求得五个桥臂导通、四个桥臂导通情况下相应的电流、电压响应特征。

一个工频周期(20ms)内桥臂电流的解析表达式可表示为(以桥臂 1 为例，其他可类比)

$$
i_1=\begin{cases}
\dfrac{E}{X_s}-\dfrac{E}{X_s}\cos(\omega t), & 0\leqslant \omega t<\gamma-\dfrac{2\pi}{3}\\
-\dfrac{\sqrt{3}E}{2X_s}\cos\left(\omega t-\dfrac{\pi}{6}\right)+\dfrac{E}{X_s}-\dfrac{E}{2X_s}\sin\left(\gamma+\dfrac{\pi}{6}\right), & \gamma-\dfrac{2\pi}{3}\leqslant \omega t<\gamma-\dfrac{\pi}{3}\\
-\dfrac{\sqrt{3}E}{2X_s}\sin(\omega t)+\dfrac{E}{X_s}+\dfrac{\sqrt{7}E}{2X_s}\sin\left(\gamma-\dfrac{13\pi}{18}\right), & \gamma-\dfrac{\pi}{3}\leqslant \omega t<\dfrac{2\pi}{3}\\
-\dfrac{E}{X_s}\cos(\omega t)-\dfrac{E}{4X_s}+\dfrac{\sqrt{7}E}{2X_s}\sin\left(\gamma-\dfrac{13\pi}{18}\right), & \dfrac{2\pi}{3}\leqslant \omega t<\gamma\\
-\dfrac{\sqrt{3}E}{2X_s}\cos\left(\omega t+\dfrac{\pi}{6}\right)+\dfrac{1.803E}{X_s}\sin(\gamma-2.374)-\dfrac{E}{4X_s}, & \gamma\leqslant \omega t<\dfrac{4\pi}{3}\\
-\dfrac{E}{X_s}\cos(\omega t)+\dfrac{1.803E}{X_s}\sin(\gamma-2.374)-\dfrac{3E}{4X_s}, & \dfrac{4\pi}{3}\leqslant \omega t<\dfrac{2\pi}{3}+\gamma\\
0, & \dfrac{2\pi}{3}+\gamma\leqslant \omega t<2\pi
\end{cases}
\tag{4.39}
$$

直流电流、直流电压平均值分别为

$$
I_{dc}=3.1227\frac{E}{X_s}\sin(\gamma-2.34) \tag{4.40}
$$

$$
U_{dc}=\frac{3E}{2\pi}\left[1+\sin\left(\gamma+\frac{\pi}{6}\right)\right] \tag{4.41}
$$

交流侧电流可根据式(4.38)，在各桥臂电流求解的基础上求得。根据直流电压与电流满足的关系 $U_{dc}=R_d\times I_{dc}$，求得换相重叠角 γ 为

$$
\begin{aligned}
\gamma=\pi+\arcsin&\left[\frac{3X_s}{\sqrt{\left(3\sqrt{3}X_s-12.5R_d\pi\cos 2.34\right)^2+\left(3X_s+12.5R_d\pi\sin 2.34\right)}}\right]\\
&-\arctan\left(\frac{3X_s+12.5R_d\pi\sin 2.34}{3\sqrt{3}X_s-12.5R_d\pi\cos 2.34}\right)
\end{aligned}
\tag{4.42}
$$

令式(4.42)中的换相重叠角 $\gamma=\pi$，就可求得使换相重叠角到达本节所述工作情况上限值 π 时对应的直流电阻 R_d 与桥臂电感 L_s 的临界比值。

3) $\pi\leqslant\gamma<4\pi/3$

直流电阻 R_d 与桥臂电感 L_s 的比值小于前一节中所述临界比值时，换相重叠角

将大于 π。MMC 两极短路不控整流稳态运行阶段将处于五个桥臂导通和六个桥臂导通交替出现的工作情况，通过分析可知对应该情况的换相重叠角 γ 处于 π~4π/3。类似于前文方法，可求得该种情况下的电压、电流响应特征。一个工频周期内桥臂电流的解析表达式为(以桥臂 1 为例，其他可类比)

$$i_1=\begin{cases}\dfrac{E}{X_s}-\dfrac{E}{X_s}\cos(\omega t), & 0\leqslant\omega t<\gamma-\dfrac{2\pi}{3}\\ -\dfrac{\sqrt{3}E}{2X_s}\cos\left(\omega t-\dfrac{\pi}{6}\right)+\dfrac{E}{X_s}+\dfrac{E}{2X_s}\sin\left(\gamma-\dfrac{5\pi}{6}\right), & \gamma-\dfrac{2\pi}{3}\leqslant\omega t<\dfrac{2\pi}{3}\\ -\dfrac{E}{X_s}\cos(\omega t)+\dfrac{E}{2X_s}+\dfrac{E}{2X_s}\sin\left(\gamma-\dfrac{5\pi}{6}\right), & \dfrac{2\pi}{3}\leqslant\omega t<\gamma\\ -\dfrac{\sqrt{3}E}{2X_s}\cos\left(\omega t+\dfrac{\pi}{6}\right)+\dfrac{E}{2X_s}+\dfrac{E}{X_s}\sin\left(\gamma-\dfrac{5\pi}{6}\right), & \gamma\leqslant\omega t<\dfrac{4\pi}{3}\\ -\dfrac{E}{X_s}\cos(\omega t)+\dfrac{E}{X_s}\sin\left(\gamma-\dfrac{5\pi}{6}\right), & \dfrac{4\pi}{3}\leqslant\omega t<\gamma+\dfrac{2\pi}{3}\\ 0, & \gamma+\dfrac{2\pi}{3}\leqslant\omega t<2\pi\end{cases}\tag{4.43}$$

直流电流为

$$I_{dc}=\frac{3E}{2X_s}\sin\left(\gamma-\frac{5\pi}{6}\right)+\frac{3E}{2X_s}\tag{4.44}$$

直流电压平均值为

$$U_{dc}=\frac{3E}{2\pi}\left[1+\cos\left(\gamma-\frac{\pi}{3}\right)\right]\tag{4.45}$$

交流侧电流则可根据式(4.38)，在各桥臂电流求解的基础上求得。根据直流电压与电流满足的关系 $U_{dc}=R_d\times I_{dc}$，求得换相重叠角 γ 为

$$\gamma=\frac{5\pi}{6}-\arcsin\left[\frac{2R_d\pi-2X_s}{\sqrt{\left(\sqrt{3}X_s+\sqrt{3}R_d\pi\right)^2+\left(X_s+R_d\pi\right)^2}}\right]\tag{4.46}$$

由不控整流桥的自然换相原则可知，换相桥臂与被换相桥臂的导通时刻相差 2π/3，又由于一个周期电角度为 2π，根据前文中对重叠角 γ 的定义可知，γ 的上限值为 4π/3。根据式(4.46)可知，当 R_d=0 时，γ 达到上限值 4π/3，即出口故障是换相重叠的极端情况。

2. 仿真验证

本节在 4.2.1 小节所述的仿真模型中进行相应的仿真实验，验证理论计算的精确性。结合仿真模型系统参数及前文中重叠角求解方法，分别选取距换流站出口 50km、20km、5km 和 0km 处发生两极短路故障，分别仿真实验重叠角范围在 $\pi/3 \leqslant \gamma < 2\pi/3$、$2\pi/3 \leqslant \gamma < \pi$、$\pi \leqslant \gamma < 4\pi/3$ 以及上限 $4\pi/3$ 时的情况，从而验证理论分析与计算结果的正确性。

1) $\pi/3 \leqslant \gamma < 2\pi/3$

该算例假设在距换流站 50km 处发生两极短路故障，故障时刻为 t=1s。此外，设定故障后 1ms 闭锁换流站。相应的仿真结果与理论计算结果如图 4.17 所示。根据系统参数可以计算出此时的重叠角 γ=0.612π，处于 $\pi/3 \leqslant \gamma < 2\pi/3$ 范围内，因此桥臂电流、直流电流和交流侧电流可由式(4.34)、式(4.35)、式(4.38)计算得到。

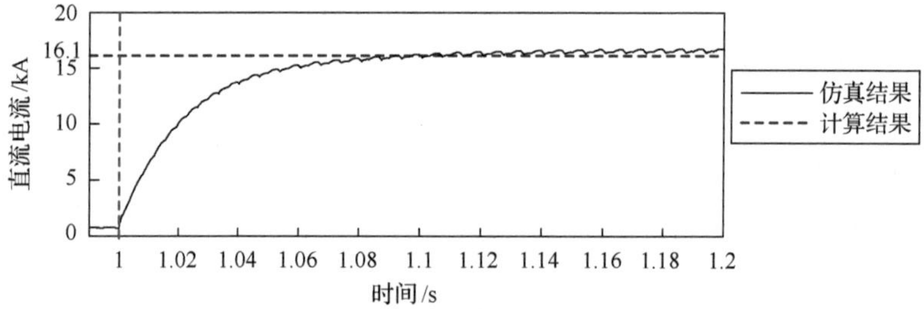

(a) 直流电流

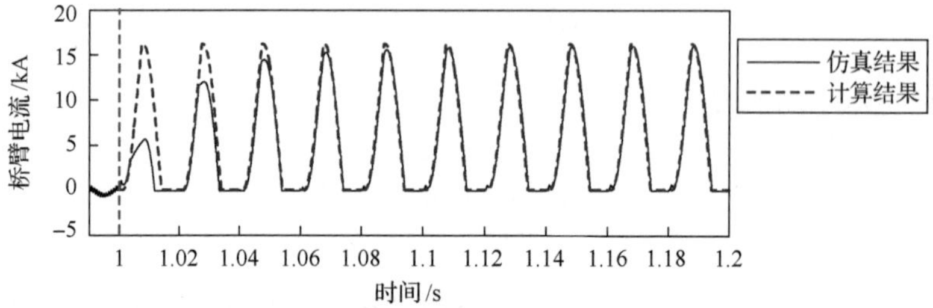

(b) 桥臂电流

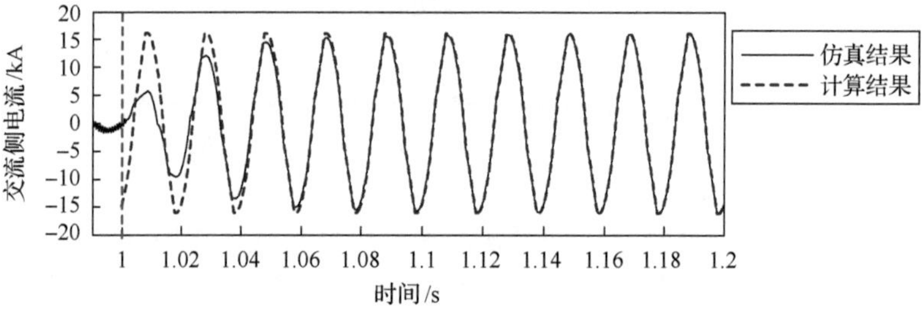

(c) 交流侧电流

图 4.17　50km 处两极短路故障仿真结果与理论计算结果

由仿真结果及理论计算结果对比分析可知，故障后经历一段时间的过渡过程以后，直流电流、桥臂电流和交流电流的仿真结果与理论计算结果均能够精确匹配。其中，直流电流的计算值为 16.1kA，仿真实验直流电流的平均值为 16.5kA，误差为 2.42%，充分证明了理论计算的精确性。

同时，由仿真实验可以看出，当换流站快速闭锁时(目前工程实际中为了保护电力电子器件，两极短路故障后一般会在 1ms 左右快速闭锁)，交直流侧的故障电流峰值由不控整流稳态运行阶段的过流水平决定，这一特点充分说明了直流故障不控整流稳态特性分析的重要性。

2) $2\pi/3 \leqslant \gamma < \pi$

该算例假设在距换流站 20km 处发生两极短路故障，其他设置与 1) 中相同，相应的仿真结果与理论计算结果如图 4.18 所示。根据系统参数可以计算出此时的重叠角 $\gamma=0.935\pi$，处于 $2\pi/3 \leqslant \gamma < \pi$ 范围内，因此交流侧电流、桥臂电流和直流电

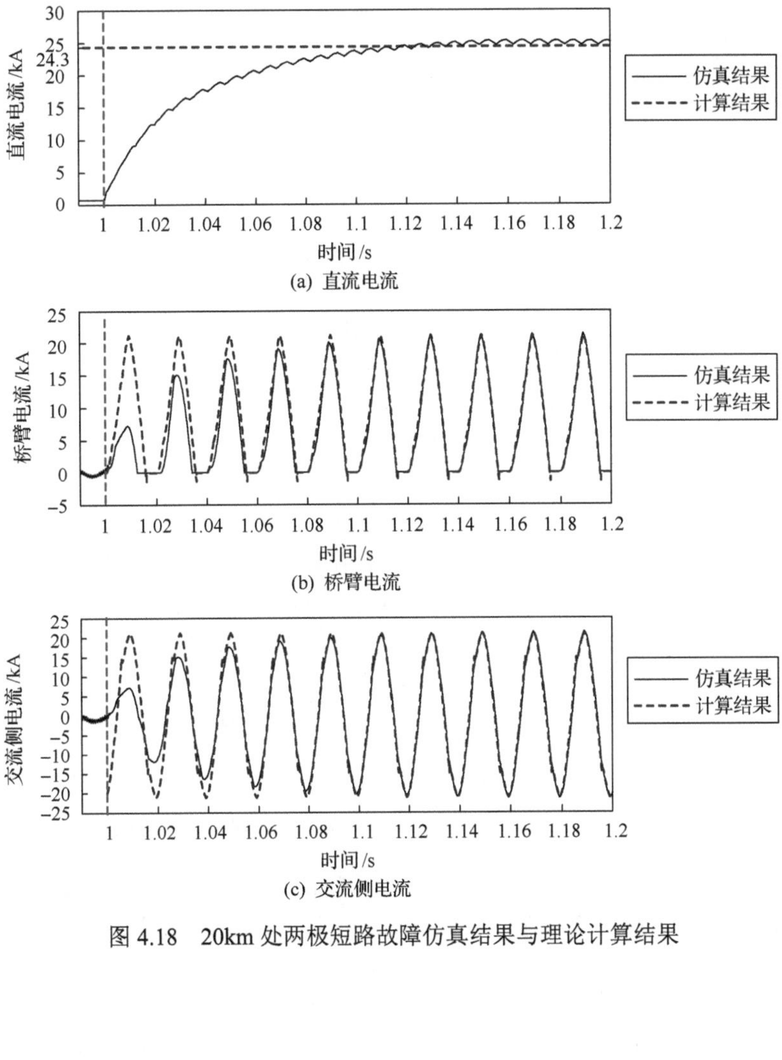

图 4.18　20km 处两极短路故障仿真结果与理论计算结果

式(4.38)～式(4.40)计算得到。同样，由仿真结果和理论计算结果对比分析可知，故障后经历一段时间的过渡过程以后，直流电流、桥臂电流和交流电流的仿真结果与理论计算结果均可精确匹配。其中，直流电流的计算值为24.3kA，仿真实验直流电流平均值为24.8kA，误差为2.02%，证明了理论计算的精确性。

3) $\pi \leqslant \gamma < 4\pi/3$

当故障距离为5km时，可以计算出此时的重叠角 $\gamma=1.101\pi$，处于 $\pi \leqslant \gamma < 4\pi/3$ 范围内，因此交流侧电流、桥臂电流、直流电流可由式(4.38)、式(4.43)、式(4.44)计算得到。如图4.19所示，仿真结果与理论计算结果精确匹配。直流电流计算值为36.2kA，仿真结果平均值为35.4kA，误差为2.26%。

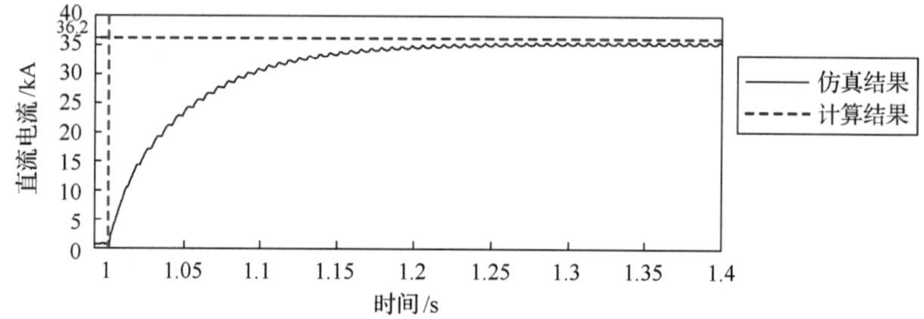

(a) 直流电流

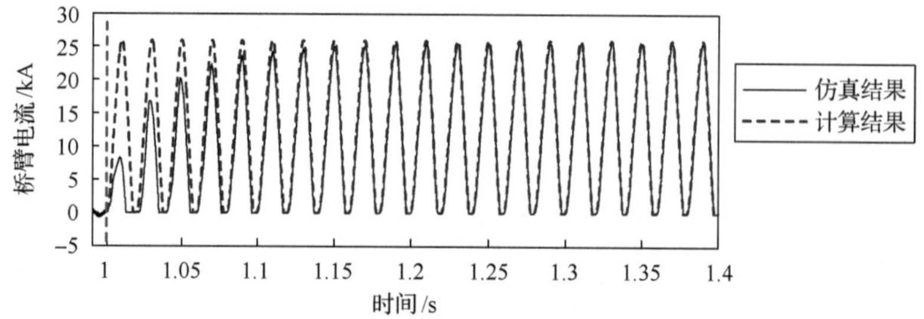

(b) 桥臂电流

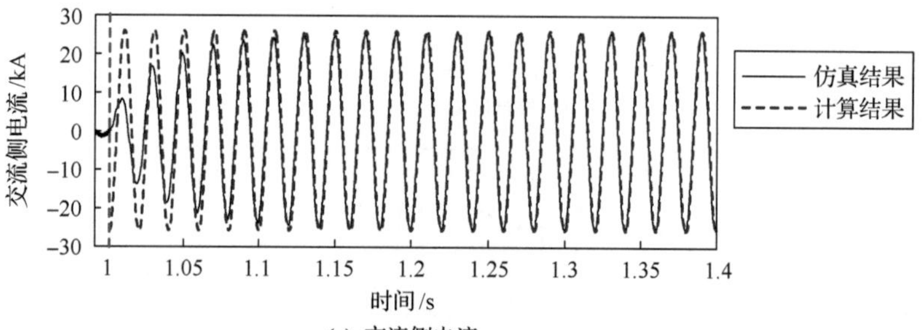

(c) 交流侧电流

图4.19 5km处两极短路故障仿真结果与理论计算结果

图4.20给出了换流站出口两极短路故障时的仿真结果与理论计算结果。出口故障时 $R_d=0$，此时对应换相重叠的极端情况，即 $\gamma=4\pi/3$。同样，仿真结果亦证明

了理论计算的精确性，直流电流计算值与仿真值分别为 41.5kA 和 40.5kA，误差为 2.47%。

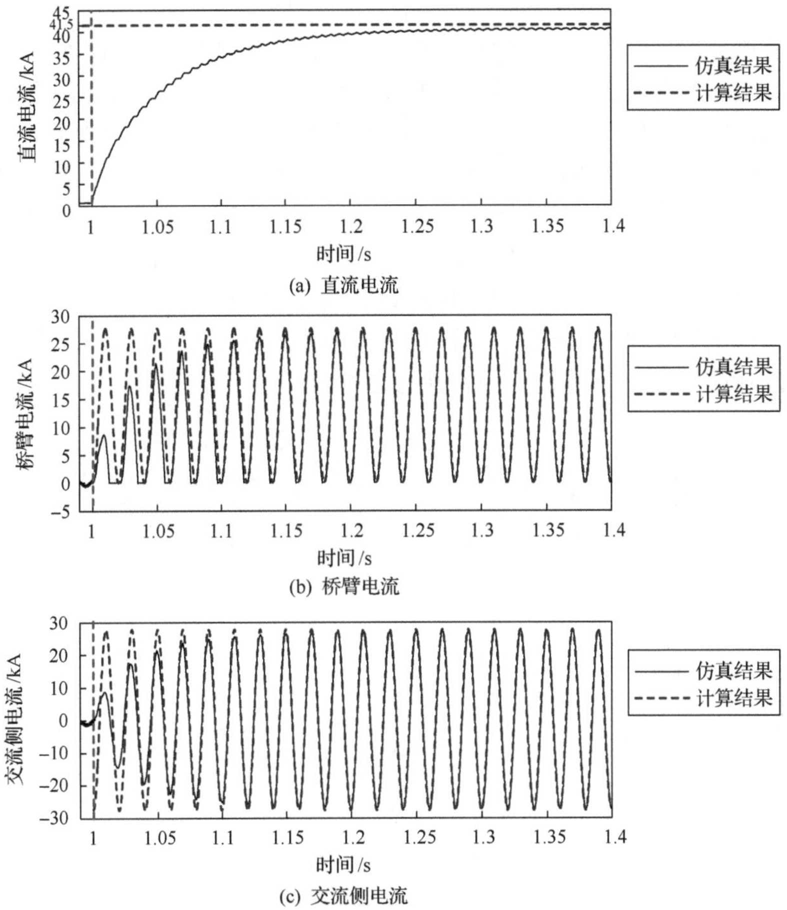

图 4.20　出口两极短路故障仿真结果与理论计算结果

MMC-HVDC 系统两极短路故障后不控整流稳态运行阶段的过流响应特征对系统交直流保护配置、设备选型以及电网规划均具有重要意义。尤其是当换流器能够在故障后快速闭锁时，整个故障过程的过流水平主要由不控整流稳态运行阶段的过电流决定。考虑桥臂电抗对不控整流换相重叠的影响，本节对各种换相重叠角情况下交流电流、直流电流以及桥臂电流响应特征进行了详细的理论求解，并且在 PSCAD/EMTDC 仿真平台上搭建两端 MMC 直流系统模型，通过大量仿真算例证明了本节所提出的计算方法能够准确计算两极短路稳态运行阶段交、直流侧以及桥臂上的过电流，计算误差在 3%以内，能够为保护配置、设备选型和电网规划提供可靠的理论依据。

4.2.3　模块化多电平换流器单极接地故障

MMC 型直流系统单极接地故障的暂态特性因接地方式的不同而略有差异。目前典型的接地方式主要分成两类：直流侧接地和交流侧接地。如图 4.21 所示，直流侧接地是指在直流正、负极线上并联箝位电阻接地；而交流侧接地主要包括换流变中性点经电阻接地和交流侧接星型电抗器经大电阻接地。当系统采用直流侧接地方式时，单极接地故障情况下交流侧电源和子模块电容均不存在放电回路，因此没有故障电流；而对于交流侧接地方式，虽然存在放电回路，但是放电回路中均接入了大电阻，因而故障电流也很小。因此，针对现有的接地方式，MMC 型直流系统单极接地故障时不会出现故障电流(或者故障电流很小)，故障危害主要来自于过压导致的绝缘问题。下面以直流侧接地方式为例对系统电压应力进行分析(交流侧接地方式下电压应力特性与之相同)。

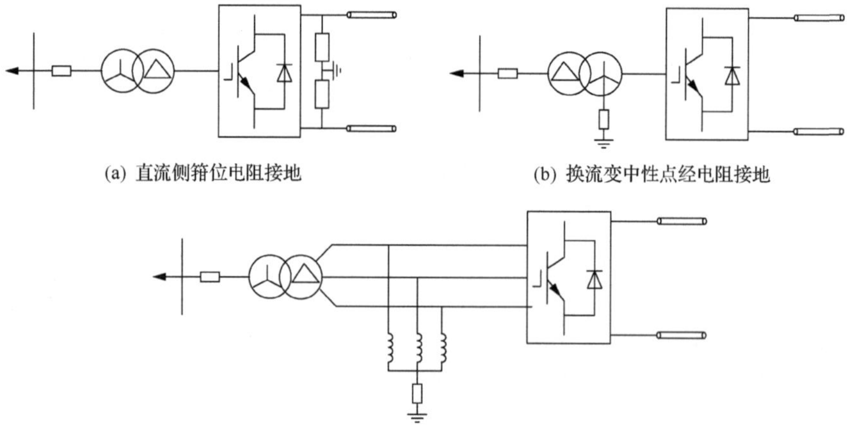

(a) 直流侧箝位电阻接地　　(b) 换流变中性点经电阻接地

(c) 交流侧接星型电抗器经大电阻接地

图 4.21　MMC 型直流系统接地方式

单极接地故障下，故障极电压将会立即下降为零，而非故障极电压则会在系统定电压控制策略作用下上升到两倍额定值，对非故障极绝缘造成较大危害。对于换流器交流侧，由 MMC 基本控制策略可知，交流电压 u_s 满足

$$u_s = U_P - u_{sP} = u_{sN} + U_N \tag{4.47}$$

式中，U_P、U_N 分别代表正、负极电压；u_{sP}、u_{sN} 分别代表换流器上、下桥臂投入的电容电压。因此，当发生正极故障时，换流器交流侧电压将会负向偏置 $U_{dc}/2$；而当发生负极接地故障时，换流器交流侧电压会正向偏置 $U_{dc}/2$。因此，单极接地故障对换流变阀侧绕组同样会造成过压危害。

在 4.2.1 小节所述的仿真模型中进行单极(正极)接地故障仿真实验，故障时刻为 t =1s，故障距离为距换流站出口 10km 处，过渡电阻为 0，相应的仿真结果如图 4.22 所示。

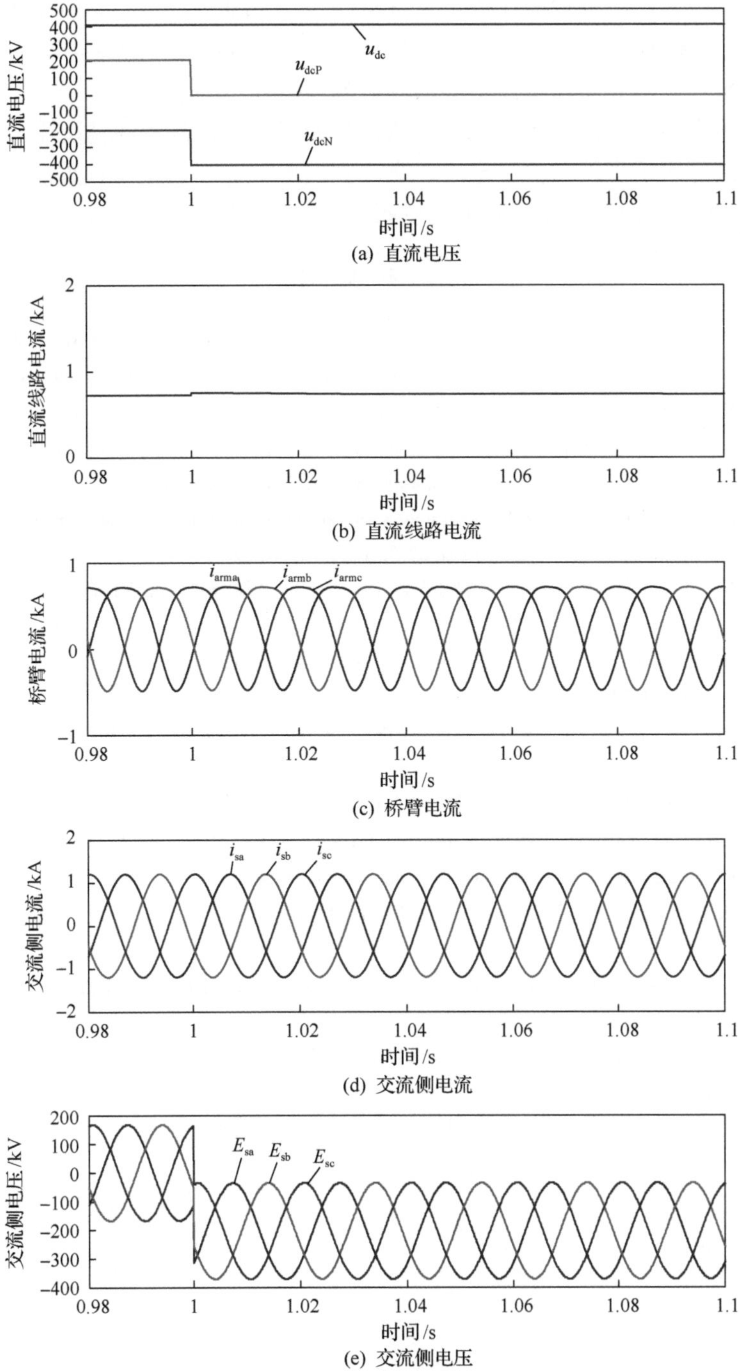

(a) 直流电压

(b) 直流线路电流

(c) 桥臂电流

(d) 交流侧电流

(e) 交流侧电压

图 4.22　MMC 型直流系统单极接地故障仿真结果

如图 4.22(a)所示，正极接地故障发生以后，故障极电压迅速跌落到零值，但是直流电压 U_{dc} 仍然被控制在额定值 400kV，因此非故障极(负极)电压上升到了两倍额定值−400kV。同时，交流侧电压则产生了 200kV 的负向偏置，而直流线路电流、桥臂电流和交流电流则不出现明显过流。

上述仿真结果与理论分析完全一致，表明在单极接地故障情况下，系统危害主要为非故障极承受两倍额定电压、交流侧出现 $U_{dc}/2$ 的电压偏置而对相应设备造成(主要包括非故障极线路和换流变阀侧绕组)的绝缘损毁。

参考文献

[1] 李斌, 何佳伟. 柔性直流配电系统故障分析及限流方法[J]. 中国电机工程学报, 2015, 35(12): 3026-3036.

[2] Yang J, Fletcher J E, O'Reilly J, et al. Short-circuit and ground fault analyses and location in VSC-based DC network cables[J]. IEEE Transactions on Industrial Electronics, 2012, 59(10): 3827-3837.

[3] Yang J, Fletcher J E, O'Reilly J, et al. Multiterminal DC wind farm collection grid internal fault analysis and protection design[J]. IEEE Transactions on Power Delivery, 2010, 25(4): 2308-2316.

[4] Li B T, Liu Y C, Li B, et al. Development process and analytical method of the pole-to-pole DC fault in the MMC-MVDC system[J]. IET Power Electronics, 2017, 10(15): 2085-2091.

[5] 王珊珊, 周孝信, 汤广福. 模块化多电平换流器 HVDC 直流双极短路子模块过流分析[J]. 中国电机工程学报, 2011, 31(1): 1-7.

[6] Li B, He J W, Tian J, et al. DC fault analysis for MMC-based system[J]. Journal of Modern Power Systems and Clean Energy, 2017, 5(2): 275-282.

[7] 赵成勇, 李探, 俞露杰, 等. MMC-HVDC 直流单极接地故障分析与换流站故障恢复策略[J]. 中国电机工程学报, 2014, 34(21): 3518-3526.

[8] 张建坡, 赵成勇. MMC-HVDC 直流侧故障特性仿真分析[J]. 电力自动化设备, 2014, 34(7): 32-37.

[9] Gao Y, Bazargan M, Xu L, et al. DC fault analysis of MMC based HVDC system for large offshore wind farm integration[C].The 2nd IET Renewable Power Generation Conference,Beijing, 2013: 1-4.

[10] 张国驹, 祁新春, 陈瑶, 等. 模块化多电平换流器直流双极短路特性分析[J]. 电力系统自动化, 2016, 40(12): 151-157.

[11] Jones V H, Bonwick W J. Three-phase bridge rectifier with complex source impedance[J]. Proceedings of Institution of Electrical Engineers, 1975, 22(6): 630-636.

[12] 李斌, 李晔, 何佳伟. 基于模块化多电平的柔性直流系统故障稳态特性分析[J]. 电力系统保护与控制, 2016, 44(21): 1-8.

[13] 王兆安, 刘进军. 电力电子技术[M]. 5 版. 北京: 机械工业出版社, 2009.

第 5 章　含柔性直流的交直流系统中交流故障分析

交流系统的不对称故障特征分析一般采用对称分量法[1]，即将故障分量分解成相互没有耦合的正序、负序和零序分量。对于含有柔性直流的交直流系统，由于换流器为非线性系统，其故障后运行特性与其控制策略密切相关[2-4]，正序、负序、零序故障出力特征不同于交流系统同步发电机的故障出力，因此交直流混合系统的故障分析方法是必须研究解决的。

本章以图 5.1 所示的交直流混合系统为例，分析在柔性直流系统接入情况下的交流系统故障分析方法及其对直流系统的影响。图 5.1 中，换流站 1(MMC_1)为定功率端且为功率送端，换流站 2(MMC_2)为定电压端且为功率受端。对于定功率端换流站，控制时设定有功功率标幺参考值为 1，无功功标幺率参考值为 0；对于定电压端换流站，控制时设定直流电压标幺参考值为 1，无功功率标幺参考值为 0(本章不再一一列举其他运行方式)。

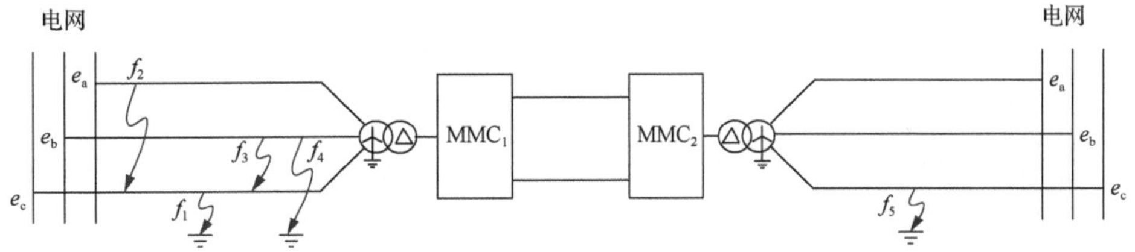

图 5.1　柔性直流系统接入情况下的交流故障分析

5.1　交流侧不对称故障分析

为了阻断零序电流在交流电网和换流器之间流通，一般要求换流变压器采用星角接线方式，且星形侧接地，如图 5.1 所示。因此，交流侧故障时零序电流只流经换流变压器形成闭合回路，不会通过换流器，在分析交直流混合电网交流故障特性时不需要考虑换流器的零序分量。

当柔性直流系统发生交流不对称故障时，交流电压将不再是对称的，由此而产生的负序电压分量将与换流器作用，在阀侧产生负序电流。此时，换流器的故障电流将是负序电流、正序电流和直流电流的叠加，换流器功率器件承受较大的过电流导致换流器闭锁退出运行，甚至使得功率器件损坏。因此，在设计换流器时，一般要求滤除负序电流分量，使得系统在可控的任何运行方式下均不产生负序电流。若要达到滤除负序电流的目的，就要求换流器控制系统可独立控制正序分量和负序分量。因此，在实际工程中一般采用将负序电流滤除的正负序解耦控制。本章针对该控制策略下的交流故障特性进行分析。

5.1.1 负序分量的抑制

一般而言，换流器控制环节由功率外环控制和电流内环控制两部分构成。其中，功率外环控制的功能是通过计算有功类电气量和无功类电气量得到所需控制变量的参考值。而电流内环控制的功能则是通过比例-积分控制环节实现换流器输出的电流快速跟踪功率外环控制给出参考值。为实现正序、负序分量的解耦控制，使电流内环控制包括正序电流内环控制和负序电流内环控制两部分，且令功率外环控制与正序电流内环控制相配合，构成一个正序分量的闭环控制。本节在对换流器控制策略说明的基础上，给出不对称运行时换流器负序网络等值方法。

1. 功率外环控制

换流器功率外环控制[5-7]分为有功控制和无功控制两类。常见的功率外环控制包括定直流电压控制、定有功功率控制、定无功功率控制和定交流电压控制等。通过功率外环控制环节，即可得到换流器内环电流控制器需要跟踪的交流侧 d 轴、q 轴电流参考值。具体介绍参见 3.4.2 小节。

2. 电流内环控制

电流内环控制[8,9]是基于 dq 坐标系实现的，因此要将各交流量用 dq 坐标系下的 d 轴分量和 q 轴分量进行表示。内环电流控制器的主要功能就是使交流侧 d 轴、q 轴电流能够跟踪功率外环控制给出的参考值。由 VSC 的数学模型可知，换流器 dq 坐标系模型中的 d 轴电流 i_{d} 与 q 轴电流 i_{q} 存在交叉耦合作用，同时存在电网电压扰动项 u_{d}、u_{q}。因此，设计比例-积分控制环节如式(5.1)所示：

$$\begin{cases} v_{\mathrm{dref}} = -\left(k_{\mathrm{p}} + \dfrac{k_{\mathrm{i}}}{s}\right)(i_{\mathrm{dref}} - i_{\mathrm{d}}) + \omega L i_{\mathrm{q}} + u_{\mathrm{d}} \\ v_{\mathrm{qref}} = -\left(k_{\mathrm{p}} + \dfrac{k_{\mathrm{i}}}{s}\right)(i_{\mathrm{qref}} - i_{\mathrm{q}}) - \omega L i_{\mathrm{d}} + u_{\mathrm{q}} \end{cases} \tag{5.1}$$

将式(5.1)代入换流站数学模型，即可得到电流内环控制环节如式(5.2)所示，最终实现对有功、无功的独立控制。

$$\begin{cases} L\dfrac{\mathrm{d}i_{\mathrm{d}}}{\mathrm{d}t} + Ri_{\mathrm{d}} = \left(k_{\mathrm{p}} + \dfrac{k_{\mathrm{i}}}{s}\right)(i_{\mathrm{dref}} - i_{\mathrm{d}}) \\ L\dfrac{\mathrm{d}i_{\mathrm{q}}}{\mathrm{d}t} + Ri_{\mathrm{q}} = \left(k_{\mathrm{p}} + \dfrac{k_{\mathrm{i}}}{s}\right)(i_{\mathrm{qref}} - i_{\mathrm{q}}) \end{cases} \tag{5.2}$$

根据对称分量法，对式(5.2)解耦分解成为独立的正序子系统和负序子系统，即可得到正序、负序双电流的内环独立控制表达式为

$$\begin{cases} L\dfrac{\mathrm{d}i_{\mathrm{d}}^{+}}{\mathrm{d}t}+Ri_{\mathrm{d}}^{+}=\left(k_{\mathrm{p1}}+\dfrac{k_{\mathrm{i2}}}{s}\right)(i_{\mathrm{dref}}^{+}-i_{\mathrm{d}}^{+}) \\ L\dfrac{\mathrm{d}i_{\mathrm{q}}^{+}}{\mathrm{d}t}+Ri_{\mathrm{q}}^{+}=\left(k_{\mathrm{p2}}+\dfrac{k_{\mathrm{i2}}}{s}\right)(i_{\mathrm{qref}}^{+}-i_{\mathrm{q}}^{+}) \end{cases} \tag{5.3}$$

$$\begin{cases} L\dfrac{\mathrm{d}i_{\mathrm{d}}^{-}}{\mathrm{d}t}+Ri_{\mathrm{d}}^{-}=\left(k_{\mathrm{p3}}+\dfrac{k_{\mathrm{i3}}}{s}\right)(i_{\mathrm{dref}}^{-}-i_{\mathrm{d}}^{-}) \\ L\dfrac{\mathrm{d}i_{\mathrm{q}}^{-}}{\mathrm{d}t}+Ri_{\mathrm{q}}^{-}=\left(k_{\mathrm{p4}}+\dfrac{k_{\mathrm{i4}}}{s}\right)(i_{\mathrm{qref}}^{-}-i_{\mathrm{q}}^{-}) \end{cases} \tag{5.4}$$

式(5.3)和式(5.4)表示了正序、负序电流解耦控制，如图 5.2 所示。

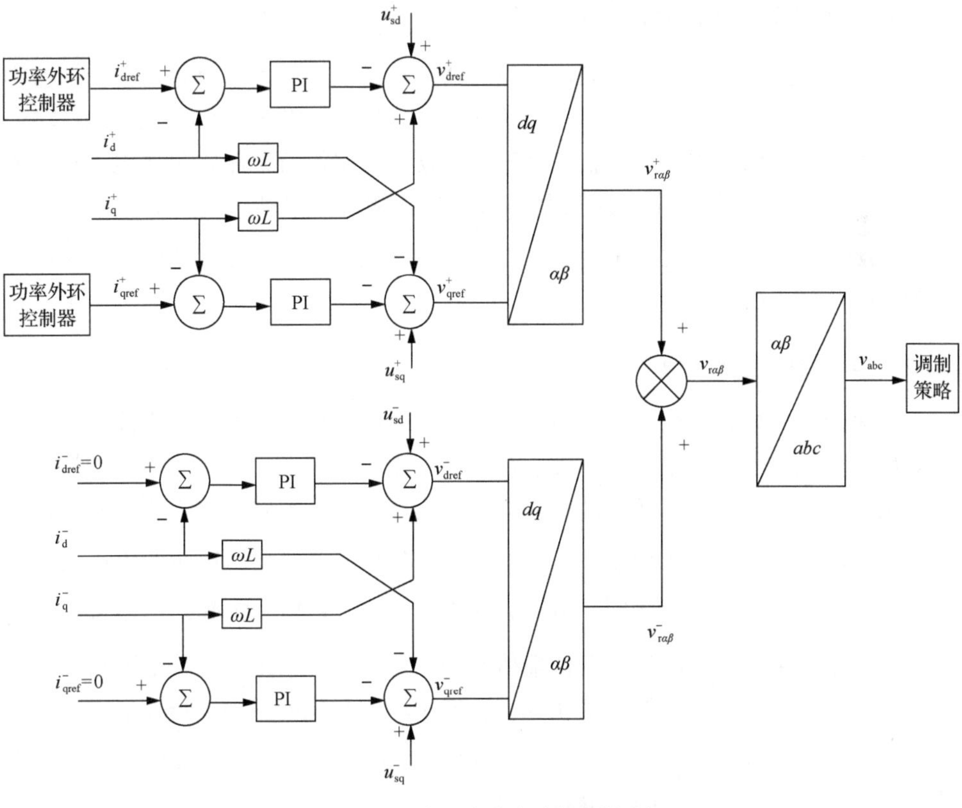

图 5.2　正序、负序电流解耦控制

图 5.2 中，i_{dref}^{+}、i_{qref}^{+} 分别为由功率外环控制给出的正序有功电流和正序无功电流参考值；i_{d}^{+}、i_{q}^{+} 分别为正序有功电流和正序无功电流的实际值；i_{dref}^{-}、i_{qref}^{-} 分别为负序有功电流和负序无功电流参考值，为了使系统在任何运行状态下均不产生负序电流，一般在控制时将 i_{dref}^{-}、i_{qref}^{-} 均设为 0；i_{d}^{-}、i_{q}^{-} 分别代表负序有功电流和负序无功电流实际值。u_{sd}^{+}、u_{sq}^{+} 分别为 dq 坐标系下的交流电网电压正序分量；u_{sd}^{-}、u_{sq}^{-} 分别为 dq 坐标系下的交流电网电压负序分量；v_{abc} 为三相静止坐标系下的参考电压，该电压将参与换流器的调制过程。

当系统运行于平衡状态时，将不产生负序分量，此时，负序电流与负序电压均为 0。由于负序控制环节被旁路，内环控制环节输出的电压调制波将仅受正序控制环节影响。由于系统的正序控制是由功率外环和电流内环构成的闭环控制，系统处于对称运行状态时，功率外环产生的电流参考值能够被正常跟踪，有功功率和无功功率均可维持在额定值。

3. 换流器负序等值回路

当交流系统发生不对称故障时，换流器的交流侧电压将不再是对称的，而将产生一定的负序电压分量。若换流器采用图 5.2 所示的滤除负序电流的控制策略，则换流器正序、负序电流内环控制环节能够使负序电流有效跟踪负序电流参考值 i_{dref}^{-}、i_{qref}^{-}，从而将负序电流控制为 0。该控制策略能够抑制负序电流，但故障点负序电压仍然存在。因此，采用该控制策略时，换流站的负序等值网络应为阻值无穷大的开路系统。

5.1.2　换流器的正序等值

当柔性直流系统的交流侧发生故障时，负序电流分量能够被负序控制环节有效滤除。但是由于负序电压的作用，换流器负序控制环节中输出电压的调制波负序分量 $v_{\mathrm{r}\alpha\beta}^{-}$ 不为零，如图 5.2 所示。此时，内环控制环节输出的电压调制波将是正序控制环节产生的电压调制波正序分量 $v_{\mathrm{r}\alpha\beta}^{+}$ 和负序控制环节产生的电压调制波负序分量 $v_{\mathrm{r}\alpha\beta}^{-}$ 的矢量合成[10-12]。根据柔性直流电网工作原理可知，电压调制波幅值由调制原理决定，在故障前后该幅值不变。然而由于系统不对称故障后负序电压 $v_{\mathrm{r}\alpha\beta}^{-}$ 不再为零，反过来作用将使得正序控制环节产生的正序电压调制波 $v_{\mathrm{r}\alpha\beta}^{+}$ 值跌落(正序参考电压为合成量与负序参考电压的矢量差)。由于控制中有功电流不能突变，换流站有功功率的传输将会减少。

1) 不对称故障发生于定功率端交流侧

当定功率端的交流系统发生不对称故障时，正序电压跌落将导致有功功率输出减少，使得电流参考值 i_{dref}^{+} 将在定功率控制环节的作用下增大。考虑到目前设计 MMC 换流站时 IGBT 的过流裕度较小，一般在控制环节中将设置电流限幅环节，且该环节设定的电流幅值上限一般较小，因此，故障后 i_{dref}^{+} 很快便能上升至其最大值并保持稳定，此时 d 轴电流测量值也将快速跟踪其参考值达到上限。对应的有功功率测量值将随有功电流分量的限幅而停留在低于有功参考值的位置。考虑到换流站无功功率参考值一般设为 0，且无功功率对应于 q 轴电流，因此正常运行条件下外环功率控制器计算得出的 q 轴电流参考值 i_{qref}^{+} 为 0。当不对称故障发生后，即使电压调制波正序分量 $v_{\mathrm{r}\alpha\beta}^{+}$ 减小，无功功率传输也因 i_{qref}^{+} 为 0 而箝位为 0，这就使得无功电流测量值能够跟踪其参考值保持为 0。换言之，该情况下无功功率控制环节仍能正常工作。

考虑到 dq 坐标系与 abc 三相坐标系中，各相量均采用等幅变换，等效电流源电流幅值 I_{con} 为

$$I_{\mathrm{con}}=\sqrt{i_{\mathrm{d}}^{2}+i_{\mathrm{q}}^{2}} \tag{5.5}$$

当柔性直流系统的交流侧发生严重不对称故障时，d 轴电流 i_{d} 将最终稳定于限幅值，而 q 轴电流 i_{q} 保持为零。此时换流器正序网络将被等效为幅值恒定的交流电流源，且该电流源幅值仅由正序控制环节中的 d 轴电流限幅环节决定。

2) 不对称故障发生于定电压端交流侧

当定电压端的交流系统发生不对称故障时，有功电流在控制环节的作用下不会突变。假设定电压端为功率受端，定功率端为功率送端。定电压端交流侧的正序电压跌落，导致该端接收的有功功率减少。但由于定功率端仍将向定电压端传输设定有功功率，定功率端输送的有功功率不能完全被定电压端的交流系统所接收，而产生有功剩余。过剩的有功功率将对换流站桥臂电容进行充电，使得直流电压上升。由定电压控制理论，随着直流电压上升，它与直流电压参考值存在偏差，使得定电压控制环节输出的 d 轴正序电流幅值上升。考虑到设计 MMC 换流站时 IGBT 的过流裕度较小，在定电压控制环节中也将设置电流限幅环节，且该环节设定的电流幅值上限一般较小，因此，故障后 i_{dref}^{+} 幅值很快便能上升至其最大值并保持稳定，此时 d 轴电流测量值幅值也将快速跟踪其参考值达到上限而无法继续上升。由于注入定电压端的功率大于该端所能接收的有功功率，过剩的有功功率继续向换流站桥臂电容充电，导致直流电压进一步上升，而 d 轴电流幅值将被限制在幅值上限而保持不变，定电压控制失稳。对于无功功率控制环节的 q

轴电流参考值 i_{qref}^{+}，考虑到 q 轴电流对应于无功功率，换流站无功功率参考值一般设为 0，因此外环功率控制器得到的 q 轴电流参考值 i_{qref}^{+} 为 0。当不对称故障发生后，即使电压调制波正序分量 $v_{\mathrm{r}\alpha\beta}^{+}$ 值减小，无功功率传输也因 i_{qref}^{+} 为 0 而箝位为 0，这就使得无功电流测量值能够跟踪其参考值保持为 0。换言之，该情况下无功功率控制环节仍能正常工作。

根据式(5.5)，当定电压端换流站交流侧故障时，换流器将等效为幅值恒定的交流电流源，且该电流源的幅值仅由 d 轴电流幅值的最大值决定。

综上所述，当采用正序、负序解耦控制并滤除其负序电流分量时，换流器正序网络将被等效为一个幅值恒定的交流电流源，且该电流源幅值由系统控制中有功和无功参考值的设定以及电流内环控制环节共同决定。

5.1.3 交流侧不对称故障分析和计算

本节以定功率端换流站的交流侧发生不对称短路故障为例进行分析计算，定电压端的交流侧故障可以类比分析。如图 5.1 所示，以图中 f_1 点发生不对称故障为例对故障特性进行分析。

1. 单相接地故障

当 f_1 点发生 a 相接地故障时，可得到边界条件为

$$\begin{cases}\dot{U}_{\mathrm{fa}}=0\\ \dot{I}_{\mathrm{fb}}=\dot{I}_{\mathrm{fc}}=0\end{cases}\tag{5.6}$$

式中，$\dot{U}_{\mathrm{fa}}$ 为故障点 a 相电压；$\dot{I}_{\mathrm{fb}}$、$\dot{I}_{\mathrm{fc}}$ 分别为故障点 b 相、c 相对地电流。

根据对称分量法，将上述边界条件用对称的正序、负序、零序分量进行表示，则得到

$$\begin{cases}\dot{U}_{\mathrm{f}1}+\dot{U}_{\mathrm{f}2}+\dot{U}_{\mathrm{f}0}=0\\ \dot{I}_{\mathrm{f}1}=\dot{I}_{\mathrm{f}2}=\dot{I}_{\mathrm{f}0}\end{cases}\tag{5.7}$$

式中，$\dot{U}_{\mathrm{f}1}$、$\dot{U}_{\mathrm{f}2}$、$\dot{U}_{\mathrm{f}0}$ 分别代表故障点正序电压、负序电压和零序电压；$\dot{I}_{\mathrm{f}1}$、$\dot{I}_{\mathrm{f}2}$、$\dot{I}_{\mathrm{f}0}$ 分别代表故障点正序电流、负序电流和零序电流。

因此，由式(5.7)可知，交流系统侧的单相接地故障时的复合序网将被等效为正序网络、负序网络和零序网络的串联。该等效方法同样适用于含柔性直流系统的交直流混合系统故障分析。柔性直流系统交流侧单相接地故障时的复合序网如图 5.3 所示。

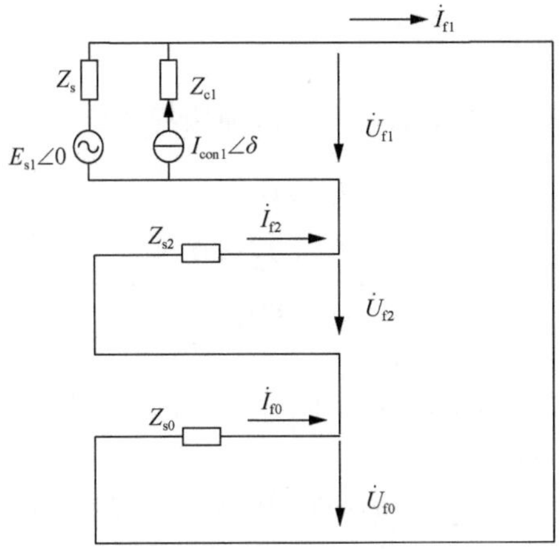

图 5.3　柔性直流系统交流侧单相接地故障时的复合序网图

图 5.3 中，$E_{s1}\angle 0$ 代表交流系统的正序分量；Z_s 为故障点至交流源等效阻抗；Z_{c1} 为故障点至换流器出口等效阻抗；Z_{s2} 为交流系统负序等效阻抗；Z_{s0} 为交流系统零序等效阻抗，$I_{con1}\angle\delta$ 为换流站正序等效电流源，其中 δ 为换流器正序等效电流源相角。由图 5.3 可得

$$
\begin{cases}
\dot{I}_{f1} = \dfrac{E_{s1}+|Z_{s1}|I_{con1}\angle(\varphi+\delta)}{Z_{s1}+Z_{s2}+Z_{s0}} \\
\dot{I}_{f1} = \dot{I}_{f2} = \dot{I}_{f0} \\
\dot{U}_{f1} = E_{s1}\angle 0 - Z_{s1}(\dot{I}_{f1} - \dot{I}_{con1}) = (Z_{s2}+Z_{s0})\dot{I}_{f1} \\
\dot{U}_{f2} = -\dot{I}_{f1}Z_{s2} \\
\dot{U}_{f0} = -\dot{I}_{f1}Z_{s0}
\end{cases}
\tag{5.8}
$$

式中，$|Z_{s1}|$为交流系统正序等效阻抗幅值；φ 为交流系统正序阻抗角。

由对称分量法，故障点的故障电流将为正序、负序和零序分量的叠加，即

$$
\dot{I}_f = 3\dot{I}_{f1} \tag{5.9}
$$

另外，故障点的非故障相电压为

$$
\begin{cases}
\dot{U}_{fb} = \dfrac{\sqrt{3}}{2}\left[-(2Z_{s2}+Z_{s0})\mathrm{j} - \sqrt{3}Z_{s0}\right]\dot{I}_{f1} \\
\dot{U}_{fc} = \dfrac{\sqrt{3}}{2}\left[(2Z_{s2}+Z_{s0})\mathrm{j} - \sqrt{3}Z_{s0}\right]\dot{I}_{f1}
\end{cases}
\tag{5.10}
$$

2. 两相短路故障

当 f_1 点发生 b、c 两相短路故障时，故障边界条件可表示为

$$\begin{cases}\dot{I}_{\mathrm{fa}}=0\\ \dot{I}_{\mathrm{fb}}+\dot{I}_{\mathrm{fc}}=0\\ \dot{U}_{\mathrm{fb}}=\dot{U}_{\mathrm{fc}}\end{cases} \tag{5.11}$$

式中，$\dot{I}_{\mathrm{fa}}$、$\dot{I}_{\mathrm{fb}}$、$\dot{I}_{\mathrm{fc}}$ 分别代表故障点 a 相、b 相、c 相的相电流；$\dot{U}_{\mathrm{fb}}$、$\dot{U}_{\mathrm{fc}}$ 分别为故障点 b 相、c 相的相电压。

根据对称分量法，用正序、负序和零序分量将上述边界条件表示为

$$\begin{cases}\dot{U}_{\mathrm{f}1}=\dot{U}_{\mathrm{f}2}\\ \dot{I}_{\mathrm{f}1}=-\dot{I}_{\mathrm{f}2}\\ \dot{I}_{\mathrm{f}0}=0\end{cases} \tag{5.12}$$

由式(5.12)可知，两相短路故障时的复合序网可等效为正序、负序网络的并联，如图 5.4 所示。

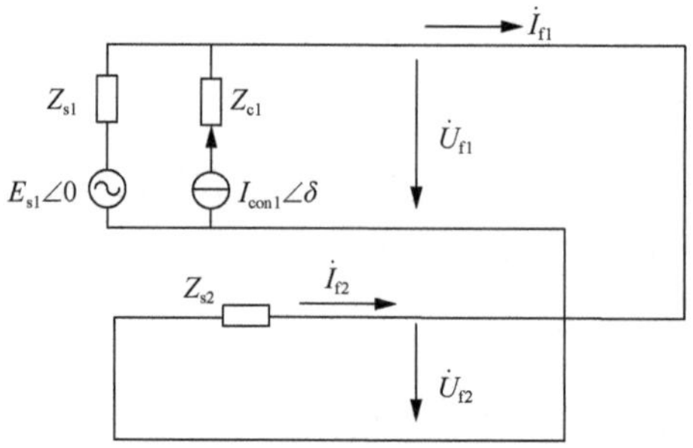

图 5.4　柔性直流系统交流侧两相短路故障时的复合序网图

由图 5.4 可得

$$\begin{cases}\dot{I}_{\mathrm{f}1}=-\dot{I}_{\mathrm{f}2}=\dfrac{E_{\mathrm{s}1}+|Z_{\mathrm{s}1}|I_{\mathrm{con}1}\angle(\varphi+\delta)}{Z_{\mathrm{s}1}+Z_{\mathrm{s}2}}\\ \dot{I}_{\mathrm{f}0}=0\\ \dot{U}_{\mathrm{f1}}=\dot{U}_{\mathrm{f2}}=Z_{\mathrm{s}2}\dot{I}_{\mathrm{f1}}\end{cases} \tag{5.13}$$

由于故障电流为正序、负序和零序分量的叠加，故障点的 b 相、c 相电流幅值可表示为

$$I_{\mathrm{f}}=\sqrt{3}I_{\mathrm{f}1} \tag{5.14}$$

同理，故障点各相电压可表示为

$$\begin{cases}\dot{U}_{\mathrm{fa}}=2\dot{U}_{\mathrm{f}1}=2Z_{\mathrm{s}2}\dot{I}_{\mathrm{f}1}\\ \dot{U}_{\mathrm{fb}}=\dot{U}_{\mathrm{fc}}=-\dot{U}_{\mathrm{f}1}=-\dfrac{1}{2}\dot{U}_{\mathrm{fa}}\end{cases} \tag{5.15}$$

3. 两相短路接地故障

当 f_1 点发生 b 相、c 两相短路接地故障时，其故障边界条件为

$$\begin{cases}\dot{I}_{\mathrm{fa}}=0\\ \dot{U}_{\mathrm{fb}}=\dot{U}_{\mathrm{fc}}=0\end{cases} \tag{5.16}$$

由正序、负序、零序分量表示的故障边界条件为

$$\begin{cases}\dot{I}_{\mathrm{f}1}+\dot{I}_{\mathrm{f}2}+\dot{I}_{\mathrm{f}0}=0\\ \dot{U}_{\mathrm{f}1}=\dot{U}_{\mathrm{f}2}=\dot{U}_{\mathrm{f}0}\end{cases} \tag{5.17}$$

由式(5.17)可知，两相短路接地故障时的复合序网为正序、负序、零序网络的并联，如图 5.5 所示。

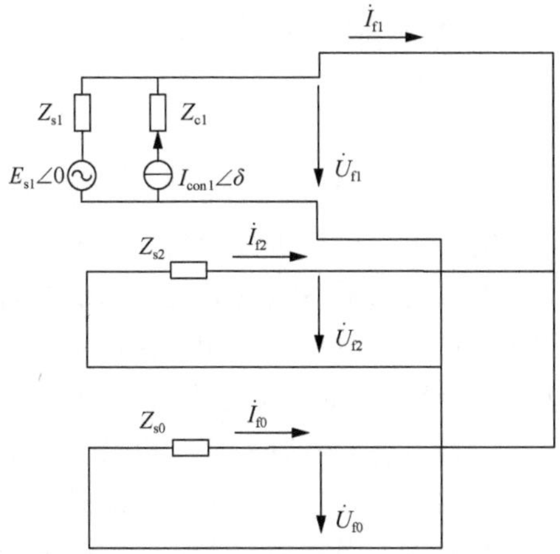

图 5.5　柔性直流系统交流侧两相短路接地故障时的复合序网图

由图 5.5 可得

$$\begin{cases}\dot{I}_{\mathrm{f1}}=\dfrac{E_{\mathrm{s1}}+|Z_{\mathrm{s1}}|I_{\mathrm{con1}}\angle(\varphi+\delta)}{Z_{\mathrm{s1}}+Z_{\mathrm{s2}}//Z_{\mathrm{s0}}}\\ \dot{I}_{\mathrm{f2}}=-\dfrac{Z_{\mathrm{s0}}}{Z_{\mathrm{s2}}+Z_{\mathrm{s0}}}\dot{I}_{\mathrm{f1}}\\ \dot{I}_{\mathrm{f0}}=-\dfrac{Z_{\mathrm{s2}}}{Z_{\mathrm{s2}}+Z_{\mathrm{s0}}}\dot{I}_{\mathrm{f1}}\\ \dot{U}_{\mathrm{f1}}=\dot{U}_{\mathrm{f2}}=\dot{U}_{\mathrm{f0}}=\dfrac{Z_{\mathrm{s2}}Z_{\mathrm{s0}}}{Z_{\mathrm{s2}}+Z_{\mathrm{s0}}}\dot{I}_{\mathrm{f1}}\end{cases}\tag{5.18}$$

因此，短路点的故障相电流可以表示为

$$\begin{cases}\dot{I}_{\mathrm{b}}=\dfrac{-3Z_{\mathrm{s2}}-\sqrt{3}\mathrm{j}(Z_{\mathrm{s2}}+2Z_{\mathrm{s0}})}{2(Z_{\mathrm{s2}}+Z_{\mathrm{s0}})}\dot{I}_{\mathrm{f1}}\\ \dot{I}_{\mathrm{c}}=\dfrac{-3Z_{\mathrm{s2}}+\sqrt{3}\mathrm{j}(Z_{\mathrm{s2}}+2Z_{\mathrm{s0}})}{2(Z_{\mathrm{s2}}+Z_{\mathrm{s0}})}\dot{I}_{\mathrm{f1}}\end{cases}\tag{5.19}$$

短路点的非故障相的相电压可以表示为

$$\dot{U}_{\mathrm{fa}}=3\dot{U}_{\mathrm{f1}}=\frac{3Z_{\mathrm{s2}}Z_{\mathrm{s0}}}{Z_{\mathrm{s2}}+Z_{\mathrm{s0}}}\dot{I}_{\mathrm{f1}}\tag{5.20}$$

5.2　交流侧三相短路故障分析

5.2.1　三相短路故障特征

柔性直流系统的交流侧发生三相短路故障时，将不产生负序分量和零序分量。由于三相短路故障是对称的，可以单相进行分析。三相短路故障点将交流侧电源与换流站相互隔离，也使得有功功率不能在交直流系统之间传输。

当采用 5.1.1 小节中所述控制策略时，三相短路故障将导致有功功率控制环节失稳，使得 d 轴正序电流分量上升，最终上升至有功功率控制环节的电流限幅值。对于无功功率控制环节，线路电感与电容的存在以及变压器漏抗的存在，使得当三相短路故障发生在定功率端的交流系统中时，换流站交流侧将呈现为感性或阻性负载，无功功率传输并不为零。当故障发生后，实际无功功率不再为零，使得定无功控制环节的输出不再为零，即无功功率控制环节将失稳。同时无功功率控制环节设置电流限幅环节，因此当故障达到稳态时，正序电流 q 轴分量将达到电流限幅值而保持稳定，此时换流站仍可等效为幅值恒定的交流电流源。考虑到在

dq 坐标系与 abc 坐标系中，各相量均采用等幅变换，因此可由式(5.11)求得该情况下换流站正序等值交流电流源的幅值。

以图 5.1 中 f_1 点发生三相短路故障为例，三相短路故障可转化为单相进行分析，如图 5.6 所示。换流站侧的等效电流源电流幅值可由式(5.5)求得，其相角在[0,2π]范围内变化。

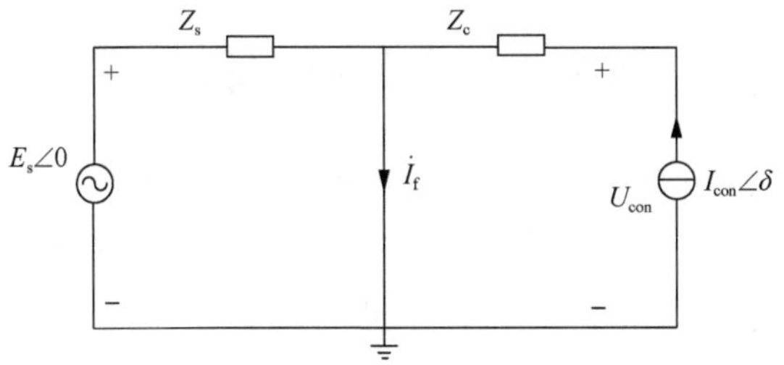

图 5.6　柔性直流系统交流侧三相短路故障等效电路

由图 5.6 并结合电路分析理论可得换流站出口电压幅值为

$$U_{\text{con}} = |Z_c| \cdot I_{\text{con}} \tag{5.21}$$

5.2.2　三相短路故障对柔性直流系统的影响

交流系统发生故障会对互联直流侧产生影响。本节针对图 5.1 所示系统，分析定功率换流站和定电压换流站的交流侧发生三相短路故障时对直流系统产生的影响。

当定功率端的交流系统发生三相短路故障时，由于定电压换流站对直流电压的控制，故障发生后直流电压仍能保持不变。但此时故障点将定功率站与交流系统完全隔断，使得交直流侧无法进行功率传输，直流线路的电流和有功功率降低。类似地，当定功率端的交流侧发生不对称短路故障时，直流系统的直流电压由于定电压端的作用而保持不变，但直流系统传输功率将会有所跌落，跌落程度与换流器限幅程度有关。

当定电压换流站交流侧发生不对称故障时，在对端定功率控制的作用下，直流线路上仍将传输额定的有功功率。然而，此时定电压换流站由于正序电压的跌落，其向交流系统传输的有功功率将不能再保持额定。因此，直流线路上传输的有功功率将有一部分向换流站桥臂电容充电，导致子模块电容电压不断增大，继而使得直流电压幅值不断上升。同时，由于直流线路上仍传输额定的有功功率，当直流电压升高时，直流电流幅值将有所跌落，且直流电流方向不变。而当定电压换流站交流侧发生对称故障时，故障点处的功率交换将被完全隔离。因此，该情况下经定电压换流站流向交流系统的有功功率仅为线路损耗。此时，定功率换流站经直流线路输送的大部分有功功率将向桥臂电容快速充电，导致直流电压幅值迅速上升，相应地，直流电流幅值随之跌落。

综上所述，定电压换流站交流侧故障对直流系统的影响为：直流电压幅值将不断上升；直流电流幅值将不断下降；直流线路上的功率传输保持恒定。当最为严重的故障类型三相短路故障发生时，直流电压上升的速度最快，最终，换流器将由于过电压而闭锁。

5.3 仿真分析与验证

在 PSCAD/EMTDC 仿真平台搭建如图 5.1 所示的两端柔性直流系统，系统参数如表 5.1 所示。该系统采用的控制方式为滤除负序分量的正负序解耦控制方式，相关控制参数的参考值与 5.1.2 小节相同。

表 5.1　仿真模型系统参数

系统参数	参数值
额定直流电压/kV	±200
交流额定电压/kV	200
电平数	101
子模块电容/μF	3250
桥臂电抗器电感/mH	37.6
直流电抗器电感/mH	100
交流线路长度/km	20
变压器正序阻抗/Ω	13.83
交流线路自感/(mH/km)	1.29
交流线路电阻/(mH/km)	0.032
换流站控制方式	站 1：定功率；站 2：定电压

5.3.1 定功率端的交流侧不对称故障

算例中设定定功率端 d 轴正序电流幅值上限为 1.225kA，针对定功率端的交流侧不对称短路故障进行仿真分析与验证。设定故障发生时间为 t=1s。

1. 单相接地故障仿真结果

1) 故障点距交流源较近时

当图 5.1 所示的定功率端的交流系统发生单相接地故障，如图中 f_1 故障。故障点距换流站和交流系统等效电流源均为 10km，交流系统正负序阻抗 Z_{s1} 和 Z_{s2} 均为(0.32+4.053j)Ω，零序阻抗 Z_{s0} 为(0.224+3.306j)Ω。根据 5.1.3 小节所述的故

障分析方法，可求得

$$\dot{I}_{f1} = 15.7\angle -85.67° + 0.435\angle(\varphi + \delta - 85.67°) \tag{5.22}$$

式中，φ 为交流系统正序阻抗角。考虑到换流器等效电流源与交流源之间的相角差是不确定的，且其范围为[0,2π]。因此根据式(5.22)，当换流器正序等效电流源相角 δ 满足 $\delta=-\varphi$ 时，可求得该故障情况下的正序电流幅值最大为 16.135kA，δ 满足 $\delta=180°-\varphi$ 时，正序电流幅值最小为 15.26kA，根据正序电流幅值取值即可求得故障点故障相电流幅值最大为 48.405kA，最小为 45.78kA。同时，非故障相电压为

$$\begin{cases} \dot{U}_{fb} = 174.6\angle -117° + 4.84\angle(\varphi + \delta - 117°) \\ \dot{U}_{fc} = 174.6\angle 117° + 4.84\angle(\varphi + \delta + 117°) \end{cases} \tag{5.23}$$

由式(5.23)可知，非故障相 b 相、c 相电压相量互为共轭，且当 δ 满足 $\delta=-\varphi$ 时，可求得非故障相电压幅值最大为 179.44kV；当 δ 满足 $\delta=180°-\varphi$ 时，可求得非故障相电压幅值最小为 169.76kV。

当交流系统发生单相接地故障时，控制策略可将交流侧负序电流完全滤除，但系统仍存在负序电压分量，如图 5.7(a)所示；由于合成电压调制波幅值由调制原理决定，在故障前后该幅值不变，负序电压的存在使得换流器交流出口正序电压跌落，如图 5.7(b)所示；由前文分析知系统的有功功率最终稳定在小于额定值的位置，而无功功率传输仍能维持为零而不受故障影响，如图 5.7(c)所示；对应于正序电流 d 轴分量上升，且该电流受控制策略限幅环节的影响，在稳定状态达到限幅上限 1.225kA 时，正序电流 q 轴分量仍保持为 0，如图 5.7(d)所示；由图 5.7(e)知，故障稳态时故障点故障相电流幅值为 46.9kA，与通过理论计算的最大值相差 1.5%；非故障相电压幅值为 174kV，如图 5.7(f)所示，该结果与前述理论计算求得的最大值相差 3%；由图 5.7(g)、(h)所示，定功率端发生交流单相接地故障后，直流电压仍能保持稳定，但由于有功功率跌落，直流电流略有下降。

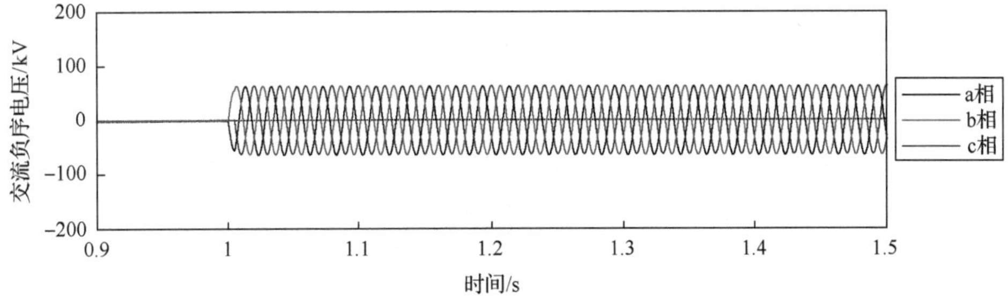

(a) 交流负序电压

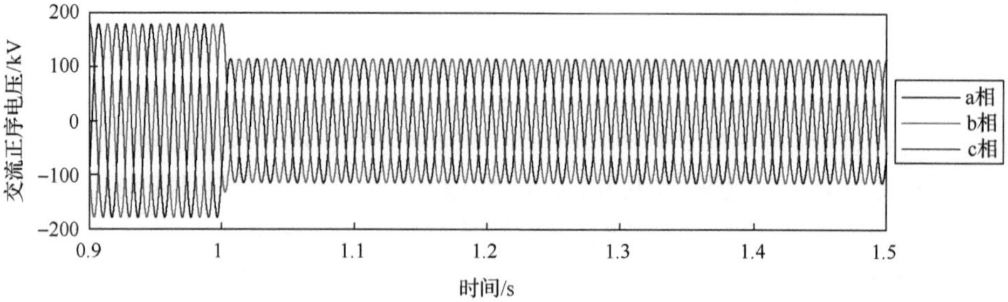

(b) 交流正序电压

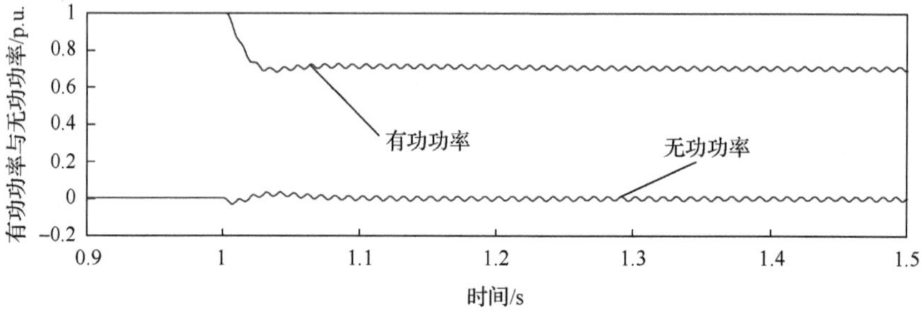

(c) 有功功率与无功功率

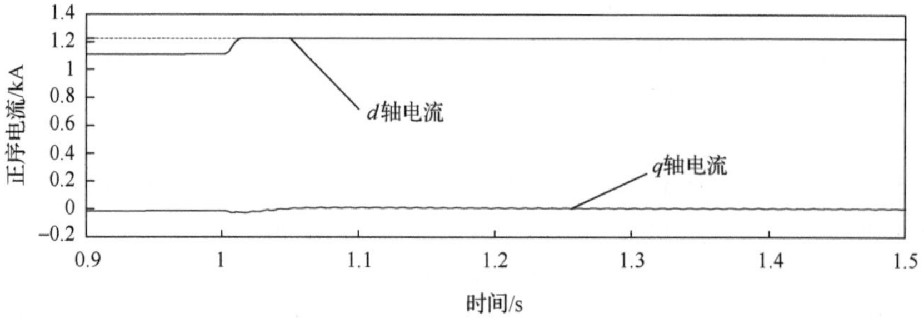

(d) 正序电流

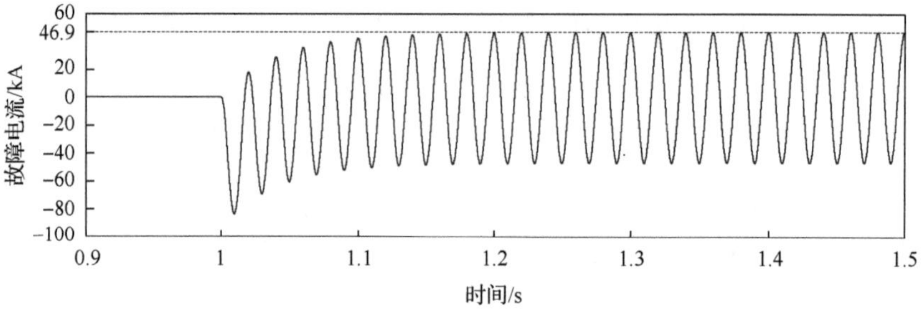

(e) 故障电流

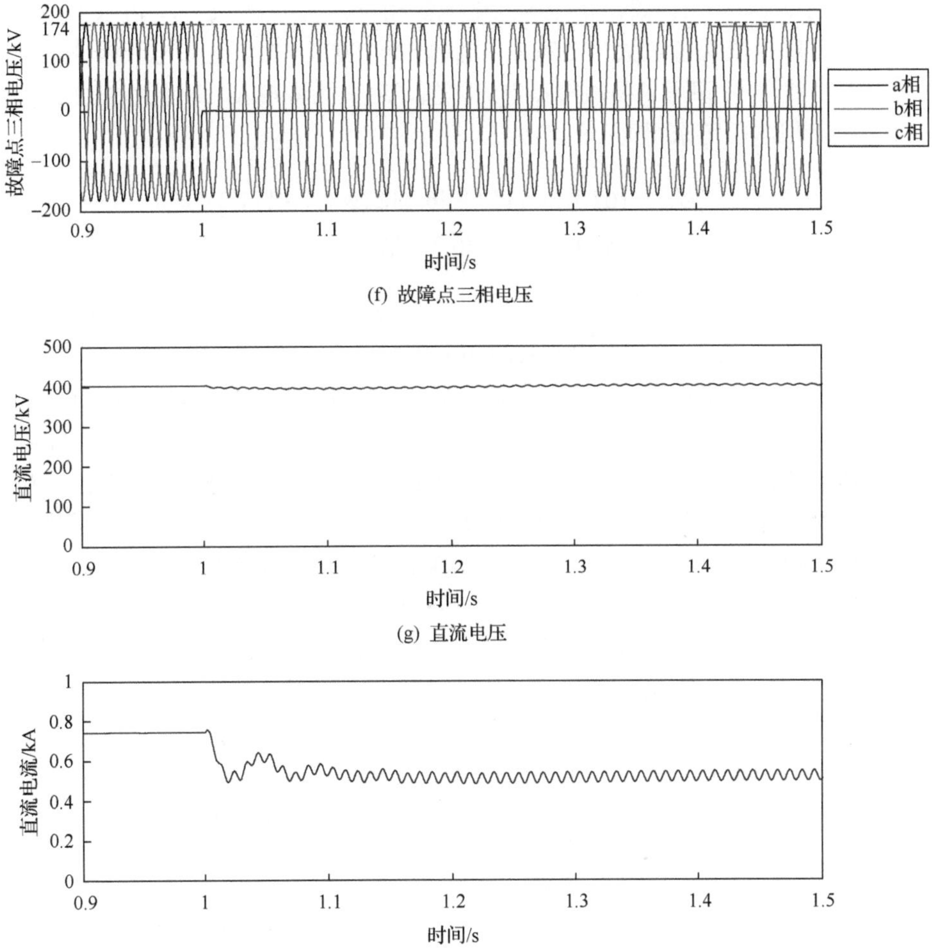

(f) 故障点三相电压

(g) 直流电压

(h) 直流电流

图 5.7　定功率端的交流系统单相接地故障仿真结果

因此，由理论计算与仿真结果对比可知，当单相接地故障点位置距交流源较近时，交流源与换流器正序等效电流源间的相角差对故障分析结果影响不大。

2) 故障点距交流源较远时

当故障点距交流源出口较远时，交流系统正序阻抗值较大，此时交流正序源的作用效果将有所减小，使得换流器正序源与交流正序源相角差的影响不可忽略。

若利用表 5.1 中的系统参数，当假设交流线路较长，单相接地故障发生在换流器交流出口 10km，但距交流系统 100km 处时，交流系统正序阻抗 Z_{s1} 为 (3.2+40.53j) Ω，负序阻抗 Z_{s2} 为 (3.2+40.53j) Ω，零序阻抗 Z_{s0} 为 (1.63+23.22j) Ω，可求得

$$\dot{I}_{f1} = 1.72\angle -85.6° + 0.48\angle(\varphi + \delta - 85.6°) \tag{5.24}$$

根据式(5.24)，当换流器正序等效电流源相角 δ 满足 $\delta=-\varphi$ 时，可求得该故障情况下的正序电流幅值最大为 2.2kA；δ 满足 $\delta=180°-\varphi$ 时，正序电流幅值最小为 1.24kA。由式(5.9)即可求得故障点电流幅值，最大为 6.6kA，最小为 3.72kA。同时，非故障相电压可求得为

$$\begin{cases}\dot{U}_{\text{fb}}=167.1\angle-111°+46.33\angle(\varphi+\delta-111°)\\ \dot{U}_{\text{fc}}=167.1\angle111°+46.34\angle(\varphi+\delta+111°)\end{cases}\tag{5.25}$$

由式(5.25)可知，当 δ 满足 $\delta=-\varphi$ 时，可求得非故障相电压幅值最大为 213.43kV，当 δ 满足 $\delta=180°-\varphi$ 时，可求得非故障相电压幅值最小为 120.77kV。

对应的仿真结果如图 5.8 所示。可见，故障后控制策略可将交流侧负序电流完全滤除，但系统仍存在负序电压分量，如图 5.8(a)所示；负序电压的存在将使得换流器交流出口正序电压跌落，如图 5.8(b)所示；由前文分析知系统的有功功率最终将稳定在小于额定值的位置，而无功功率传输仍能维持为零而不受故障影响，如图 5.8(c)所示；对应于正序电流 d 轴分量上升，且该电流受控制策略限幅环节的影响，在稳定状态达到限幅上限 1.225kA，而正序电流 q 轴分量仍保持为 0，如图 5.8(d)所示；该故障情况下故障点故障相电流幅值为 5.32kA，如图 5.8(e)所示，与理论计算最大值相比相差 19.4%，与理论计算最小值相比相差 43%；非故障相电压幅值为 150kV，如图 5.8(f)所示，该结果与前述理论计算最大值相比相差 29.7%，与理论计算最小值相比相差 24%；由图 5.8(g)、(h)所示，故障后直流电压仍能保持稳定，但由于有功功率跌落，直流电流略有下降。

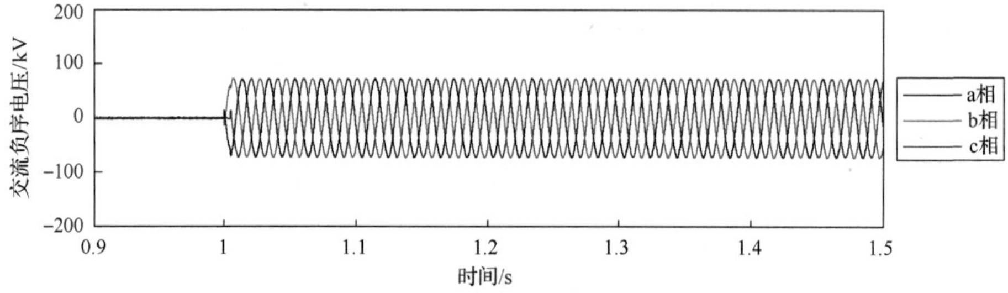

(a) 交流负序电压

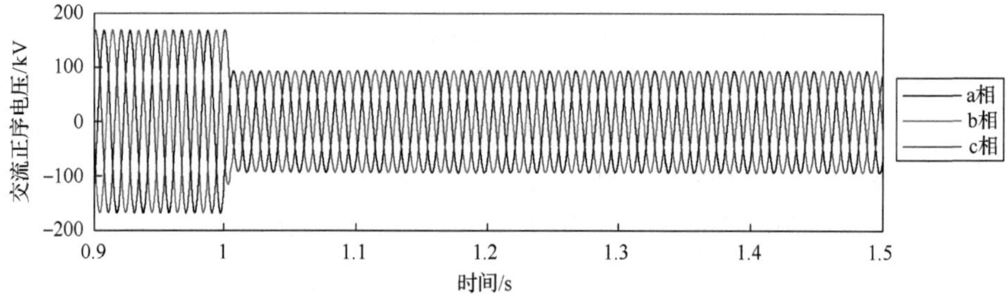

(b) 交流正序电压

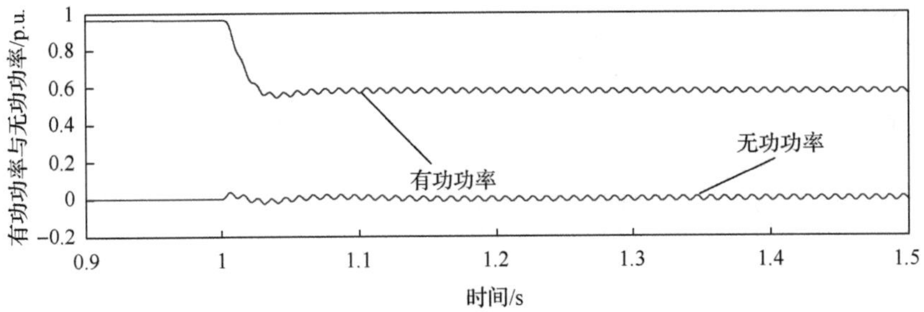

(c) 有功功率与无功功率

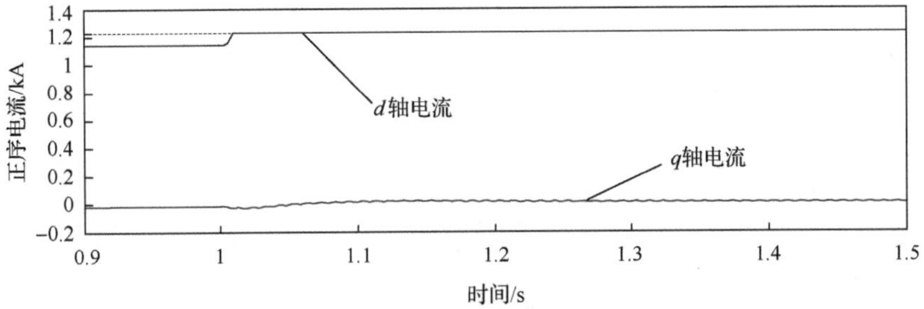

(d) 正序电流

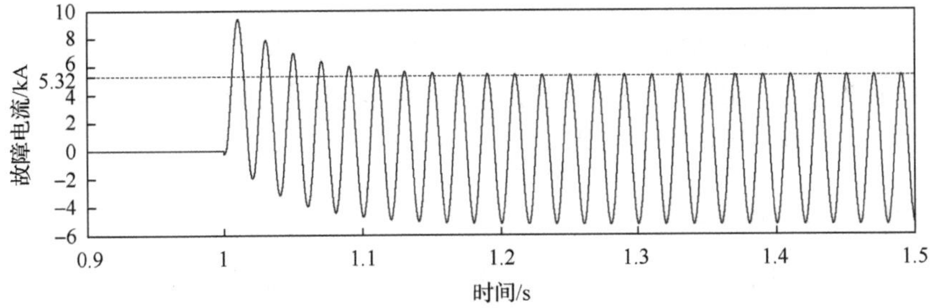

(e) 故障电流

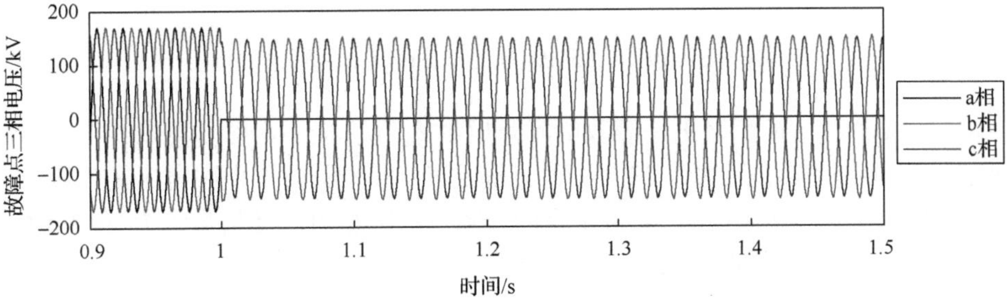

(f) 故障点三相电压

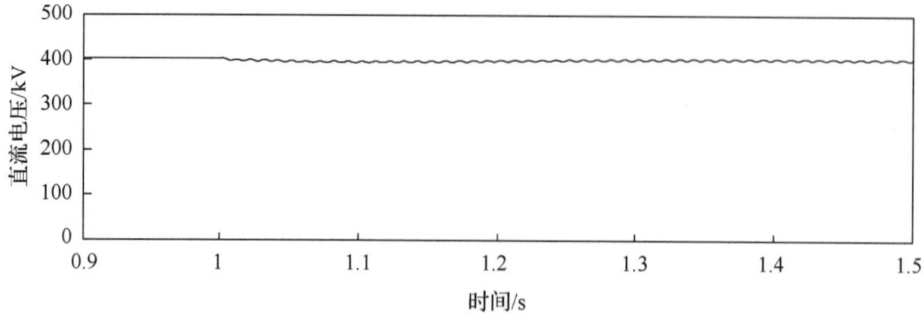

(g) 直流电压

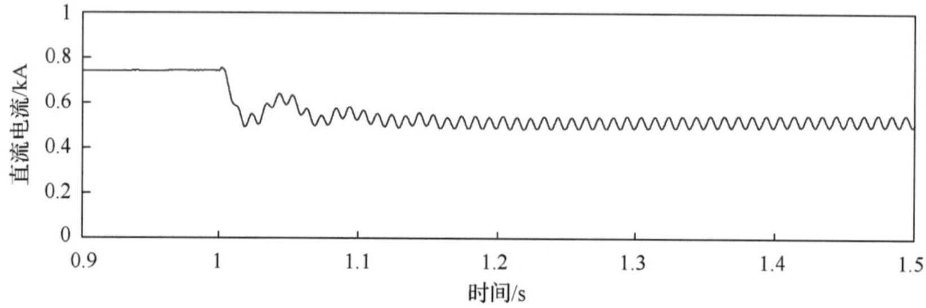

(h) 直流电流

图 5.8　交流源远端单相接地故障仿真结果

通过分析可知，基于 MMC 的柔性直流系统交流侧发生单相接地故障时，若故障点距交流源较远，交流源与换流器正序等效电流源间的相角差对故障分析结果影响较大，保护整定时应综合考虑。

2. 两相短路故障仿真结果

算例假设 b、c 两相短路故障发生在距交流源出口 10km 处，利用 5.1.3 小节给出故障分析方法，可求得该故障情况下交流系统的电气量。其中，故障电流正序分量为

$$\dot{I}_{f1}=22.09\angle-85.49°+0.612\angle(\varphi+\delta-85.49°) \tag{5.26}$$

根据式(5.26)，当换流器正序等效电流源相角 δ 满足 $\delta=-\varphi$ 时，可求得该故障情况下的正序电流幅值最大为 22.71kA，δ 满足 $\delta=180°-\varphi$ 时，正序电流幅值最小为 21.48kA。因此，根据式(5.14)可求得的故障点故障相电流幅值最大为 39.33kA，最小为 37.2kA。故障点各相电压可求得为

$$\begin{cases}\dot{U}_{fa}=179.63+4.97\angle(\varphi+\delta)\\ \dot{U}_{fb}=\dot{U}_{fc}=89.82+2.48\angle(\varphi+\delta)\end{cases} \tag{5.27}$$

由式(5.27)可知，当 δ 满足 $\delta=-\varphi$ 时，故障点相电压幅值将存在最大值 184.6kV，同时非故障相电压幅值将存在最大值 92.3kV。当 δ 满足 $\delta=-\varphi$ 时，故障点相电压幅值将存在最小值 174.66kV，同时非故障相电压幅值将存在最小值 87.34kV。

该故障情况仿真结果如图 5.9 所示。当交流系统发生两相短路故障时，控制策略可将交流侧负序电流完全滤除，但系统仍存在负序电压分量，如图 5.9(a)所示；同时负序电压的存在将使得换流器交流出口正序电压跌落，如图 5.9(b)所示。由前文分析知系统的有功功率最终将稳定于小于额定值的位置，而无功功率传输仍能维持为零而不受故障影响，如图 5.9(c)所示；对应于正序电流 d 轴分量上升，且该电流受控制策略限幅环节的影响，在稳定状态达到限幅上限 1.225kA，而正序电流 q 轴分量仍保持为 0，如图 5.9(d)所示；由图 5.9(e)知，故障稳态时故障相电流幅值为 38.11kA，该电流幅值与理论计算中的幅值最大值相差 3%，与理论计算幅值最小值相差 2.4%；同时由图 5.9(f)知，故障稳态时故障相电压为 179kV，该电压幅值与理论计算中的幅值最大值相差 3%，与理论计算中的幅值最小值相差 2.5%；非故障相电压幅值为 89.6kV，该电压幅值与理论计算中的幅值最大值相差 3%，与理论计算中的最小幅值相差 2.6%。同时由图 5.9(g)、(h)所示，定功率端发生交流单相接地故障后直流电压仍能保持稳定，但由于有功功率跌落，直流电流略有下降。

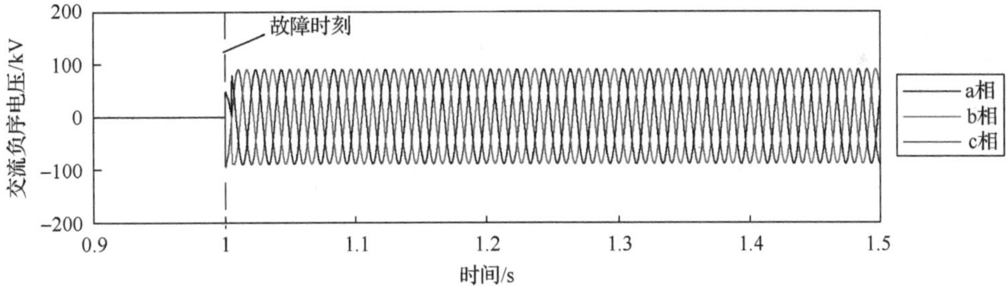

(a) 交流负序电压

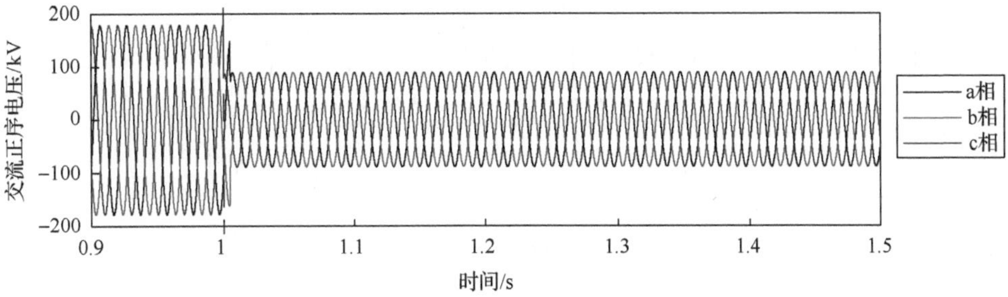

(b) 交流正序电压

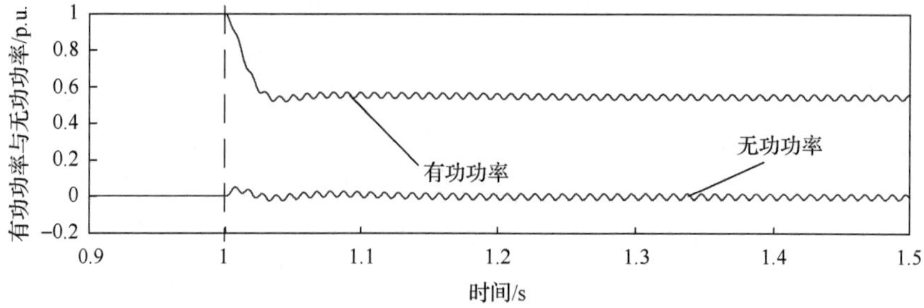

(c) 有功功率与无功功率

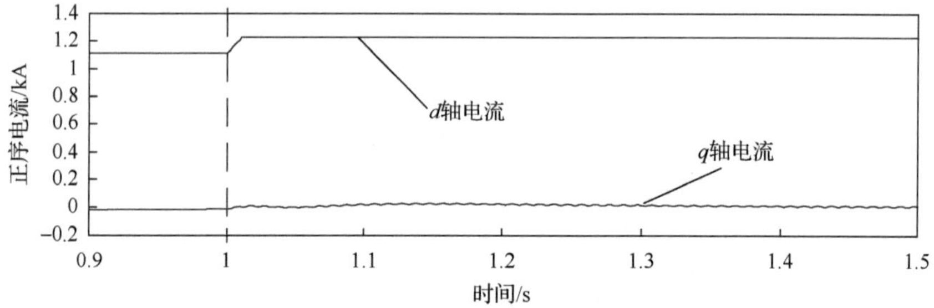

(d) 正序电流

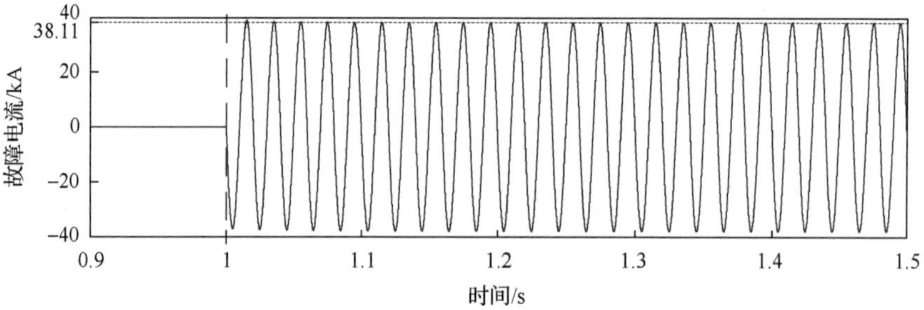

(e) 故障电流

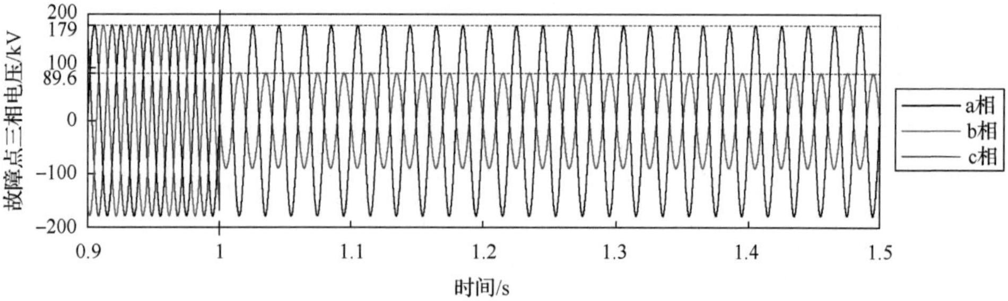

(f) 故障点三相电压

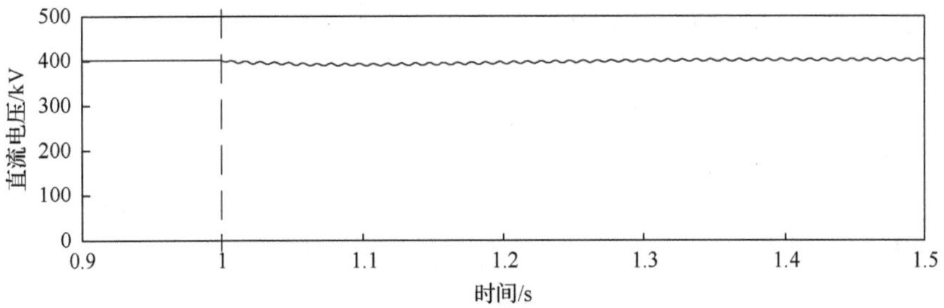

(g) 直流电压

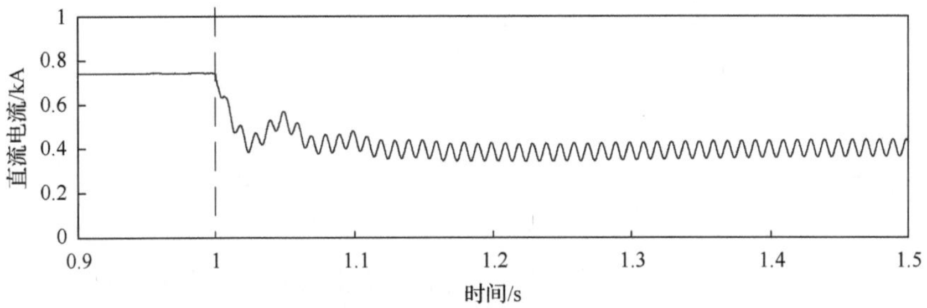

(h) 直流电流

图 5.9　两相短路故障仿真结果

3. 两相短路接地故障仿真结果

算例假设 b、c 两相短路接地故障发生在距交流源出口 10km 处，利用 5.1.3 小节给出的故障分析方法，可求得该故障情况下交流系统的电气量。

求得的故障相电流为

$$\begin{cases}\dot{I}_{\mathrm{fb}}=46\angle151^\circ+1.27\angle(\varphi+\delta+151^\circ)\\ \dot{I}_{\mathrm{fc}}=46\angle37.7^\circ+1.27\angle(\varphi+\delta+37.7^\circ)\end{cases} \tag{5.28}$$

根据式(5.28)，当换流器正序等效电流源相角 δ 满足 $\delta=-\varphi$ 时，该故障情况下的故障相电流幅值的最大值为 47.27kA；δ 满足 $\delta=180^\circ-\varphi$ 时，故障相电流幅值的最小值为 44.73kA。同时，求得的故障点非故障相电压为

$$\dot{U}_{\mathrm{fa}}=167\angle0.21^\circ+4.63\angle(\varphi+\delta+0.21^\circ) \tag{5.29}$$

由式(5.29)可知，当 δ 满足 $\delta=-\varphi$ 时，故障点非故障相电压幅值将存在最大值 171.63kV；当 δ 满足 $\delta=180^\circ-\varphi$ 时，故障点非故障相电压幅值将存在最小值 162.37kV。

仿真实验结果如图 5.10 所示。当基于 MMC 的柔性直流系统交流侧发生两相短路接地故障时，将会有负序电压产生，如图 5.10(a)所示；同时，负序电压的存在将使得换流器交流出口正序电压幅值跌落，如图 5.10(b)所示；在换流器

控制系统的作用下，该端换流站输出的有功功率最终将稳定在小于额定值的位置，而无功功率传输仍能维持为零而不受故障影响，如图 5.10(c)所示；随着有功功率传输的跌落，对应的有功电流 i_d 幅值将上升，并在稳定状态时达到限幅上限 1.225kA，而因为无功功率控制环节不受故障影响，而使得对应的无功电流 i_q 幅值仍保持为 0，如图 5.10(d)所示；同时，由图 5.10(e)知，故障达到稳态时，故障相电流幅值为 45.45kA，该电流幅值与理论计算中的幅值最大值相差 3.9%，与理论计算中的幅值最小值相差 1.6%；由图 5.10(f)知，故障稳态时非故障相电压为 166.2kV，该电压幅值与理论计算中的幅值最大值相差 3.2%，与理论计算中的幅值最小值相差 2.3%；由图 5.10(g)、(h)所示，定功率端发生交流单相接地故障后直流电压仍能保持稳定，但由于线路上传输有功功率的减少，直流电流略有下降。

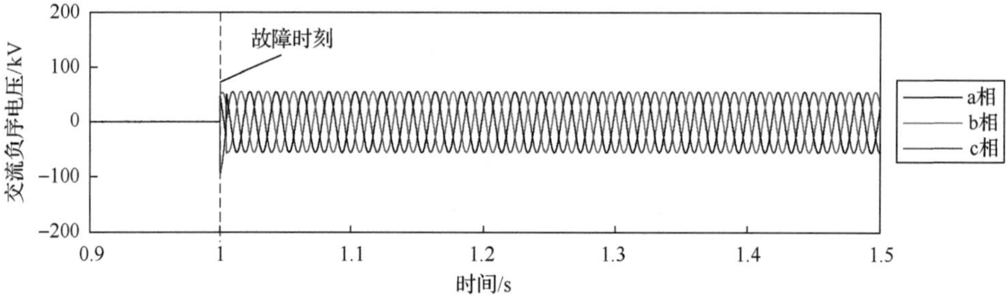

(a) 交流负序电压

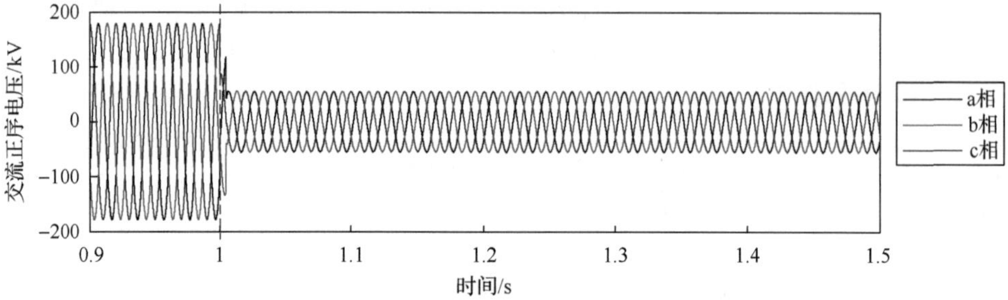

(b) 交流正序电压

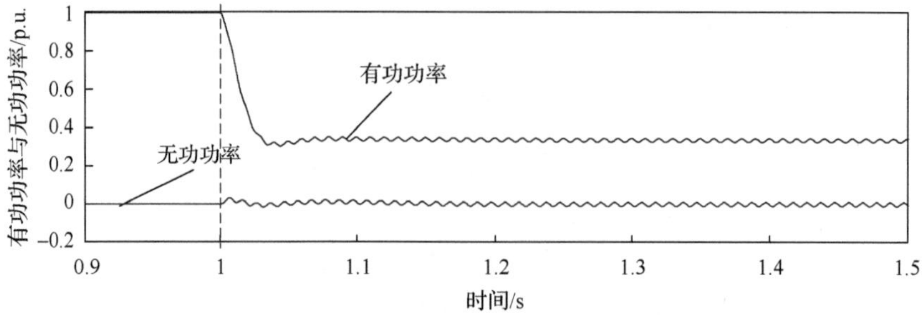

(c) 有功功率与无功功率

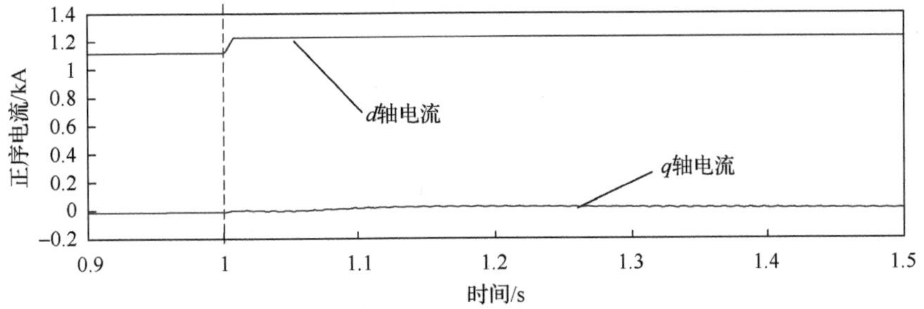

(d) 正序电流

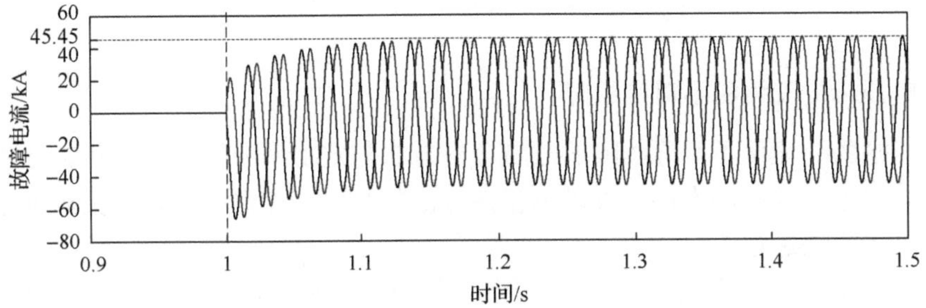

(e) 故障电流

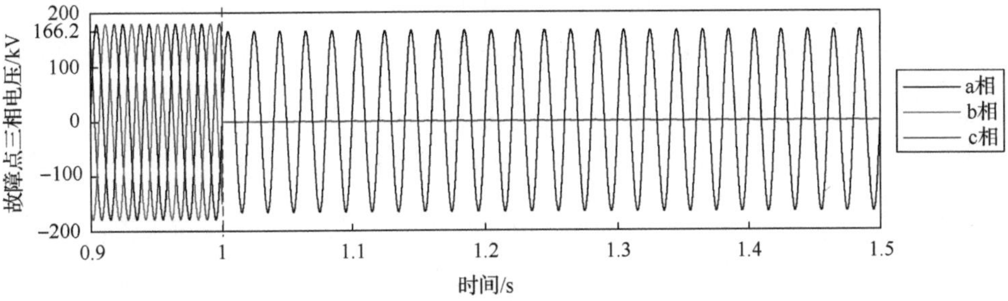

(f) 故障点三相电压

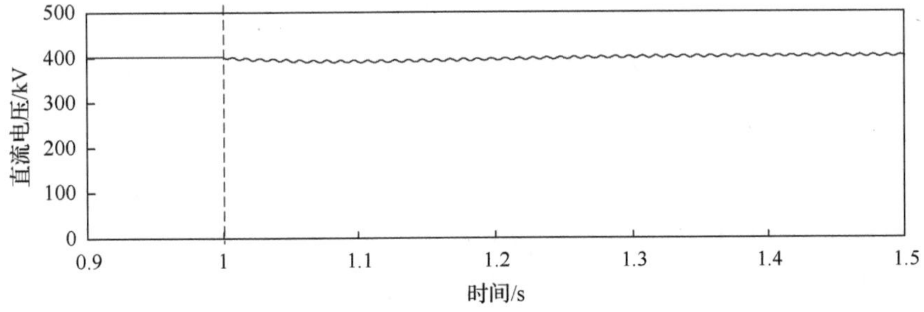

(g) 直流电压

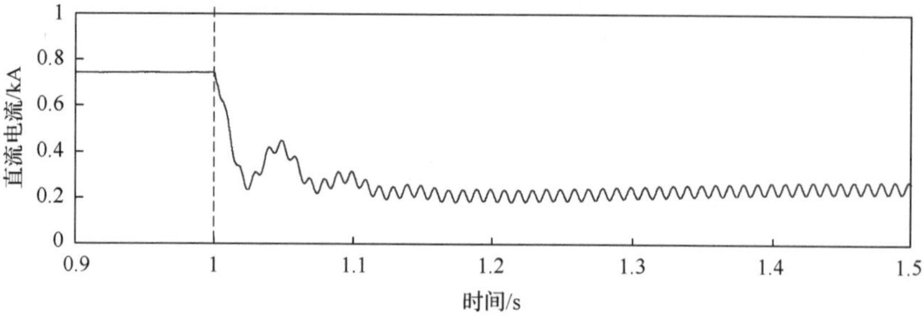

(h) 直流电流

图 5.10　两相短路接地故障仿真结果

5.3.2　定电压端的交流侧不对称故障

定电压端的交流侧不对称故障的故障分析方法与定功率端的交流侧不对称故障分析方法类似。因此，本小节仅以单相接地故障为例，对定电压端交流侧单相接地故障分析方法进行仿真验证。

仿真算例中，定电压端换流站控制环节设定该端 d 轴正序电流幅值上限为 1.336kA。a 相接地故障发生在定电压端交流侧，且故障点距直流换流站交流出口与交流源出口均为 10km，交流系统正序阻抗 Z_{s1} 为 $(0.32+4.053j)\Omega$，负序阻抗 Z_{s2} 为 $(0.32+4.053j)\Omega$，零序阻抗 Z_{s0} 为 $(0.224+3.306j)\Omega$，根据 5.1.3 小节所述单相短路故障序网分析方法，可求得

$$\dot{I}_{f1}=15.7\angle-85.67°+0.475\angle(\varphi+\delta-85.67°) \tag{5.30}$$

根据式(5.30)，当换流器正序等效电流源相角 δ 满足 $\delta=-\varphi$ 时可求得该故障情况下的正序电流幅值最大为 15.87kA，δ 满足 $\delta=180°-\varphi$ 时正序电流幅值最小为 15.26kA。根据式(5.9)，可求得故障点故障相电流幅值最大为 47.61kA，最小为 45.78kA。同时，非故障相电压为

$$\begin{cases}\dot{U}_{fb}=174.6\angle-117°+5.28\angle(\varphi+\delta-117°)\\ \dot{U}_{fc}=174.6\angle117°+5.28\angle(\varphi+\delta+117°)\end{cases} \tag{5.31}$$

由式(5.31)可知，当 δ 满足 $\delta=-\varphi$ 时，非故障相电压幅值存在最大值 179.88kV；当 δ 满足 $\delta=180°-\varphi$ 时，非故障相电压幅值存在最小值 169.32kV。

定电压端单相接地故障仿真结果如图 5.11 所示。当交流系统发生单相接地故障，控制策略可将交流侧负序电流完全滤除，但系统仍存在负序电压分量，如图 5.11(a)所示；由于合成电压调制波幅值由调制原理决定，在故障前后该幅值不变，负序电压的存在将使得换流器交流出口正序电压跌落，如图 5.11(b)所示；

因此，定电压端交流侧允许接收的有功功率将减少，同时无功功率控制环节仍能保持稳定使得系统无功交换不受影响，如图 5.11(c)所示；过剩的有功功率将对子模块电容充电，使得直流电压上升，而直流电流幅值将有所下降，如图 5.11(d)、(e)所示；同时正序电流 d 轴分量上升，在稳定状态达到限幅上限 1.3306kA，而正序电流 q 轴分量仍保持为 0，如图 5.11(f)所示；由图 5.11(g)知，故障稳态时故障点故障相电流幅值为 47.1kA，与通过理论计算得到的最大值相差 1%，与理论计算得到的最小值相差 2.9%；同时非故障相电压幅值为 174kV，如图 5.11(h)所示，该结果与前述理论计算求得的最大值相比误差为 3.3%，与理论计算最小值相比相差 2.8%。

综上所述，当交流故障发生在定电压端换流站时，直流电压幅值将不断上升。因此实际运行中当定电压端换流站发生交流故障时换流器应快速闭锁。

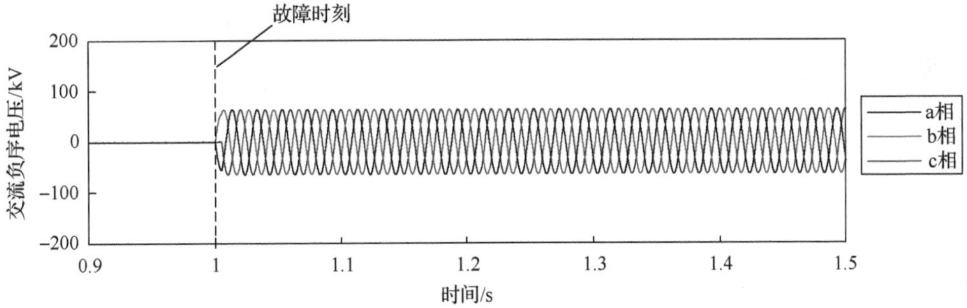

(a) 交流负序电压

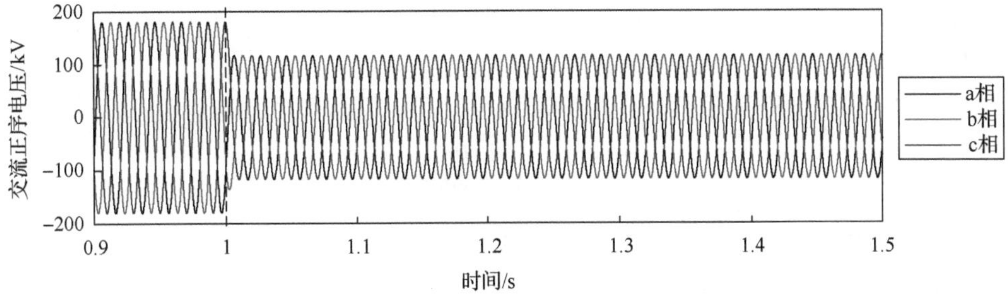

(b) 交流正序电压

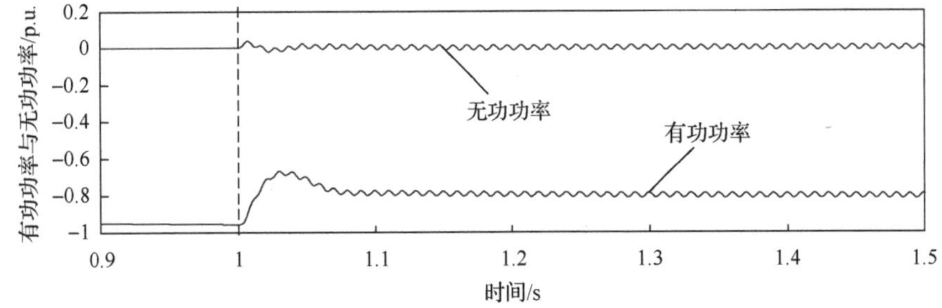

(c) 有功功率与无功功率

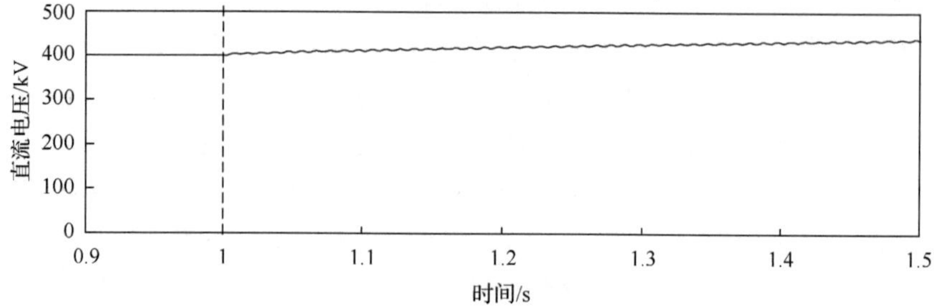

(d) 直流电压

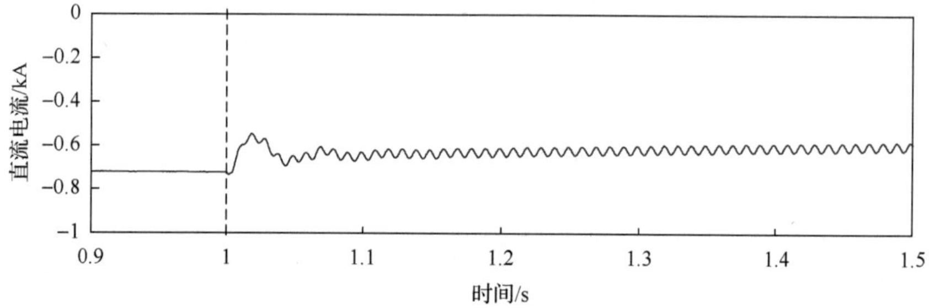

(e) 直流电流

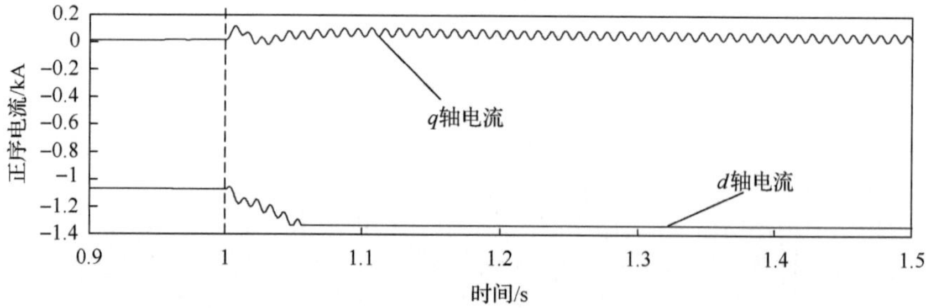

(f) 正序电流

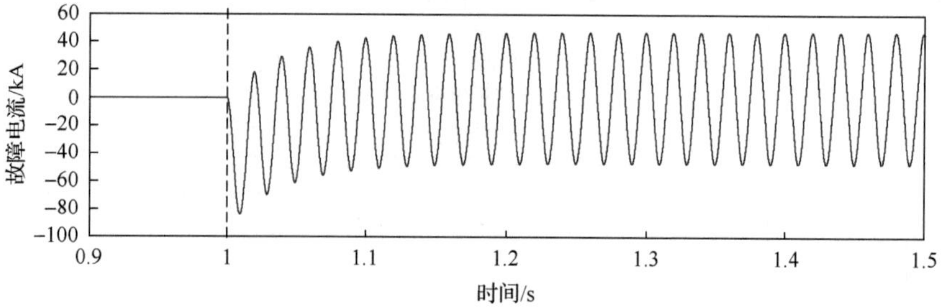

(g) 故障电流

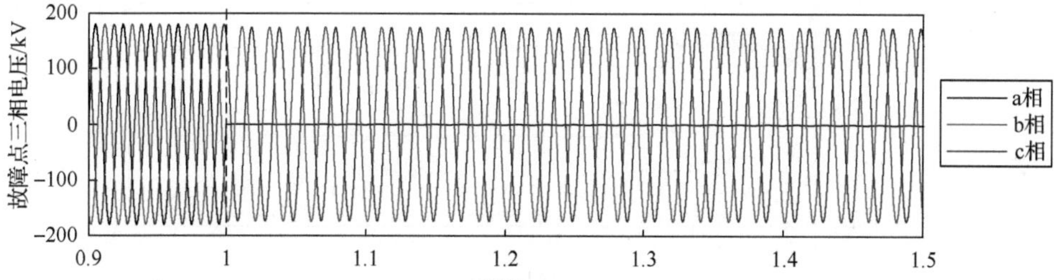

(h) 故障点三相电压

图 5.11　定电压端单相接地故障仿真结果

5.3.3　三相短路故障

当定功率端的交流侧发生三相短路故障时，交流系统与换流站被故障点隔离。这种情况下定功率端向交流侧送出的无功功率不再为零，而是由交流系统无功消耗决定。根据控制原理可知，当定功率端送出无功功率不为零时，换流器无功控制环节输出的无功功率参考值将不再为零。当故障点距换流器直流出口较远时，线路消耗的无功功率较大，此时定无功功率控制环节输出的无功电流将会迅速达到其限幅值。

故障稳态后换流器向交流侧提供的短路电流幅值将由正序 d 轴电流分量和 q 轴电流分量共同决定。而 d 轴电流和 q 轴电流将因为有功功率和无功功率控制环节的失稳而达到其限幅值。假设控制环节中设定的正序 d 轴电流分量和 q 轴电流分量限幅值分别为±1.22474kA 和±1.6701kA。由式(5.5)求得换流器向交流侧提供的短路电流幅值约为 2.071kA。假设在距离换流站 100km 的位置发生三相短路故障，故障发生时间为 t=1s，仿真结果如图 5.12 所示。

三相短路故障发生后，由于故障点将直流系统与交流电源隔断，直流系统传输的有功功率减小，无功功率传输也不再为零，如图 5.12(a)所示。同时，d 轴电流幅值、q 轴电流幅值将迅速上升，最终分别停留在上限值 1.225kA 和–1.67kA 处，如图 5.12(b)所示。故障后换流站向交流侧提供的稳态短路电流幅值为 2.1kA，与前面理论计算值相差 1.4%，如图 5.12(c)所示。另外，由式(5.21)可求得换流器交流出口电压幅值为 84.19kV，由图 5.12(d)所示的仿真验证结果可知，故障稳态后换流器交流出口电压实际值为 85.4kV，与理论计算值相差 1.4%。定功率端发生三相短路故障后直流电压仍能基本保持稳定，如图 5.12(e)所示。但由于定功率端的交流侧因三相故障点的存在而与交流系统隔离，不能实现正常的功率传输。此时直流线路上传输的有功功率仅是换流站自身消耗的有功功率，其值很小，因此直流线路电流的幅值明显减小，如图 5.12(f)所示。

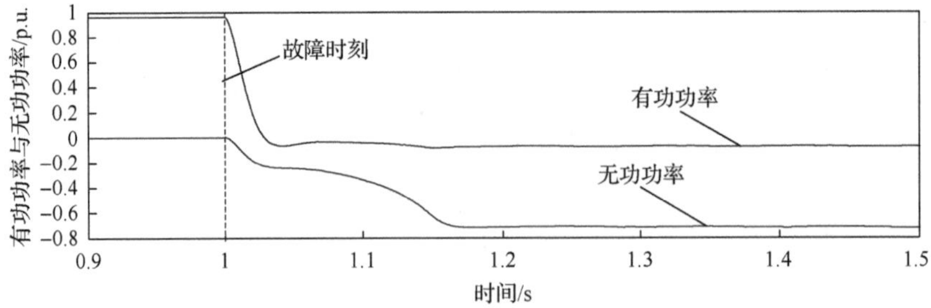

(a) 有功功率与无功功率

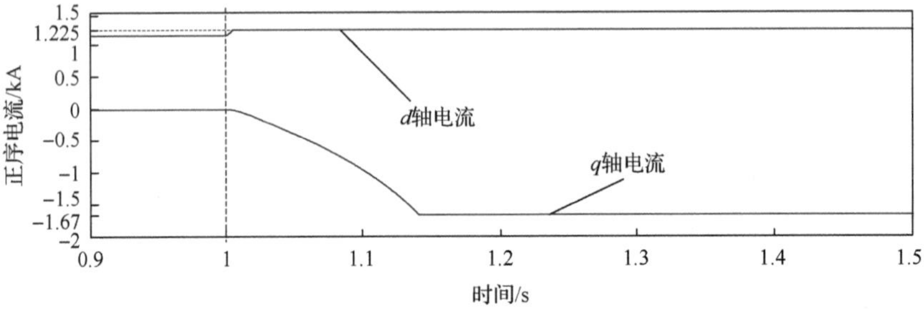

(b) 正序电流

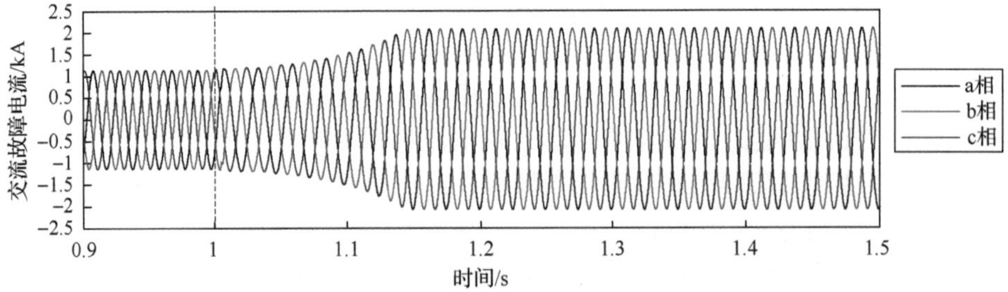

(c) 交流故障电流

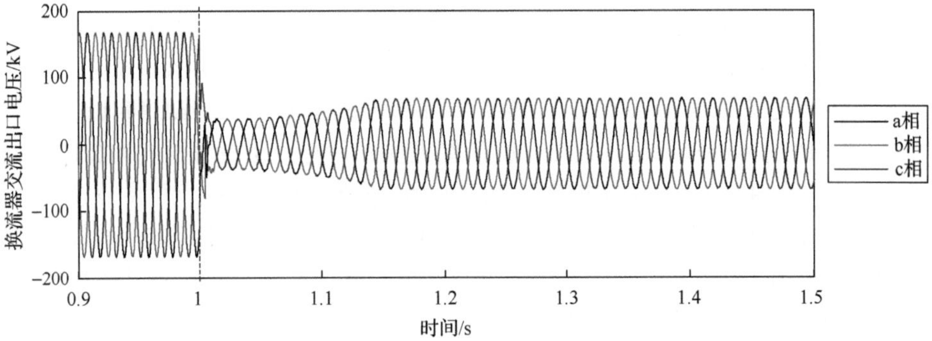

(d) 换流器交流出口电压

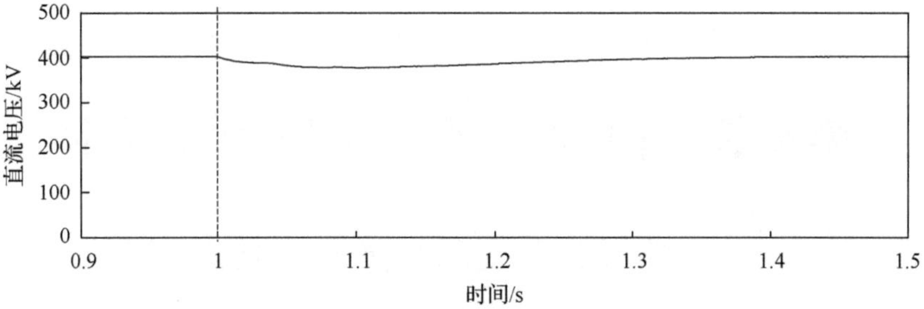

(e) 直流电压

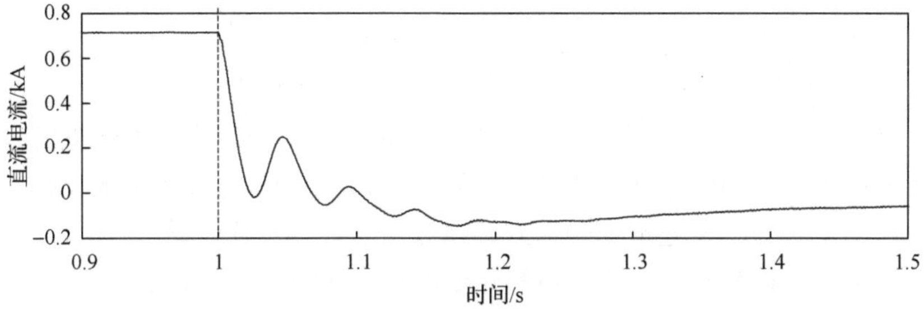

(f) 直流电流

图 5.12　定功率端交流侧三相短路故障的仿真结果

参 考 文 献

[1] 李林川, 肖峻, 张艳霞. 电力系统基础[M]. 北京: 科学出版社, 2009.
[2] 张崇巍. PWM 整流器及其控制[M]. 北京: 机械工业出版社, 2003.
[3] Blaabjerg F, Teodorescu R, Liserre M, et al. Overview of control and grid synchronization for distributed power generation systems[J]. IEEE Transactions on Industrial Electronics, 2006, 53(5): 1398-1409.
[4] 林渭勋. 现代电力电子技术[M]. 北京: 机械工业出版社, 2005.
[5] 陈海荣. 交流系统故障时 VSC-HVDC 系统的控制与保护策略研究[D]. 杭州: 浙江大学, 2007.
[6] 管敏渊, 徐政. 模块化多电平换流器型直流输电的建模与控制[J]. 电力系统自动化, 2010, 34(19): 64-68.
[7] 管敏渊. 基于模块化多电平换流器的直流输电系统控制策略研究[D]. 杭州: 浙江大学, 2013.
[8] 李泽斌, 罗安, 田园, 等. LCL 型光伏并网逆变器电流内环控制方法[J]. 电网技术, 2014, 38(10): 2772-2778.
[9] 钟杰. 光伏并网逆变器 MPPT 及双闭环控制技术研究[D]. 成都: 西南交通大学, 2013.
[10] 李琦, 宋强, 刘文华, 等. 基于柔性直流输电的风电场并网故障穿越协调控制策略[J]. 电网技术, 2014, 38(7): 1739-1745.
[11] 王志新, 吴杰, 徐烈, 等. 大型海上风电场并网 VSC-HVDC 变流器关键技术[J]. 中国电机工程学报, 2013, 33(19): 14-27.
[12] 李斌, 张慧颖, 何佳伟. 主动配电网保护控制的设计与研究[J]. 电力建设, 2015, 36(1): 91-96.

第 6 章　柔性直流系统的故障限流技术

6.1　柔性直流系统的故障限流技术需求

6.1.1　故障限流需求

柔性直流系统发生直流故障后，子模块电容会向故障点放电，使得换流站桥臂电流、直流线路电流迅速上升[1-7]。在目前大部分柔性直流工程中，直流故障后会快速闭锁换流站，降低故障危害，然后直流故障电流可以由交流断路器清除(针对半桥子模块式 MMC)或者换流器自清除(针对具有自清除能力的 MMC，如全桥子模块)[8-12]。但是，上述故障隔离方案会导致全系统停运或暂时停电，这对直流电网的供电可靠性和互联交流电网的稳定性是不利的，因此对柔性直流电网进行故障限流以实现故障穿越是一种可行的方案。

为了确保更好的供电可靠性，直流断路器将在直流电网中广泛应用[13,14]，因为直流断路器可以通过与保护的配合实现故障线路的直接、选择性切除。这使得直流故障后换流站的继续运行，也就是健全网络的故障穿越成为可能[15]。以如图 6.1 所示的四端环状 MMC 直流电网为例，当某条直流线路发生故障时，直流保护应该快速定位该故障线路，并向该线路两端直流断路器发出跳闸命令，实现快速切除。在故障被隔离以前，所有换流站应该继续保持运行以确保健全网络的继续供电。例如，当 Line1 上发生直流故障 f_1 时，故障线路 Line1 应该被直流断路器 B_{12} 和 B_{21} 快速切除。在直流断路器跳闸以前，换流站 S_1～S_4 均应保持继续运行，以确保健全网络能够可靠穿越故障。换流站只有在直流出口或相应汇流母线发生故障时才允许闭锁，例如，S_1 只有在 f_3 处发生故障时才允许闭锁。

直流故障以后换流站继续运行要求选择性保护和直流断路器动作速度能够匹配直流故障发展速度[15]。然而，在 MMC 直流电网中，直流故障发展速度极快[1, 6, 7]。直流故障发生后，桥臂电流将会迅速上升到 IGBT 自保护门槛值以上。这意味着如果不采取其他措施，换流站极有可能在保护和断路器动作期间被闭锁。因此，有效的直流故障限流措施对于提高直流电网供电可靠性和运行安全性而言是必不可少的。

直流故障限流最为典型的技术是在直流线路上直接安装直流电抗器[15, 16]。然而，大量直流电抗器直接安装在直流电网中对系统暂态响应速度、稳定性和直流断路器隔离速度都是极为不利的。超导直流故障限流器在直流电网中也具有一定的应用前景[17,18]，但是相关技术仍有待进一步研究，包括直流故障后的快速失超、故障隔离后的快速恢复等。

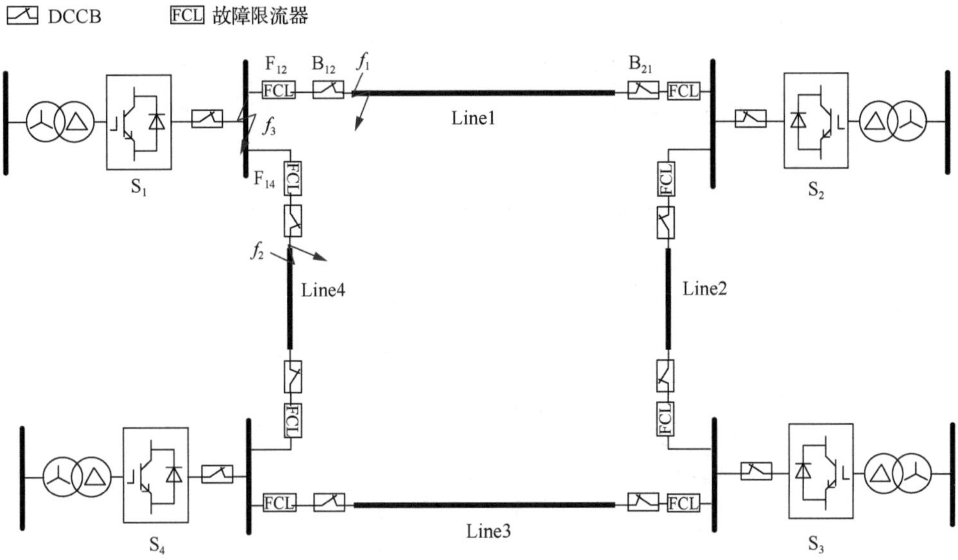

图 6.1　四端环状 MMC 直流电网拓扑结构

6.1.2　故障限流特性

根据限流特性，故障限流可以分为感性限流和阻性限流。感性限流是指限流器在故障限流时体现出电感特性，而阻性限流是指限流器在故障限流时体现出电阻特性。上述两类故障限流技术均能限制故障电流，但是限流效果有所不同。

如图 6.2(a)所示，阻性限流器在柔性直流系统发生直流故障后能在一定程度上限制直流故障电流峰值，且限流电阻越大，对短路电流峰值的限制效果越佳。如图中限流电阻为 0Ω、5Ω、20Ω 的阻性限流器，故障电流峰值越来越小。此外，阻性限流器还能限制直流故障稳态电流值，这是因为直流故障稳态阶段主要表现为交流侧经过已经闭锁的换流站以不控整流形式向故障点馈入故障电流，而阻性限流器能够增大不控整流馈流回路的等效电阻，所以能够有效限制故障稳态电流值。如图 6.2(b)所示，感性限流对电流变化率的限制效果要明显优于阻性限流。在直流故障初期，主要体现为故障电流快速上升，该阶段限流主要目的在于限制故障电流上升率。但是，感性限流无法限制故障电流稳态值，如图 6.2(b)所示，不加装限流电抗器、加装 20mH 电抗器和 100mH 电抗器情况下，直流故障稳态电流值基本一致。

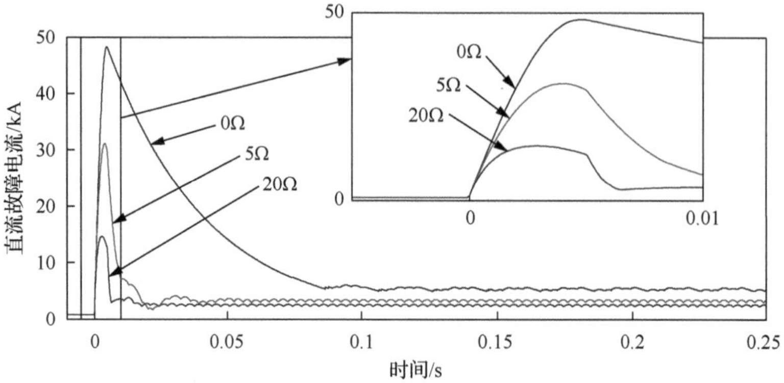

(a) 阻性限流效果

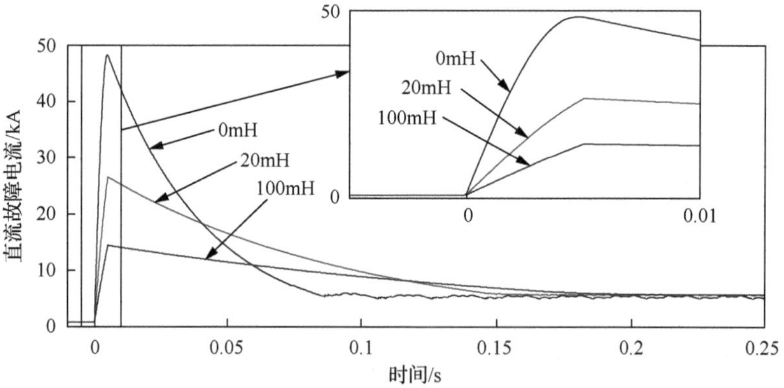

(b) 感性限流效果

图 6.2　阻性限流与感性限流特性比较

结合第 4 章的直流故障特性分析可知，柔性直流系统直流故障主要分为换流站闭锁前、换流站闭锁后初期和不控整流稳态三个阶段。为了保证柔性直流电网的供电可靠性，要求换流站闭锁前故障线路已经被相应保护快速识别且被直流断路器可靠切除，从而保证健全网络的故障穿越。因此，换流站闭锁后的故障稳态阶段在实际情况中一般不会再出现。换言之，在进行直流故障限流的研究、设计时，应主要考虑对故障初期、换流站闭锁前故障电流快速上升的有效限制。显然，能够在故障初期有效限制故障电流快速上升的感性限流技术，在柔性直流系统中具有突出的应用前景。此外，在直流系统中，感性限流的实现不会产生显著的通态损耗，技术实现难度较小。而在采用阻性限流时，若直接串入限流电阻，则会产生很大的运行损耗，工程应用难以接受。为此，必须利用超导限流等技术减小正常运行期间的运行损耗，但技术实现难度较大。

本章主要针对电感型限流技术在直流电网中的应用展开研究，重点讨论限流需求理论分析方法、新型故障限流器拓扑结构设计及其工作原理与应用优势分析等。

6.2 柔性直流系统的故障限流电抗器

在直流线路两端安装感性故障限流器能够有效限制直流故障电流[15]。本节以故障后换流器继续运行为目的，给出了计算限流电抗器电感大小的方法。

6.2.1 故障暂态分析计算

如图 6.1 所示，为了防止换流站在直流故障以后被闭锁，与换流站 S_1 出口母线相连的所有出线端口均需安装故障限流器，如 F_{12} 和 F_{14}。对于 F_{12}，防止换流站 S_1 闭锁的最严峻情况是 f_1 处发生两极短路故障；对于 F_{14}，防止换流站 S_1 闭锁的最严峻情况是 f_2 处发生两极短路故障，因此 F_{12}、F_{14} 所需的电抗器电感大小应根据上述故障情况进行确定。f_1 处发生两极短路故障时换流站 S_1 的等效电路如图 6.3(a)所示，其可以进一步简化为图 6.3(b)[19]。

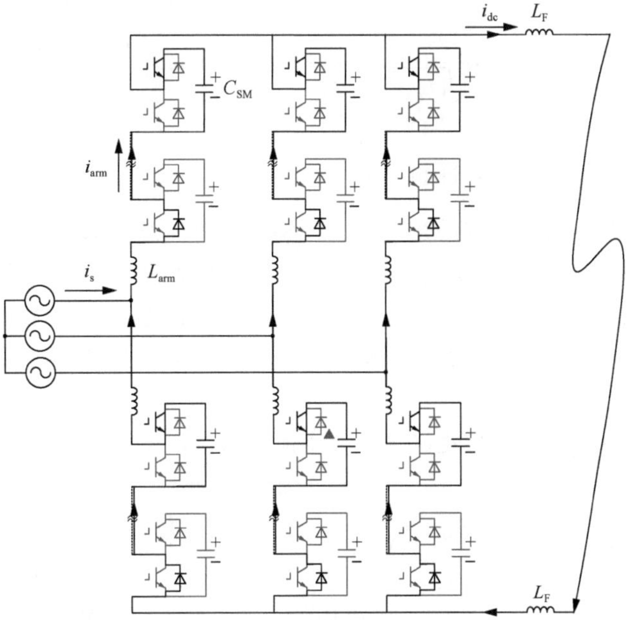

(a) 等效电路

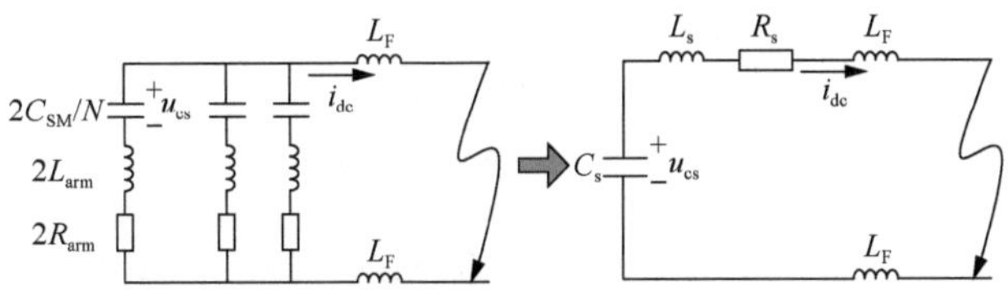

(b) 简化电路

图 6.3　f_1 处发生两极短路故障时换流站 S_1 的等效电路及简化电路

图 6.3(b)中，L_F是限流器中的电感，C_s、L_s和R_s是换流站S_1的等效电容、电感和电阻，可以表示为

$$C_s=\frac{6C_{SM}}{N},\quad L_s=\frac{2L_{arm}}{3},\quad R_s=\frac{2R_{arm}}{3} \tag{6.1}$$

式中，C_{SM}为子模块电容；L_{arm}为桥臂电感；R_{arm}为桥臂等效电阻[15, 19]。

假设S_1出口直流电流和直流电压初始值分别是I_0和U_0，直流电流暂态解可以表示为[19]

$$i_{dc}=-\frac{I_0\omega_0}{\omega}e^{-\sigma t}\sin(\omega t-\beta)+\frac{U_0}{\omega(L_s+2L_F)}e^{-\sigma t}\sin(\omega t) \tag{6.2}$$

式中

$$\sigma=\frac{R_s}{2(L_s+2L_F)},\quad \omega=\sqrt{\frac{1}{(L_s+2L_F)C_s-\sigma^2}}$$

$$\omega_0=\frac{1}{\sqrt{(L_s+2L_F)C_s}},\quad \beta=\arctan\left(\frac{\omega}{\sigma}\right)$$

6.2.2 故障限流电感的分析计算

为了防止换流站在直流故障以后自闭锁，在直流断路器跳闸以前，桥臂电流i_{arm}(瞬时值)应该被限制在某一上限值之下。一般情况下，该电流上限值取决于IGBT 自保护的门槛值，可设为k_1I_{IGBTN}(I_{IGBTN}是 MMC 中 IGBT 的额定电流，k_1定义为过负载系数，一般$k_1>1$)。为了保证故障后换流站能够继续运行，必须确保$i_{arm}\leqslant k_1I_{IGBTN}$。

在工程实际中，I_{armN}被定义为桥臂电流有效值，可由式(6.3)计算得到：

$$I_{armN}=\sqrt{\left(\frac{1}{3}I_{dcN}\right)^2+\left(\frac{1}{2}I_{sN}\right)^2} \tag{6.3}$$

式中，I_{dcN}为换流站S_1的额定直流电流；I_{sN}为额定交流相电流。由于$I_{sN}=P/(3U_p\cos\varphi)$，$P=U_{dcN}\times I_{dcN}$，以及$U_p=U_{dcN}\times M/2\sqrt{2}$，$I_{sN}$可以表示为

$$I_{sN}=\frac{2\sqrt{2}}{3}\frac{I_{dcN}}{M\cos\varphi} \tag{6.4}$$

式中，P为S_1的额定有功功率；U_p为交流额定相电压；$\cos\varphi$为功率因数；U_{dcN}为额定直流电压；M为调制比。

将式(6.4)代入式(6.3)可得到

$$I_{\mathrm{armN}}=\sqrt{\frac{1}{9}+\frac{2}{9M^2\cos^2\varphi}}\cdot I_{\mathrm{dcN}} \tag{6.5}$$

在工程实际中，为确保一定的安全裕度，所选 IGBT 的额定电流 I_{IGBTN} 会略大于桥臂额定电流 I_{armN}，即 $I_{\mathrm{IGBTN}}=k_2I_{\mathrm{armN}}$，其中 $k_2>1$。所以为了确保换流站不闭锁，故障后桥臂电流瞬时值必须满足

$$i_{\mathrm{arm}}\leqslant k_1k_2\sqrt{\frac{1}{9}+\frac{2}{9M^2\cos^2\varphi}}\cdot I_{\mathrm{dcN}} \tag{6.6}$$

考虑到直流故障初期桥臂电流上升主要取决于直流电流上升[15]，因此式(6.6)可以等效为

$$i_{\mathrm{dc}}\leqslant 3\left(k_1k_2\sqrt{\frac{1}{9}+\frac{2}{9M^2\cos^2\varphi}}-\frac{2}{3M\cos\varphi}\right)I_{\mathrm{dcN}} \tag{6.7}$$

假设从故障时刻到断路器跳闸时刻所需时间为 t_{trip}，根据式(6.2)和式(6.7)，限流器 F_{12} 所需限流电感 L_F 可以通过求解方程(6.8)得到

$$\begin{aligned}&-\frac{I_0\omega_0}{\omega}\mathrm{e}^{-\sigma t_{\mathrm{trip}}}\sin(\omega t_{\mathrm{trip}}-\beta)+\frac{U_0}{\omega(L_{\mathrm{s}}+2L_{\mathrm{F}})}\mathrm{e}^{-\sigma t_{\mathrm{trip}}}\sin(\omega t_{\mathrm{trip}})\\&=3\left(k_1k_2\sqrt{\frac{1}{9}+\frac{2}{9M^2\cos^2\varphi}}-\frac{2}{3M\cos\varphi}\right)I_{\mathrm{dcN}}\end{aligned} \tag{6.8}$$

式中，只有 L_F 是未知的。

上述方法同样适用于其他位置故障限流器限流电感的选值计算。

图 6.1 所示直流系统的详细电网参数如表 6.1 所示。根据式(6.8)可以计算出不同 t_{trip} 时所需限流电感，如图 6.4 所示，其中 k_1 设为 2，k_2 设为 1.5，$\cos\varphi$ 则设为 1。

表 6.1　四端 MMC 直流电网参数

参数	值
额定直流电压/kV	±200
额定交流电压/kV	200
S_1～S_4 额定容量/MW	800, 400, 400, 400
桥臂子模块数量	100
S_1～S_4 子模块电容/μF	13000, 9750, 9750, 9750
S_1～S_4 桥臂电感/mH	32, 64, 64, 64
直流线路等效电阻/(Ω/km)	0.032
直流线路等效电感/(mH/km)	1.29
直流线路长度/km	100

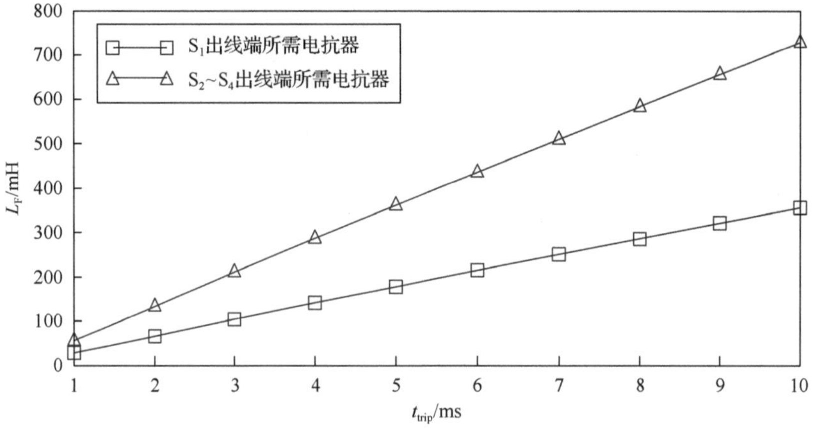

图 6.4　不同 t_{trip} 时所需限流电感的计算结果

由于 S_1 的容量与其他三个站有所不同，相应所需的限流电感也有所不同。随着 t_{trip} 的延长，所需限流电感也显著增大。现有研究建议将限流电抗器直接安装在直流线路上[15]，但是大电感会对直流电网的暂态响应速度和稳定性产生不利影响。此外，大电感还会导致直流断路器的故障电流清除速度大大延长。因此，针对柔性直流电网的故障限流器，仍应解决以下问题。

(1) 对直流电网正常运行的影响。故障限流器对系统正常运行产生的不利影响应尽可能小，包括暂态响应速度、运行稳定性等。理想的设计是限流电抗器在系统正常运行时不会接入直流线路中。

(2) 确保换流站在直流故障后继续运行。在直流故障期间，希望换流站能够继续运行，即故障穿越。换言之，在直流断路器跳闸之前，要求换流站桥臂电流能够被限制在设定上限值之下。因此，限流电感必须在故障后快速接入故障回路中。

(3) 与直流断路器的配合。在直流电网中，直流断路器和故障限流器的动作过程高度耦合，因此相互之间会产生影响。所以，限流器与断路器必须能够实现高效配合，特别是确保直流故障电流的快速清除。

6.3　新型桥式故障限流器

针对柔性直流电网的直流故障限流需求，本节提出将桥式故障限流器应用于直流电网，以代替直接安装的直流电抗器。交流系统曾设计研究桥式故障限流器的应用，但在应用于直流电网中时，其工作原理、参数设计等方面均有所不同。

6.3.1　新型桥式故障限流器的工作原理

如图 6.5 所示，应用于直流电网的新型桥式故障限流器由一个二极管 H 桥(由

四个串联二极管组 D_1～D_4 构成)、一个直流电抗器与一个偏置电源的串联支路构成。其中，电抗器与偏置电源支路连接在 D_1、D_3 的共阴极点和 D_2、D_4 的共阳极点之间。为了降低故障限流器的功率损耗，也可以考虑将直流电抗器的铜绕组用超导绕组代替，形成超导直流限流器。相应的工作原理如图 6.5(a)～(c)所示。

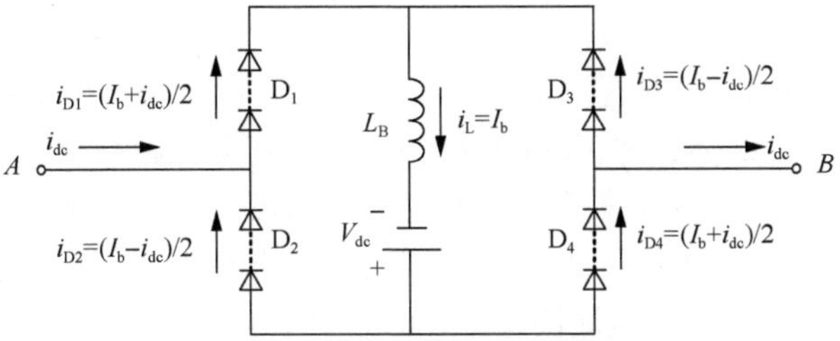

(a) 正常运行期间的电流流通路径

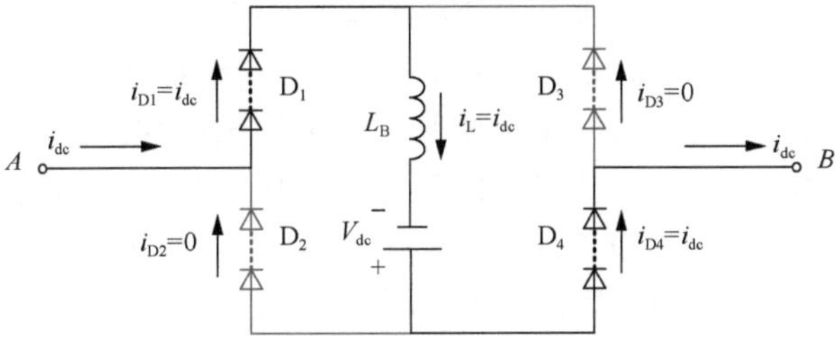

(b) 故障限流期间的电流流通路径($i_{dc}>0$)

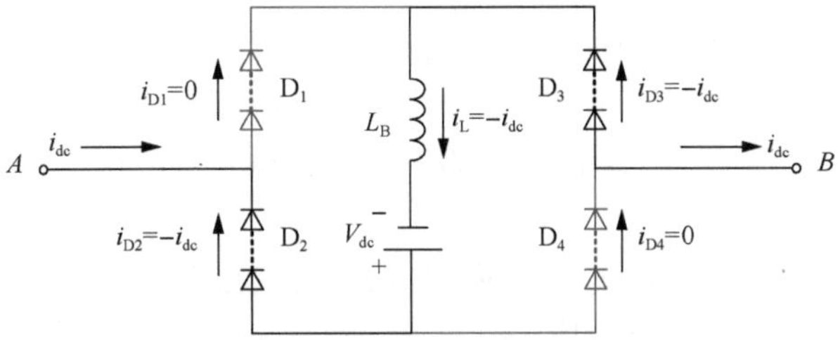

(c) 故障限流期间的电流流通路径($i_{dc}<0$)

图 6.5　新型桥式故障限流器在直流电网中的工作原理

应用于直流系统的新型桥式故障限流器需要配置直流偏置电源。直流偏置电源供给的偏置电流 I_b 的计算式为

$$I_b = \frac{V_{dc}}{r_L + r_D} \tag{6.9}$$

式中，V_{dc} 为直流偏置电源的电压；r_L 为直流电抗器的通态电阻(当利用超导线圈时，r_L 可以忽略)；r_D 为每个串联二极管组(D_1～D_4)的通态电阻。

根据 KCL，如果 D_1～D_4 全部导通，如图 6.5(a)所示，则四个二极管桥臂的

流通电流可以表示为

$$
\begin{cases}
i_{D1}=i_{D4}=\dfrac{I_b+i_{dc}}{2} \\
i_{D2}=i_{D3}=\dfrac{I_b-i_{dc}}{2}
\end{cases}
\tag{6.10}
$$

在正常运行期间，只要直流偏置电流 I_b 大于直流线路电流的绝对值$|i_{dc}|$，那么$(I_b+i_{dc})/2$ 和$(I_b-i_{dc})/2$ 必然是正的，因此 D_1～D_4 均可保持导通。同时，流经直流电抗器的电流将一直保持为常数 I_b。此时对于直流线路，直流电抗器相当于被旁路，因此其不会对直流电网的正常运行产生不利影响。

直流故障发生后，直流电流快速上升。如图 6.5(b)所示(对应 $i_{dc}>0$ 的情况)，一旦直流线路故障电流 i_{dc} 超过直流偏置电流值 I_b，$(I_b-i_{dc})/2$ 将会变为负值，这意味着 D_2 和 D_3 将会自动关断。因此，直流电抗器被快速、自动接入故障回路中，起到故障限流作用。类似地，针对 $i_{dc}<0$ 的情况，当 i_{dc} 的绝对值超过 I_b 时，$(I_b+i_{dc})/2$ 将变为负值，所以 D_1、D_4 会自动关断，使得直流电抗器自动接入故障回路中起到故障限流作用，如图 6.5(c)所示。上述分析表明，桥式限流器在直流电网中可以实现双向、自动限流；只要合理地设置直流偏置电流 I_b，直流电抗器在直流故障以后可以很快地接入故障回路中发挥故障限流作用，从而满足直流故障限流快速响应的要求。

6.3.2　新型桥式故障限流器与直流断路器的协调配合

故障限流器与直流断路器在动作过程中高度耦合，因此需要关注故障限流器与直流断路器的协调配合。考虑到混合式直流断路器在直流电网中具有较大的应用前景[13]，本节以混合式直流断路器为例，探讨桥式故障限流器与混合式直流断路器的协调配合机制。

如图 6.6(a)所示，混合式直流断路器故障隔离时间由跳闸时间和故障电流清除时间组成[13]。跳闸时间指的是从故障时刻到直流断路器主断路器支路跳闸所需

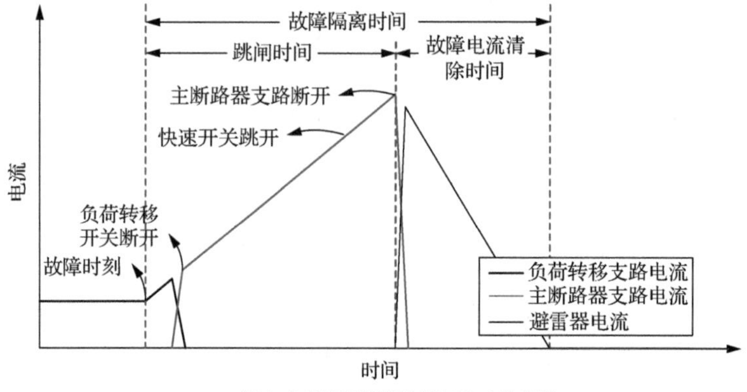

(a) 混合式直流断路器故障隔离动作逻辑

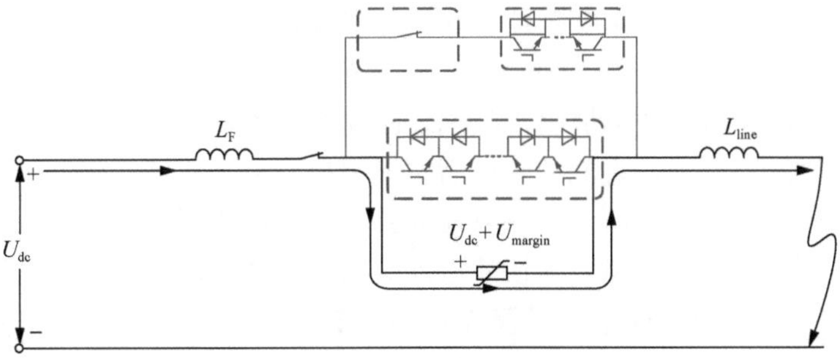

(b) 直接安装的直流电抗器与直流断路器的协调配合

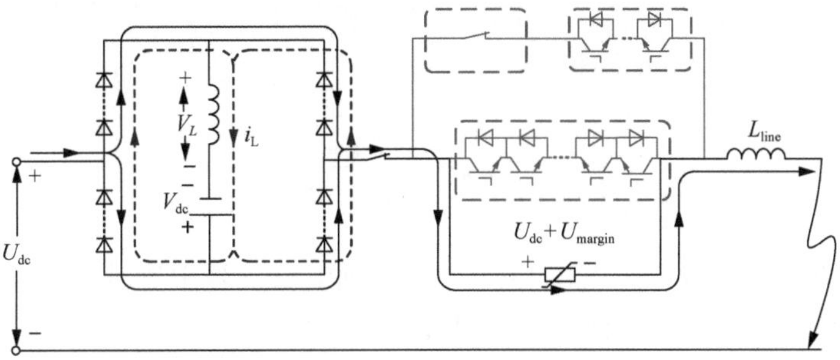

(c) 桥式限流器与直流断路器的协调配合

图 6.6 限流器与直流断路器的协调配合

的时间，该时间的长短主要取决于保护动作时间、负荷转移开关动作时间和快速开关动作时间。故障电流清除时间定义为从主断路器支路关断到故障电流衰减到可以被残余电流断路器开断为止所需的时间[13]，该部分时间长短主要取决于避雷器故障能量耗散速度。

在故障电流清除期间，避雷器箝位电压应该大于直流电压 U_{dc}，假设其为 $U_{dc}+U_{margin}$，并设故障电流清除时间为 T_{clear}。

如图 6.6(b)所示，当直流电抗器直接安装在直流线路上时，U_{margin} 作用于 L_F 和 L_{line}(L_{line} 是故障线路等效电感)，所以，$(L_F+L_{line})\,di_{dc}/dt=-U_{margin}$[20]。假设直流断路器跳闸时刻为 $t=0s$，该阶段直流故障电流 i_{dc} 可以表示为

$$i_{dc}=I_{trip}-\frac{U_{margin}t}{L_F+L_{line}} \tag{6.11}$$

式中，I_{trip} 是直流断路器跳闸瞬间的直流线路故障电流。所以，故障电流清除时间 T_{clear} 可以表示为

$$T_{clear}=I_{trip}\frac{L_F+L_{line}}{U_{margin}} \tag{6.12}$$

根据前文分析，为了防止换流站在直流故障以后被闭锁，所需要的限流电抗器中的电感 L_F 是非常大的。因此，T_{clear} 将会很大，也就是说，故障隔离时间将会很长，相应地，瞬时性故障情况下故障线路的快速恢复将难以保证。

而对于桥式限流器，直流故障以后直流电抗器将被快速、自动投入故障回路中起到故障限流作用。然而，一旦直流断路器的主断路器支路跳闸，避雷器将会被接入故障回路中使得故障电流快速衰减。所以，直流电抗器上的压降必然满足 $V_L=L_B di_L/dt \leqslant 0$。此时，四个二极管桥臂 D_1～D_4 将会在直流电抗器和直流偏置电源正向电压的作用下再次全部导通，也就是说，直流电抗器再次从故障回路中旁路出去，如图 6.6(c)所示。因此，在故障电流清除期间，直流线路中的故障能量与电抗器中的储能彼此分离，直流断路器的避雷器只需耗散直流线路中的故障能量即可实现故障线路故障电流的清除，此时，T_{clear} 可以表示为

$$T_{clear}=\frac{I_{trip}L_{line}}{U_{margin}} \tag{6.13}$$

显然，根据式(6.11)和式(6.13)，在利用桥式限流器限流时，故障电流清除时间会大大缩短，也就是说直流断路器故障隔离速度会大大加快。相应地，在瞬时性故障情况下故障线路的恢复也可以显著提前。从另一方面说，为达到相同的故障隔离速度，安装桥式限流器时所需的 U_{margin} 将远小于直接安装直流电抗器时的，直流断路器的电压等级可以大大降低。

根据上述分析，桥式故障限流器应用于直流电网的优势主要包括：①在系统正常运行期间，限流器中直流电抗器相对于直流线路而言处于旁路状态，因此不会对系统正常运行产生不利影响；②直流故障以后，限流器中的直流电抗器可以自动、快速地接入故障回路中，起到限流作用；③直流断路器的主断路器支路关断以后，直流电抗器将再次被自动、快速地从故障回路中旁路出去，与直接安装直流电抗器相比，故障电流清除时间将大大缩短。

6.3.3 实验分析

本节设计了如图 6.7 所示的小容量直流测试平台，用于验证桥式限流器的工作原理与应用优势。其中，测试平台的直流电源由一个不控整流桥并联两个串联电容构成。而在桥式限流器中，直流偏置电源由一个不控整流桥与一个可调变压器构成，其直流输出电压通过改变可调变压器的交流输出电压加以调节。此外，在本实验平台中，为降低实验成本，用固态断路器代替混合式直流断路器。考虑到固态断路器在隔离故障时经历的故障电路清除过程与混合式直流断路器是一样的，讨论限流器与直流断路器协调配合时主要关注的就是该过程，上述取代不影响所考察的实验结果。表 6.2 给出了实验测试平台的具体参数。

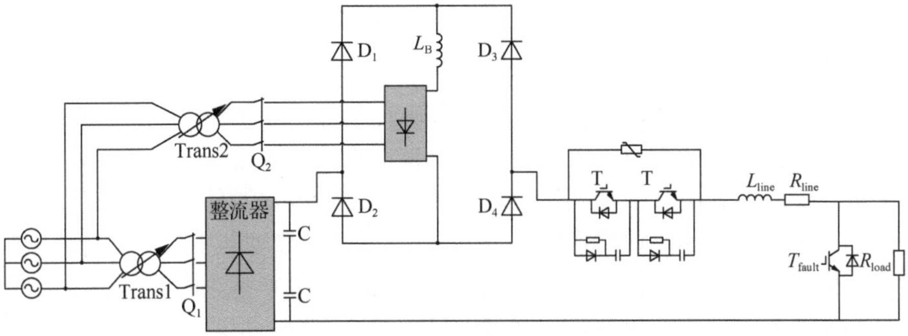

(a) 实验电路图

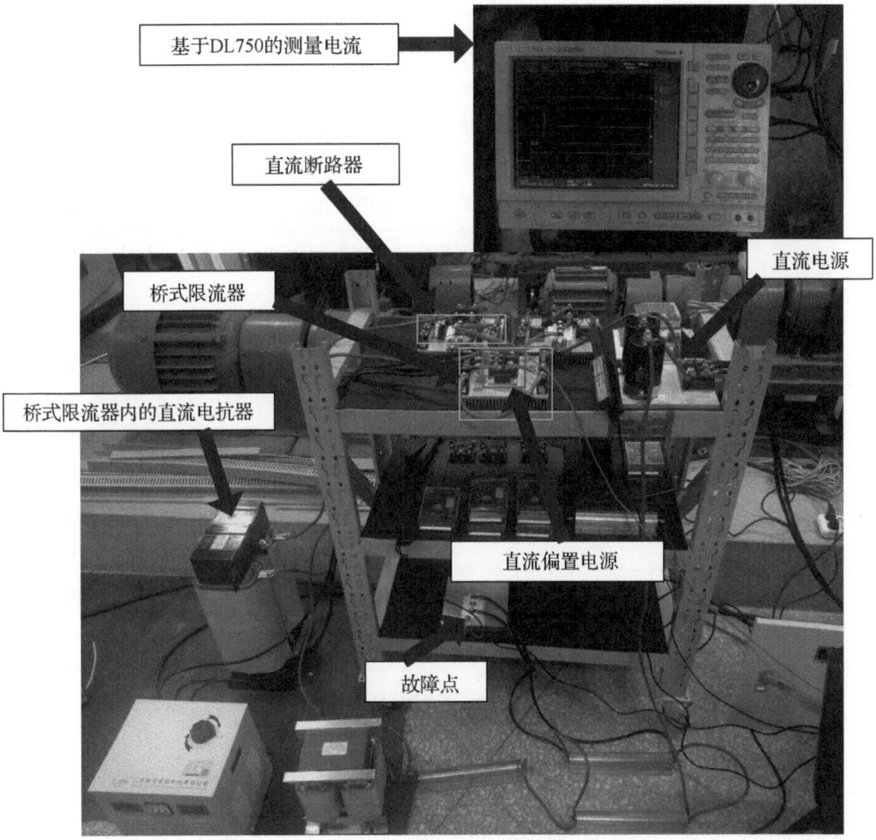

(b) 实际实验平台

图 6.7　直流测试平台

表 6.2　实验测试平台参数

U_{dc}/V	C/μF	L_B/mH	L_{line}/mH	R_{line}/Ω	R_{load}/Ω	避雷器
50	4700	20	3	0.3	5	MYG 20D101K(额定电压 100V，最大限压 165V)

1. 直流偏置电源运行特性

在本算例中，主要观测了所设计直流偏置电源的运行特性。如图 6.8(a)所示，直流偏置电源供给的直流偏置电流始终保持在系统直流电流之上，满足桥式限流器的设计要求。如图 6.8(b)所示，所设计的直流偏置电源的输出电压值很小，这是由于直流偏置电流流通路径的电阻值很小(仅是二极管与电抗器的通态电阻)。此外，尽管偏置电源输出电压存在波动，但是直流偏置电流的波形质量很好，这是由于限流器中的直流电抗器刚好可以起到滤波作用。也就是说，所设计的直流偏置电源能够有效供给所需的直流偏置电流。

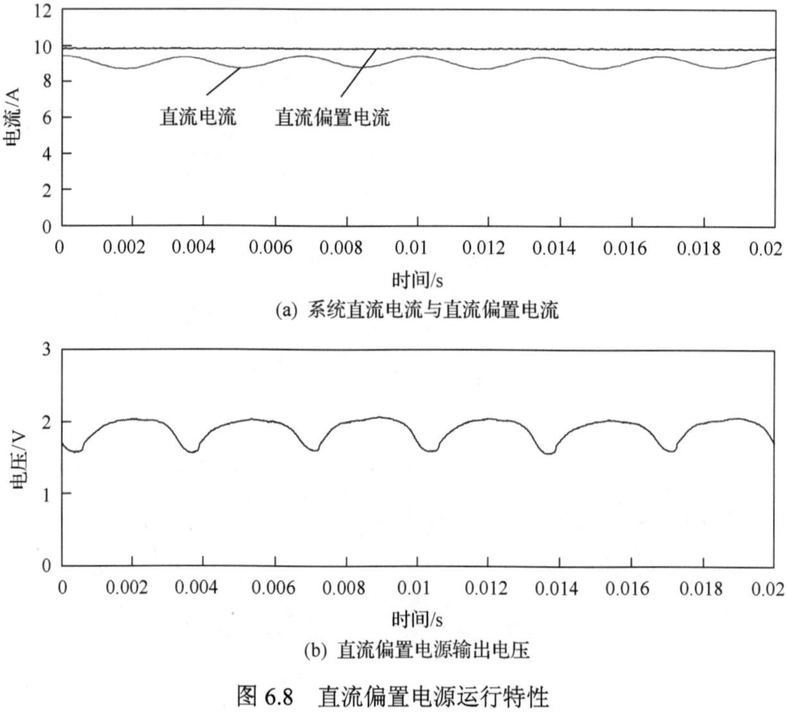

图 6.8　直流偏置电源运行特性

2. 故障限流与隔离

在本算例中，设定直流两极短路在 0s 时刻发生。实验对比了不同的故障处理方法。如图 6.9(a)所示，当不采取任何故障限流措施时，直流故障发生后，直流电流快速上升。尽管直流断路器在故障后 2ms 就跳闸，直流电流也上升到了 35A 以上。而当 20mH 的直流电抗器直接安装在测试电路中时，直流故障电流上升速度得到了有效限制。所以，即使断路器跳闸时间延迟到故障后 10ms，直流电流(峰值约为 22A)也远小于无限流措施的情况。然而，同样如图 6.9(a)所示，在该情况下，直流断路器需要大概 10ms 时间清除故障电流。不同的是，当安装桥式限流器时，断路器跳闸以前直流故障电流同样得到了有效限制，而且断路器跳闸以后可以在 1.5ms 内清除故障电流。这表明，与直接安装直流电抗器的限流方法相比，桥式限流器可以大幅提升直流断路器的故障隔离速度。

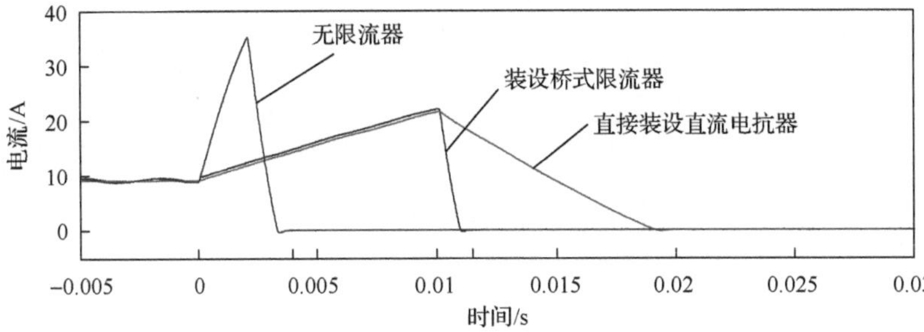

(a) 直流电流

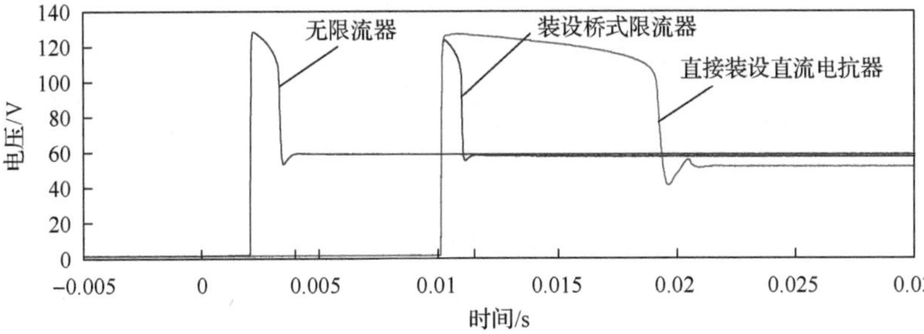

(b) 直流断路器电压

图 6.9　故障限流与隔离

6.3.4　仿真验证

本小节基于 PSCAD/EMTDC 仿真平台搭建了如图 6.1 所示的 MMC 直流电网模型，其相应的参数如表 6.1 所示，还搭建了混合式直流断路器和桥式限流器；通过仿真算例验证了前面提出的计算所需限流电抗器方法的正确性，以及桥式限流器在直流电网中的应用优势；对不同故障限流措施下的直流两极短路故障 f_1 进行了仿真实验。在下述仿真算例中，即使桥臂电流超过了上限值也不闭锁换流器，由此可观测导致故障穿越失败的过电流情况。

1. 无限流措施时的直流故障过流情况以及直流电抗器的线路效果

首先，在无限流措施情况下设定两极短路故障 f_1 在时间 t=1s 时发生，同时，也不安装直流断路器。根据给定的换流站 S_1 参数，可以计算出 I_{IGBTN} 约为 2kA。这意味着直流故障后 S_1 桥臂电流的最大值必须保持在 4kA 以下（k_1 取 2）。如图 6.10 所示，在无任何限流措施情况下，直流故障后，S_1 的桥臂电流会迅速超过上限值

(1ms 以内)，使得换流站由于 IGBT 自保护而被快速闭锁。而且，如图 6.10(a)所示，直流线路电流也快速上升，有可能超过直流断路器的最大切断电流值，导致断路器的非选择性跳闸。因此，直流电网中必须安装有效的直流限流器。

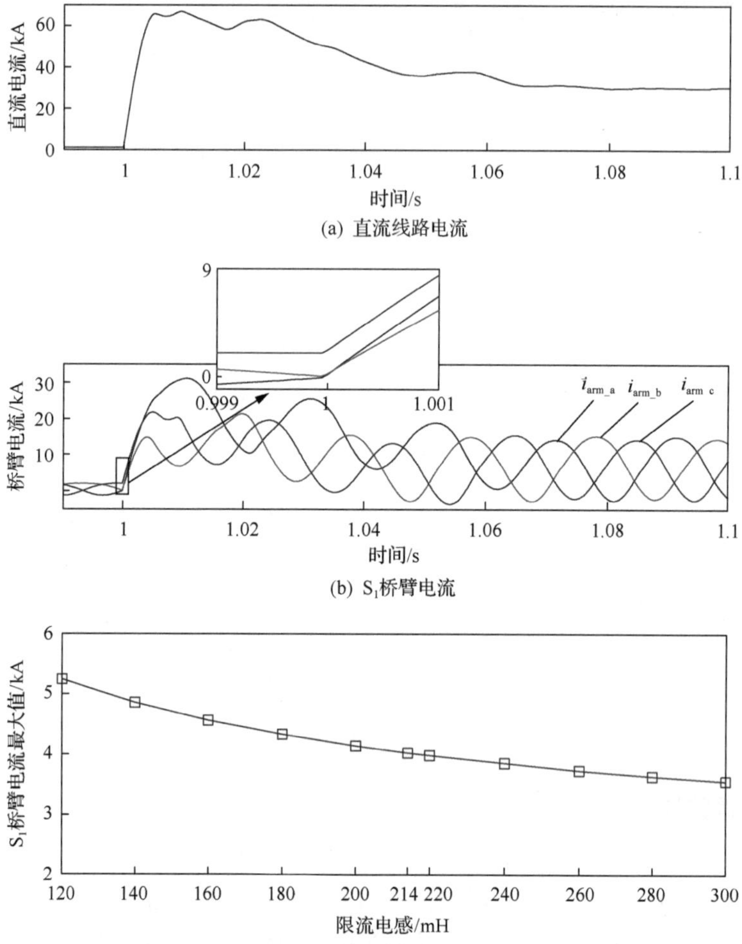

(a) 直流线路电流

(b) S_1桥臂电流

(c) 不同直流电抗器情况下S_1桥臂电流最大值

图 6.10　无限流措施和直接安装直流电抗器情况下两极短路故障仿真结果

为了验证前面提出的计算限流电抗器电感的方法的正确性，本算例中将直流电抗器直接安装到直流线路上，并且安装直流断路器。假设 t_{trip} 为 6ms，根据前面提出的计算方法，故障限流器中所需限流电感 L_F 分别为 214mH(针对与 S_1 汇流母线相连的直流线路端)和 436mH(针对与 S_2～S_4 汇流母线相连的直流线路端)。设定在 t=1s 时，f_1 处发生两极短路故障，该情况下保证 S_1 不闭锁是最困难的。为此，在 F_{12} 处安装不同大小直流电抗器时，记录了 S_1 的桥臂最大电流值，如图 6.10(c)所示。根据仿真结果可知，直流故障后，保证 S_1 继续运行的最小直流电抗器的电感约为 220mH，该值非常接近计算结果 214mH，表明所提出的计算方法是正确的。

2. 故障限流器的影响

在下述算例中，设 t_{trip} 为 10ms，以突出限流器的影响。

1) 对直流电网暂态响应的影响

已有研究建议将直流电抗器直接安装到直流线路上，但事实上，这种方式是不利于直流电网正常运行的。图 6.11 (a) 和 (b) 是分别在无故障限流器、直接安装直流电抗器和安装桥式限流器三种情况下，换流站 S_3 有功参考值在 t=1.2s 时由 –0.5p.u.突变到 0.5p.u.时的仿真结果。由仿真结果可知，与无故障限流器时相比，当直流线路上直接安装直流电抗器时，潮流突变情况下的暂态响应速度显著减慢，而且电压波动幅度也明显增大。事实上，在某些情况下，系统甚至可能出现失稳现象。不同的是，当安装桥式限流器时，系统的暂态响应速度几乎与无故障限流器时一致。这是因为在系统正常运行期间，桥式限流器中的电抗器对于系统而言相当于是被旁路的。

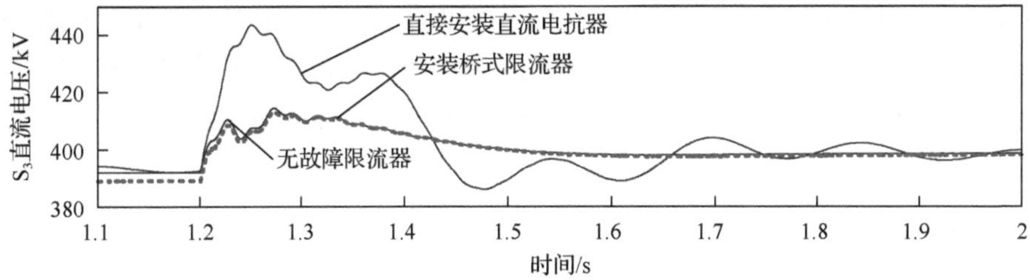

(a) S_3直流电压

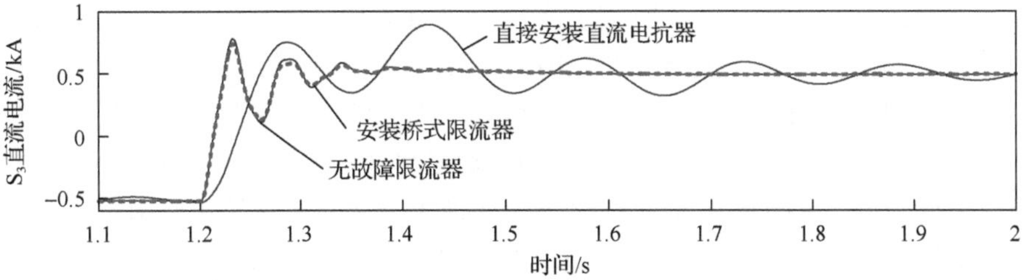

(b) S_3直流电流

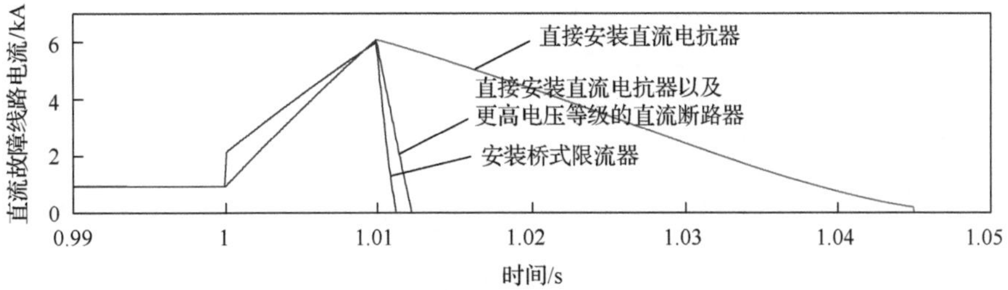

(c) 直流故障线路电流

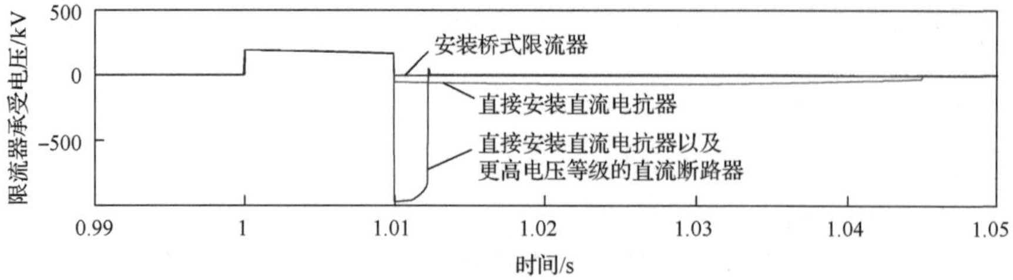

(d) 限流器承受电压

图 6.11　故障限流器对直流电网暂态响应和直流断路器隔离速度的影响

2) 与直流断路器的协调配合

在本算例中，分别对直接安装直流电抗器和安装桥式限流器情况下利用混合式直流断路器切除直流故障进行了仿真实验，相应的仿真结果如图 6.11(c) 和 (d) 所示。当直流电抗器直接安装在直流线路上时，直流断路器的避雷器大约需要 35ms 的时间清除直流故障线路电流。所以，总的故障隔离时间达到约 45ms，这是不利于故障线路绝缘强度快速恢复和系统快速恢复的。不同的是，当安装桥式限流器时，故障电流清除时间缩短到了 2ms 以内，因而总的故障隔离时间控制在 12ms 以内。换言之，为达到相近的故障隔离速度，当直接安装直流电抗器时，需要更高电压等级的直流断路器，但如图 6.11(d) 所示，这种情况下限流器(电抗器)上也将承受更大的过电压。

3. 桥式限流器对直流电网故障穿越的作用

本算例中的故障设定与本节第 1 项无限流措施的情况相同，即 t=1s 时在 f_1 处发生两极短路故障，但安装了桥式限流器。如图 6.12(a) 和 (b) 所示，在故障线路上的直流断路器主断路器支路关断之前，换流站桥臂电流始终被限制在 4kA 以下，所以换流站可以在直流故障后继续保持运行，而直流电网健全部分则可以成功地穿越故障，如图 6.12(e) 和 (f) 所示。图 6.12(c) 解释了桥式故障限流器的工作原理。在直流故障以后，由于直流故障线路电流快速上升到直流偏置电流值以上，流经 D_2、D_3 的电流迅速变为零。这意味着，直流电抗器被接入故障回路中，而当直流断路器主断路器支路被关断以后，限流器的四个桥臂又全部同时导通，表明直流电抗器再次被旁路。

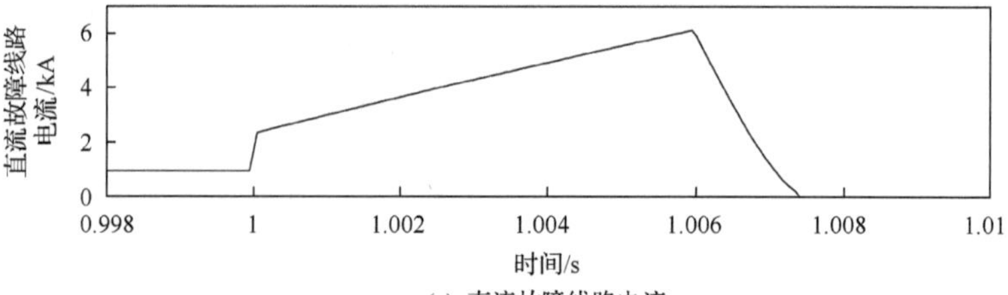

(a) 直流故障线路电流

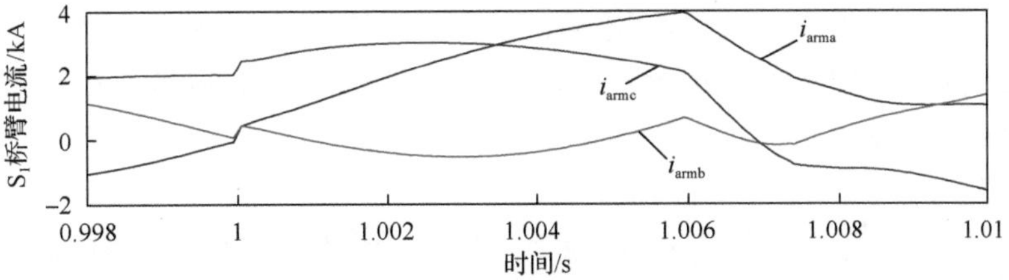

(b) S_1桥臂电流

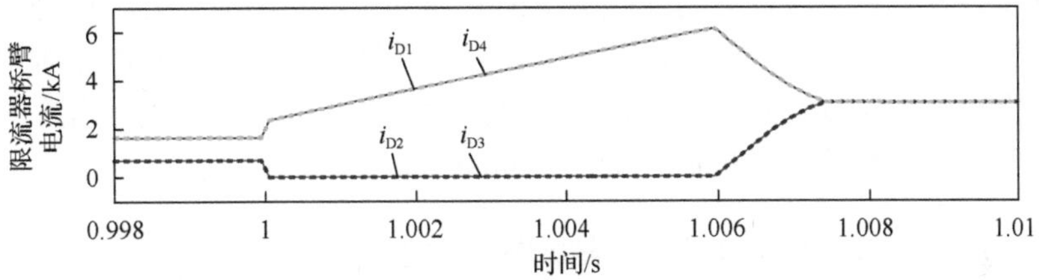

(c) 限流器桥臂电流

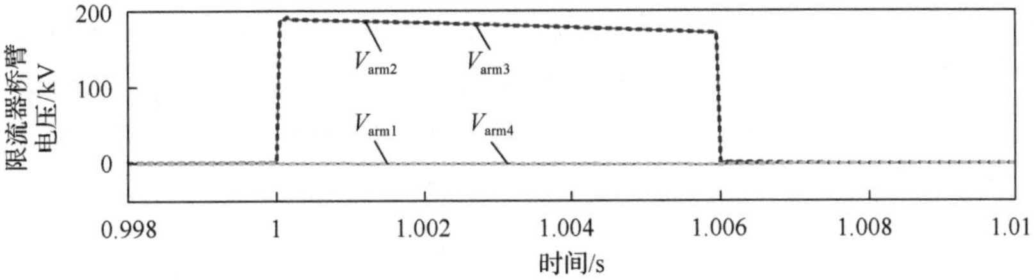

(d) 限流器桥臂电压

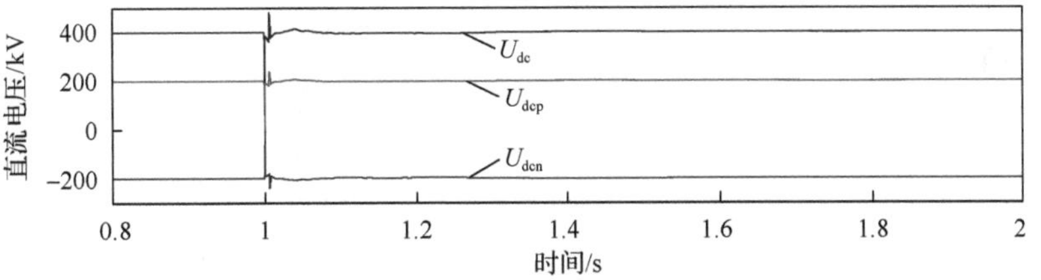

(e) 直流电压

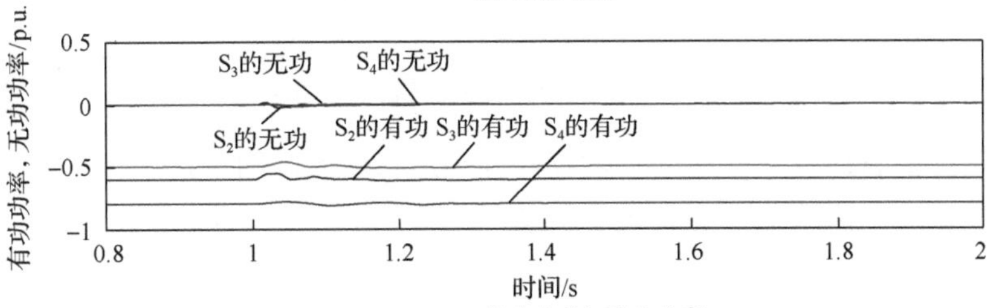

(f) S_2~S_4有功功率与无功功率

图 6.12　安装桥式限流器情况下直流电网故障穿越仿真结果

通过上述理论分析，仿真实验验证表明，安装桥式限流器与直接安装直流电抗器的方法相比，在确保故障快速限流响应效果的前提下，避免了对直流电网正常运行(主要是潮流突变时的暂态响应速度和系统稳定性)与直流断路器隔离速度的不利影响。但是，在应用于高压大容量系统时，仍应在降低运行损耗、自身快速恢复等方面加以进一步的研究。

6.4　具有自适应限流能力的新型直流固态断路器

虽然桥式故障限流器应用于直流电网时具有非常突出的优势，但是存在通态损耗大、无法快速恢复等问题。对于低压直流系统，通态损耗问题相对而言并不突出。为解决桥式故障限流器的快速恢复问题，本节提出一种具有自适应限流能力的新型直流固态断路器(solid-state circuit breaker, SSCB)。

6.4.1　新型直流固态断路器的拓扑结构与工作原理

本节所设计的新型直流固态断路器的拓扑结构如图 6.13 所示，该断路器由一个 H 桥和一个由直流电抗器与直流偏置电源串联而成的支路构成。在 H 桥中，主断路器 1(由串联 IGBT 与一个避雷器并联构成)与串联二极管组 D_1 串联构成 Arm_1，Arm_2 的结构与之相同。而 Arm_3 与 Arm_4 则分别由串联二极管构成(D_3 和 D_4)。直流线路与 Arm_1、Arm_3 的连接点和 Arm_2、Arm_4 的连接点相连。

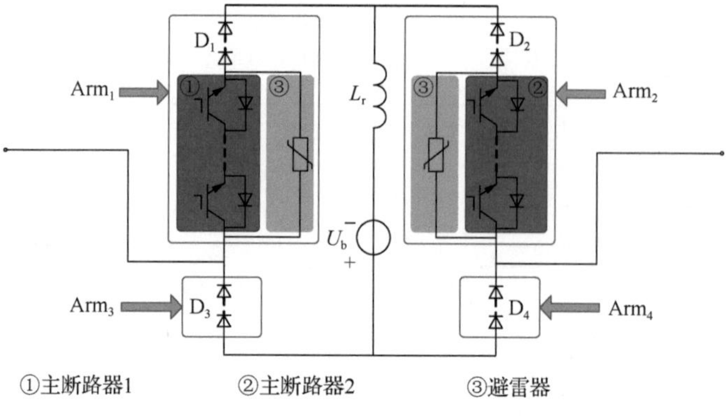

图 6.13　新型直流固态断路器的拓扑结构

所设计的新型直流固态断路器存在四种运行状态，即正常运行状态、故障限流状态、故障电流清除状态和恢复状态。

1. 正常运行状态

在系统正常运行期间，固态断路器内的所有 IGBT 均处于导通状态。直流偏置电源供给一个直流偏置电流 I_b。在不同的直流线路电流(i_{dc})情况下，该状态具有两种运行模式。

1) $0<i_{dc}<I_b(R_u+R_d)/2R_u$

根据 KCL 定律，因为 Arm_1 和 Arm_2 的导通电阻相同，所以 I_b 平均分配到 Arm_1 和 Arm_2 上。同理，I_b 也平均分配到 Arm_3 和 Arm_4 上。不同的是，由于 Arm_1 和 Arm_3 导通电阻不同，i_{dc} 分配到这两个桥臂的电流是不同的。根据并联电路分流原理，i_{dc} 分配到 Arm_1 的电流值为 $i_{dc}\cdot R_d/(R_u+R_d)$，而分配到 Arm_3 的电流值则为 $i_{dc}\cdot R_u/(R_u+R_d)$，其中 R_u、R_d 分别是上桥臂（Arm_1、Arm_2）通态电阻和下桥臂（Arm_3、Arm_4）通态电阻。因此，如图 6.14 中①所示，流经桥臂 Arm_1～Arm_4 的电流（i_1～i_4）可以表示为

$$\begin{cases} i_1 = \dfrac{1}{2}I_b + \dfrac{R_d}{R_u + R_d}i_{dc} \\ i_2 = \dfrac{1}{2}I_b - \dfrac{R_d}{R_u + R_d}i_{dc} \\ i_3 = \dfrac{1}{2}I_b - \dfrac{R_u}{R_u + R_d}i_{dc} \\ i_4 = \dfrac{1}{2}I_b + \dfrac{R_u}{R_u + R_d}i_{dc} \end{cases} \tag{6.14}$$

显然，i_1、i_4 均大于 0。此外，由于 $i_{dc}<I_b(R_u+R_d)/(2R_u)$ 以及 $R_d<R_u$，i_3 和 i_2 也大于 0。如图 6.14 所示，i_1～i_4 均大于 0（对应 t_1 以前的桥臂电流波形示意图）意味着 Arm_1～Arm_4 均导通。因此，可以认为此时直流电抗器对于直流线路而言是处于旁路状态的。

2) $I_b(R_u+R_d)/(2R_u)\leqslant i_{dc}<I_b$

显然，根据式（6.14），这种情况下，由于 $I_b/2-i_{dc}R_u/(R_u+R_d)\leqslant 0$，二极管组 D_3 是无法导通的，故偏置电流 I_b 只能经 Arm_4、Arm_2 流通，而直流线路电流 i_{dc} 则完全流经 Arm_1。如图 6.14 中②所示，此时桥臂电流可以表示为

$$\begin{cases} i_1 = i_{dc} \\ i_2 = I_b - i_{dc} \\ i_3 = 0 \\ i_4 = I_b \end{cases} \tag{6.15}$$

式中，i_1、i_4 显然是大于 0 的，考虑到 $i_{dc}<I_b$，i_2 也大于 0。因此，桥臂 Arm_1、Arm_2、Arm_4 在这种情况下都是导通的，亦可认为直流电抗器对于直流线路是处于旁路状态的。

综上所述，只要直流线路电流 i_{dc} 不超过直流偏置电流 I_b，直流电抗器对于直流线路而言始终处于旁路状态，因此不会对系统正常运行产生不利影响。

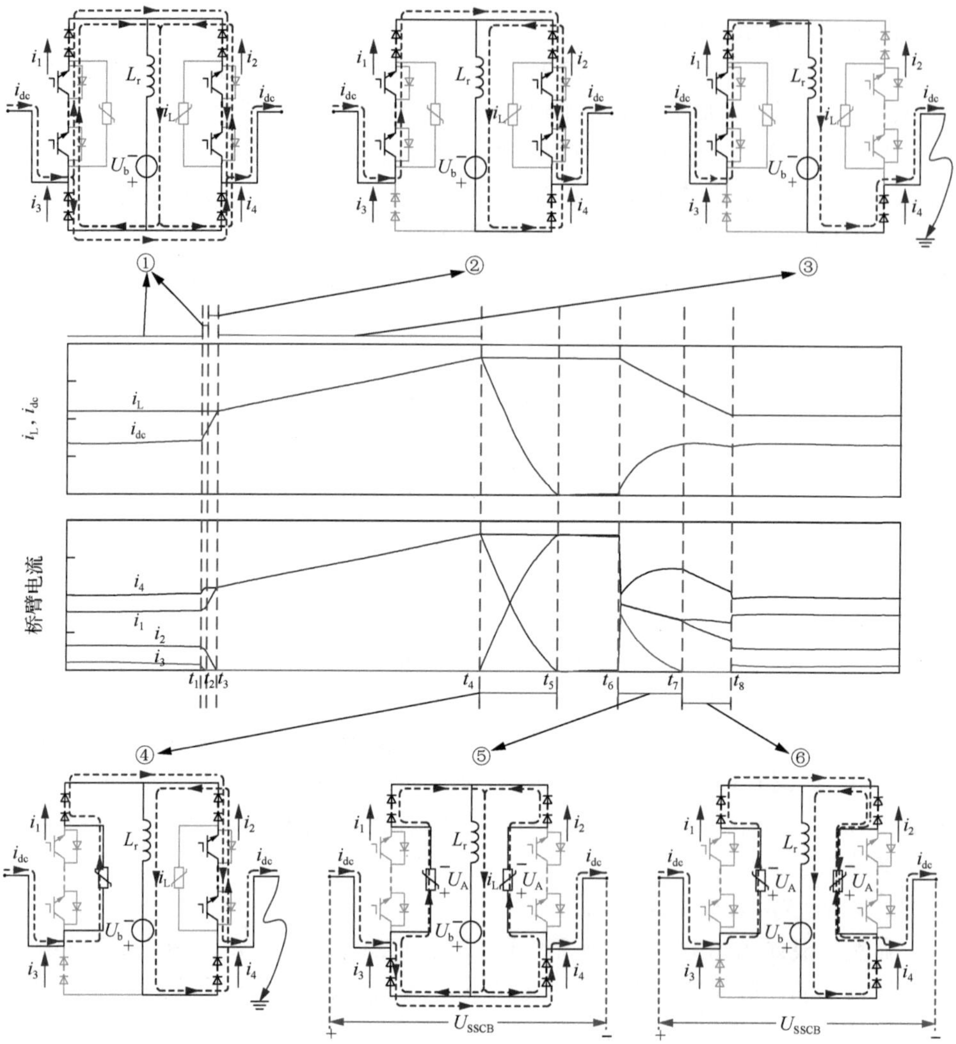

图 6.14　新型固态断路器工作原理

2. 故障限流状态

所设计新型固态断路器在直流故障后进入故障限流状态的相关原理与 6.2 节中的桥式限流器类似，即能够实现自动、快速的双向故障限流作用，大幅降低对直流保护的动作速度要求。此处不再赘述。

3. 故障电流清除状态

如图 6.13 所示，所提出的固态断路器有两个主断路器单元。当接收到保护跳闸信号以后，相应的主断路器单元会被关断，而另一个主断路器单元仍处于导通状态。例如，如图 6.14 中④所示，如果故障位于桥臂 Arm_2 一侧，则 Arm_1 中的主断路器 1 会被关断，而 Arm_2 中的主断路器 2 仍处于导通状态(以安装于正极线路为例)。若故障位于桥臂 Arm_1 一侧，则情况刚好相反。

如图 6.14 中④所示，一旦其中一个主断路器单元被关断(以主断路器 1 为例)，则相应的避雷器会被接入故障回路中，因此故障电流将会开始衰减。在这一状态下，直流电抗器续电流将会产生一个反电动势使得 Arm_2 和 Arm_4 导通，而 Arm_3 则被 Arm_1 中避雷器的反向箝位电压关断。所以，直流电抗器的续电流仅流经 Arm_2 和 Arm_4。这表明固态断路器中的直流电抗器在关断一个主断路器单元后，再次从故障回路中旁路出去，也就是说，此时，由于直流电抗器续电流在固态断路器内部环流，避雷器无须耗散直流电抗器储能，即可认为直流电抗器储能与直流线路故障能量相互分离，避雷器仅需耗散线路故障储能就可实现故障电流清除，如图 6.14 中 t_4～t_5 阶段的电流波形示意图所示。根据文献[20]，这种情况下故障电流清除时间可以表示为

$$T_{clear}=\frac{I_{trip}L_{line}}{U_A-U_{dc}/2} \tag{6.16}$$

式中，I_{trip} 为主断路器单元关断瞬间的直流故障电流；L_{line} 为故障线路等效电感；U_A 为避雷器箝位电压；U_{dc} 为系统直流电压。显然，新型固态断路器的 T_{clear} 远小于在直流线路上直接装设直流电抗器的情况，因为在直流线路上直接装设直流电抗器时，T_{clear} 的计算式为

$$T_{clear}=\frac{I_{trip}(L_{line}+L_r)}{U_A-U_{dc}/2} \tag{6.17}$$

式中，L_r 为直流电抗器电感，一般情况下，L_r 将远大于 L_{line}。

因此，新型固态断路器的故障隔离速度将远快于直接装设直流电抗器的情况。这一重要特点有利于保证健全网络的快速恢复和故障线路绝缘强度的快速恢复。

4. 恢复状态

在直流故障点消失后，直流线路应该重新接入直流系统中，同时，新型固态断路器内的直流电抗器续电流(即 i_L)应该恢复到设定偏置电流值 I_b。

为了实现 i_L 的恢复，也就是新型固态断路器的恢复，另一个处于导通状态的主断路器单元会被关断，如图 6.14 中⑤所示。因此，直流电抗器中的储能可以 Arm_1、Arm_2 内的避雷器耗散，i_L 会快速衰减。当 i_L 衰减到 I_b 附近时，主断路器 1 和主断路器 2 会被同时关断，这意味着新型固态断路器实现了完全恢复，为处理下一次故障做好准备。需要注意的是，如图 6.14 中⑤、⑥所示，在固态断路器恢

复阶段，其对端电压 $U_{SSCB}\approx U_A-U_A=0$，也就是说固态断路器自身的恢复不会对故障部分的恢复产生不利影响。

6.4.2　实验验证

本小节搭建了如图 6.15 所示的小容量测试平台，相应的参数如表 6.3 所示。通过实验测试验证了所设计的新型固态断路器的工作原理及其所具备的优点。

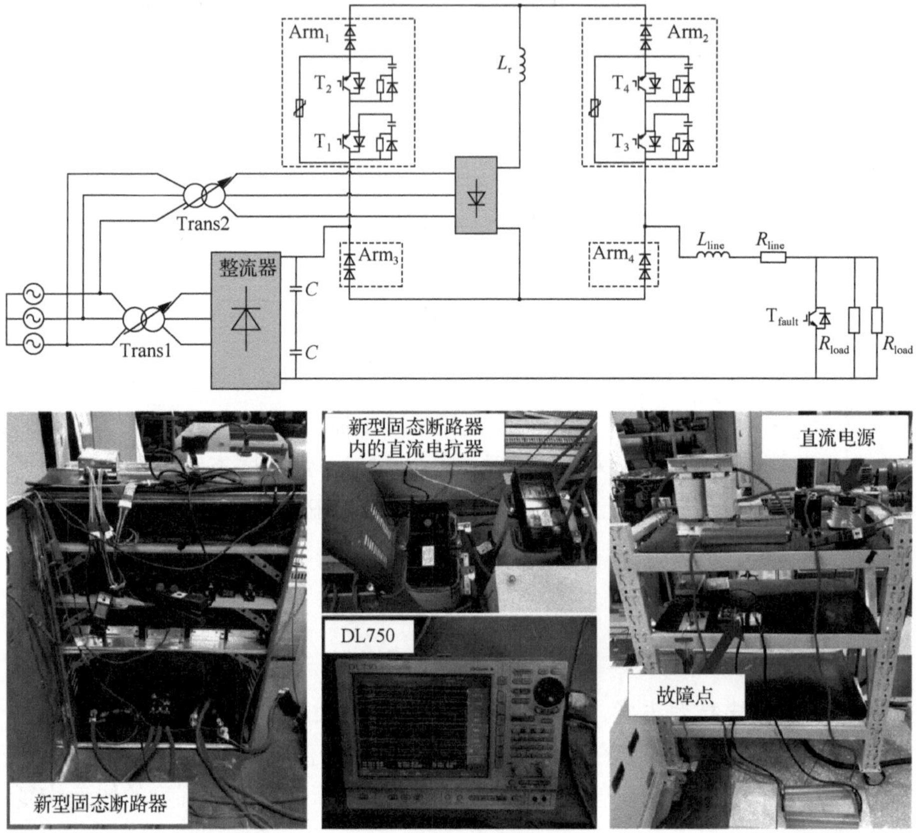

图 6.15　实验测试平台

表 6.3　实验测试平台参数

参数	数值	参数	数值
额定直流电压/V	200	避雷器	MYG 20D241K
额定直流电流/A	10	直流电抗器电感 L_r/mH	40
电容 C/mF	4.7	直流偏置电流/A	15
固态断路器内 IGBT	FF200R12kS4	直流线路等效电阻 R_{line}/Ω	0.3
固态断路器内二极管	MD200A1600V	直流线路等效电感 L_{line}/mH	3

1. 潮流突变

在本算例中，对系统配置不同故障处理方案时，将负荷电阻在 t=0s 时由 40Ω 突变到 20Ω 模拟潮流突变，相应的实验结果如图 6.16 所示。根据实验结果，当直接装设直流电抗器时，直流电流变化非常缓慢，大概需要 10ms 才能到达新的负荷电流值(约为 10A)。这一暂态响应速度远远慢于不装设直流电抗器时的情况。事实上，在柔性直流系统中，这一现象甚至会导致系统失稳。不同的是，当安装所设计的新型固态断路器时，直流电流可以快速到达新的负荷电流值(约 1ms)，这一速度非常接近不装设直流电抗器的情况。图 6.16(b)所示是潮流突变时新型固态断路器的桥臂电流。如实验结果所示，即使发生潮流突变，流经 Arm_1、Arm_2、Arm_4 的电流(i_{arm1}、i_{arm2}、i_{arm4})总是大于 0，表明直流电抗器对于直流线路而言一直处于旁路状态。这正是新型固态断路器不会对系统暂态响应速度产生不利影响的原因，这对直流系统稳定性是非常重要的。

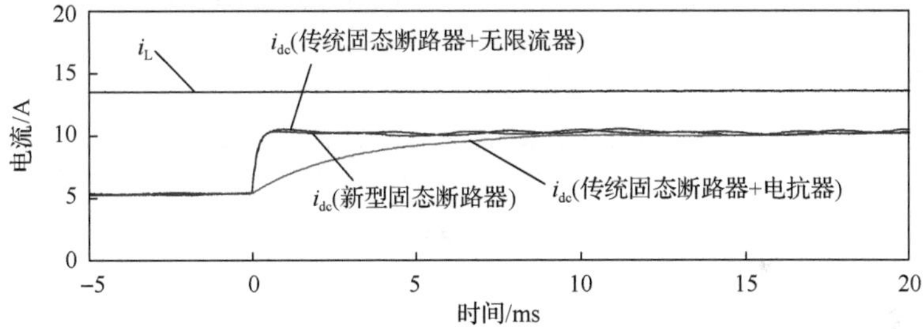

(a) 直流线路电流i_{dc}和电抗器支路电流i_L

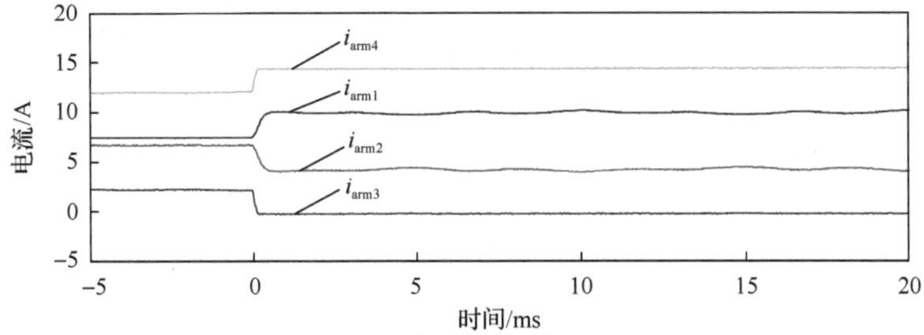

(b) 新型固态断路器桥臂电流

图 6.16　配置不同故障处理方案时潮流突变实验结果

2. 直流故障限流与断流

在本算例中，设定在 t=0s 时发生两极短路故障。不同故障处理方案下的直流故障限流和断流实验结果如图 6.17 所示。对于处理方案“传统固态断路器+无限流器”，设定固态断路器在故障后 1ms 跳闸。如实验结果所示，在 1ms 之内直流线路电流从 10A 迅速上升到 70A 左右。而当 40mH 直流电抗器直接安装到系统中时(此时仍配置传统固态断路器，但将跳闸时间延长到故障后 10ms)，故障电流得到了有效的限制(故障后 10ms，限制在 40A 左右)。然而，在固态断路器跳闸以

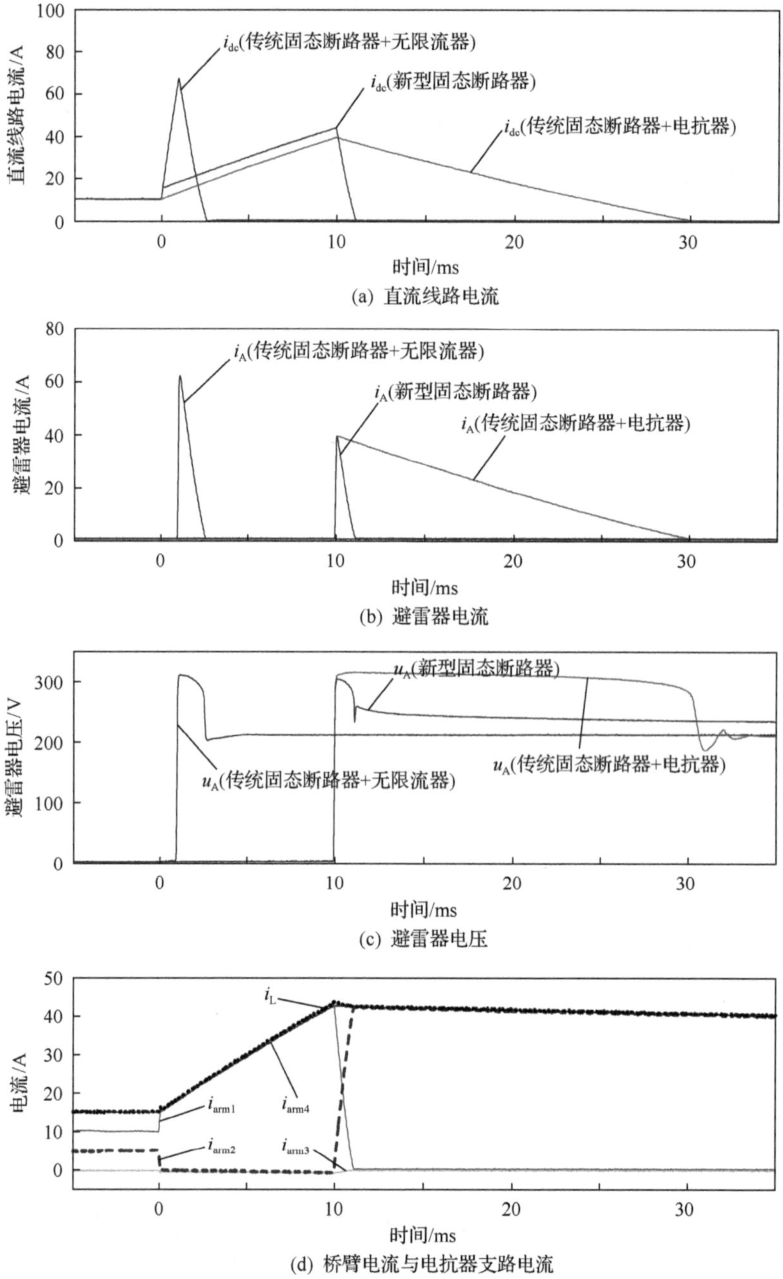

图 6.17　不同故障处理方案下直流故障限流与断流实验结果

后，故障电流清除时间大幅延长(约需 20ms)。当应用新型固态断路器时，在跳闸(故障后 10ms 跳闸)以前，其同样可以有效限制直流故障时的故障电流，而在跳闸以后，故障电流清除速度大大加快(在 2ms 以内，接近于处理方案“传统固态断路器+无限流器”)。这是因为在新型固态断路器跳闸以后，Arm_2 立即自动导通，结合 Arm_4 将直流电抗器从故障回路中快速旁路出去，如图 6.17(d)所示。这意味着新型固态断路器可以在直流故障后快速、自动限制故障电流，为直流保护创造足够时间。在新型固态断路器跳闸以后，直流故障能够被迅速隔离，这将有利于健全网络的快速恢复和故障线路绝缘强度的快速恢复。此外，根据图 6.17(b)、(c)，可以计算出新型固态断路器的避雷器在故障电流清除期间吸收的能量仅为 6J 左右，远小于直接安装直流电抗器的情况(约为 117J)。换言之，新型固态断路器的避雷器容量可以远远小于采取故障处理方案“传统固态断路器+直流电抗器”时所需配置的固态断路器避雷器容量。

3. 故障消失后的恢复

对于瞬时性故障而言，在故障点消失后，故障线路应该重新接入系统中。假设故障线路在电流清除后恢复绝缘强度所需的时间为 t_{rec}，故障性质识别所需的时间为 t_{pro}，故障处理策略“传统固态断路器+直流电抗器”可以在故障后约 t_{trip}+20ms+t_{re}+t_{pro} 重合固态断路器。考虑到在固态断路器重合后直流电流还需约 15ms 方可恢复到负荷电流值，如图 6.18(a)所示，从故障时刻到系统完全恢复所需的总时间为 t_{trip}+20ms+t_{re}+t_{pro}+15ms。而当装设新型固态断路器时，首先，在所设计的恢复策略下，i_L 可以快速地恢复到直流偏置电流值 I_b 附近，如图 6.18(b)所示。而且，如实验结果所示，固态断路器自身的恢复对系统恢复的影响很小。直流电流可以在 1ms 之内恢复到负荷电流。本质原因是 Arm_1、Arm_2 内避雷器箝位电压对于直流线路而言极性是相反的，从而导致直流断路器施加在直流线路上的电压很小，如图 6.18(e)所示。因此，在应用新型固态断路器时，从故障发生到完全恢复所需的时间仅为 t_{trip}+2ms+t_{re}+t_{pro}+1ms。与故障处理方案“传统固态断路器+直流电抗器”相比，缩短了 32ms。

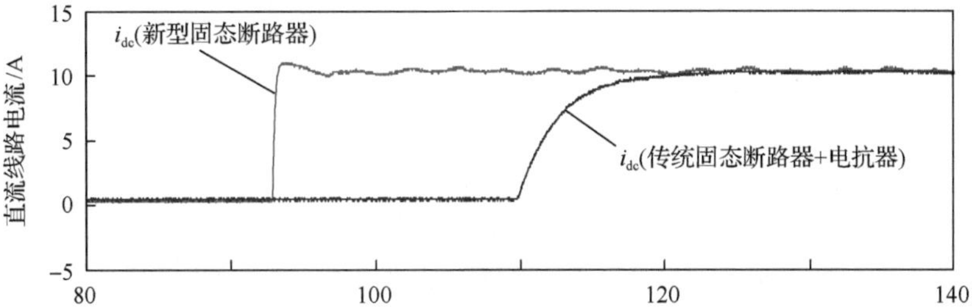

(a) 直流线路电流

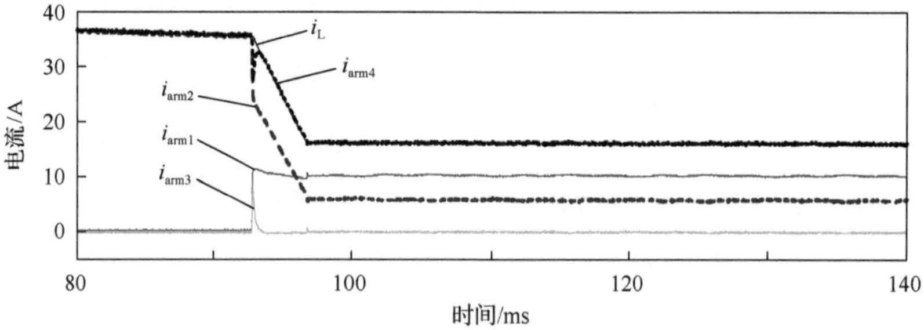

(b) 桥臂电流与电抗器支路电流

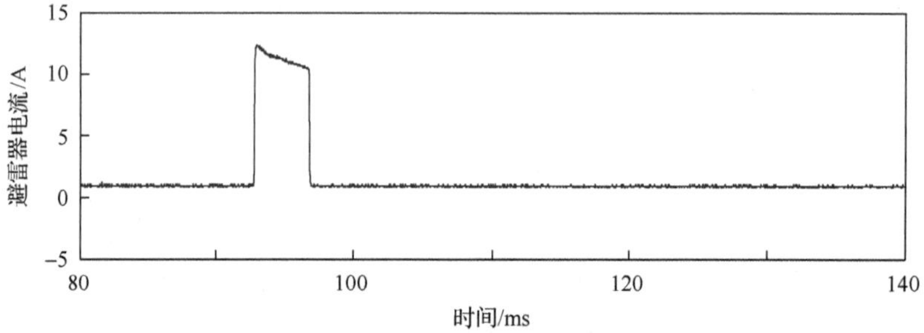

(c) 避雷器电流

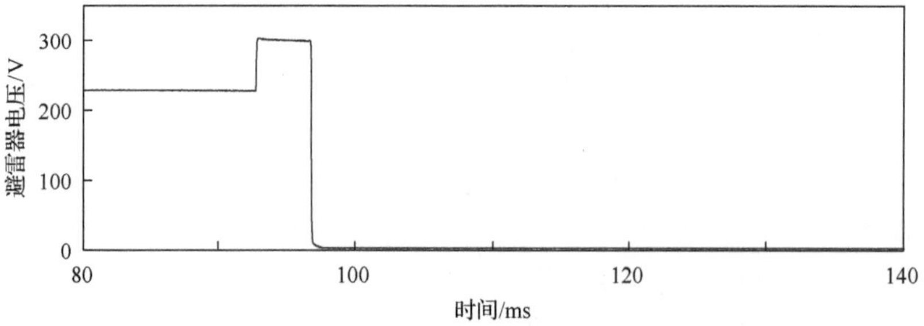

(d) 避雷器电压

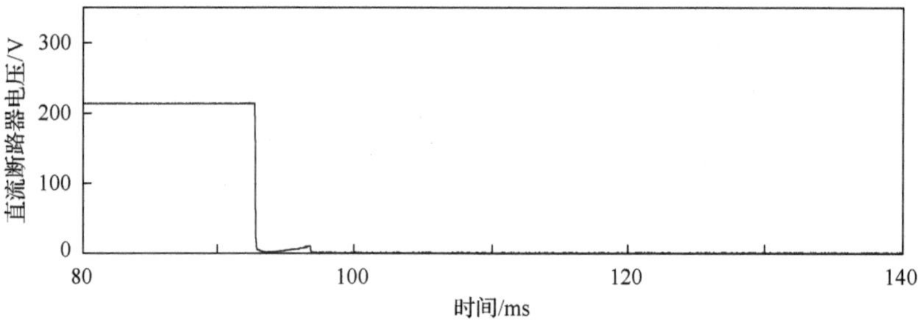

(e) 直流断路器电压

图 6.18　不同故障处理方案下故障消失后的恢复实验结果

通过上述理论分析与实验测试表明，本节所提出的新型固态断路器在具备桥式限流器相关优点的同时，还能够实现自身的快速恢复，确保了二次故障的处理能力，但是应用电力电子器件所产生的通态损耗问题仍未得到解决。因此，上述新型固态断路器在低压直流配、微电网中具有较大的应用前景，但若应用到高压、大容量直流电网，仍有待研究改进拓扑，进一步解决通态损耗问题。

参考文献

[1] Gao Y, Bazargan M, Xu L, et al. DC fault analysis of MMC based HVDC system for large offshore wind farm integration[C]. The 2nd IET Renewable Power Generation Conference, Beijing, 2013: 1-4.

[2] 李斌, 何佳伟. 柔性直流配电系统故障分析及限流方法[J]. 中国电机工程学报, 2015, 35(12): 3026-3036.

[3] Yang J, Fletcher J E, O'Reilly J, et al. Short-circuit and ground fault analyses and location in VSC-Based DC network cables[J]. IEEE Transactions on Industrial Electronics, 2012, 59(10): 3827-3837.

[4] Yang J, Fletcher J E, O'Reilly J, et al. Multiterminal DC wind farm collection grid internal fault analysis and protection design[J]. IEEE Transactions on Power Delivery, 2010, 25(4): 2308-2316.

[5] Li B T, Liu Y C, Li B, et al. Development process and analytical method of the pole-to-pole DC fault in the MMC-MVDC system[J]. IET Power Electronics, 2017, 10(15): 2085-2091.

[6] 王珊珊, 周孝信, 汤广福. 模块化多电平换流器 HVDC 直流双极短路子模块过流分析[J]. 中国电机工程学报, 2011, 31(1): 1-7.

[7] Li B, He J W, Tian J, et al. DC fault analysis for MMC-based system[J]. Journal of Modern Power Systems and Clean Energy, 2017, 5(2): 275-282.

[8] Tang L X, Boon-Teck O. Locating and isolating DC faults in multi-terminal DC systems[J]. IEEE Transactions on Power Delivery, 2007, 22(3): 1877-1884.

[9] Merlin M M C, Green T C, Mitcheson P D, et al. A new hybrid multi-level voltage source converter with DC fault blocking capability[C]. The 9th IET International Conference on AC and DC Power Transmission, London, 2010: 1-5.

[10] Petino C, Heidemann M, Eichhoff D, et al. Application of multilevel full bridge converters in HVDC multiterminal systems[J]. IET Power Electronics, 2016, 9(2): 297-304.

[11] Zhang J P, Zhao C Y. The research of SM topology with DC fault tolerance in MMC-HVDC[J]. IEEE Transactions on Power Delivery, 2015, 30(3): 1561-1568.

[12] Li R, Fletcher J E, Xu L, et al. A hybrid modular multilevel converter with novel three-level cells for DC fault blocking capability[J]. IEEE Transactions on Power Delivery, 2015, 30(4): 2017-2026.

[13] Hafner J, Jacobson B. Proactive hybrid HVDC breakers—A key innovation for reliable HVDC grids[C]. Integrating Supergrids and Microgrids International Symposium, Bologna, 2011: 1-9.

[14] Hassanpoor A, Hafner J, Jacobson B. Technical assessment of load commutation switch in hybrid HVDC breaker[J]. IEEE Transactions on Power Electronics, 2015, 30(10): 5393-5400.

[15] Li R, Xu L, Holliday D, et al. Continuous operation of radial multiterminal HVDC systems under DC fault[J]. IEEE Transactions on Power Delivery, 2016, 31(1): 351-361.

[16] 孙栩, 王华伟, 雷霄, 等. 架空线柔性直流电网的直流短路电流限制研究[J]. 电力自动化设备, 2017, 37(2): 219-223.

[17] Chang B, Cwikowski O, Pei X, et al. Impact of fault current limiter on VSC-HVDC DC protection[C]. The 12th IET International Conference on AC and DC Power Transmission, Beijing, 2016: 1-6.

[18] Li B, He J W. Studies on the application of R-SFCL in the VSC-based DC distribution system[J]. IEEE Transactions on Applied Superconductivity, 2016, 26(3): 5601005.

[19] Qin J C, Saeedifard M, Rockhill A, et al. Hybrid design of modular multilevel converters for HVDC systems based on various submodule circuits[J]. IEEE Transactions on Power Delivery, 2015, 30(1): 385-394.

[20] Sano K, Takasaki M. A surgeless solid-state DC circuit breaker for voltage-source-converter-based HVDC systems[J]. IEEE Transactions on Industry Applications, 2014, 50(4): 2690-2699.

第 7 章　柔性直流系统的直流故障隔离方法

直流故障的快速有效隔离是柔性直流系统发展建设所面临的关键技术难点之一。直流系统中发生直流故障以后，故障电流快速上升，将严重危及系统中的相关电气设备，为了保证直流系统的安全可靠运行，必须快速切除故障线路。常规两电平或三电平 VSC 和 MMC 均面临一个问题：当系统直流侧发生故障以后，尽管换流器内部的 IGBT 会由于其自保护功能而立即关断，但是由于续流二极管的存在，故障电流将一直存在。这是因为换流器内部的续流二极管在 IGBT 全部关断以后将构成一个不控整流桥，从而使得交流侧电源可以通过换流器以不控整流桥的形式向故障点持续供给短路电流[1-3]。因此，必须配备有效的故障隔离措施来保证直流故障的快速切除。

根据故障隔离机理，目前典型的直流故障隔离方法可以分成三种类型：①利用交流断路器隔离故障；②利用换流器自清除能力隔离故障；③利用直流断路器隔离故障。

7.1　利用交流断路器隔离直流故障的方法

利用交流断路器隔离直流故障的思路简单明了，在已经成功试运行的柔性直流系统中得以应用。如图 7.1 所示的多端柔性直流系统，当直流侧发生故障以后，一旦保护检测到故障的发生，为了保护直流系统设备及换流器，保护向所有换流器的交流侧断路器发出跳闸信号，从而阻止交流侧向故障点供给短路电流；当直流侧线路故障电流衰减到零以后，再利用直流开关切除故障线路，从而实现对直流故障的隔离[4]。

这种方法简单方便，工程实践中易于实现，但也存在较为明显的缺点，主要包括以下两点。

(1) 直流系统阻尼远小于交流系统，直流故障时故障电流上升速度很快，过流倍数很高。一般在故障发生后几毫秒之内就会到达一个很高的过流水平，严重危及直流系统相关设备的安全、可靠运行。因此，为了严格防止直流故障给直流系统和换流器造成损害，理论上要求保护和断路器能够在几毫秒之内完成故障检测、识别与隔离的全套动作。然而，交流断路器的跳闸动作时间一般在 2～3 个周波，即使不考虑故障检测所需花费的时间，利用交流断路器跳闸的直流故障隔离方法也是无法满足直流电网故障隔离的选择性和速动性的。

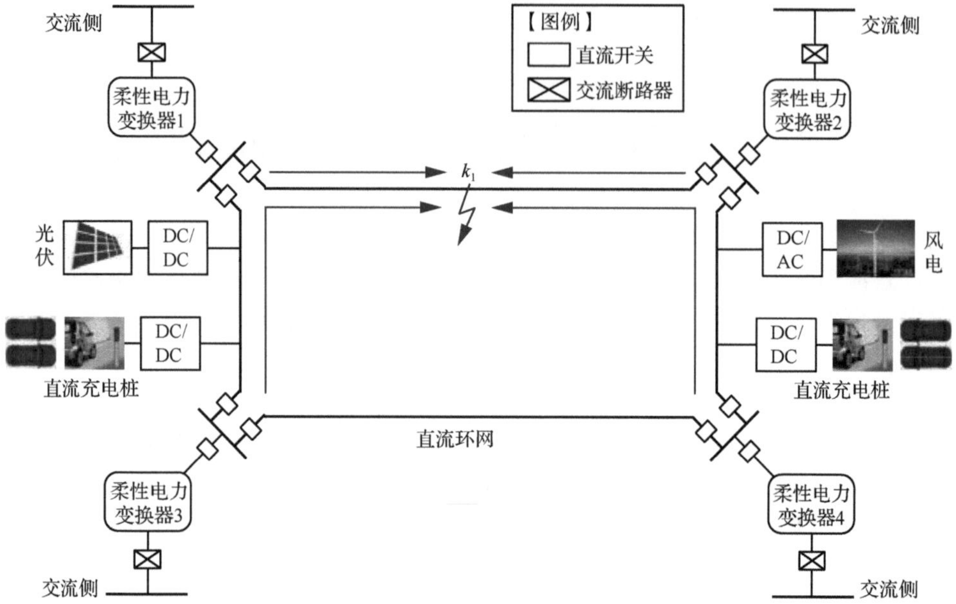

图 7.1　柔性直流电网示意图

(2) 直流系统的一点故障很可能造成全网的严重过流现象。如图 7.1 所示，当直流线路 k_1 处发生故障时，整个直流系统中所有线路都可能出现急剧过流。因此，利用交流断路器的故障隔离方法可能导致整个直流系统所对应的所有交流断路器跳闸，致使整个直流系统都停止运行，这无法保证直流电网的供电可靠性和抗干扰能力，这也使直流故障隔离技术成为直流电网发展建设中的关键技术瓶颈之一。

利用交流断路器跳闸的故障隔离方法在目前的工程实际中得到了应用，但是该方法只是针对目前尚无其他理想的隔离方法才采取的暂时方法。柔性直流电网的发展仍离不开对直流故障隔离技术的深入研究和探索。

7.2　基于模块化多电平换流器子模块的直流故障隔离方法

与 VSC 相比，MMC 拓扑结构具有较强的故障隔离能力。首先，MMC 子模块的冗余特性，使得故障的子模块可在不停电的情况下被冗余子模块替换，提高了 MMC 型直流系统的供电可靠性；同时由于 MMC 拓扑结构直流侧没有大容量电容器，而是在每个桥臂中采用桥臂电抗器串联多个分布式电容的方式，有效限制了故障电流上升率，便于直流故障的清除。

对于模块化多电平的柔性直流换流器，通过对其拓扑结构进行改进，利用二极管的单向导通性，将子模块电容电压反极性投入故障电流的流通路径中，从而实现直流故障电流的快速清除[5]。为了阐述方便，本书将这种方法简单统称为“电容电压箝位型”的故障隔离方法。这其中包含的各种不同拓扑结构和控制方法有所差异：①以全桥子模块(full bridge sub-module，FBSM)、箝位双子模块(clamp double sub-module，CDSM)等为代表的拓扑结构可完全复制传统半桥子模块(half bridge sub-module，HBSM)的 MMC 控制策略，工程应用技术条件较为成熟[6]；②以桥臂交替导通多电平换流器(alternative arm multi-level converter，AAMC)和混合级联多电平换流器(hybrid cascaded multilevel converter，HCMC)为代表的拓扑结构通过导通开关和整形电路的协调配合还可实现直流系统稳态控制的目标[7,8]。本章将主要对这些故障隔离方法的动作机理、性能进行分析说明。

7.2.1　故障自清除型模块化多电平换流器子模块的工作机理

1. FBSM 的工作机理

FBSM 的拓扑结构如图 7.2 所示。正常运行时，FBSM 的工作状态如表 7.1 所示。FBSM 正常运行期间的调制状态如图 7.3 所示。

如图 7.3(a)所示，当 T_1、T_4 导通，T_2、T_3 闭锁时，FBSM 的端口电压为 $U_{SM}=U_c$，电容 C 处于投入状态。

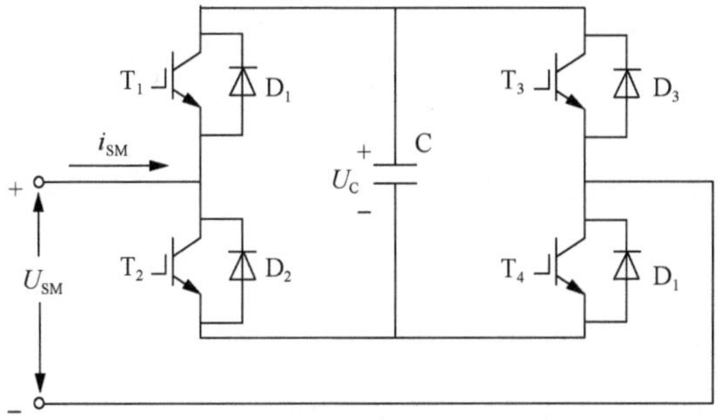

图 7.2　FBSM 的拓扑结构

表 7.1　FBSM 的工作状态

SM 工作状态	T_1	T_2	T_3	T_4	U_{SM}	i_{SM}
投入	1	0	0	1	U_C	—
	0	1	1	0	$-U_C$	—
切除	1	0	1	0	0	—
	0	1	0	1	0	—
闭锁	0	0	0	0	U_C	>0
	0	0	0	0	$-U_C$	<0

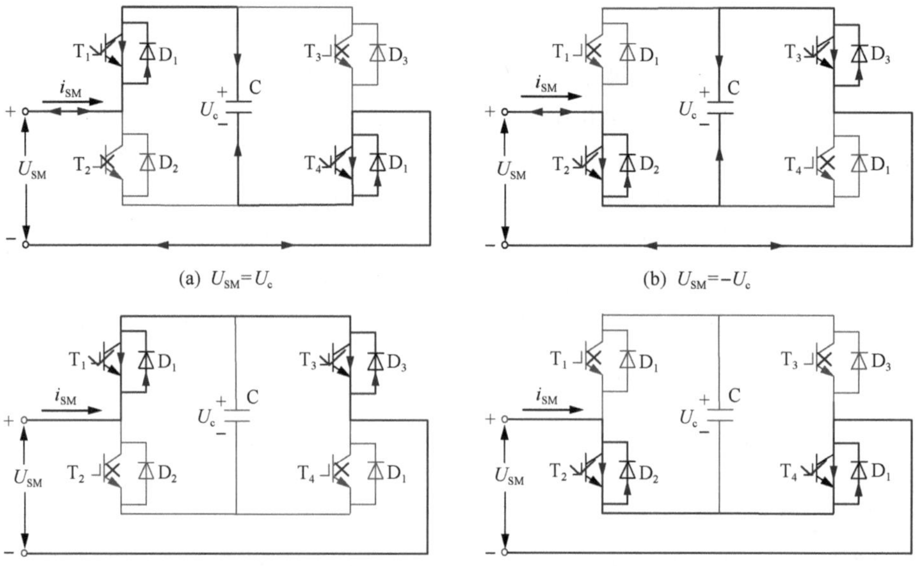

(a) $U_{SM}=U_c$　　(b) $U_{SM}=-U_c$

(c) $U_{SM}=0$　　(d) $U_{SM}=0$

图 7.3　FBSM 正常运行期间的调制状态

如图 7.3(b)所示，当 T_2、T_3 导通，T_1、T_4 闭锁时，FBSM 的端口电压为 $U_{SM}=-U_c$，电容 C 处于投入状态。

如图 7.3(c)所示，当 T_1、T_3 导通，T_2、T_4 闭锁时，FBSM 的端口电压为 $U_{SM}=0$，电容 C 处于切除状态。

如图 7.3(d)所示，当 T_2、T_4 导通，T_1、T_3 闭锁时，FBSM 的端口电压为 $U_{SM}=0$，电容 C 处于切除状态。

由上述分析可知，一个 FBSM 可以输出 0、U_c、$-U_c$ 三个电平，与 HBSM 相比，FBSM 的输出电压能够为负值，可以实现直流系统的降压运行。当 FBSM 处于闭锁状态时，其 IGBT 全部关断，此时 FBSM 中电流的流通路径如图 7.4 所示，即无论在何种桥臂电流方向下，子模块内部电容电压均以与电流方向反向的形式投入故障电流流通回路中，这就形成了对故障电流的阻断。

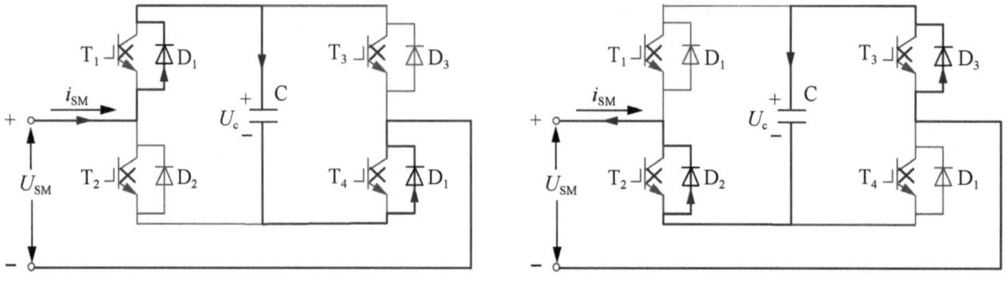

(a) $i_{SM}>0$，$U_{SM}=U_c$　　(b) $i_{SM}>0$，$U_{SM}=-U_c$

图 7.4　FBSM 闭锁期间工作状态

2. CDSM 的工作机理

CDSM 的拓扑结构如图 7.5 所示。正常运行时，CDSM 的工作状态如表 7.2 所示，正常运行期间调制状态如图 7.6 所示。

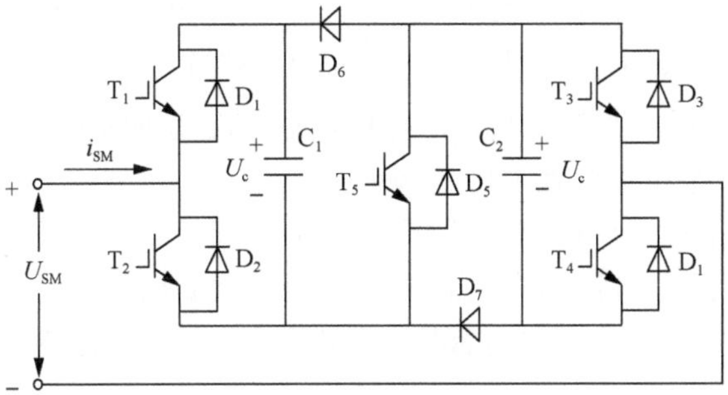

图 7.5　CDSM 的拓扑结构

表 7.2　CDSM 的工作状态

SM 工作状态	T_1	T_2	T_3	T_4	T_5	U_{SM}	i_{SM}
投入	1	0	0	1	1	$2U_c$	—
	1	0	1	0	1	U_c	—
	0	1	0	1	1	U_c	—
切除	0	1	1	0	1	0	—
闭锁	0	0	0	0	0	$2U_c$	>0
	0	0	0	0	0	$-U_c$	<0

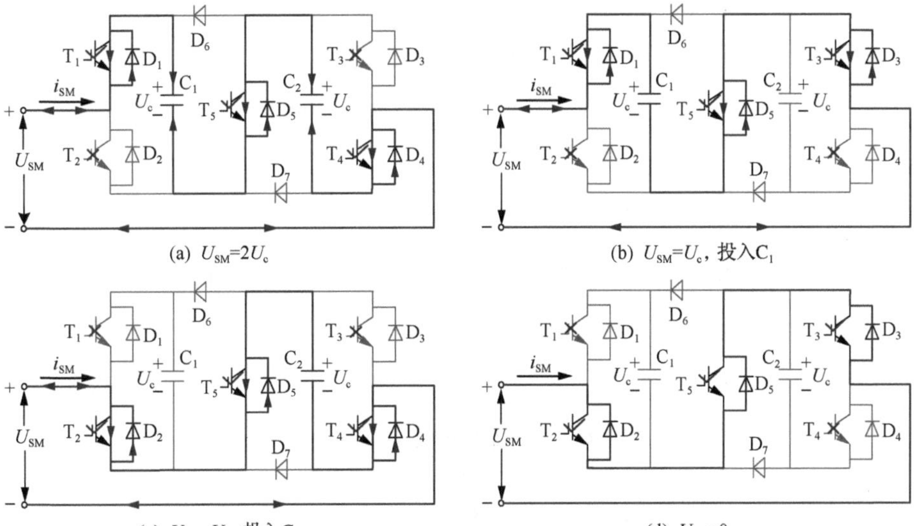

(a) $U_{SM}=2U_c$

(b) $U_{SM}=U_c$，投入C_1

(c) $U_{SM}=U_c$，投入C_2

(d) $U_{SM}=0$

图 7.6　CDSM 正常运行期间的调制状态

如图 7.6(a)所示，当 T_1、T_4、T_5 导通，T_2、T_3 闭锁时，CDSM 的端口电压为 $U_{SM}=2U_c$，这相当于两个 HBSM 同时投入的情况。

如图 7.6(b)所示，当 T_1、T_3、T_5 导通，T_2、T_4 闭锁时，CDSM 的端口电压为 $U_{SM}=U_c$，且电容 C_1 处于投入状态，而电容 C_2 处于切除状态。

如图 7.6(c)所示，当 T_2、T_4、T_5 导通，T_1、T_3 闭锁时，CDSM 的端口电压为 $U_{SM}=U_c$，且电容 C_1 处于切除状态，而电容 C_2 处于投入状态。

如图 7.6(d)所示，当 T_2、T_3、T_5 导通，T_1、T_4 闭锁时，CDSM 的端口电压为 $U_{SM}=0$，相当于两个电容均处于切除状态。

由上述分析可知，一个 CDSM 可以输出 0、U_c、$2U_c$ 三个电平，且子模块内具体投入的电容可以控制，因此可认为正常运行调制期间，一个 CDSM 相当于两个 HBSM，半桥式 MMC 的正常运行控制策略可以完全移植到基于 CDSM 的 MMC 控制策略中。

如图 7.7 及表 7.2 所示，当闭锁 CDSM 内所有 IGBT 时，无论在何种桥臂电流方向下，子模块内部电容电压均以与电流方向反向的形式投入故障电流流通回路中，这就形成了对故障电流的阻断。

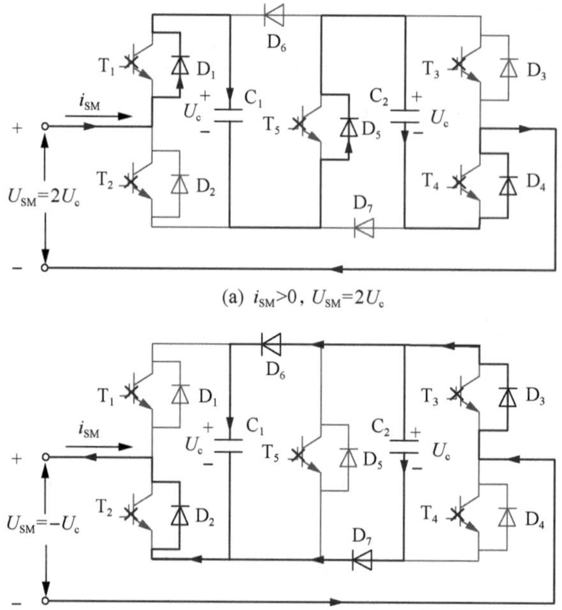

(a) $i_{SM}>0$, $U_{SM}=2U_c$

(b) $i_{SM}<0$, $U_{SM}=-U_c$

图 7.7　CDSM 闭锁期间工作状态

3. 其他具有故障自清除能力的子模块工作机理

自 Marquardt 提出具有直流故障自清除能力的 FBSM(图 7.2)和 CDSM (图 7.5)

之后[5,9,10]，国内外学者又先后提出了多种具有直流故障清除能力的 MMC 子模块，其中包括串联双子模块(series double sub-module，SDSM)[11,12]、二极管箝位型子模块 (diode-clamp sub-module， DCSM)[13]、增强自阻型子模块 (self-blocking sub-module，SBSM)[14,15]以及其他具有故障清除能力的 MMC 子模块拓扑。各子模块在闭锁期间的工作状态如图 7.8 所示。

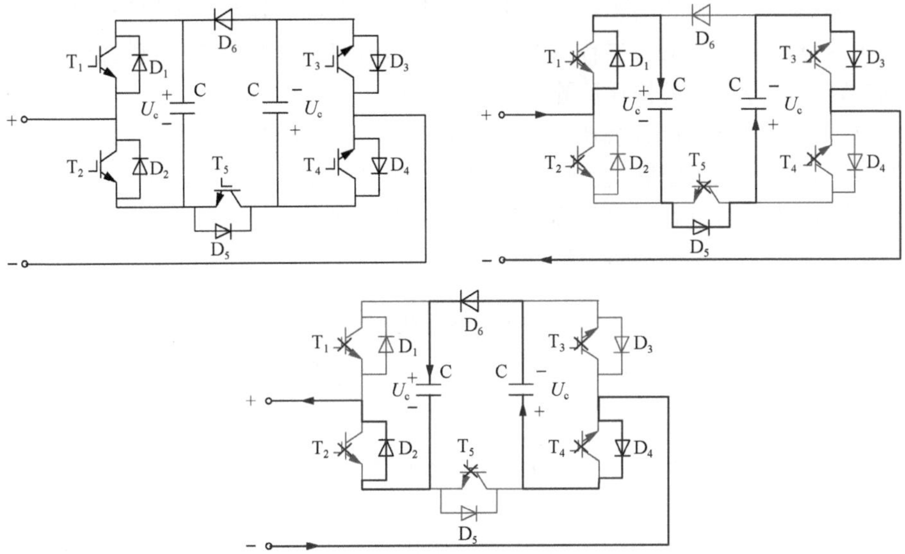

(a) 串联双子模块(SDSM)

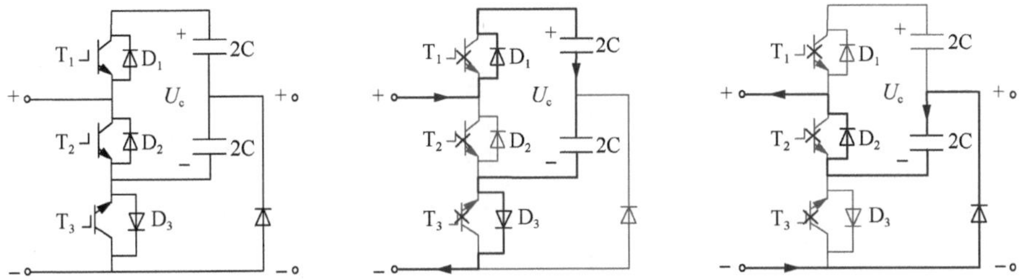

(b) 二极管钳位型子模块(DCSM)

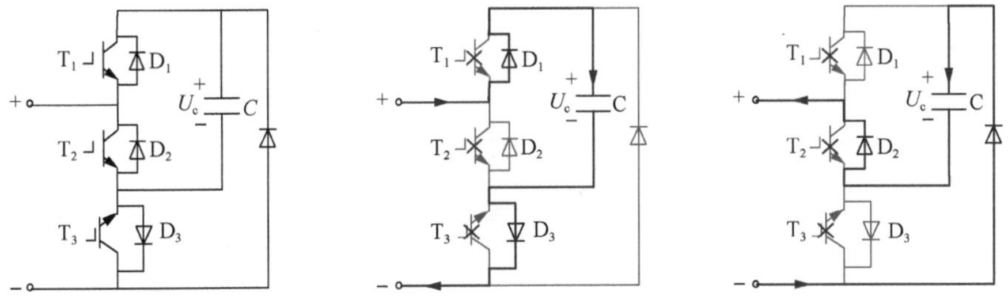

(c) 增强自阻型子模块(SBSM)

图 7.8　各类 MMC 子模块拓扑及闭锁期间工作状态

4. 直流故障电流的清除机理

考虑到子模块的典型性和篇幅，本章不对所有子模块逐一进行穷举和论述[16]。下面以 CDSM 为例，从以下两方面说明直流故障电流的清除机理。

(1) 如图 7.9(a) 所示，在闭锁换流器以后，子模块电容电压反极性投入故障电流流通路径中，这就相当于让故障电流向电容充电，故障电流能够快速衰减；当故障电流衰减到零以后，二极管的反向箝位作用使得故障电流一直箝位在零值，从而实现了故障电流的快速清除。

(2) 如图 7.9(b) 所示，反极性投入的电容电压除了起到直流侧故障电流的快速清除以外，还起到了阻断交流侧电源向直流故障点馈流的作用。在故障电流清零以后，当换流器中具有故障隔离作用的子模块电容电压 U_c 满足式(7.1)时，意味着交流侧无法向直流侧故障点进行馈流。

$$2NU_c > \sqrt{3}U_m \tag{7.1}$$

即

$$U_c > \frac{\sqrt{3}}{2}MU_{cN} \tag{7.2}$$

式中，U_m 为交流线电压幅值；U_{cN} 为子模块电容电压额定值；M 为调制比，即 $M=U_m/(0.5U_{dc})$ $(0<M\leqslant 1)$。

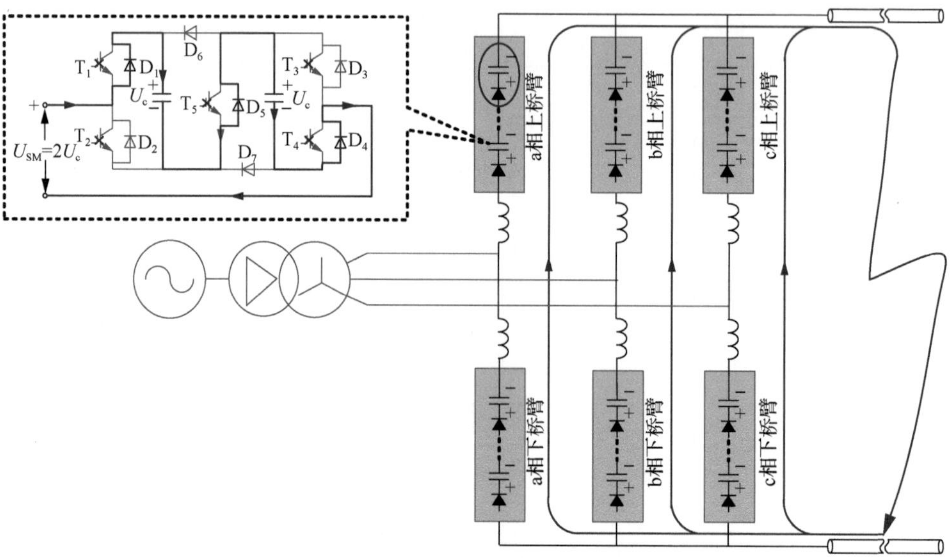

(a) 直流故障电流清除机理

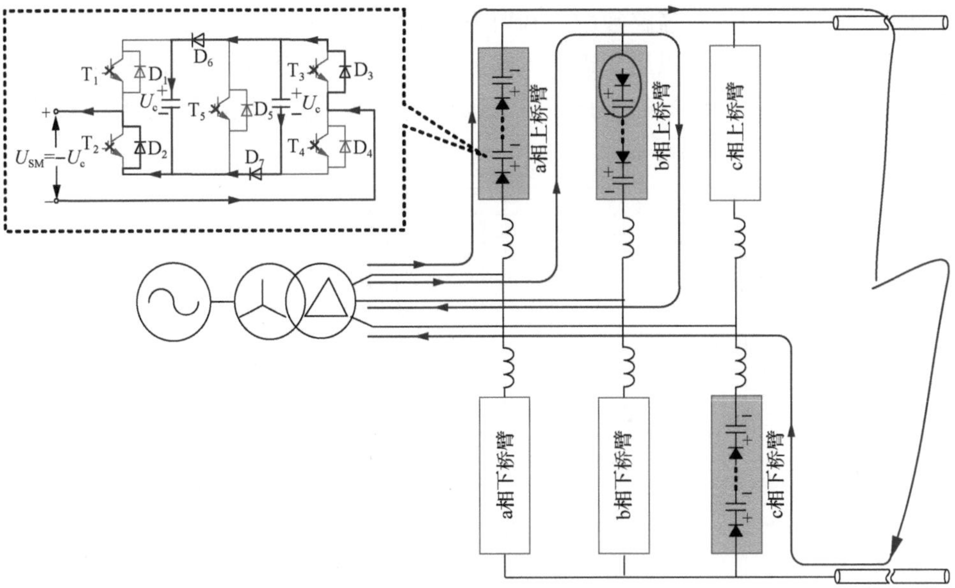

(b) 交流源潜在馈流通路

图 7.9　CDSM 型 MMC 直流故障隔离机理

综上所述，在直流故障发生后，CDSM 型 MMC 子模块电容将经历快速放电和反向充电两个过程。由于故障前桥臂电抗存储的能量、故障后子模块电容释放的能量和交流系统馈能中除了一小部分被故障回路电阻消耗以外，剩余部分均将在换流器闭锁期间回馈到子模块电容。因此，可近似认为在阻断故障电流以后，子模块电容电压 U_c 能够恢复到额定电压 U_{cN}，甚至略高。所以式(7.2)必然成立，这就意味着处于闭锁状态的 CDSM 型 MMC 能够彻底阻断交流侧电源向直流侧故障点馈入电流，从而实现直流故障的完全隔离。

7.2.2　故障自清除型模块化多电平换流器子模块的故障阻断性能

在工程实际中，除了希望子模块具有故障隔离能力以外，其故障隔离能力的强弱、投资成本和功率损耗等因素也是必须考虑的问题[17,18]。本节从直流故障隔离速度、交流源阻断能力、投资成本与附加功率损耗等方面，分析比较了 CDSM、SDSM、DCSM 和 SBSM 等具有故障清除能力的子模块的故障阻断性能。

1. 直流故障隔离速度

直流故障隔离速度是反映不同子模块型换流器隔离能力的一个重要指标。当直流系统利用具有故障自清除能力的换流器实现直流故障隔离时，其基本动作策略是检测直流故障的发生后立即闭锁换流器，将所有换流器内的子模块电容电压反极性投入故障电流流通路径中。利用子模块电容电压实现对故障电流的清除。因此，故障隔离速度可以用闭锁换流器到故障电流衰减至零所需的时间来表示。结合故障自清除型换流器的拓扑结构及其工作原理，在其直流故障电流清除期间，可将其等效成图 7.10 所示。

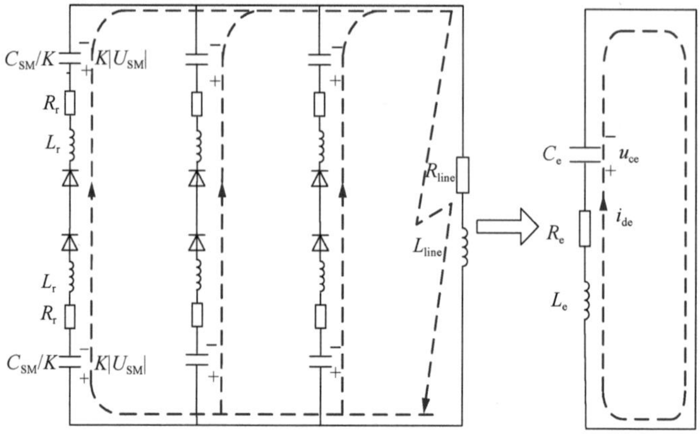

图 7.10　直流线路故障电流清除过程等效电路

图 7.10 中，C_{SM}、$|U_{SM}|$分别代表每个子模块投入故障电流流通路径中的电容值和电压值；研究时假设换流站的电平数为 $2N+1$，当采用不同类型子模块构成相同电平数的 MMC 换流站时，所需子模块数量将有所不同，因此设 K 为每个桥臂的子模块数量(对于常规半桥 MMC 子模块，$K=2N$；对于 CDSM 型 MMC、SDSM 型 MMC，$K=N$；对于 DCSM 型 MMC、SBSM 型 MMC，$K=2N$)；R_r 和 L_r 分别为桥臂电抗器的电阻和电感；R_{line} 和 L_{line} 分别为故障线路的等效电阻和电感。最终可将等效电路简化成图 7.10 中右侧所示，u_{ce} 为每相上下两个桥臂所有子模块投入的反向电压之和。

假设子模块闭锁瞬间为 $t=0$ 时刻，u_{ce} 初始值为 U_{ce0}，直流线路初始值为 I_{dc0}，通过对图 7.10 所示电路进行求解，可得直流线路故障电流暂态时域解为

$$i_{dc} = -A\sqrt{C_e / L_e}\,e^{-\sigma t}\sin(\omega t + \gamma) \tag{7.3}$$

式中

$$C_e = \frac{3C_{SM}}{2K}, \quad L_e = \frac{2L_r}{3} + L_{line}, \quad R_e = \frac{2R_r}{3} + R_{line}$$

$$\sigma = \frac{R_e}{2L_e}, \quad \omega = \sqrt{\frac{1}{L_eC_e} - \left(\frac{R_e}{2L_e}\right)^2}$$

$$A=\sqrt{U_{\text{ce0}}^2+\left(\frac{U_{\text{ce0}}\sigma}{\omega}+\frac{I_{\text{dc0}}}{\omega C_{\text{e}}}\right)^2},\quad \gamma=-\arcsin\left(\frac{I_{\text{dc0}}\sqrt{L_{\text{e}}/C_{\text{e}}}}{A}\right)$$

由式(7.3)可求得从换流器闭锁到直流线路故障电流为零所需的时间为

$$t=\frac{\arcsin(I_{\text{dc0}}\sqrt{L_{\text{e}}/C_{\text{e}}}/A)}{\sqrt{1/L_{\text{e}}C_{\text{e}}-(R_{\text{e}}/2L_{\text{e}})^2}} \tag{7.4}$$

假设不同子模块构建的 MMC 参数相同，即认为 I_{dc0}、L_{e}、R_{e} 值都相同，根据式(7.4)可知，基于不同子模块的 MMC 隔离速度差异主要是由不同的 C_{e} 值和 A 值导致的。假设子模块闭锁瞬间，子模块电容电压平均值为 U_{c0}。

对于 CDSM 型 MMC，每相两个桥臂共有 $2N$ 个子模块(假设换流站的电平数为 $2N+1$)，每个子模块投入的反向电压值为 U_{c0}，电容值为 $2C$(C 为子模块中的一个电容值)，所以 $U_{\text{ce0\_CDSM}}=2NU_{\text{c0}}$，$C_{\text{e\_CDSM}}=3C/N$。

对于 SDSM 型 MMC，每相两个桥臂共 $2N$ 个子模块，每个子模块投入的反向电压值为 $2U_{\text{c0}}$，电容值为 $C/2$，所以 $U_{\text{ce0\_SDSM}}=4NU_{\text{c0}}$，$C_{\text{e\_SDSM}}=3C/(4N)$。

对于 DCSM 型 MMC，每相两个桥臂共 $4N$ 个子模块，每个子模块投入的反向电压值为 $1/2U_{\text{c0}}$，电容值为 $2C$，所以 $U_{\text{ce0\_DCSM}}=2NU_{\text{c0}}$，$C_{\text{e\_DCSM}}=3C/(2N)$。

对于 SBSM 型 MMC，每相两个桥臂共 $4N$ 个子模块，每个子模块投入的反向电压值为 U_{c0}，电容值为 C，所以 $U_{\text{ce0\_SBSM}}=4NU_{\text{c0}}$，$C_{\text{e\_SBSM}}=3C/(4N)$。

由此可得各子模块所对应的系数 A 分别为

$$\begin{cases}\text{CDSM：}A=\sqrt{(2NU_{\text{c0}})^2+\dfrac{1}{\omega^2}[2NU_{\text{c0}}\sigma+NI_{\text{dc0}}/(3C)]^2}\\ \text{SDSM：}A=2\sqrt{(2NU_{\text{c0}})^2+\dfrac{1}{\omega^2}[2NU_{\text{c0}}\sigma+2NI_{\text{dc0}}/(3C)]^2}\\ \text{DCSM：}A=\sqrt{(2NU_{\text{c0}})^2+\dfrac{1}{\omega^2}[2NU_{\text{c0}}\sigma+2NI_{\text{dc0}}/(3C)]^2}\\ \text{SBSM：}A=2\sqrt{(2NU_{\text{c0}})^2+\dfrac{1}{\omega^2}[2NU_{\text{c0}}\sigma+2NI_{\text{dc0}}/(3C)]^2}\end{cases} \tag{7.5}$$

因此，由式(7.4)和式(7.5)以及各子模块对应的 C_{e} 值可得

$$t_{\text{SDSM}}=t_{\text{SBSM}}<\frac{1}{2}t_{\text{DCSM}}<\frac{1}{2}t_{\text{CDSM}} \tag{7.6}$$

即 SDSM 和 SBSM 的隔离速度最快，而 CDSM 和 DCSM 的隔离速度与之相比略

慢，相差两倍左右。

在 MATLAB/Simulink 仿真平台中搭建了基于不同子模块的 MMC 直流系统，其模型拓扑与参数如图 7.11 及表 7.3 所示。

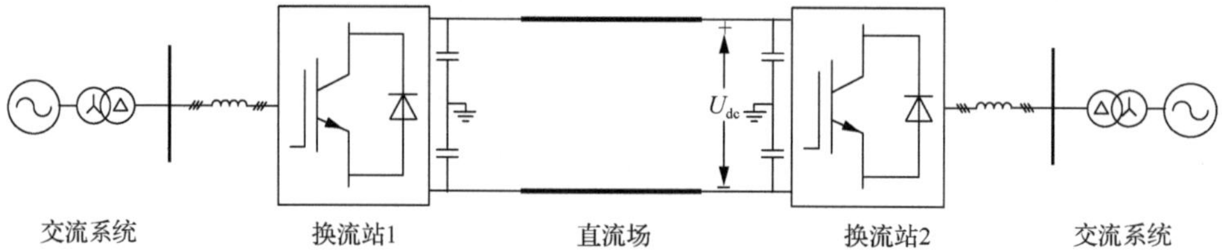

图 7.11　MMC 直流系统仿真模型拓扑

表 7.3　仿真模型系统参数

直流电压：±12kV	交流相电压：13.8kV
额定容量：10MV · A	桥臂电抗器电感：36mH
直流线路：r_0=0.0139Ω/km L_0=0.159mH/km	子模块电容：1000μF

假设在 t_1=500ms 时刻，距换流站 2 5km 处发生两极金属性短路故障，换流器在 t_2=505ms 时刻闭锁。图 7.12 是直流故障发生后，基于各类子模块的直流线路故障电流的仿真比较。

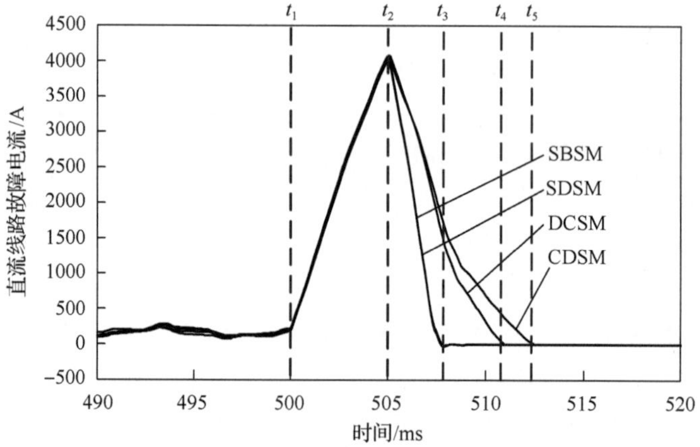

图 7.12　各类子模块的直流线路故障电流的仿真比较

根据式(7.4)、表 7.3 以及闭锁时刻 t_2=505ms 的相关电气量瞬时值可以计算得到，基于不同类型子模块的直流故障电流清除时间分别为 t_{CDSM}=6.89ms，t_{DCSM}=5.98ms，t_{SDSM}=t_{SBSM}=2.96ms。

由图 7.12 所示的仿真结果可知，基于 SDSM、SBSM 的 MMC 在大约 t_3=508ms

时刻完成了故障电流的清除，即闭锁换流器后仅需 3ms 左右就完全隔离了直流故障（$t_{\text{SDSM}}=t_{\text{SBSM}}=3\text{ms}$）；基于 DCSM 的 MMC 在大约 $t_4=511.3\text{ms}$ 时刻完成故障电流清除，即闭锁换流器后需 6.3ms 左右完成故障隔离（$t_{\text{DCSM}}=6.3\text{ms}$）；而基于 CDSM 的 MMC 则在大约 $t_5=513\text{ms}$ 才完成故障清除，即闭锁换流器后需 8ms 左右实现故障隔离（$t_{\text{CDSM}}=8\text{ms}$）。可见，理论计算结果和仿真结果吻合度很好，结果表明，SDSM 和 SBSM 的隔离速度最快，而 CDSM 和 DCSM 的隔离速度则相对较慢，相差两倍左右。

在分析比较中，计算结果与仿真结果存在少许的误差。其主要原因包括：

(1) 理论计算过程中认为各相子模块投入的电容电压之和 u_{ce} 是完全相同的。然而实际情况中，故障后环流控制、电容电压平衡控制等正常运行控制会出现一定的差异，使得各相子模块电容电压很难再平衡，因此各相子模块投入的电容电压之和并不完全相等，从而导致计算结果出现一定的误差。

(2) 在理论计算过程中，为了得到解析结果，认为在直流线路故障电流清除期间，交流侧电源不会再次馈入故障电流。而事实上，在直流线路故障电流清除期间，一旦交流侧线电压大于对应相桥臂投入的子模块电容箝位电压，交流侧电源就会向故障点馈入故障电流，从而使得故障电流清除时间延后。尤其是对于基于 CDSM、DCSM 这类交流源阻断能力相对较弱的 MMC，交流源馈流对故障电流清除时间的延迟作用更加明显。

(3) 理论计算过程中忽略了桥臂的电抗电阻、电力电子器件通态电阻等因素，在工程实际中，这些影响因素的存在会使实际的故障电流清除时间有所延长。但是通过以上比较可知，总体而言理论计算结果能正确反映各类型子模块的故障隔离速度，从而为工程实践应用提供理论依据。

2. 交流源阻断能力分析

具有直流故障清除能力的换流器在直流侧故障后通过投入反极性电容电压使直流线路故障电流衰减至零。为了实现故障的快速、彻底隔离，还应该要求反极性电压能够完全阻断交流侧电源向故障点馈入故障电流。因此，定义交流源阻断能力：故障发生并闭锁换流器后，子模块提供的反向电容电压阻止交流侧电源向故障点馈入故障电流的能力。

闭锁子模块以后，交流侧向直流侧故障点馈入电流主要包含两部分：

(1) 一部分电流是闭锁换流器之前交流侧电源向故障点馈入的故障电流。在闭锁换流器以后，这部分电流与闭锁前的子模块电容放电电流共同构成了换流器桥臂电抗上的续电流，在闭锁子模块以后将会在反极性电容电压作用下快速衰减至零。

(2) 另一部分电流是换流器闭锁后交流线电压瞬时值超过反向箝位电压时，交流侧电源向故障点再次馈入故障电流。这部分电流虽然不大，但却对故障处理产生不利影响。本节所讨论的交流源阻断能力正是指换流器在闭锁以后防止出现这部分电流的能力。

交流源阻断能力直接关系故障隔离速度、系统绝缘的快速恢复及直流开关的使用寿命。如果在直流故障处理期间无法保证交流侧电源的完全阻断，出现交流侧电源向故障点再次馈入故障电流的现象，将会产生以下危害，如图 7.13 所示。

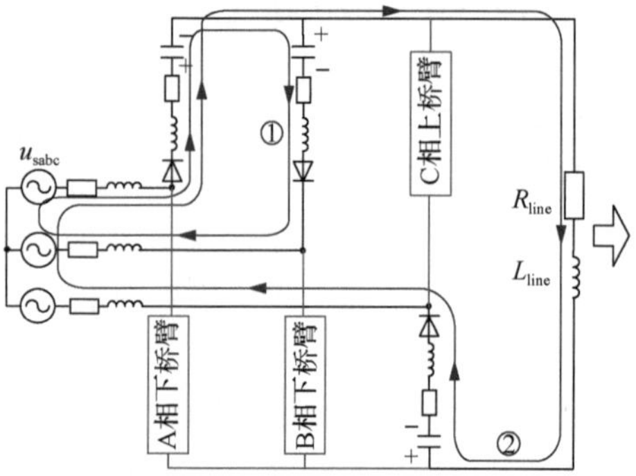

(a) 交流侧电源、馈流潜在路径

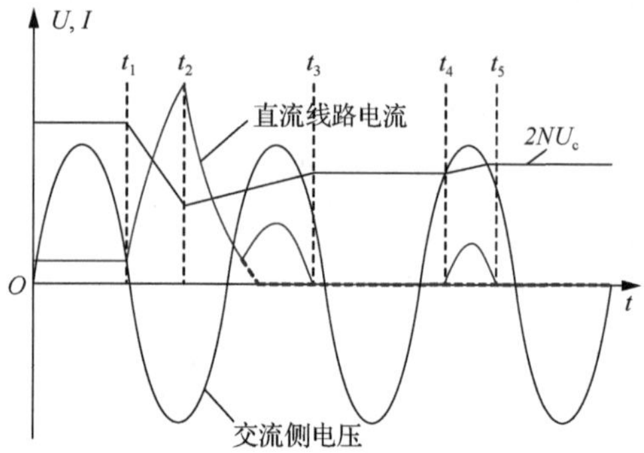

(b) 交流源馈流示意

图 7.13　闭锁换流器后交流源馈流过程

(1) 图 7.13(b) 中 $t_2 \sim t_3$ 为直流线路故障电流清除期，如果在该阶段内，交流侧电源线电压瞬时值大于子模块提供的反向电容电压之和，就会出现交流侧电源馈流现象，从而导致直流线路故障电流无法按照 RLC 暂态过程快速衰减至零(如图 7.13(b) 中直流线路电流虚线所示)，而是会出现反复波动(如图 7.13(b) 中直流线路电流实线所示)，影响故障隔离速度。

(2) 在直流线路故障电流衰减至零以后，只要交流侧线电压瞬时值大于反向电容电压之和，交流侧电源就会开始向直流故障点馈入故障电流，从而导致电弧复燃现象的发生。考虑到在工程应用中，当发生永久性故障且换流器通过闭锁控制实现故障电流阻断后，一般需要直流开关来实现故障线路物理断点的隔离。但一般直流开关并不具备切断电弧的能力，若在其拉闸期间出现了这种随机的电弧复燃现象，将对直流开关造成极大的损害，大大缩短其使用寿命；若发生的是瞬时性故障，为了保证系统的快速恢复，直流开关不应动作，而是在故障电流清除并保证系统绝缘恢复后快速重启换流器[19]。但是，电弧复燃现象的存在将对系统绝缘的恢复速度产生不利影响，从而导致系统无法成功重启。

以基于 CDSM 的换流器为例，分析其交流源的阻断能力。当桥臂电流方向不同时，CDSM 的等效电路不同。如图 7.13(a) 的等效电路，在电流流通路径①中，a 相上桥臂电流方向为由下至上，即每个 CDSM 内的两个电容以并联形式接入故障电流流通路径，使得每个子模块投入的反向电压为 U_c；b 相上桥臂电流方向为由上至下，即每个 CDSM 内的两个电容以串联形式接入故障电流流通路径，使得每个子模块投入的反向电压为 $2U_c$，因此该电流流通路径中投入子模块的电容电压之和为 $3NU_c$(同样换流器电平数为 $2N+1$)。同理可知在电流流通路径②中，投入子模块产生的电容电压为 $2NU_c$。因此，CDSM 电容提供的反向拑位电压若想完全阻断交流侧电源馈入故障电流，必须满足式(7.1)和式(7.2)[20]。

同理，通过对图 7.13 所示的交流侧电源馈入故障电流潜在通路以及各类子模块在相应电流方向下能够投入的电容电压值(图 7.8)进行比较分析可得，基于 SDSM、DCSM 和 SBSM 的换流器若要实现对交流侧电源的完全阻断，需分别满足式(7.7)。

$$\begin{cases} \text{SDSM：} U_c > \dfrac{\sqrt{3}}{4} MU_{cN} \\ \text{DCSM：} U_c > \dfrac{\sqrt{3}}{2} MU_{cN} \\ \text{SBSM：} U_c > \dfrac{\sqrt{3}}{4} MU_{cN} \end{cases} \tag{7.7}$$

由式(7.2)和式(7.7)可知，对基于 CDSM 和 DCSM 的换流器，子模块电容电压必须保持在 $\sqrt{3}/2\times M$ 倍的额定电压之上才能保证完全阻断交流源馈流，但是经过故障初期的快速放电后，子模块电容电压存在一定的下降，可能跌落到上述电压下限值以下，从而导致无法完全阻断交流源馈流。对基于 SDSM 和 SBSM 的换流器，则只要求子模块电容电压保持在 $\sqrt{3}/4\times M$ 倍的额定电压之上即可保证完全阻断交流源馈流，规定电压下限值大大减小。相应地，其交流源阻断能力大大提高。

针对表 7.3 所示系统参数，本书通过仿真测试验证了基于不同类型子模块的换流器交流源阻断能力。图 7.14 给出的是基于 CDSM 和 SBSM 的交流源阻断能力仿真比较的结果，其中故障场景为：距 2 号换流站 5km 处，t=0.5s 时发生两极经 2Ω 过渡电阻短路，6ms 后闭锁换流站。基于 DCSM 的换流器交流源阻断能力与基于 CDSM 的换流器相同，而基于 SDSM 的换流器交流源阻断能力与基于 SBSM 的换流器相同，这里不再重复。此外，图 7.14 所示仿真结果中的交流侧电流和桥臂电流分别以 c 相电流和 c 相上桥臂电流为例。

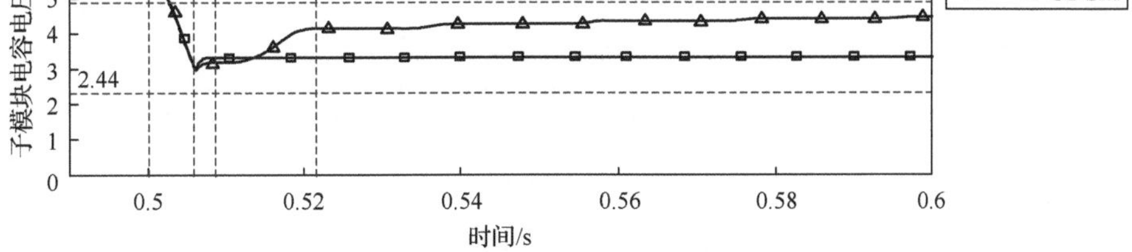

(a) 子模块电容电压

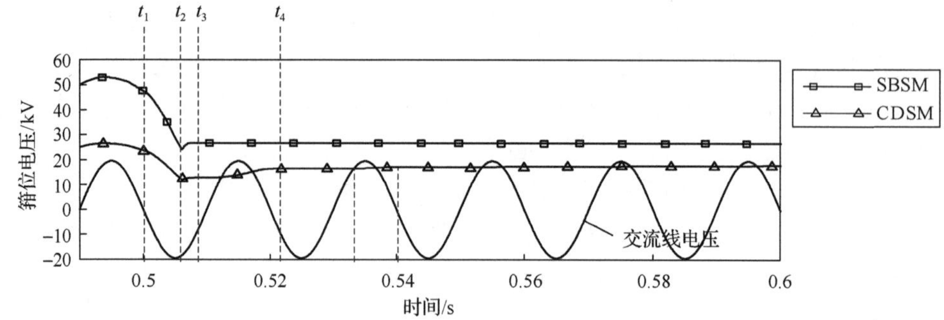

(b) 箝位电压

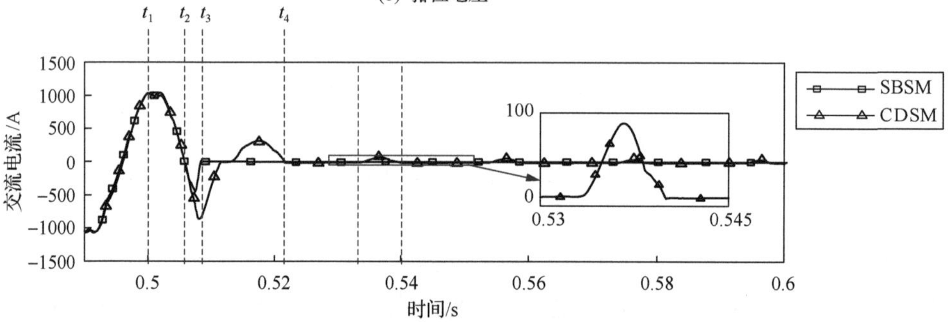

(c) 交流电流

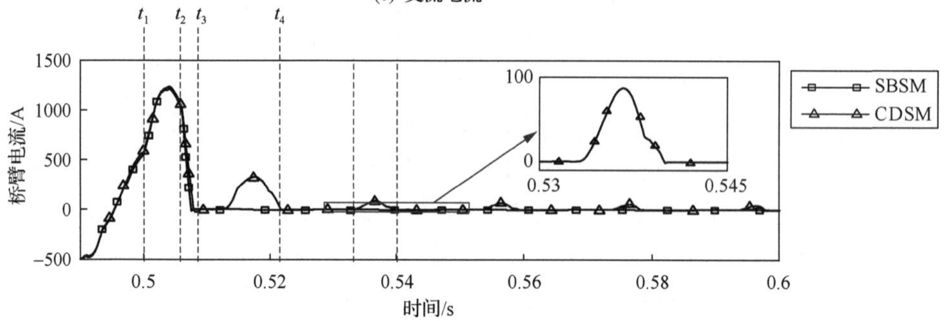

(d) 桥臂电流

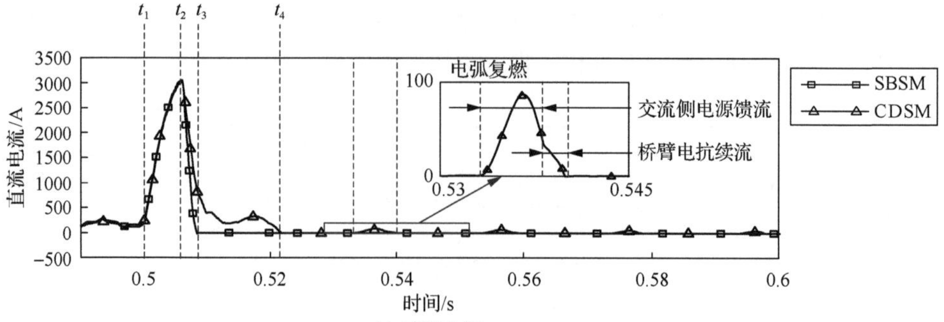

(e) 直流电流

图 7.14　交流源阻断能力比较

根据表 7.3 所示系统参数和式(7.2)可知，当利用 CDSM 构成换流器时，在故障处理期间子模块电容电压必须保持在 4.88kV 以上。但是如图 7.14 中仿真结果所示，子模块电容电压在故障处理期间(t_2时刻以后)跌落到了 4.88kV 以下。因此，在直流故障电流清除期间，交流侧、换流器桥臂和直流线路电流均出现了上下波动的现象，大大降低了故障隔离速度；此外，在故障电流衰减至零以后，子模块电容电压仍未恢复到4.88kV 以上，因此由于交流源的再次馈流而出现了电弧复燃现象，对直流开关使用寿命、瞬时性故障时的绝缘恢复速度和系统快速重启造成不利影响。

根据式(7.7)，当利用 SBSM 构成换流器时，在故障处理期间只要求电容电压保持在 2.44kV 以上即可保证交流侧电源的完全阻断。如图 7.14 所示，由于子模块电容保持在 2.44kV 以上，实现了交流侧电源的完全阻断。无论是交流侧、换流器桥臂还是直流线路，故障电流均来自桥臂电抗器中的续电流，能够快速衰减且不会复燃。

3. 投资成本与附加功率损耗

投资成本与附加功率损耗包含着复杂的计量因素，这里仅给出定性的分析计算方法。

1)投资成本比较

利用不同类型子模块构造一个相同系统参数的 MMC 时，主要差异在于所需 IGBT 和二极管的数量和耐压值。因此，在进行投资成本比较时，器件数量和器件耐压值成为主要考虑的因素。

利用不同类型子模块分别构造一个 $2N$+1 电平的换流器时，每个桥臂所需器件数量及其对应的耐压值如表 7.4 所示。同时，结合电力电子器件的成本规律可知，器件耐压值等相关参数对投资成本也有很大影响。以英飞凌科技公司生产的三个电压等级的 IGBT 模块为例，FZ600R17KE3、FZ800R33KF2C、FZ600R65KF1 三种型号的耐压值分别为 1.7kV、3.3kV 和 6.5kV，其单价分别为 0.073 万元/个、0.2 万元/个和 0.7 万元/个。显然，随着耐压值的成倍增加，器件价格上升速度更快。因此，投资成本的比较需综合考虑器件数量和器件参数的影响。

表 7.4　不同子模块型换流器每个桥臂所需器件数量

类型	子模块数量	IGBT 数量			二极管数量		
		耐压 $U_c/2$	耐压 U_c	耐压 $2U_c$	耐压 $U_c/2$	耐压 U_c	耐压 $2U_c$
CDSM	N	0	$5N$	0	0	$7N$	0
SDSM	N	0	$4N$	N	0	$4N$	$2N$
DCSM	$2N$	$2N$	$4N$	0	$4N$	$4N$	0
SBSM	$2N$	0	$6N$	0	0	$8N$	0

就器件数量而言，CDSM 和 SDSM 相对是最少的，分别为每桥臂 $5N$ 个 IGBT、$7N$ 个二极管和每桥臂 $5N$ 个 IGBT、$6N$ 个二极管。但是 SDSM 构成 MMC 时，每个桥臂中有 N 个 IGBT 和 $2N$ 个二极管的耐压值是其他器件的两倍，从而会导致其投资成本大于 CDSM。因此，综合考虑，利用 CDSM 构成 MMC 时在投资成本方面的优势是较为突出的。

2）附加功率损耗比较

如图 7.15 所示，对 CDSM 而言，在正常运行期间 T_5 一直处于开通状态，一个 CDSM 相当于两个半桥子模块，T_1～T_4 相当于两个半桥子模块中的 IGBT 模块。因此，较半桥子模块换流器而言，利用 CDSM 构成 MMC 时，所增加的功率损耗主要来自于开关器件 T_5 和 D_5 的通态损耗。类似地，当利用 SDSM、DCSM 或 SBSM 构成换流器时，与传统 MMC 相比，所增加的功率损耗分别来自常开 IGBT 模块及与其反并联的续流二极管的通态损耗，即 SDSM 中的 T_5、D_5，DCSM 中的 T_3、D_3，SBSM 中的 T_3、D_3。

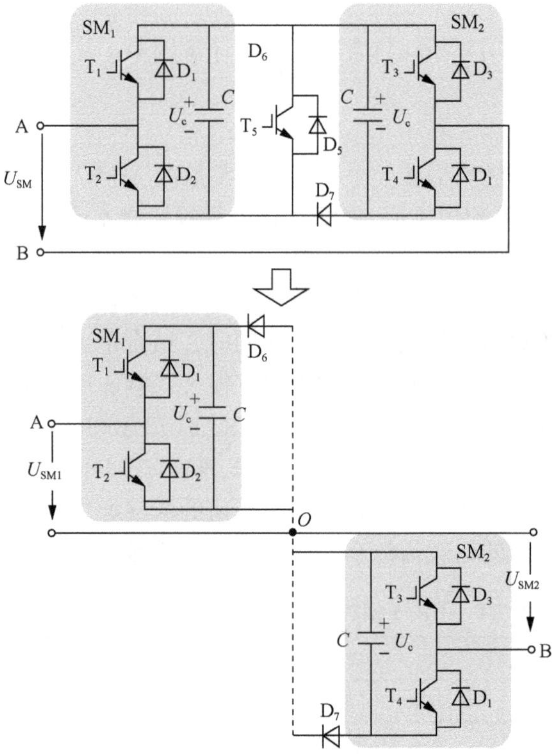

图 7.15　CDSM 等效结构

因此，利用不同类型子模块构成 MMC 时，仅需比较各类型子模块中常开 IGBT 及与其反并联的续流二极管的通态损耗即可实现对各种类型 MMC 附加功率损耗大小的比较。当桥臂电流由下向上流时，所增加的功率损耗主要来自常开 IGBT 的通态损耗，而当桥臂电流由上向下流时，所增加的功率损耗主要来自与常开 IGBT 反并联的续流二极管的通态损耗。因此，可利用式(7.8)进行附加功率损耗的计算[21]：

$$P_{\mathrm{loss\_add}}=\begin{cases}i_{\mathrm{arm}}v_{\mathrm{CE}}K, & i_{\mathrm{arm}}>0\\ -i_{\mathrm{arm}}v_{\mathrm{F}}K, & i_{\mathrm{arm}}<0\end{cases}\tag{7.8}$$

式中，i_{arm} 为桥臂电流，并定义桥臂电流从下向上为正方向；K 为构成换流器所需的子模块数量；v_{CE} 为 IGBT 的通态电压；v_{F} 为续流二极管通态电压。由 IGBT 参数表可知，v_{CE}、v_{F} 的大小与其流通电流 i_{arm} 关系可用式(7.9)近似拟合[22]：

$$v_{\mathrm{CE}}(\text{或}v_{\mathrm{F}})=a+bi_{\mathrm{arm}}^{c}\tag{7.9}$$

式中，参数 a、b、c 可根据具体器件参数表提供的 v_{CE}、v_{F} 与流通电流关系曲线确定。

器件额定电流、耐压值等参数不同时，参数 a、b、c 也有所不同。因此，类似于投资成本比较，在进行附加功率损耗比较时，除了考虑器件数量以外，所需器件参数不同而产生的差异也必须作为考虑因素。结合表 7.4 和图 7.8 所示的子模块拓扑可知，当利用不同子模块构成相同系统参数的 MMC 时，正常运行时的常开 IGBT 及其反并联续流二极管的耐压值有所不同：CDSM 中 T_5、D_5 的耐压值为 U_{c}；SDSM 中 T_5、D_5 的耐压值为 $2U_{\mathrm{c}}$；DCSM 中 T_3、D_3 的耐压值为 $U_{\mathrm{c}}/2$；SBSM 中 T_3、D_3 的耐压值为 U_{c}。

分别选择型号为 FZ600R17KE3、FZ800R33KF2C、FZ600R65KF1 的三种英飞凌 IGBT 模块(耐压值分别为 1.7kV、3.3kV、6.5kV)，以体现耐压值不同对附加功率损耗的影响。根据器件参数表可确定以上三种 IGBT 模块中 IGBT 和续流二极管的 a、b、c 值，如表 7.5 所示[22]。利用上述 IGBT 模块构造 101 电平的 MMC。基于不同类型子模块的 MMC 附加功率损耗比较结果如图 7.16 所示。

由图 7.16 所示的分析比较可知，随着桥臂电流的波动变化，附加功率损耗会有所变化。在上述各类具有故障自清除能力的子模块中，CDSM 的功率损耗最小，SBSM 的功率损耗最大。而且，随着桥臂电流的增大，相对而言，CDSM 的低损耗优势更加明显。

表 7.5　不同 IGBT 模块参数

参数	FZ600R17KE3		FZ800R33KF2C		FZ600R65KF1	
	v_{CE}	v_{F}	v_{CE}	v_{F}	v_{CE}	v_{F}
a	0.7	0.5	1	0.8	1	0.5
b	0.010357	0.050262	0.033603	0.015314	0.098574	0.086991
c	0.79806	0.52041	0.68760	0.72534	0.59183	0.57366

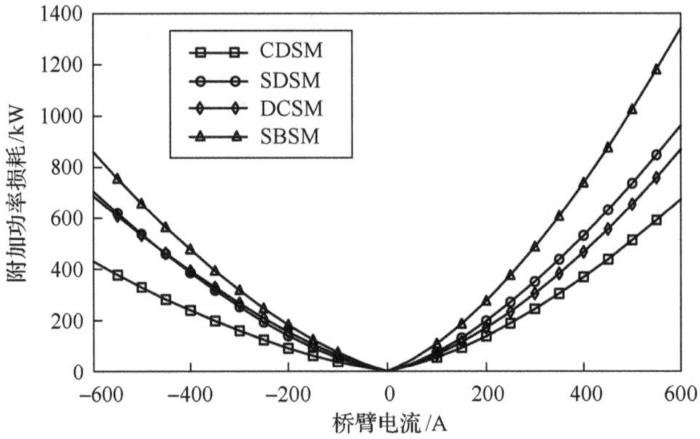

图 7.16　不同类型子模块的 MMC 附加功率损耗比较

根据各类具有直流故障清除能力的 MMC 子模块性能的分析及经济性比较，可知在实际工程中需要结合具体情况选择换流器子模块的类型。例如，从故障隔离速度的角度出发，如果 CDSM 能够满足具体工程的要求，则可以采用该种子模块构成 MMC，以降低投资成本和功率损耗。相反，如果 CDSM 型 MMC 的故障隔离速度不能满足工程实际要求，则必须采用隔离速度更快的子模块，如 SDSM 或 SBSM。从交流源阻断能力出发，在未来架空线柔性直流输电领域，由于瞬时性故障发生的概率较大，为了保证故障点的可靠隔离和绝缘快速恢复，应该对交流源阻断能力提出更高要求。

利用换流器自身实现直流故障清除是未来柔性直流系统中较为理想的直流故障隔离方式。目前适用于工程实际的具有直流故障清除能力的 MMC 子模块包括 CDSM、SDSM、DCSM 和 SBSM 等。该部分内容通过对以上各类子模块构成 MMC 的关键性能进行理论、仿真比较，得出以下结论：①SDSM 和 SBSM 的故障隔离速度是最快的；而 CDSM 和 DCSM 的故障隔离速度相对较慢，相差两倍左右；②与故障隔离速度类似，SDSM 和 SBSM 的交流源阻断能力远强于 CDSM 和 DCSM；③与隔离速度和交流源阻断能力相反，利用 CDSM 构成 MMC 时在经济性方面的优势明显优于 SDSM 和 SBSM。在工程实际中，结合具体需求，本章具体阐述的方法和结论为换流器子模块的选取、换流器拓扑结构的优化设计等提供了理论依据。

7.3　基于交直流系统隔离的直流故障处理方法

直流故障发生后，通过人为构造交流侧三相对称短路实现交流侧电源与直流故障点之间的分离，从而使得直流故障电流能够自然衰减到零，实现故障电流的清除。这类方法相当于将交直流系统隔离，也可认为是“故障转移型”的隔离方法。故障转移型隔离方法以利用双晶闸管法(double thyristor switch scheme，DTSS)为典型代表[18, 23]，本节内容以此为基础对该类型故障隔离方法展开研究分析。

7.3.1　子模块旁路开关与并联晶闸管的作用

对于基于半桥 MMC 的柔性直流系统，直流故障发生以后，可以通过快速闭锁换流器防止 IGBT 因过流而损坏。但是，此后交流侧电源仍将通过换流器以不控整流桥的形式向直流故障点馈入故障电流，因此换流器内部的续流二极管仍然会承受较大的过流危害，为了保护续流二极管，工程中一般会在每个子模块端口处并联一个晶闸管，如图 7.17(a)所示。直流故障发生以后，在快速闭锁换流站保护 IGBT 的同时，导通并联晶闸管。由于晶闸管的通态电阻远小于续流二极管，在交流侧电源以不控整流形式馈入故障电流期间，晶闸管将对续流二极管起到明显的分流作用，从而防止续流二极管过流。这种方法被称为单晶闸管法(single thyristor switch scheme，STSS)。

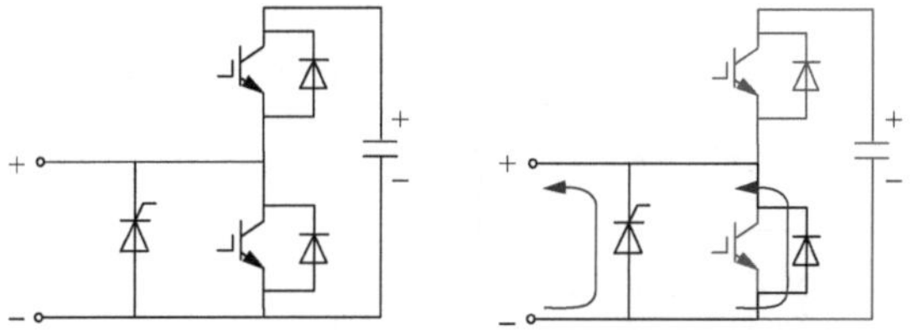

(a) STSS基本结构　　(b) STSS基本工作原理

图 7.17　STSS 基本结构及基本工作原理

STSS 能够在直流故障以后有效防止续流二极管过流，但是交流侧电源仍然通过换流器以不控整流形式向直流故障点馈入故障电流，因此无法实现对直流故障电流的清除。

7.3.2　双晶闸管法的原理与性能

1. 双晶闸管法的基本工作原理[19, 24]

利用反向并联的双晶闸管可以实现直流故障的隔离，达到直流侧故障电流清除的目的，这种方法可称为 DTSS。目前这类方法的典型代表主要包括如图 7.18、图 7.19 所示的两种。

DTSS 的思想最初源于工程应用中的 STSS，该方法在每个子模块端口并联一组反并联的晶闸管。如图 7.18(b)所示，直流故障发生以后，在闭锁 IGBT 的同时，开通所有晶闸管。此后，故障电流主要由两部分构成：交流侧供给的短路电流和桥臂电抗器供给的续电流。其中，对于交流侧电源，换流器六个桥臂完全对称，相当于在换流器位置发生了三相短路故障。由图 7.18(c)所示的等效电路可知，交流侧供给的短路电流将无法注入直流侧故障点，而是在换流器内形成完全对称

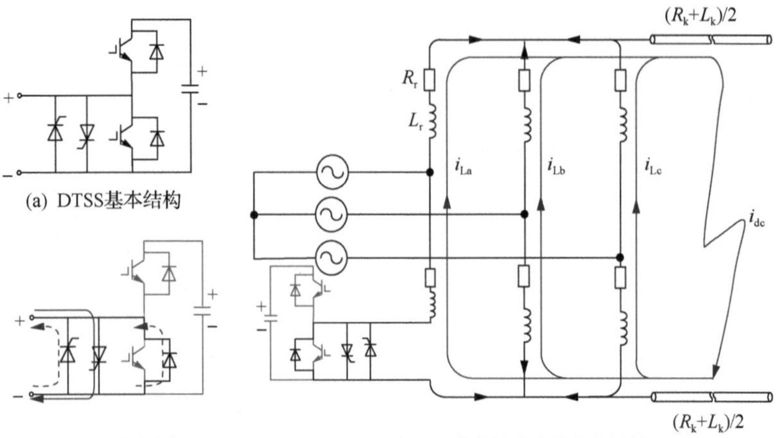

(a) DTSS基本结构

(b) DTSS基本原理

(c) DTSS直流故障穿越基本思想

图 7.18　DTSS 的基本结构、原理及直流故障等效电路

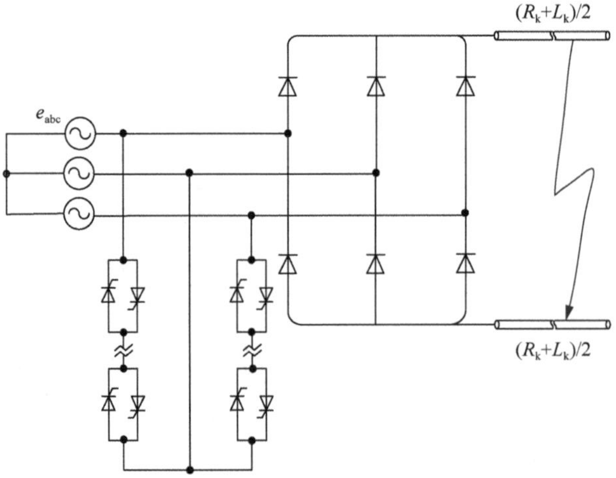

图 7.19　DTSS 改进型拓扑

的三相短路电流。因此，对于直流侧线路，其故障电流将完全由桥臂电抗器的续电流提供。而桥臂电抗器续电流将在 RL 放电回路中逐渐衰减，最终直流线路故障电流将衰减到零，实现故障电流的清除。

在此基础上，文献[24]提出了如图 7.19 所示的改进型的 DTSS。该方法在换流器交流出口并联接入反并联的晶闸管，正常运行时，晶闸管处于关断状态，当发生直流故障时，开通晶闸管，此时交流侧等效为三相短路电路，阻断了交流源向故障点的馈流，同时直流故障电流可实现自然衰减。

2. 故障清除能力分析[25]

对于图 7.18 和图 7.19 所示的交直流故障隔离方法，交流侧电源与直流侧故障点之间实现了隔离，此后直流侧故障电流以 RL 放电形式逐渐衰减至零。因此，该方法的故障电流清除速度主要取决于 RL 回路放电速度。以双晶闸管法为例，如图 7.18(c)所示，对于 RL 放电暂态过程可以列写出如式(7.10)所示的微分方程：

$$\begin{cases} 2L_{\mathrm{r}}\dfrac{\mathrm{d}i_{\mathrm{La}}}{\mathrm{d}t}+2R_{\mathrm{r}}i_{\mathrm{La}}=-\left(R_{\mathrm{k}}\,i_{\mathrm{dc}}+L_{\mathrm{k}}\dfrac{\mathrm{d}i_{\mathrm{dc}}}{\mathrm{d}t}\right) \\ 2L_{\mathrm{r}}\dfrac{\mathrm{d}i_{\mathrm{Lb}}}{\mathrm{d}t}+2R_{\mathrm{r}}i_{\mathrm{Lb}}=-\left(R_{\mathrm{k}}\,i_{\mathrm{dc}}+L_{\mathrm{k}}\dfrac{\mathrm{d}i_{\mathrm{dc}}}{\mathrm{d}t}\right) \\ 2L_{\mathrm{r}}\dfrac{\mathrm{d}i_{\mathrm{Lc}}}{\mathrm{d}t}+2R_{\mathrm{r}}i_{\mathrm{Lc}}=-\left(R_{\mathrm{k}}\,i_{\mathrm{dc}}+L_{\mathrm{k}}\dfrac{\mathrm{d}i_{\mathrm{dc}}}{\mathrm{d}t}\right) \end{cases} \tag{7.10}$$

i_{La}、i_{Lb}、i_{Lc}分别代表桥臂电抗电流中的直流分量，因此有 $i_{\mathrm{La}}+i_{\mathrm{Lb}}+i_{\mathrm{Lc}}=i_{\mathrm{dc}}$，式(7.10)可以表示成

$$\left(L_{\mathrm{k}}+\frac{2}{3}L_{\mathrm{r}}\right)\frac{\mathrm{d}i_{\mathrm{dc}}}{\mathrm{d}t}+\left(R_{\mathrm{k}}+\frac{2}{3}R_{\mathrm{r}}\right)i_{\mathrm{dc}}=0 \tag{7.11}$$

假设双晶闸管导通的瞬间直流侧电流瞬时值为 I_{dc0}，可求得直流电流暂态响应为

$$i_{\mathrm{dc}}=I_{\mathrm{dc0}}\,\mathrm{e}^{-t/\tau_1} \tag{7.12}$$

式中，$\tau_1=(L_{\mathrm{k}}+2L_{\mathrm{r}}/3)/(R_{\mathrm{k}}+2R_{\mathrm{r}}/3)$。一般情况下，认为 RL 回路需要 5 倍衰减常数的时间才能使电流衰减到一个足够小的值，因此 DTSS 的故障电流清除速度可用 5 倍衰减时间常数来估计，即认为其清除故障电流所需时间为 $5\tau_1$。

由于桥臂电阻 R_{r} 很小，故障电流清除速度主要由故障线路电阻决定。当故障距离较远，存在较大的故障电阻时，DTSS 能够实现故障电流的快速清除。但是当发生近端故障时，故障电阻很小，需要很长的时间才能够实现故障电流的清除。尤其是在换流站直流出口近端发生金属性故障时，此时 R_{k} 值较小，这将导致 τ_1 较大，从而使得直流故障电流衰减至直流开关所能切断的电流值时所需的时间较长(一般需要几秒)，DTSS 的故障清除速度将很难满足直流电网的要求。更严重的是，在直流故障电流清除期间，交流侧一直处于三相短路状态，只有当清除直流故障电流并隔离故障以后，才可以通过移除晶闸管门信号等方式实现交流侧三相短路的消除。对于 DTSS 来说，如果无法实现直流故障电流的快速清除，则会导致交流侧的误跳闸而停电。

事实上，即使直流故障电流衰减至很小值，一般认为在直流故障被切除后桥臂中流过正弦交流电流，因此移除所有晶闸管的门信号之后的一个工频周期内，各桥臂电流就会全部自然过零，从而实现晶闸管的关断。然而，故障清除并移除晶闸管门信号后，桥臂电流因受到桥臂电抗直流偏置的作用可能无法保证过零，

继而使得晶闸管不能可靠关断。

由直流故障暂态分析可知，直流故障发生后至闭锁 IGBT 并开通晶闸管以前，系统内故障电流主要由电容放电和交流源馈流两部分供给，其中大部分故障电流将流向直流故障点，一般该过程为毫秒级。同时，由于故障后抑制环流的控制策略无法正常工作，桥臂可能出现明显的环流现象，如图 7.20 中 i_1、i_2、i_3。环流电流不流向直流故障点，而是在各相桥臂之间流动，对于交流侧而言，就相当于双晶闸管旁路后交流侧三相短路电流的初值。

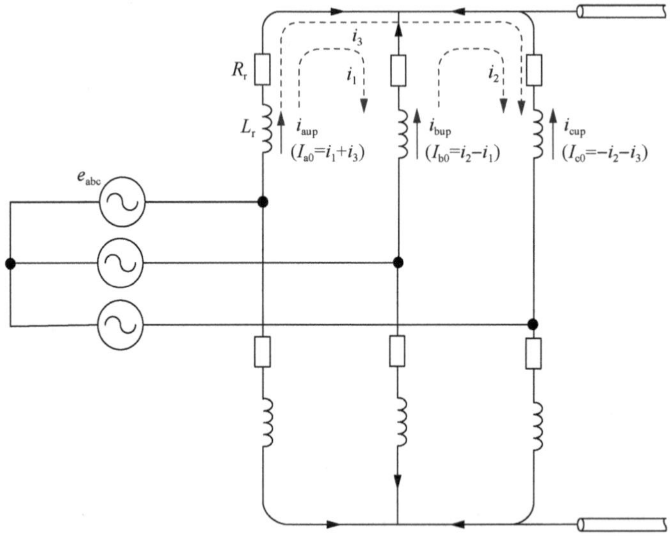

图 7.20　DTSS 交流系统短路故障等效电路

由正弦激励下的三要素法可以计算得到电路动态切换状态下的暂态响应，如式(7.13)所示：

$$f(t)=f'(t)+\left[f(0_+)-f'(0_+)\right]\mathrm{e}^{-t/\tau} \tag{7.13}$$

式中，$f(t)$ 为电流或电压全响应的表达式；$f'(t)$ 为 $f(t)$ 的稳态解；$f(0_+)$ 表示 $f(t)$ 在 t=0 时的取值，即初值；$f'(0_+)$ 表示稳态解 $f'(t)$ 在 t=0_+时刻的取值。

以 c 相上桥臂为例，定义桥臂电流自交流侧流向直流侧为正，可计算得到 DTSS 投入后该桥臂的交流电流暂态响应为

$$i_{\mathrm{cup}}=\left[I_{\mathrm{c0}}-\frac{U_{\mathrm{m}}\sin(\varphi_0-\varphi)}{\sqrt{(\omega L_{\mathrm{r}})^2+R_{\mathrm{r}}^{\,2}}}\right]\mathrm{e}^{-t/\tau}+\frac{U_{\mathrm{m}}\sin(\omega t+\varphi_0-\varphi)}{\sqrt{(\omega L_{\mathrm{r}})^2+R_{\mathrm{r}}^{\,2}}} \tag{7.14}$$

式中，L_r 和 R_r 分别为换流器桥臂电感和电阻；时间常数 $\tau=L_r/R_r$；I_{c0} 为 c 相上桥

臂初始电流；$U_{\rm m}\sin\varphi_0$ 为 DTSS 投入时刻 c 相相电压；相角 $\varphi=\arctan(\omega L_{\rm r}/R_{\rm r})$。

以换流器上桥臂为例，假设在移除晶闸管门信号瞬间 a、b、c 三相上桥臂电流分别满足：$i_{\rm aup}>0$，$i_{\rm bup}>0$，$i_{\rm cup}<0$(以上情况仅是可能出现的一种情况，其他情况同样可以进行类似分析)。如图 7.21(a)所示，在该情况下 a 相、b 相上桥臂内与 T_2 同向的晶闸管可靠关断，但是与 T_1 同向的晶闸管由于电流尚未过零，不能马上关断。然而对于 c 相上桥臂，由于 $i_{\rm cup}<0$，该桥臂中与 T_1 同向的晶闸管将立即可靠关断，而与 T_2 同向的晶闸管不会立即关断。由式(7.14)可知，当桥臂电阻很小或者可以忽略时，时间常数 τ 非常大，即式(7.14)中直流分量衰减非常缓慢，因此可将该式简化为

$$i_{\rm cup}=I_{\rm c0}+\frac{U_{\rm m}\cos\varphi_0}{\omega L_{\rm r}}+\frac{U_{\rm m}\sin(\omega t+\varphi_0-\pi/2)}{\omega L_{\rm r}} \tag{7.15}$$

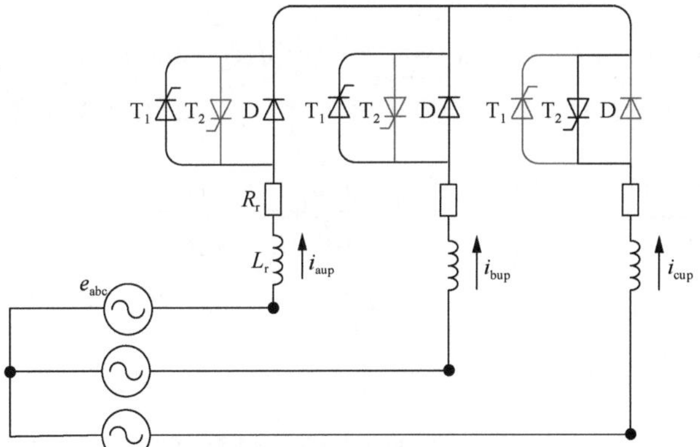

(a) 晶闸管门信号移除初始阶段等效电路

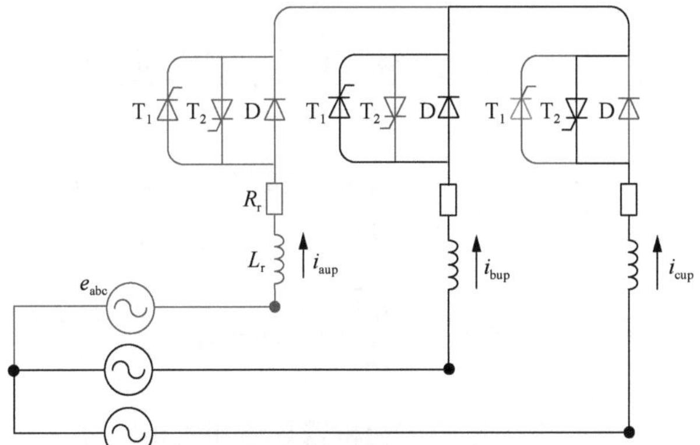

(b) a相上桥臂电流过零等效电路

图 7.21　移除晶闸管门信号交流等效电路

在图 7.21(a)所示电路情况下，当式(7.16)满足时，表明 c 相上桥臂电流 $i_{\rm cup}$

可能一直保持为负而无法过零，则该桥臂内所有与 T2 同向的晶闸管就无法关断。

$$I_{c0} < -\frac{U_m}{\omega L_r}(\cos\varphi_0 + 1) \tag{7.16}$$

在满足式(7.16)的情况下，a 相、b 相上桥臂电流仍可能因过零而实现晶闸管关断。假设在 t_1 时刻 a 相电流 i_{aup} 过零(也可能是 b 相电流过零，但不会出现 a 相、b 相电流同时过零的情况)，此时 a 相上桥臂中与 T_1 同向的晶闸管也被可靠关断。因此此后桥臂内的电流流通路径可能如图 7.21(b)所示。类似于式(7.15)的推导，由正弦激励下的三要素法可以计算得到此时 c 相桥臂电流暂态值为

$$\begin{aligned} i_{cup} &= \left\{ \left[I_{c0} - \frac{U_m \sin(\varphi_0 - \varphi)}{\sqrt{(\omega L_r)^2 + R_r^2}} \right] e^{-\frac{t_1}{\tau}} + \frac{U_m \sin(\omega t_1 + \varphi_0 - \varphi)}{\sqrt{(\omega L_r)^2 + R_r^2}} \right. \\ &\quad \left. - \frac{\sqrt{3} U_m \sin(\omega t_1 + \varphi_0 - \varphi - \pi/6)}{2\sqrt{(\omega L_r)^2 + R_r^2}} \right\} e^{-\frac{t-t_1}{\tau}} + \frac{\sqrt{3} U_m \sin(\omega t + \varphi_0 - \varphi - \pi/6)}{2\sqrt{(\omega L_r)^2 + R_r^2}} \\ &= \left\{ \left[I_{c0} - \frac{U_m \sin(\varphi_0 - \varphi)}{\sqrt{(\omega L_r)^2 + R_r^2}} \right] e^{-\frac{t_1}{\tau}} + \frac{U_m \sin(\omega t_1 + \varphi_0 - \varphi + \pi/3)}{2\sqrt{(\omega L_r)^2 + R_r^2}} \right\} e^{-\frac{t-t_1}{\tau}} \\ &\quad + \frac{\sqrt{3} U_m \sin(\omega t + \varphi_0 - \varphi - \pi/6)}{2\sqrt{(\omega L_r)^2 + R_r^2}} \end{aligned} \tag{7.17}$$

同理，桥臂电阻较小可能使得电流直流分量衰减时间常数非常大，式(7.18)可简化为

$$i_{cup} = I_{c0} + \frac{U_m \cos\varphi_0}{\omega L_r} + \frac{\sqrt{3} U_m \sin(\omega t_1 + \varphi_0 - \pi/6)}{2\omega L_r} + \frac{\sqrt{3} U_m \sin(\omega t + \varphi_0 - 2\pi/3)}{2\omega L_r} \tag{7.18}$$

在式(7.19)满足的情况下，c 相上桥臂电流值可能一直保持为负而无法过零，该桥臂内所有与 T_2 同向的晶闸管就无法关断。

$$I_{c0} < -\frac{U_m}{\omega L_r}\left[\cos\varphi_0 + \frac{\sqrt{3}}{2}\sin\left(\omega t_1 + \varphi_0 - \frac{\pi}{6}\right) + \frac{\sqrt{3}}{2}\right] \tag{7.19}$$

此后，电路拓扑将会在上述的三相桥臂导通和两相桥臂导通两种状态之间来回切换。因此，利用双晶闸管旁路子模块时，当 I_{c0} 满足式(7.16)、式(7.19)的条件时，c 相上桥臂中与 T_2 同向的晶闸管将无法关断，并与 a 相、b 相上桥臂中的续流二极管配合，构成长期导通回路，使得交流侧过电流始终存在。

根据表 7.6 中所示参数，利用线性规划的方法对 c 相上桥臂电流进行分析，即根据式(7.16)、式(7.19)可得到 I_{c0} 范围，如图 7.22 所示。当 I_{c0} 处于图 7.22 中所示的曲面以下时，就会出现上述的 c 相上桥臂电流永远无法过零的现象。因此，对于双晶闸管法，当直流故障清除并移除晶闸管门信号后，仍不能保证晶闸管被可靠关断，导致交流系统长期过流而造成停电事故。

表 7.6　基于 MMC 的柔性直流系统仿真参数

参数	数值
额定容量/(MV·A)	300
额定直流电压/kV	±200
桥臂电感/mH	37.6
子模块电容/μF	9750
直流线路 r_0/(Ω/km)	14
直流线路 L_0/(mH/km)	0.1
直流线路长度/km	100
电平数	101

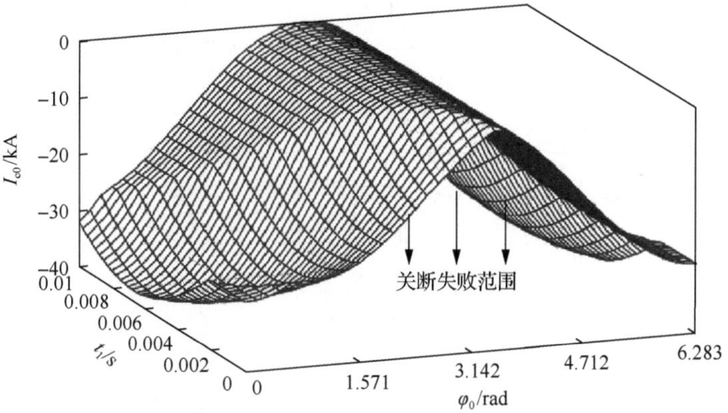

图 7.22　晶闸管关断失败时 I_{c0} 范围

7.3.3　基于阻尼模块的直流故障隔离改进方案

1. 改进方案工作原理

为了提高直流故障隔离速度，同时保证直流故障清除移除晶闸管门信号后晶闸管能够可靠关断，提出了一种基于 DTSS 的改进策略，即在每个 MMC 桥臂中串联接入一个桥式阻尼模块，如图 7.23(a)所示。改进方案中加入的桥式阻尼模块由 4 个二极管(D_1～D_4)、1 个 IGBT 和 1 个电阻 R_{damp} 构成，考虑到阻尼模块 R_{damp}

投入后可能由于阻尼电阻阻值过大导致与之并联的 IGBT 和二极管承受过电压，因此一般可采取在每个桥臂中串联数个阻尼模块以降低每个阻尼模块中电阻阻值的方法，以减少半导体器件需要承受的反向电压。

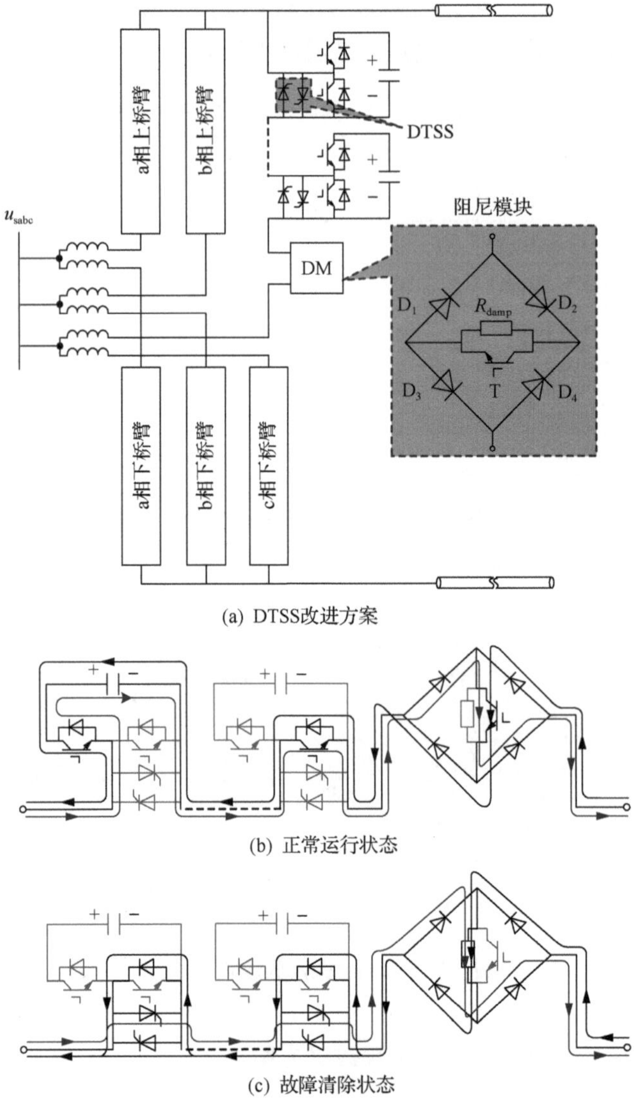

(a) DTSS改进方案

(b) 正常运行状态

(c) 故障清除状态

图 7.23　基于阻尼模块的直流故障隔离改进方案

在正常运行状态下，阻尼模块中的 IGBT 保持开通状态，如图 7.23(b)所示，此时阻尼电阻将被并联的 IGBT 与二极管旁路而不消耗有功功率。换言之，阻尼模块产生的功率损耗仅为半导体器件的通态损耗，且该通态损耗较小。

当直流故障发生后，子模块迅速闭锁的同时开通晶闸管并关断阻尼模块中的

IGBT，此时直流故障将与交流系统完全隔断，阻尼电阻将快速投入至故障电流流通路径中，如图 7.23(c)所示。阻尼电阻的投入使得直流故障电流迅速衰减，提高了故障隔离速度，同时该阻尼电阻的存在也确保了故障清除后晶闸管能够立即关断。

根据图 7.23 所示的改进方案工作原理，可得直流故障电流清除期间的系统等效电路如图 7.24 所示。与图 7.20 所示的故障清除速度相比，此时直流故障电流的衰减过程计算为

$$\begin{cases} 2L_{\mathrm{r}}\dfrac{\mathrm{d}i_{\mathrm{La}}}{\mathrm{d}t}+2(R_{\mathrm{r}}+R_{\mathrm{damp}})i_{\mathrm{La}}=-\left(R_{\mathrm{k}}\,i_{\mathrm{dc}}+L_{\mathrm{k}}\dfrac{\mathrm{d}i_{\mathrm{dc}}}{\mathrm{d}t}\right) \\ 2L_{\mathrm{r}}\dfrac{\mathrm{d}i_{\mathrm{Lb}}}{\mathrm{d}t}+2(R_{\mathrm{r}}+R_{\mathrm{damp}})i_{\mathrm{Lb}}=-\left(R_{\mathrm{k}}\,i_{\mathrm{dc}}+L_{\mathrm{k}}\dfrac{\mathrm{d}i_{\mathrm{dc}}}{\mathrm{d}t}\right) \\ 2L_{\mathrm{r}}\dfrac{\mathrm{d}i_{\mathrm{Lc}}}{\mathrm{d}t}+2(R_{\mathrm{r}}+R_{\mathrm{damp}})i_{\mathrm{Lc}}=-\left(R_{\mathrm{k}}\,i_{\mathrm{dc}}+L_{\mathrm{k}}\dfrac{\mathrm{d}i_{\mathrm{dc}}}{\mathrm{d}t}\right) \end{cases} \tag{7.20}$$

式中，L_{k} 和 R_{k} 分别为直流线路电感和电阻；i_{La}、i_{Lb}、i_{Lc} 为桥臂电流；i_{dc} 为直流电流。考虑到 $i_{\mathrm{La}}+i_{\mathrm{Lb}}+i_{\mathrm{Lc}}=i_{\mathrm{dc}}$，则由式(7.20)可得

$$\left(L_{\mathrm{k}}+\frac{2}{3}L_{\mathrm{r}}\right)\frac{\mathrm{d}i_{\mathrm{dc}}}{\mathrm{d}t}+\left[R_{\mathrm{k}}+\frac{2}{3}(R_{\mathrm{r}}+R_{\mathrm{damp}})\right]i_{\mathrm{dc}}=0 \tag{7.21}$$

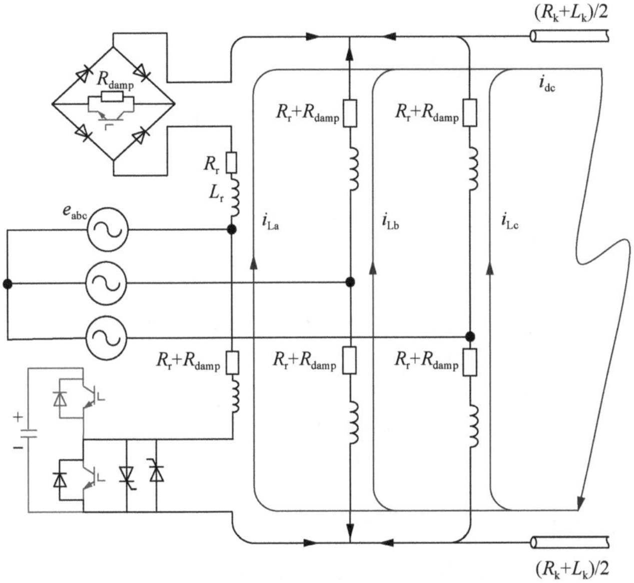

图 7.24　直流故障清除期间系统等效电路

根据式(7.21)可得直流电流 i_{dc} 的暂态解为

$$i_{dc} = I_{dc0} e^{-t/\tau_2} \tag{7.22}$$

式中，I_{dc0} 为双晶闸管投入瞬间直流线路的电流值，且该情况下的电流衰减时间常数为 $\tau_2=(L_k+2L_r/3)/[R_k+2(R_r+R_{damp})/3]$。

当利用图 7.24 所示的基于阻尼模块的直流故障隔离方案时，由于故障清除期间每个阻尼电阻将被串入桥臂，式(7.14)、式(7.17)中的时间常数变为 $L_r/(R_r+R_{damp})$，直流分量在阻尼电阻的作用下快速衰减，从而迅速消除直流偏置的影响。这不仅加速了直流侧故障电流的快速衰减，也保证了在直流故障清除后，每个桥臂中的交流电流都能快速过零点，当晶闸管门信号移除后，晶闸管能够迅速被可靠关断。换言之，改进方案不仅能加快直流故障隔离速度，还能保证交流故障电流在直流故障清除后实现快速清除，避免了交流保护误动作的发生，为瞬时性直流故障系统快速恢复提供了有效保证。

2. 阻尼模块参数设计

阻尼模块的参数设计主要包括阻尼电阻的选值以及每个桥臂串入阻尼模块的数量。直流故障电流衰减速度随着桥臂串入阻尼电阻阻值的增大而加快。然而，根据欧姆定律，随着阻尼电阻的增大，该电阻上产生较大的压降，导致与该阻尼电阻并联且处于关断状态的 IGBT 器件因承受较大的反向电压而被损坏。因此，合理地选择阻尼电阻至关重要。

首先，要保证直流故障隔离速度足够快，满足直流故障隔离的要求。通常认为，当直流电流衰减时间大于 5 倍衰减时间常数时即可认为该电流衰减至接近于 0。假设允许的直流故障隔离时间上限为 t_{max}，则应满足

$$t_{max} \geqslant \frac{5(L_k + 2L_r / 3)}{R_k + 2(R_r + R_{damp}) / 3} \tag{7.23}$$

同时考虑到在直流故障清除期间，IGBT 器件上承受的反向电压应尽可能小，因此可得到满足式(7.23)的最小阻尼电阻为

$$R_{damp} = \frac{15L_k + 10L_r}{2t_{max}} - \frac{3}{2}R_k - R_r \tag{7.24}$$

为了降低阻尼模块中并联 IGBT 承受的反压，可在换流器桥臂上采用串联接入多个阻尼模块的方法将故障隔离需要的阻尼电阻平均分配到每个阻尼模块中。

假设桥臂电流值达到 $2I_{armN}$(I_{armN} 为桥臂电流额定值)时子模块的旁路双晶闸管以及阻尼模块投入，因此，故障隔离期间桥臂电流的最大值可近似表示为交流三相短路电流与直流分量 $2I_{armN}$ 之和：

$$I_{arm\_max} = \frac{U_m}{2\sqrt{\left(\frac{R_{damp}}{2}+R_s\right)^2+\left(\frac{\omega L_r}{2}+X_s\right)^2}}+2I_{armN} \tag{7.25}$$

式中，R_s 和 X_s 分别为交流系统等效电阻和电抗；I_{armN} 为桥臂额定电流。

由式(7.24)和式(7.25)计算得到每个桥臂中所需串入阻尼模块的个数为

$$N = I_{arm\_max} \times R_{damp} / V_{CES} \tag{7.26}$$

式中，V_{CES} 为 IGBT 的额定电压。

对于基于阻尼模块的改进方案，直流故障后，子模块与阻尼模块中的 IGBT 快速闭锁，同时子模块中的晶闸管被开通，此时交流侧仍等效为距换流器交流出口电气距离为桥臂并联阻抗处发生三相短路，阻尼模块的加入使得桥臂阻抗值增加，相当于增加了等效三相短路发生的电气距离。即使在换流器出口的直流侧发生故障，阻尼模块的存在也使得直流故障电流能够快速下降而被清除，同时故障清除后，晶闸管能够被快速可靠关断，等效交流侧三相故障能够在较短的时间内被清除，可以避免交流保护误动作，确保在直流线路瞬时性故障清除后，系统可以快速恢复运行。

3. 仿真验证

搭建基于 MMC 的柔性直流系统，参数如表 7.6 所示。假设故障隔离要求在 30ms 内完成，根据式(7.23)可求得该情况下改进方案中每个桥臂中需要的阻尼电阻阻值为 7.1Ω。当选择型号为 FZ1200R45HL3(额定电压为 4.5kV)的 IGBT 器件时，根据系统参数以及式(7.24)、式(7.25)即可求得该系统换流器每个桥臂需串联接入 8 个阻尼模块，且每个阻尼模块中串入的阻尼电阻阻值为 0.8875Ω。

1) 直流故障隔离速度

DTSS 和基于阻尼模块的改进方案直流故障隔离的仿真结果如图 7.25 所示。仿真中设定直流双极故障发生时间为 t=1s，同时故障点距换流站直流出口分别为 10km、40km 和 70km。

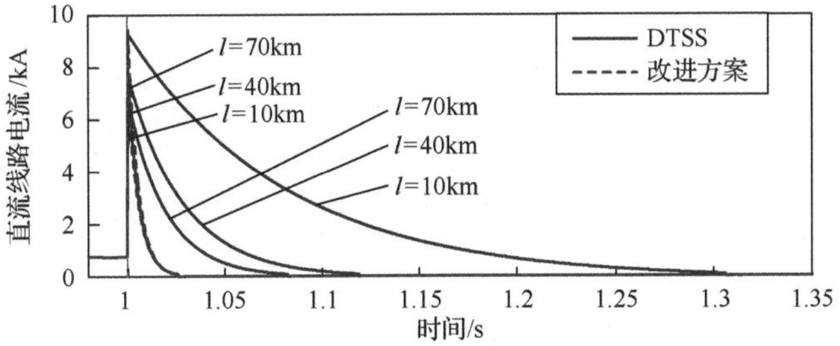

(a) 直流线路电流

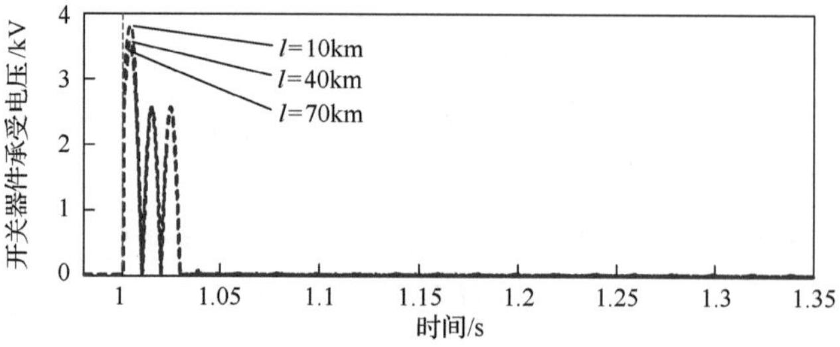

(b) 开关器承受电压

图 7.25　DTSS 和阻尼模块改进方案的故障隔离仿真

当采用 DTSS 时，直流故障隔离速度将取决于故障距离，故障点距换流站出口越近，故障隔离速度越慢。例如，当故障发生在距出口 10km 处时，直流故障电流衰减至接近于零所需要的时间将超过 300ms，显然此时不满足直流系统故障隔离速度的要求。对于改进方案，故障隔离速度大大加快，且能满足直流系统故障隔离速度的要求，如图 7.25(a)所示。同时，阻尼模块中 IGBT 承受的反向电压在其额定电压值之下，如图 7.25(b)所示。

2)交流系统过流分析

假设直流双极故障发生在距换流站出口 5km 处，故障时间为 t=1s，当利用 DTSS 与基于阻尼模块的改进方案实现故障隔离时，直流故障隔离速度、交流侧电流与换流器桥臂电流情况如图 7.26 所示。由图 7.26(a)可知，DTSS 需要 455ms 实现故障隔离，该阶段内将出现严重的长时间过流现象，可能会造成交流侧保护误动作。对于改进方案，直流故障清除时间将在 30ms 内，避免了交流保护误动作。

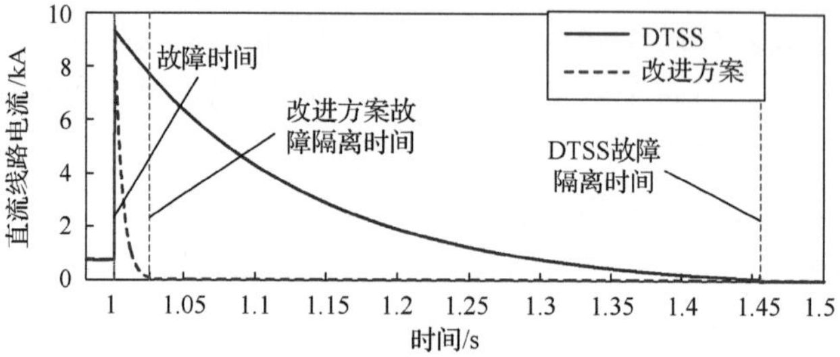

(a) 直流线路电流

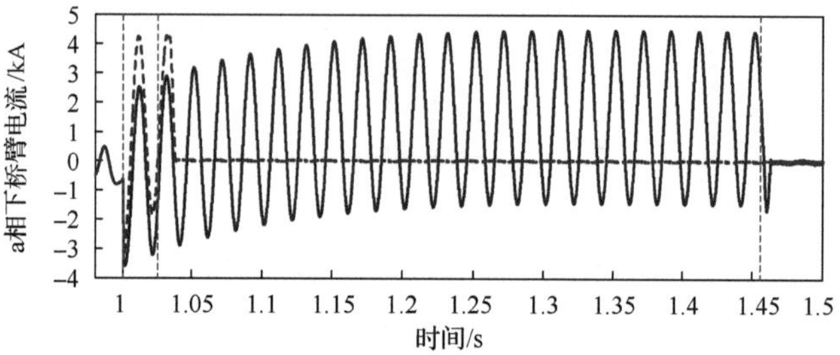

(b) a相下桥臂电流

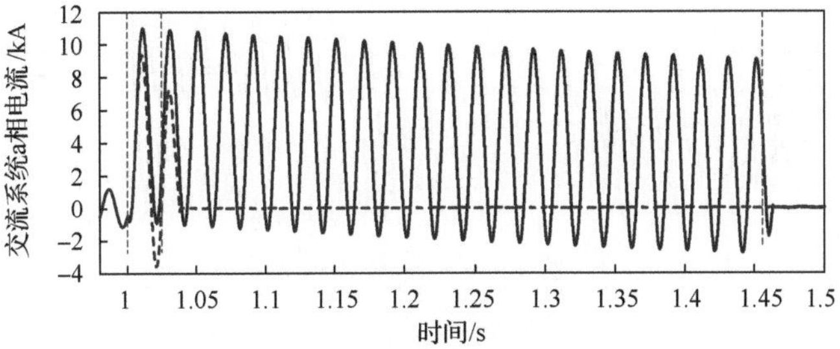

(c) 交流系统a相电流

图 7.26　交流系统过流比较

3) 晶闸管关断能力验证

若桥臂环流满足图 7.22 所示情况时，当采用 DTSS 实现故障隔离后，晶闸管将不能被可靠关断。算例假设在 t_1=1s 时，两极短路故障发生在距换流器出口 10km 处，且在 t_2 时投入故障隔离方法，假设直流故障在 t_3 时刻被清除，此后将立即移除晶闸管门信号以使得晶闸管被可靠关断。

当采用 DTSS 实现故障隔离时，仿真结果如图 7.27 所示。故障清除后 a 相下桥臂电流将一直维持为正值，如图 7.27(b) 所示，使得该桥臂中与该电流方向同向的晶闸管无法关断，因此交流过电流将一直存在，如图 7.27(c) 所示。该情况下，即使直流故障清除较快，交流系统都会因故障清除后晶闸管无法可靠关断而长时间过流，造成交流保护的误动作，同时影响故障后系统的快速恢复。

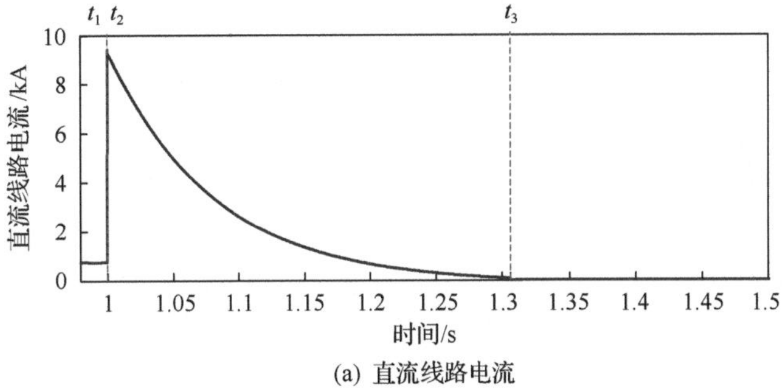

(a) 直流线路电流

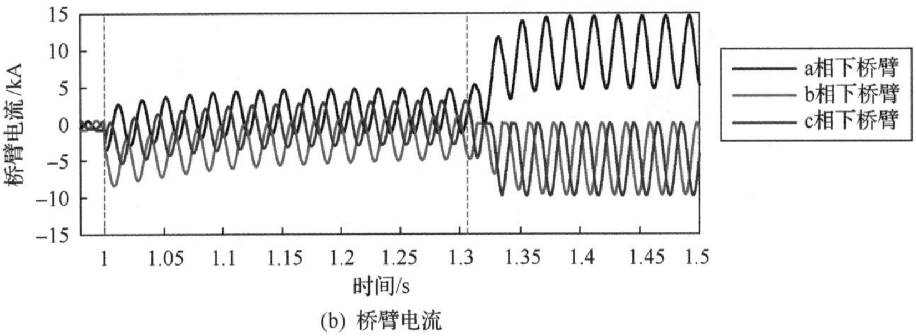

(b) 桥臂电流

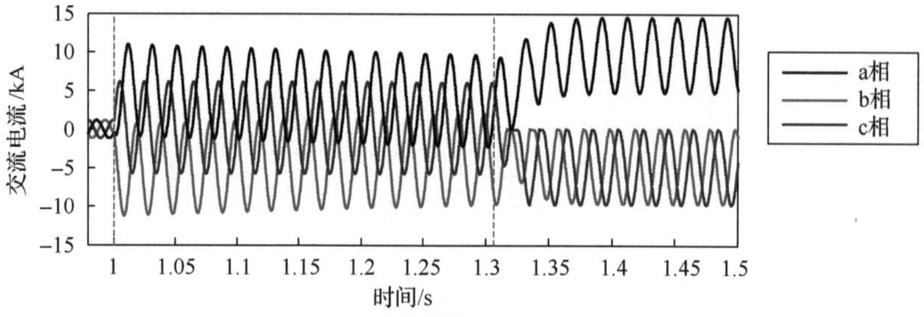

(c) 交流电流

图 7.27　DTSS 中晶闸管的关断能力

对于基于阻尼模块的改进方案，故障清除并移除晶闸管门信号后，换流器每个桥臂电流均能迅速过零点，即晶闸管能被可靠关断，如图 7.28(b)所示。同时，交流过流现象能够迅速被消除，使得其过流时间小于交流保护的动作时间，因此该情况下交流保护不会误动作。

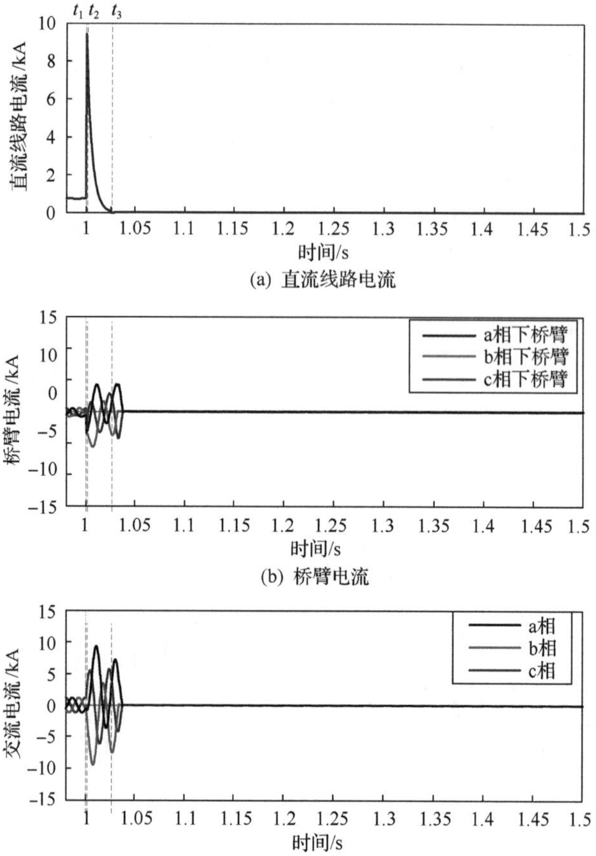

(a) 直流线路电流

(b) 桥臂电流

(c) 交流电流

图 7.28　改进方案中晶闸管关断能力

参 考 文 献

[1] 李斌, 何佳伟. 柔性直流配电系统故障分析及限流方法[J]. 中国电机工程学报, 2015, 35(12): 3026-3036.

[2] 王珊珊, 周孝信, 汤广福. 模块化多电平换流器 HVDC 直流双极短路子模块过流分析[J]. 中国电机工程学报, 2011, 31(1): 1-7.

[3] Yang J, Fletcher J E, O'Reilly J, et al. Short-circuit and ground fault analyses and location in VSC-based DC network cables[J]. IEEE Transactions on Industrial Electronics, 2012, 59(10): 3827-3837.

[4] Tang L X, Boon-Teck O. Locating and isolating DC faults in multi-terminal DC system[J]. IEEE Transactions on Power Delivery, 2007, 22(3): 1877-1884.

[5] Schmitt D, Wang Y, Weyh T, et al. DC-side fault current management in extended multi-terminal HVDC grids[C]. The 9th International Multi-Conference on Systems, Signals and Devices, Chemnitz, 2012.

[6] 吴婧, 姚良忠, 王志冰, 等. 直流电网 MMC 拓扑及其直流故障电流阻断方法研究[J]. 中国电机工程学报, 2015, 35(11): 2681-2694.

[7] Merlin M M C, Green T C. The alternate arm converter: A new hybrid multilevel converter with DC-fault blocking capability[J]. IEEE Transactions on Power Delivery, 2014, 29(1): 1569-1577.

[8] Merlin M M C, Green T C, Mticheson P D, et al. A new hybrid multi-level voltage-source converter with DC fault blocking capability[C]. The 9th IET International Conference on AC and DC power Transmission, London, 2010.

[9] Marquardt R. Modular multilevel converter topologies with DC-short circuit current limitation[C]. The 8th International Conference on Power Electronics-ECCE Asia, Jeju, 2011: 1425-1431.

[10] Xue Y L, Xu Z, Tang G. Self-start control with grouping sequentially precharge for the C-MMC-based HVDC system[J]. IEEE Transactions on Power Delivery, 2014, 29(1): 187-198.

[11] Zhang J P, Zhao C Y. The research of SM topology with DC fault tolerance in MMC-HVDC[J]. IEEE Transactions on Power Delivery, 2015, 30(3): 1561-1568.

[12] Qin J C, Saeedifard M, Rockhill A, et al. Hybrid design of modular multilevel converters for HVDC systems based on various submodule circuits[J]. IEEE Transactions on Power Delivery, 2015, 30(1): 385-394.

[13] Li X Q, Liu W H, Song Q, et al. An enhanced MMC topology with DC fault ride-through capability[C]. The 39th Annual Conference of IEEE Industrial Electronics Society, Vienna, 2013: 6182-6188.

[14] 向往, 林卫星, 文劲宇, 等. 一种能够阻断直流故障电流的新型子模块拓扑及混合型模块化多电平换流器[J]. 中国电机工程学报, 2014, 34(29): 5271-5179.

[15] 赵鹏豪, 王朝亮, 许建中, 等. 一种具有直流故障穿越能力的 MMC 子模块拓扑[J]. 电网技术, 2014, 38(12): 3441-3446.

[16] Xu J Z, Zhao P H, Zhao C Y. Reliability analysis and redundancy configuration of MMC with hybrid submodule topologies[J]. IEEE Transactions on Power Electronics, 2016, 31(4): 2720-2729.

[17] Modeer T, Nee H P, Norrga S. Loss comparison of different sub-module implementations for modular multilevel converters in HVDC applications[C]. The 14th European Conference on Power Electronics and Applications, Birmingham, 2011: 1-7.

[18] Li X Q, Liu W H, Song Q, et al. Protection of nonpermanent faults on DC overhead lines in MMC-based HVDC systems[J]. IEEE Transactions on Power Delivery, 2013, 28(1): 483-490.

[19] Zhang J P, Zhao C Y. The research of SM topology with DC fault tolerance in MMC-HVDC[J]. IEEE Transactions on Power Delivery, 2015, 30(3): 1561-1568.

[20] 薛英林, 徐政. C-MMC 直流故障穿越机理及改进拓扑方案[J]. 中国电机工程学报, 2013, 33(21): 63-70.

[21] Rohner S, Bernet S, Hiller M, et al. Modulation, losses, and semiconductor requirements for modular multilevel converters[J]. IEEE Transactions on Industrial Electronics, 2010, 57(8): 2633-2642.

[22] Fazel S S, Bernet S, Krug D, et al. Design and comparison of 4kV neutral-point-clamped, flying-capacitor, and series-connected H-bridge multilevel converters[J]. IEEE Transactions on Industry Applications, 2007, 43(4): 1032-1040.

[23] 敬华兵, 年晓红. 新型的模块化多电平换流器子模块保护策略[J]. 电网技术, 2013, 37(7): 1954-1958.

[24] Elserougi A A, Abdel-Khalik A A, Massoud A M, et al. A new protection scheme for HVDC converters against DC-side faults with current suppression capability[J]. IEEE Transactions on Power Delivery, 2014, 29(4): 1569-1577.

[25] Li B, Li Y, He J W. A DC fault handling method of the MMC-based DC system[J]. International Journal of Electrical Power and Energy Systems, 2017, 93: 39-50.

第 8 章　直流断路器的工作原理与关键技术

直流断路器能够快速开断直流侧故障电流，是直流组网的关键部件之一。本章介绍了直流断路器在直流系统中的应用特性，针对不同类型直流断路器，介绍了其基本结构和工作原理，指出了直流断路器中的关键技术及研究现状。

8.1　直流断路器的应用

8.1.1　直流故障隔离方式比较

由前述柔性直流系统故障特性分析可知，直流侧故障电流由两部分组成，分别为换流站出口等效电容放电电流 I_{f1} 和交流侧电源通过换流站馈入电流 I_{f2}。I_{f1} 可在十几毫秒内达到峰值，是故障电流的主要成分。I_{f2} 由交流侧电源经交流侧电抗和换流站向直流侧故障点馈入短路电流；由于交流侧电源到故障点的电气距离较远，等效阻抗较大，I_{f2} 的上升率和峰值都远小于 I_{f1}，其危害也远小于 I_{f1}。

直流故障隔离方法主要包括：①利用交流断路器隔离直流故障的方法；②基于 MMC 子模块的直流故障隔离方法；③基于交直流系统隔离的直流故障处理方法；④利用直流断路器隔离直流故障的方法。

第 7 章详细介绍了前三种故障隔离方法。第一种方法通过断开交流断路器的方式，仅断开 I_{f2} 的通路，对于危害更大的 I_{f1}，只能等待其自然衰减，且交流断路器完全开断需 100～200ms，隔离时间长，因而第一种方法对设备和系统稳定危害较大。第二种方法通过闭锁换流器子模块，可在数毫秒内消除 I_{f1} 和 I_{f2}，但闭锁换流器扩大了故障影响范围，且具备故障隔离能力的拓扑，增加了换流站的建设改造成本和运行损耗。第三种方法通过旁路子模块的方式，在换流站内形成完全对称的三相短路电流，直流侧故障电流完全由桥臂电抗器续电流产生，同样存在故障隔离时间长的问题。

第四种方法通过直流断路器动作，在换流站出口与故障点之间切入避雷器使直流侧故障电流下降至零，再打开两侧的隔离开关以隔离故障点。直流断路器可在数毫秒内消除 I_{f1} 和 I_{f2}，对设备运行和系统稳定的危害较小，且故障穿越过程中换流站无须闭锁停运，保证了保护的选择性，且健全系统能够迅速恢复。因此，采用直流断路器是最有应用前景的故障隔离方式。

8.1.2　直流断路器的安装位置及保护范围

若不考虑经济性而以直流侧故障后切除范围最小为原则，直流断路器(DCCB)在典型四端柔性直流系统中的配置结构可以如图 8.1 所示。

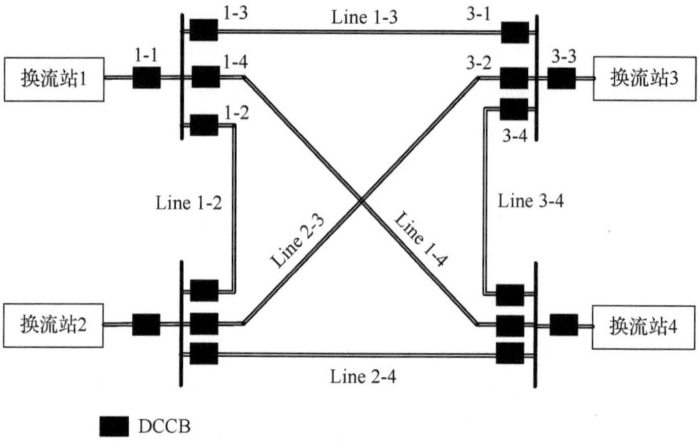

图 8.1　四端柔性直流系统中直流断路器的配置

图 8.1 中包含四个换流站，换流站直流侧采用并联结构，换流站两两互联形成直流电网。换流站间的联络线为一对正、负极线，每条联络线两端的直流断路器为一对分别安装在正、负极线出口的断路器，共配置了 2×4×4 台直流断路器。

为方便介绍各直流断路器的保护范围，对直流电网中的联络线和直流断路器进行编号。编号规则为：联络线编号形式为 Line*i*-*j*，其中 *i* 和 *j* 分别为联络线两端换流站的编号；直流断路器的编号形式为 *i*-*j*，其中，*i* 为该直流断路器安装位置所在的换流站编号，*j* 为直流断路器所在联络线对侧换流站编号。以图 8.1 所示系统为例，联络线 Line1-3 表示连接换流站 1 和换流站 3 的联络线；1-1 为换流站 1 出口母线前的直流断路器；1-3 为联络线 Line1-3 上邻换流站 1 侧的直流断路器；等等。

对于更一般的情况，在具有 n 个换流站的直流电网中，共有 $0.5\times n\times(n-1)$ 条联络线，需配置 $2\times n\times n$ 台直流断路器。

直流电网中的直流断路器需由系统统一调度，从而保证故障后的隔离范围最小。换言之，不同位置的直流断路器有各自的保护范围。根据故障位置的不同，直流电网中故障可分为线路故障或换流站故障。对于线路故障，以图 8.1 中 Line 1-3 故障为例，则需 DCCB1-3 和 DCCB3-1 动作以隔离故障，从而保证其他线路和换流站的可靠运行。对于换流站故障，以图 8.1 中换流站 1 故障为例，则需 DCCB1-1 动作以隔离换流站 1，从而保证其他线路和换流站的可靠运行。

8.2　直流断路器的基本工作原理

柔性直流系统直流侧故障电流无过零点且上升率高，这导致了高压直流断路器研制困难。目前，应用于柔性直流系统的高压直流断路器可分为纯固态直流断路器、混合式直流断路器[1]和机械式直流断路器[2]。由于纯固态直流断路器的损耗高达换流站损耗的 30%，高昂的运行成本限制了其工程应用，因此本节重点介绍混合式直流断路器和机械式直流断路器。

8.2.1　混合式直流断路器

混合式直流断路器的本质是通过关断全控型电力电子器件(IGBT 或 IGCT)建立瞬态恢复电压，进而将避雷器切入直流系统使故障电流下降至零，其典型拓扑结构由 ABB 公司提出，如图 8.2 所示。

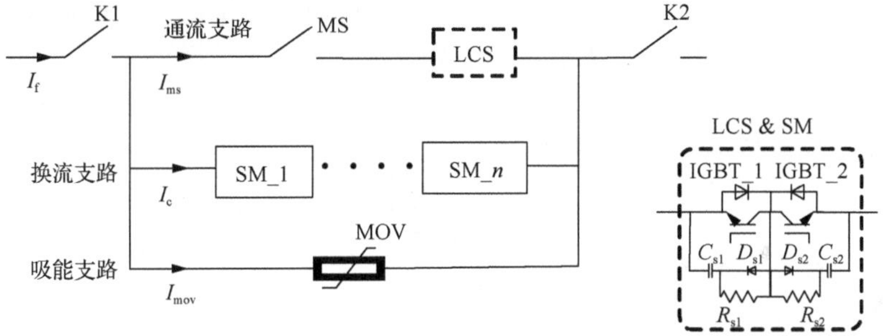

图 8.2　基于 LCS 换流技术的混合式直流断路器

由图 8.2 可知，混合式直流断路器由通流支路、换流支路和吸能支路并联而成。直流断路器总电流 I_f、通流支路电流 I_{ms}、换流支路电流 I_c 和吸能支路电流 I_{mov} 的正方向如图 8.2 所示。通流支路由快速机械开关(mechanical switch，MS)和辅助换流开关(load current switch，LCS)串联而成，其中 LCS 由多个子模块(SM)串并联构成；换流支路由 n 个 SM 串联而成；吸能支路由金属氧化物避雷器(metal oxide varistor，MOV)构成。每个 SM 由两个 IGBT 模块反向串联而成，且每个 IGBT 模块并联一个 RCD 缓冲电路。

混合式直流断路器的工作原理如下：正常运行时，电流流经通流支路；一旦检测到故障，首先给 LCS 中各 SM 发关断命令，同时给换流支路中 IGBT 发导通命令，故障电流在 LCS 关断过电压驱动下转移至换流支路；等待电流转移完成后，给 MS 发分闸命令；等待 MS 介质强度足够耐受瞬态恢复电压(transient recovery voltage，TRV)时，给换流支路中各 SM 发关断命令，直流断路器两端电压 U_{CB} 逐渐抬升至 MOV 动作电压 U_{dmov}；MOV 动作后，U_{CB} 被限制为 MOV 残压 U_{cmov}(约为 1.5p.u.)；随着系统电抗储存的能量逐渐被 MOV 吸收，I_f下降，最终残余电流由直流断路器两侧的隔离开关(K1 和 K2)切除。至此，混合式直流断路器开断了直流侧故障电流。

混合式直流断路器开断电流时有如下四个电流转移过程：①LCS 作用下，电流由通流支路转移至换流支路各 SM 中的 IGBT；②IGBT 关断后，电流由 IGBT 转移至 RCD 缓冲支路；③电流对 RCD 支路中电容的充电效应导致 MOV 动作，电流由 RC 支路转移至吸能支路；④随着系统能量被 MOV 吸收，MOV 转回高阻状态，电流由吸能支路转移回 RC 支路。开断电流后，混合式直流断路器对外表现为 n 个 RCD 支路串联，其与系统中电容、电感相互作用而产生小幅值的反向残余电流。最终该电流由直流断路器两侧的隔离开关拉断。

8.2.2　机械式直流断路器

机械式直流断路器的核心原理是利用人工过零和机械开关的过零熄弧特性，先将电容切入直流系统以建立瞬态恢复电压，进而将避雷器切入直流系统并使故障电流下降至零。如图 8.3 所示，本小节以西安交通大学提出的基于有源振荡换流技术的机械式直流断路器为例，介绍其工作原理。另一类机械式直流断路器利用无源振荡换流技术，将在 8.3.2 小节中简单介绍。

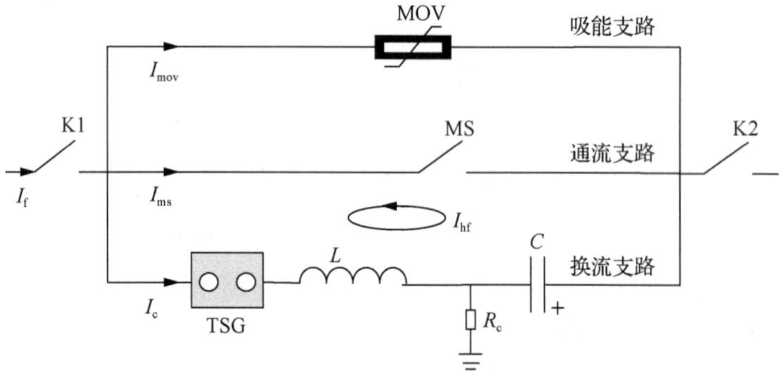

图 8.3　基于有源振荡换流技术的机械式直流断路器

由图 8.3 可知，机械式直流断路器同样由通流支路、换流支路和吸能支路三条支路组成。各支路电流正方向如图 8.3 所示。机械式直流断路器的通流支路由快速机械开关构成；换流支路由空气触发球隙(triggered sphere gap，TSG)、电感 L 和预充电电容 C 构成；吸能支路由 MOV 构成。

基于有源振荡换流技术的机械式直流断路器的工作原理为：正常运行时，电流由通流支路导通，该支路的导通电阻为微欧级，直流断路器的运行损耗可忽略不计；一旦检测到故障，首先给 MS 发分闸命令，等待 MS 介质强度足够耐受 TRV 时，给 TSG 发触发命令，电容放电，在通流支路和换流支路所构成的回路中产生

高频电流 I_{hf}；I_{hf} 与 I_f 叠加，使 I_{ms} 过零，MS 熄弧，故障电流由通流支路转移至换流支路；故障电流给换流支路中电容充电以建立 TRV；U_{CB} 不断抬升直至 MOV 动作；电流进一步转移至吸能支路，I_f 逐渐下降，最终残余电流由直流断路器两侧的隔离开关(K1 和 K2)切除。至此完全开断直流侧故障电流。

机械式直流断路器开断电流时有如下三个电流转移过程：①高频电流 I_{hf} 作用下，电流由通流支路转移至换流支路；②电流对换流支路中电容的充电效应导致 MOV 动作，电流由换流支路转移至吸能支路；③随着系统能量被 MOV 吸收，MOV 转回高阻状态，若此时 TSG 的介质强度还未恢复，电流将由吸能支路转移回换流支路。开断电流后，机械式直流断路器对外表现为电容 C 与电感 L 串联，其与系统中电容、电感相互作用而产生较大幅值的交流电流。最终，该交流电流由直流断路器两侧的交流断路器开断。

不同类型的直流断路器优缺点总结见表 8.1。

表 8.1　不同类型直流断路器优缺点比较

指标	纯固态	混合式	机械式
开断时间	极短	短	长
电弧烧蚀	无	一般	严重
使用寿命	较长	长	短
换流可靠性	高	高	低
通态损耗	高	低	低
冷却设备	有	无	无
均压均流	有	有	无
控制难易	容易	较容易	较难
控制可靠性	较高	较高	一般
成本	高	一般	低

8.3　直流断路器的关键技术

直流断路器中的关键技术包括快速开关的结构选型、电流由通流支路向换流支路转移的换流技术[3,4]等。

8.3.1　快速开关

以往所研制的快速开关电压等级多分布在 10～20kV，若不提升其电压等级，对于更高电压等级的直流断路器，就需串联十几个甚至几十个机械断口，断路器可靠性急剧下降。因此，研制高压直流断路器对快速机械开关提出了进一步向快速性和高电压方向发展的需求。快速机械开关作为高压直流断路器中的关键部件，其操动速度和灭弧原理决定了直流断路器动作时间。

1. 操动机构

目前运用于高压开关中常见的操动机构有弹簧操动机构、液压操动机构、电机操动机构、传统电磁操动机构、永磁操动机构和电磁斥力操动机构。

高压直流断路器中快速机械开关动作时间要求极短(几毫秒)，上述操动机构中仅电磁斥力操动机构能够满足要求，目前国内外研究中主要利用的也是用电磁斥力操动机构作为驱动快速机械开关触头动作的结构。其中，ABB 公司研制采用电磁斥力操作机构的机械开关开断 20kA 故障电流，动作时间达到约 300μs[5]。下面简要介绍其原理。

电磁斥力操动机构结构和工作原理如图 8.4 所示。该机构由两个线圈固定，作为分闸线圈和合闸线圈，金属盘和绝缘拉杆可以上下运动，绝缘拉杆与开关的动触头相连。进行开关的分闸操作时，导通开关 S，储能电容 C 通过分闸线圈放电，分闸线圈中流过持续几毫秒的脉冲电流，该电流在金属盘中感应出与线圈电流方向相反的涡流，从而产生斥力，驱动金属盘带动拉杆及触头运动，实现分闸；合闸过程与分闸过程类似。

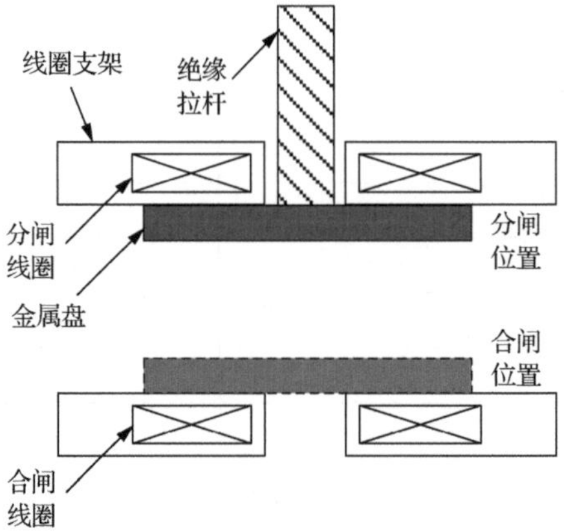

(a) 结构图

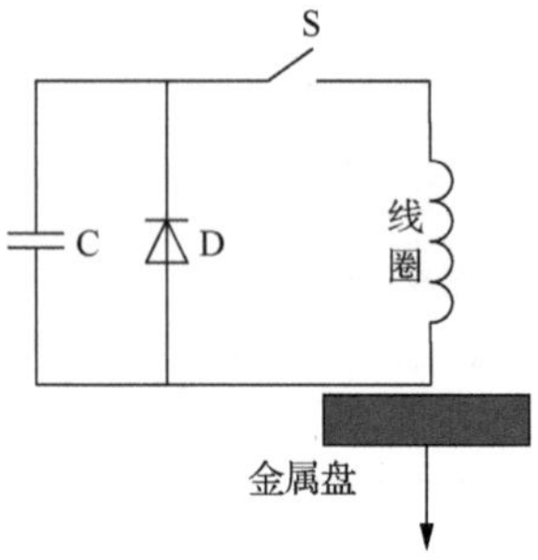

(b) 工作原理图

图 8.4　电磁斥力操动机构

由于电磁斥力操动机构中合闸分闸线圈电感很小，加上其结构简单、零部件较少，因此反应速度很快。但随着金属盘和线圈距离的增加，电磁力会迅速衰减，所以电磁斥力操动机构适用于行程较短的场合。电磁斥力操动机构放电回路中的储能电容 C 一般采用脉冲电容器，开关 S 可采用电力电子开关或真空触发间隙。

2. 灭弧原理

按照灭弧原理的不同，断路器分为油断路器、压缩空气断路器、真空断路器和六氟化硫(SF6)、磁吹断路器和固体产气断路器。目前电力系统中起主要作用的是真空断路器和 SF6 断路器。

1)真空断路器

真空断路器利用真空作为触头间的绝缘与灭弧介质。在高真空度下，气体密度小，气体分子平均自由程长，因此触头间隙的绝缘强度很高。真空断路器与其他类型断路器相比，具有安全可靠、寿命长、维修工作量小、不污染等特点。目前真空断路器已经广泛应用于交流配电系统中，额定开断电流范围是 20～60kA，动触头行程为 10～25mm。真空断路器由于运动距离小，容易实现短时间分合闸。

2)SF6 断路器

针对具有插拔式触头结构的 SF6 断路器，其超程长(10～20mm)，动触头质量大。SF6 断路器无法快速拉弧，其电弧电压建立过程较慢，通常需要数毫秒。对于旋弧式 SF6 断路器，随触头间距增大，电弧电压可达 100～200V；对于自能式或压气式 SF6 断路器，吹弧后，电弧温度降低，电弧长度增大，电弧电压可达千伏级。然而，不同于真空电弧电压的陡变特性，SF6 电弧电压随触头间距的增大而逐渐增大，上升较慢；特别是自能式或压气式 SF6 断路器，动静触头开距大到一定程度后才开始吹弧，电弧电压才会明显增大。因此，SF6 电弧电压明显高于真空电弧电压，但其建立时间需要数毫秒，无法满足直流断路器的快速性要求。

3. 其他相关技术

对于快速开关的保持单元，主要有永磁保持机构、螺旋式弹簧保持机构和碟簧保持机构等三种方式[6,7]。其中，永磁保持机构使运动系统中可动部件总质量增加过多，使运动系统操动速度降低；螺旋式弹簧保持机构需配合使用锁扣等机械结构，可靠性较差；碟簧保持机构中碟簧形变量小，不适用于长行程的情况。

对于快速开关的缓冲单元，低压快速开关中，动静触头开距、操动质量和操动速度较小，缓冲需要吸收的动能也较小，缓冲问题并不突出，即使不施加任何缓冲也不影响快速开关的正常工作。但高压快速开关中动静触头开距、操动质量、操动速度都会增加，若仍不施加缓冲方式，则运动部件到达终点位置会发生强烈机械撞击而反弹回初始位置，造成分合闸操作失败。另外，强烈的机械撞击可能引发绝缘拉杆断裂、操动机构中金属盘碎裂等事故，最终导致快速开关机械寿命的缩短。目前学术界对适用于快速开关的缓冲方式研究非常少且主要为定性研究，缓冲问题是研制高压快速开关的另一瓶颈问题。高压快速开关中的理想缓冲效果是实现运动系统的软着陆，从而得到平滑的行程特性曲线并避免机械撞击，保证快速开关的可靠工作。研究适用于高压快速开关的缓冲方式并定量研究其缓冲特性具有重要的理论意义和工程实用价值。

8.3.2　换流技术

混合式直流断路器和机械式直流断路器中的换流技术有所不同。混合式直流断路器的换流技术有两种：自然换流技术[8]和 LCS 换流技术[9]。机械式直流断路器的换流技术也有两种：无源振荡换流技术和有源振荡换流技术。本节针对这四种换流技术路线展开说明。

1. 自然换流技术

自然换流技术，通过触头弧压驱动故障电流转移至换流支路。ABB 公司于 2006 年首先提出了基于全控型大功率固态开关的自然换流型混合式直流断路器[5]，其拓扑结构如图 8.5 所示。

图 8.5 中，MS 为快速机械开关；IGCT（integrated gate commutated thyristor）为集成门极换流晶闸管；D_1、D_2、D_3、D_4 为二极管；MOV 为避雷器；各电流参考正方向如图所示。

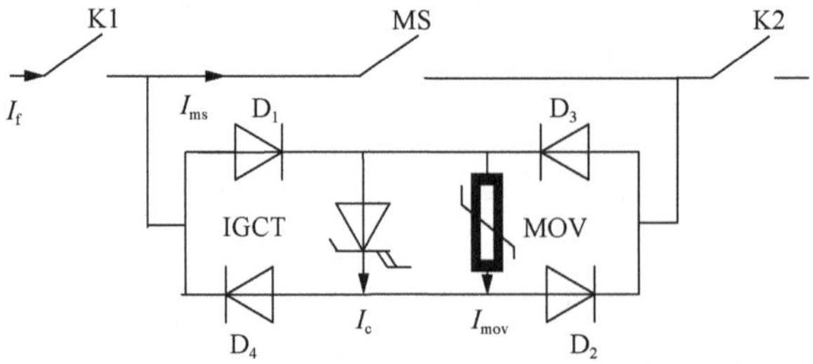

图 8.5　自然换流型混合式直流断路器

对于自然换流型混合式直流断路器，正向电流的换流过程如下所述：检测到故障电流后给 MS 发分闸命令；经过一定延时，MS 动静触头分离并拉弧，MS 断口两端出现电弧电压；故障电流在电弧电压的驱动下转移至换流支路（D_1→IGCT→D_2）。正、反向电流的换流过程类似，区别为换流支路由（D_1→IGCT→D_2）变为（D_3→IGCT→D_4）。自然换流型混合式直流断路器中的换流过程由 MS 电弧电压驱动，而 MS 电弧电压大于换流支路（D_1→IGCT→D_2）的导通压降是可靠换流的先决条件。

直流断路器换流支路的导通压降由 IGBT 或 IGCT 的伏安（*V-I*）特性曲线、SM 串联数、断路器走线布置等决定。考虑 *V-I* 曲线近似线性，而 SM 个数与直流断路器的电压等级成比例，因此换流支路的导通压降分别与直流断路器的电流和电压等级成正比。对于 10kA/10kV 双向混合式直流断路器，换流支路导通压降约为

50V。对于更高电压等级的直流断路器，其导通压降可达千伏级，明显大于真空电弧电压。

综上，自然换流技术仅适用于低电压等级的混合式直流断路器。

2. LCS 换流技术

为了克服高压混合式直流断路器的换流困难，Jürgen Häfner 等提出如图 8.2 所示基于 LCS 换流技术的混合式直流断路器。换流过程中，换流支路导通，LCS 关断产生的过电压驱动电流向换流支路转移。基于该拓扑，ABB 公司已成功研制了额定电流 2kA，额定开断电流 9kA，由 4 个 80kV 模块串联而成的 320kV 混合式直流断路器样机。单个 80kV 模块试验报告表明，在 LCS 关断过电压驱动下，电流可靠转移至换流支路；故障后 4ms，换流支路关断，电流进一步转移至吸能支路；MOV 残压为 120kV；故障后 5.5ms，试验回路能量吸收完毕，电流降为零。样机中 LCS 开关采用子模块 3 并 3 串结构排布，其长期运行损耗为几十千瓦。

基于相同换流技术路线，国家电网智能电网研究院于 2015 年成功研制额定开断电流 15kA，额定电压 200kV，动作时间 3ms 的混合式直流断路器样机。

LCS 成功解决了高压混合式直流断路器中的换流问题，但又带来如下问题：

(1) LCS 由 9 个 SM 构成，而每个 SM 由 2 个 IGBT 模块构成，这意味着 LCS 的设备成本昂贵。

(2) LCS 运行损耗为几十千瓦，产生不可忽略的运行成本。

(3) 需为 LCS 配置可靠散热系统，后期维护麻烦，增加了系统复杂度。

3. 无源振荡换流技术

基于无源振荡换流技术的机械式直流断路器的拓扑结构如图 8.6 所示[10]，这种直流断路器具有结构简单、可靠性高和易于控制等优点。

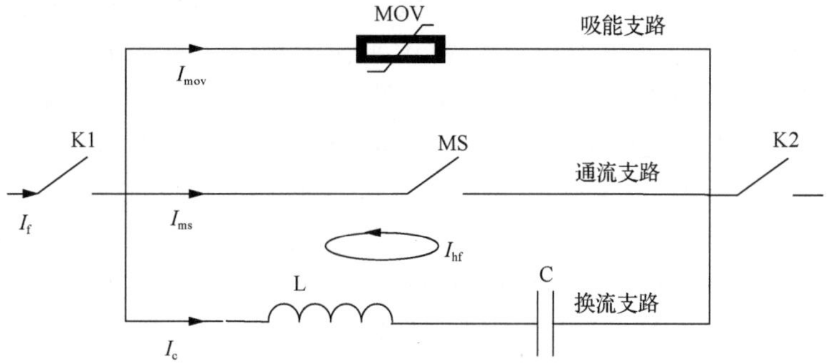

图 8.6　基于无源振荡换流技术的机械式直流断路器

图 8.6 中，MS 为 SF6 断路器；L 为电感；C 为电容，该电容无须预充电；MOV 为避雷器。其换流原理描述如下：正常运行时，电流全部由 MS 导通；需要开断电流时，首先给 MS 发分闸命令；经过一定延时，MS 动静触头真正分离并拉弧；SF6 电弧具有负阻特性和不稳定性，SF6 电弧与 LC 支路构成振荡回路，自激振荡产生高频电流 I_{hf}；若 I_{hf} 峰值大于 I_f，则 MS 中电流可过零熄弧。至此，电流由通流支路转移至换流支路。

基于无源振荡换流技术的机械式直流断路器，其开断的电流水平较低(6kA)，换流时间较长(20～30ms)，即使是采用快速 SF6 开关，换流时间也需要数毫秒；多应用于传统点对点的高压直流输电系统，用作直流转换开关，如金属回线转换开关、大地回线转换开关、中性母线开关和中性母线接地开关。直流转换开关主要用于直流输电系统中各种运行方式与接地系统的转换。根据传统高压直流输电系统的需求，直流转换开关所需开断(转换)电流一般不超过 6kA，而百毫秒级的转换时间仍在可接受范围之内。而 MMC-MTDC 系统对直流断路器的要求更为严苛，基于无源振荡换流技术的机械式直流断路器开断电流水平较低、动作时间过长，并不适用于 MMC-MTDC 系统。

4. *有源振荡换流技术*

鉴于无源振荡换流技术具有换流水平低和换流时间长的不足，基于有源振荡换流技术的纯机械直流断路器应运而出，其典型拓扑结构如图 8.3 所示。该种直流断路器的换流过程中，MS 燃弧；触发 TSG 后，预充电电容 C 通过通流支路和换流支路所构成的闭合回路中放电而产生高频电流 I_{hf}。I_{hf} 的峰值及频率取决于 LC 参数及预充电电压。

西安交通大学于 2014 年成功研制了基于有源振荡换流技术的机械式直流断路器，其额定电压为 55kV，开断电流为 16kA，动作时间为 5ms[11]。

综上，基于有源振荡换流技术的机械式直流断路器的电压水平、开断电流水平及动作时间都可满足 MMC-MTDC 系统要求。然而，该换流技术存在如下缺点：

(1)充电电容 C 两端最高电压为 MOV 残压(约为 1.5p.u.)，如此高的电压决定了电容无法采用单独的供电系统，而需要采用如图 8.3 所示的从直流母线取电的供电方式。电容的充电过程中，首先合闸 K1 和 MS，直流母线通过 R_c 对电容充电，直至电容电压等于直流母线电压；之后，合闸 K2 完成直流断路器的合闸过程。电容电压与直流母线电压相等，然而考虑直流母线电压会在一定范围内波动，电容预充电电压不固定；当直流侧故障时，直流母线失压，电容预充电压无法维持；这些问题将导致机械式直流断路器工作的不稳定。

(2)为了实现双向电流的开断，西安交通大学采用了熄弧能力较弱的 TSG。但 TSG 在空气中燃弧，存在潜在的火灾风险；TSG 熄弧能力取决于多种因素，如燃弧电流、燃弧时间、触头烧蚀情况等[11]，其工作状态存在不确定性，可能导致TSG 长时间燃弧，进而缩短其寿命；另外，TSG 熄弧不确定会导致一次动作完成后电容两端电压值的不确定，进而导致直流断路器工作的不确定。

8.4　直流断路器与换流器保护的配合

本书第 9 章将详细介绍柔性直流系统的保护配置问题。为保持完整性，本节简要介绍直流断路器与换流器保护的配合问题。

在直流线路安装上直流断路器后，可以在换流器闭锁后或闭锁前由直流断路器切除直流侧线路故障。这两种方式由于闭锁先后顺序不同，对断路器性能要求、保护配合要求也不同。

(1) 按照现有的保护整定值设置，在不采取限流措施的情况下，由于直流系统故障发展迅速，换流站在 1～2ms 内迅速闭锁；而在现有的保护判据和断路器开断速度下，无法做到在故障发生后 1～2ms 内切除直流侧故障。如果故障发生后换流器先闭锁，再由直流断路器切除故障线路，那么换流器电压跌落程度并不大，故障消除后系统重新合闸时，子模块电容充电时间相应缩短，不过换流器闭锁后直流系统暂时停运，且会对交流侧产生一定冲击。闭锁后故障电流不再流经换流器固态开关元件，保证了换流器固态开关不被烧毁，此时直流线路故障电流最大值不再由开关元件最大通流能力决定，而是由交流侧短路容量决定。这种情况下，虽然也要求直流断路器能够迅速动作，但对其开断容量和动作速度要求有所降低。然而，换流站暂时停运对整个直流系统稳定性影响较大。

(2) 如果系统先有直流断路器切除故障，尽量避免线路故障造成的换流站闭锁，一方面要求提高断路器的开断速度，另一方面需要调整现有换流器保护的整定值，以适当推迟换流器闭锁的时刻。如图 8.7 所示，断路器在换流器闭锁前动作，I_0 为换流器额定电流，I_{t1} 为断路器整定电流(或保护发跳闸命令时刻的电流)，经过 Δt_1 断路器完全断开，I_{k1} 为断路器实际开断电流，I_{t2} 为换流器闭锁保护电流，经过 Δt_2 换流器完全闭锁，I_{k2} 为对应时刻的电流。若断路器在换流器闭锁后动作，则 I_{k2} 也近似为断路器的开断电流。推迟换流器闭锁的时刻，可以采用降低直流故障电流上升率、增大换流器闭锁的保护阈值或增加换流器保护动作延时的方式。另外，降低直流断路器整定电流 I_{t1} 也能延长直流断路器动作时间 Δt_1 的允许值。目前单纯地通过提高断路器开断速度或者推迟换流器闭锁时刻来实现保护的配合还存在很多技术难点：快速开关的动作速度限制了直流断路器开断速度；推迟换流器闭锁可能造成过大短路电流而烧毁换流器固态器件。因此，需对两方面综合考虑，降低对单一方面性能的要求。

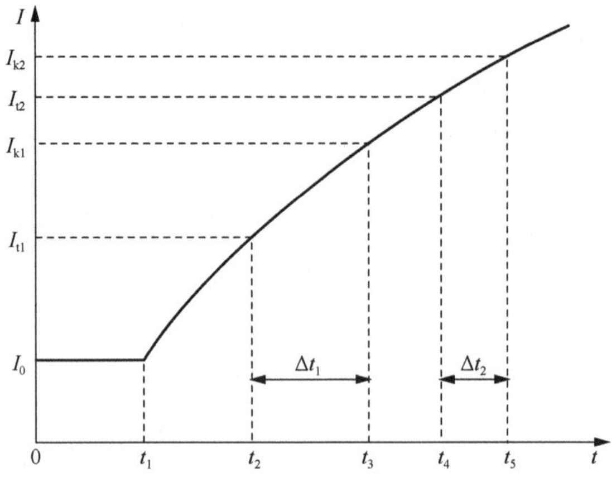

图 8.7　短路电流波形及整定配合示意图

下面对各配合关系进行量化分析。假设换流器闭锁整定值为 I_{set}，换流器额定电流为 I，动作延时设为 t_{set}，短路电流上升率为 k_{short}，那么必须保证

$$\frac{I_{set}-I}{k_{short}}+t_{set}\geqslant t_{min} \tag{8.1}$$

式中，t_{min} 为保证断路器动作和换流器保护有效配合的最短时间，可根据现有保护和断路器动作速度适当选取。

在断路器内部动作时序中，设定从故障开始到完全跳开机械开关和固态开关的时间为 t_{cut}，MOV 缓冲吸收支路放电电流持续时间为 t_{MOV}，直流线路额定电流为 I_N，则断路器相关设计值应保证

$$\begin{cases}t_{cut}+t_{MOV}\leqslant t_{min}\\ k_{short}\times t_{cut}+I\leqslant I_{max}\end{cases} \tag{8.2}$$

式中，I_{max} 为断路器能够开断的最大电流。

式(8.2)中，t_{cut} 除了与保护判据相关，还与机械开关触头间绝缘强度恢复时间和断路器电流转移触发信号时刻相关，对于固定电压等级的系统，t_{cut} 可以近似认为是一个常数。因此需要控制的变量为

$$\begin{cases}k_{short}\leqslant\dfrac{I_{max}-I_N}{t_{cut}}\\ k_{short}\leqslant\dfrac{I_{set}-I}{t_{min}-t_{set}}\\ t_{MOV}\leqslant t_{min}-t_{cut}\end{cases} \tag{8.3}$$

可以看出，如果给定了换流器闭锁整定值 I_{set} 和动作延时设定值 t_{set}，并已知开断时间 t_{cut}，为了实现断路器和换流器保护之间的有效配合，需控制短路电流上升率和 MOV 缓冲吸收支路吸收的能量。

控制短路电流上升率，主要可以通过在直流线路增加感性故障限流器的方式实现。当直流系统发生最严重的两极短路时，换流站直流电容通过短路点放电，而交流侧对短路电流的贡献有限，因而在直流侧增加感性限流环节来限制直流线路短路电流上升率是比较经济有效的。从式(8.3)可以看出，对于不同的换流器保护整定值，所需限流电抗值也不同。

减小 MOV 缓冲吸收支路吸收的能量，主要通过降低直流电容值、降低直流电抗值、减小 t_{cut} 和在线路上增加其他能量吸收器件来实现。直流电容的主要作用是维持直流电压稳定，一般存在一个下限；降低直流电抗与上一段的控制短路电流上升率要求矛盾，且 MOV 吸收的能量主要来源是直流电容放电，直流电抗器本身的储能有限。

参 考 文 献

[1] Hassanpoor A, Häfner J, Jacobson B. Technical assessment of load commutation switch inhybrid HVDC breaker[J]. IEEE Transactions on Power Electronics, 2015, 30(10): 5393-5400.

[2] Shi Z Q, Zhang Y K, Jia S L, et al. Design and numerical investigation of A HVDC vacuum switch based on artificial current zero[J]. IEEE Transactions on Dielectrics & Electrical Insulation, 2015, 22(1): 135-141.

[3] Wen W J, Huang Y L, Li B, et al. Technical assessment of hybrid DCCB with improved current commutation drive circuit[J]. IEEE Transactions on Industry Applications, 2018, 54(5): 5456-5464.

[4] Wen W J, Wang Y L, Li B, et al. Transient current interruption characteristics of a novel mechanical DC circuit breaker[J]. IEEE Transactions on Power Electronics, 2018, 33(11): 9424-9431.

[5] Meyer J M, Rufer A. A DC hybrid circuit breaker with ultra-fast contact opening and integrated gate-commutated thyristors (IGCT)[J]. IEEE Transactions on Power Delivery, 2006, 21(2): 646-651.

[6] Tsukima M, Takeuchi T, Koyama K, et al. Development of a high-speed electromagnetic repulsion mechanism for high-voltage vacuum circuit breakers[J]. Electrical Engineering in Japan, 2008, 163(1): 34-40.

[7] Niwa Y, Matsuzaki J, Yokokura K. The basic investigation of the high-speed VCB and its application for the DC power system[J]. Discharges &Electrical Insulation in Vacuum, 2008, 1: 107-112.

[8] 陈政宇, 余占清, 吕纲, 等. 基于 IGCT 串联的 10kV 直流混合断路器研究[J]. 中国电机工程学报, 2016, 36(2): 317-326.

[9] Zhou W D, Wei X G, Zhang S, et al. Development and test of a 200kV full-bridge based hybrid HVDC breaker[C]. European Conference on Power Electronics and Applications, Geneva, 2015: 1-7.

[10] 彭畅, 温家良, 王秀环, 等. 特高压直流输电系统的直流转换开关研制[J]. 中国电机工程学报, 2012, 32(16): 151-156.

[11] Zhang Y K, Shi Z Q, Jia S L, et al. Simulation and analysis on the interruption process of HVDC vacuum switch with forced current zero[C]. International Symposium on Discharges and Electrical Insulation in Vacuum, Mumbai, 2014: 281-284.

第 9 章　柔性直流系统的保护分区与配置

9.1　柔性直流换流站的保护分区

柔性直流换流站的保护配置主要可以借鉴常规直流换流站保护进行配置[1]。保护的对象是换流器、直流母线、直流线路、桥臂电抗器等所有直流设备及换流变压器、交流连接线等相关交流设备。

9.1.1　换流站保护的设计原则

(1) 覆盖全面、无保护死区。保护的对象是相互连接的，针对不同的保护对象，采用不同的保护原理，不同的动作后果。保护区域相互交叉覆盖，避免了可能出现的保护死区，确保柔性直流系统在任何故障类型下都能准确、及时地切除故障。

(2) 保护配置的独立性。柔性直流换流站继电保护系统两套主保护一般采用不同的保护原理、测量回路和电源。对不能采用不同原理的保护，保护系统采用完全冗余方案配置，以保证故障设备的安全停运和可靠隔离。

(3) 多重化的冗余配置。为了提高直流保护的可靠性，直流保护应双重化或三重化配置。采用双重化配置的保护装置，每套保护中应采用“启动+动作”逻辑，启动和动作的元件和回路应完全独立，不得有公共部分相互影响。采用三重化配置的保护装置，应按照“三取二”的出口逻辑，即 A、B、C 冗余系统中至少两套保护同时都有信号出口，即为保护出口信号；“三取二”出口判断逻辑装置及其电源应冗余配置。换流变压器本体作用于跳闸的非电量保护元件都应设置三副独立的跳闸触点，按照“三取二”原则出口，三个开入回路要独立，不允许多副跳闸触点并联上送。

(4) 直流控制、直流保护和交流保护之间必须正确地协调配合，直流保护的设计必须综合考虑交/直流系统运行要求及其设备配置和应力限制的各个方面，并结合直流控制系统进行最优设计，使系统在故障暂态性能上达到最优平衡。直流保护与直流控制的功能和参数应正确配合，在需要的前提下，保护应首先借助直流控制系统的能力去抑制故障的发展，改善直流系统的暂态性能，减少直流系统的停运次数，交流保护和直流保护应正确地协调配合，使故障的清除及故障清除后的恢复得到最优的处理[2]。

综上所述，柔性直流换流站的保护配置，应在保护设备免受过应力损害的同时，将故障对交直流系统的扰动减至最小。

9.1.2　换流站的保护分区

典型的柔性直流换流站保护分区及配置如图 9.1 所示，主要可以分为交流电网侧保护区、变压器及连接线保护区、换流阀保护区、直流侧保护区。

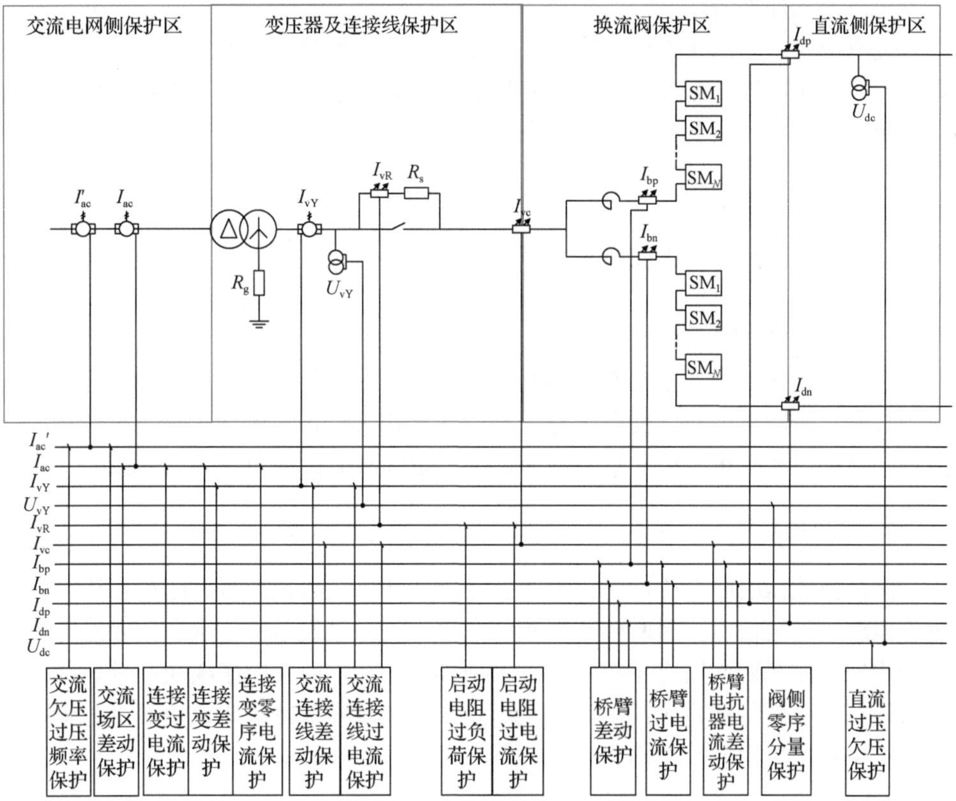

图 9.1　典型的柔性直流换流站保护分区及配置

交流电网侧保护区主要保护对象是交流母线至变压器一次端口母线之间的区域。在交流系统故障或者异常工况下，柔性直流换流站需要配合交流系统做出反应。配置的保护主要包括连接变差动保护、连接变过电流保护、连接变零序电流保护、连接变过负荷保护、连接变中性线热过载保护、变压器本体保护、启动回路热过载保护、阀侧连接线差动保护、阀侧零序分量保护等。

变压器及连接线保护区又可以分为两部分，即变压器保护区和交流连接线保护区。变压器保护区主要保护连接变压器，并以电流差动保护作为连接变压器的主保护。交流连接线保护区主要是指连接变阀侧套管至换流器交流母线的区域，主要配置交流连接线差动保护作为主保护、交流连接线过电流保护、阀侧零序过压保护、启动电阻过负荷保护、启动电阻过电流保护等。其中，启动电阻过负荷保护、启动电阻过电流保护主要是针对启动过程中启动电阻投入状态下发生故障时的保护配置。

换流阀保护区主要指 MMC 区域，主要保护对象包括桥臂电抗器和桥臂电力电子器件[2]。配置的保护主要包括桥臂电流差动保护、桥臂过电流保护、桥臂电抗器电流差动保护等。

直流侧保护区的主要保护对象包括柔性直流换流站直流侧的直流设备、直流母线、直流线路等。配置的保护主要包括直流母线过/欠压保护、直流线路行波保护、暂态量保护、突变量保护以及电流差动保护等。

9.1.3　常见的保护动作

常见的保护动作有下面几种。

1. 告警和启动录波

告警的动作定值一般较低，应用于对设备安全和系统运行有潜在危险的情况。使用灯光、音响等方式，提醒运行人员，注意相关设备的运行状况，采取相应的措施，自动启动故障录波和事件记录，便于识别故障设备和设备故障原因。

2. 闭锁触发脉冲

闭锁换流器的触发脉冲可以分为暂时闭锁和永久闭锁。暂时闭锁指当某一项暂态电流超过限值时，暂时停止向相应子模块发送触发脉冲。永久闭锁意味着故障严重，控制系统向所有子模块发送关断控制脉冲，所有的子模块闭锁。如当直流电缆故障和阀冷却系统故障时应发送永久闭锁触发脉冲。闭锁也是直流输电保护系统中最常采用的保护动作。

3. 跳闸并锁定交流侧断路器

换流变压器网侧通过交流断路器与交流系统相连，检测到故障时，跳闸并锁定交流侧断路器，可以在换流阀故障时切断电压源，避免在阀遭受严重电流应力的同时遭受不必要的电压应力，保护连接变压器和换流阀。锁定交流侧断路器用于防止断路器在运行人员确认故障之前操作闭合，断路器锁定后需要运行人员手动复归，才能再次进行合闸操作。

4. 控制系统切换

将冗余的控制系统由值班系统切换至备用系统，如果值班控制系统出现故障或异常，可能引起某些关联的保护误动。例如，控制系统触发异常引起的慢速直流过电流保护，或与控制系统计算相关的直流过电压/欠电压保护等。为了排除控制系统本体故障引起的保护误动，先进行控制系统切换，切换后如果故障消失，则维持现状；系统切换后如果故障仍然存在，则保护执行下一步出口动作逻辑。

5. 启动断路器失灵

如果交流断路器未正确跳开，则启动跳上一级断路器，目的是将故障隔离[3]。

9.2　交流电网侧保护区的保护配置

交流电网侧保护主要针对交流母线至变压器一次端口的母线之间发生的故障，该故障后果与换流站内的接地方式基本无关，要求柔性直流换流站在无通信的情况下也可以应对交流电网侧故障并进行相应的保护措施。因此，除换流站内相关设备的保护之外，柔性直流换流站应检测交流电网侧的母线电压，配置交流过/欠压保护、交流频率保护和交流过电流保护等。

1. 交流欠压保护

电压降低是电力系统发生短路故障的基本特征，利用此特征实现的保护原理也最早在实际中得以应用，此保护功能检测换流器网侧电压，根据系统电压情况确定保护动作配合。采用的判据如下：

$$U_{ac} < U_{ac\_set} \quad \& \quad t > t_{set} \tag{9.1}$$

$$U_{ac} = \frac{U_{abrms} + U_{bcrms} + U_{acrms}}{3} \tag{9.2}$$

式中，U_{ac} 为三相交流相电压有效值的平均值。保护定值最终应通过仿真实验确认，推荐取值为 U_{ac_set}=0.6p.u.，t_{set}=150ms，当检测到母线电压低于电压定值且延时判定之后，交流欠压保护动作，闭锁触发脉冲；等待 6s，若电压恢复，则自动解锁；若电压不恢复，跳闸并锁定交流断路器。

2. 交流过压保护

电力系统异常也可能会出现电压升高，过电压可能危及系统安全运行并导致设备损坏，交流过压保护功能检测换流器网侧电压，根据系统电压情况确定保护动作配合，保护判据为

$$U_{ac} > U_{ac\_set} \quad \& \quad t > t_{set} \tag{9.3}$$

判据的典型定值如下：

(1) U_{ac_set}=1.2p.u.，t_{set}=5s，切换至冗余控制系统；

(2) U_{ac_set}=1.2p.u.，t_{set}=8s，闭锁跳闸。

保护检测三相交流相电压有效值的平均值 U_{ac}。当检测到母线电压高于电压定值且满足延时判定之后，交流过压保护动作，将系统切换至冗余控制系统并闭锁触发脉冲；母线电压持续高于整定值达 8s 后跳闸并锁定交流断路器。

3. 交流频率保护

本保护判定交流电网侧工作频率，对交流系统故障进行保护，主要用于检测系统孤岛情况。判据及定值设置原则为

$$\left|f - f_{set}\right| > \Delta f_{set} \quad \& \quad t > t_{set} \tag{9.4}$$

$$f_{set} = 50\text{Hz},\ \Delta f_{set} = 0.5\text{Hz},\ t_{set} = 150\text{ms} \tag{9.5}$$

当检测到频率越限且延时判定之后，闭锁触发脉冲并跳闸且锁定交流断路器。

4. 交流过电流保护

交流过电流保护应用于所有造成过流应力的工况，检测阀交流侧电流基波有效值，防止因设备过热导致损坏，当电流超过整定值时，保护动作。

$$\max(I_{carms}, I_{cbrms}, I_{ccrms}) > \varDelta \quad \& \quad t > t_{set} \tag{9.6}$$

交流过电流保护判据的典型定值(图 9.2)如下：

$\varDelta = 1.5$p.u.，$t_{set} = 8$ms，闭锁跳闸；

$\varDelta = 1.3$p.u.，$t_{set} = 50$ms，冗余控制切换；

$\varDelta = 1.3$p.u.，$t_{set} = 100$ms，闭锁跳闸；

$\varDelta = 1.08$p.u.，$t_{set} = 120$min，冗余控制切换；

$\varDelta = 1.08$p.u.，$t_{set} = 125$min，闭锁跳闸。

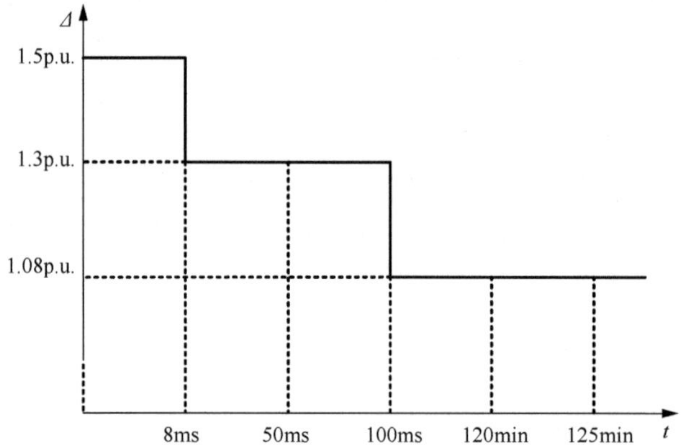

图 9.2　交流过电流保护判据典型定值

9.3　变压器及连接线保护区的保护配置

1. 变压器保护

连接变压器连接交流系统和直流系统，其结构与电力变压器基本相同，但其正常运行条件比较严酷，具有以下特点：

(1) 由于 MMC 的四象限运行特性，即可以工作在吸收或发出有功、无功的四种状态，连接变压器最大运行电压的选取需要综合考虑四种状态，分接开关的挡位偏差和系统电抗设计偏差。

(2) 连接变压器阀侧应能承受换流阀换相开断过程中的高频暂态电压，在对称双极接线方式下，还需长期承受直流电压。

(3) 当对称单极柔性直流输电系统发生单极接地故障时，连接变压器阀侧绕组和套管应具备承受短时直流偏置电压的能力。

(4) 连接变压器绕组电流中存在谐波分量，使杂散损耗增加，容易引起局部过热。

由上所述，其故障对交直流系统运行可靠性带来严重影响，因此需要对换流站内的变压器配置相应的继电保护装置。

一般来说，换流站内的变压器需要配置电流差动保护和过电流保护等，电流差动保护是变压器主保护，可用于防御变压器绕组和引出线的相间短路故障、接地短路故障等。连接变压器差动保护通过比较连接变压器一次侧和二次侧电流互感器测量的差动电流，保护连接变压器绕组免受内部接地故障的损害。过电流保护是变压器后备保护，检测连接变压器外部相间短路故障引起的变压器过电流。

变压器中性点偏移保护，连接变压器本体保护如油位检测、气体检测、油温检测、绕组稳定检测、油泵和风扇电动机保护等在相关继电保护教材中有专门描述，此处不再赘述。

2. 交流短引线差动保护

交流短引线差动保护主要针对站内交流母线故障，保护变压器二次侧至桥臂电抗交流侧之间的短引线故障。本保护检测短引线两侧电流，当电流差超过一定数值时，认为发生短路或接地故障，即

$$|I_{acY}-I_c|>\Delta \tag{9.7}$$

式中，I_{acY} 为交流电流；I_c 为换流器出口电流。保护检测瞬时值，对 300Hz 以内分量有效。判据的典型定值为 $\Delta=1\text{p.u.}$，当检测到电流差越限时，首先闭锁触发脉冲，然后跳闸并锁定交流断路器。

3. 交流谐波检测

交流谐波检测主要对谐振或者换流器工作异常引起的交流谐波畸变进行保护。保护功能检测换流器出口电流，当电流谐波或者负序分量超过一定数值并达到一定时间时，保护动作。保护判据为

$$(I_c)_{\text{harm}} > \varDelta \quad \& \quad t > t_{\text{set}} \tag{9.8}$$

式中，I_c 为换流器出口电流，保护针对负序分量及谐波分量。当负序分量或者谐波分量超过定值并达到一定时间时，启动报警，并控制系统切换，闭锁换流阀触发脉冲，最后跳闸并锁定交流断路器。

4. 启动电阻过电流保护

换流站启动过程中启动电阻处于投入状态，此时若交流连接线区域发生故障，由于故障电流很小，电流差动保护等常规保护可能无法可靠动作。考虑到启动电阻支路中配置的电流互感器精度较高，因此，可以考虑利用启动电阻支路的电流构造交流连接线的保护。

针对启动过程中的短路故障，配置启动电阻过电流保护，采集启动电阻支路上的电流 I_{vR} 作为输入形成过电流保护判据，其动作电流值和延时定值相互配合，按躲过最大启动电流和启动时间整定：

定值以充电过程中单相接地故障保护的灵敏度来整定，以图 9.1 中所示的连接变接线方式为例，

$$I_{\text{set}} = k_{\text{sen}} E_s / (R_s + R_g) \tag{9.9}$$

式中，E_s 为连接变阀侧相电压；R_s 为启动电阻；R_g 为连接变阀侧中性点电阻；k_{sen} 为大于 1 的灵敏系数。保护延时应躲过充电过程中启动电流衰减到保护定值的时间，并小于启动电阻耐受的过电流保护整定值的最大延时。

无论旁路开关是否闭合，启动电阻过电流保护始终投入。出口方式为闭锁换流阀，立即跳闸或锁定换流变开关，启动失灵保护。

5. 启动电阻过负荷保护

启动电阻过负荷保护主要保护启动电阻过载，主要利用电阻的反时限特性曲线。反时限特性是指保护装置的动作时间与短路电流的大小成反比。当流过继电器的电流越大时，其动作时间就越短；反之，动作时间越长。启动电阻过负荷保护通过对电阻上功率消耗与其热时间常数进行积分(积分值代表了电阻的热特性)来模拟电阻的温升，利用启动电阻支路电流 I_{vR} 作为判据。通过电阻电流和运行时

间计算公式如下：

$$t = \tau \times \ln \frac{I_{eq}^2}{I_{eq}^2 - I_\infty^2} \tag{9.10}$$

式中，τ 为电阻散热时间常数；I_∞为电阻持续通流能力；I_{eq} 为流过电阻的电流有效值。

具体保护定值整定原则如表 9.1 所示。具体说明以下几点：

(1) 启动回路热过载保护的定值需根据启动电阻的一次参数制定，τ 是电阻散热时间常数，I_∞是电阻持续通流能力(由电阻器厂家提供)，表 9.1 中分别取 τ=90s，I_∞=8A。

(2) 无论旁路开关是否闭合，启动电阻过负荷保护始终投入。

(3) 告警段定值一般取动作段定值的 0.95～0.98。

表 9.1　启动电阻过负荷保护定值

序号	定值名称	整定值	单位	对应变量
01	告警段定值	1.42	p.u.	t
02	动作段定值	1.5	p.u.	t
03	基准电流	8	A	I_∞
04	散热时间常数	90	s	τ

该情况下，告警段出口方式为发出告警信息，动作段出口方式为闭锁换流阀，立即跳/锁定连接变开关，启动失灵保护。

9.4　换流阀保护区的保护配置

换流阀保护是柔性直流换流站保护的核心。由于换流阀结构的特殊性，设计换流阀保护时，应充分利用换流阀的快速可控能力，与换流阀的控制系统结合起来，在很多异常故障情况下首先通过换流阀的控制功能来限制和消除故障，保护设备和系统的安全稳定运行。

下面围绕柔性直流换流阀部分关键保护的原理、整定和出口方式等进行介绍。

1. 桥臂电流差动保护

桥臂电流差动保护是以桥臂电流及直流极电流作为输入，共同构成桥臂电流差动保护动作判据，对阀区短路故障进行保护，分为上桥臂电流差动和下桥臂电流差动[4]。

上桥臂电流差动保护判据为

$$\mathrm{RMS}\left(\sum(I_{\mathrm{bpA}}+I_{\mathrm{bpB}}+I_{\mathrm{bpC}})-I_{\mathrm{dp}}\right)>\max(I_{\mathrm{sc\_set}},k_{\mathrm{set}}I_{\mathrm{res}}) \tag{9.11}$$

式中，I_{bpA}、I_{bpB}、I_{bpC} 分别为 a、b、c 三相上桥臂的电流；I_{dp} 为直流正极出线的电流；I_{sc_set} 为桥臂差动电流门槛值；I_{res} 为桥臂电流差动保护的制动电流，表达式为 $I_{res}=\max[\mathrm{RMS}(I_{bpA}+I_{bpB}+I_{bpC}),|I_{dp}|]$。

下桥臂电流差动保护判据为

$$\mathrm{RMS}\left(\sum(I_{\mathrm{bnA}}+I_{\mathrm{bnB}}+I_{\mathrm{bnC}})-I_{\mathrm{dn}}\right)>\max(I_{\mathrm{sc\_set}},k_{\mathrm{set}}I_{\mathrm{res}}) \tag{9.12}$$

式中，I_{bnA}、I_{bnB}、I_{bnC} 分别为 a、b、c 三相下桥臂的电流；I_{dn} 为直流负极出线的电流；I_{sc_set} 为桥臂差动电流门槛值；I_{res} 为制动电流，表达式为 $I_{res}=\max[\mathrm{RMS}(I_{bnA}+I_{bnB}+I_{bnC}),|I_{dn}|]$。

桥臂电流差动保护采用三相桥臂电流和与直流极电流进行差动判断，可设置告警段，在检测到差电流越限的情况下延时告警。可设置动作段，在检测到故障的情况下触发子模块旁路晶闸管、闭锁换流阀、跳开或锁定连接变开关、启动失灵保护等。桥臂电流差动保护也可分为Ⅰ段和Ⅱ段，可通过设置不同差电流定值和延时定值实现对换流器内部的严重故障和单相/单极接地故障的保护。

上述差动保护的具体定值整定原则如表 9.2 所示，具体说明以下几点：

(1) 该保护采用三相桥臂电流向量和与直流出线电流作差，取直流电流额定值作为标幺基准值。

(2) 告警段，门槛值 I_{sc_set} 取 0.08p.u.，即 $I_{sc\_set}=I_{dcN}\times0.08$。

(3) 动作Ⅰ段作为换流阀保护区单相(极)接地故障的主保护，门槛值 I_{sc_set} 取 0.1p.u.，即 $I_{sc\_set}=I_{dcN}\times0.08$，动作Ⅰ段延时定值 120ms。

(4) 动作Ⅱ段作为换流器区域内严重故障的主保护，门槛值 I_{sc_set} 取 0.5p.u.，即 $I_{sc\_set}=I_{dcN}\times0.5$，内部固有延时 5ms。

(5) k_{set} 为制动系数，Ⅰ段推荐取 0.12，Ⅱ段推荐取 0.3。

表 9.2　桥臂电流差动保护定值

序号	名称	整定值	单位	对应变量
01	告警段定值	0.08	p.u.	I_{sc_set}
02	告警段延时	5	s	t_{set}
03	Ⅰ段启动定值	0.1	p.u.	I_{sc_set}
04	Ⅰ段比例系数	0.12	—	k_{set}
05	Ⅰ段动作延时	120	ms	t_{set}
06	Ⅱ段启动定值	0.5	p.u.	I_{sc_set}
07	Ⅱ段比例系数	0.3	—	k_{set}

该情况下，告警段出口方式为告警；动作Ⅰ段出口方式为闭锁换流阀，立即跳/锁定连接变开关，启动失灵保护；动作Ⅱ段出口方式为触发旁路晶闸管，闭锁换流阀，立即跳/锁定连接变开关，启动失灵保护。

2. 桥臂电抗器的电流差动保护

桥臂电控的故障可以认为包括桥臂电抗器的失效和桥臂电抗器某一点的接地故障，接地故障与交流母线接地故障类似。桥臂电抗器电流差动保护是以桥臂阀侧电流和上、下桥臂电流作为输入而形成的差动保护动作判据，进行分相差动，对桥臂电抗相间短路、接地故障进行保护。具体判据为

$$\mathrm{RMS}(|I_{vc}-I_{bp}-I_{bn}|)>\max(I_{br\_set},k_{set}I_{res}) \tag{9.13}$$

式中，I_{vc} 为换流器出口电流；I_{bp} 为上桥臂电流；I_{bn} 为下桥臂电流；制动电流 $I_{res}=\max[\mathrm{RMS}(I_{vc}),\mathrm{RMS}(I_{bp}+I_{bn})]$，保护检测瞬时值，对 300Hz 以内分量有效。

上述差动保护的具体定值整定原则如表 9.3 所示，具体说明以下几点：

(1) 桥臂电抗器差动的电流定值以连接变阀侧额定电流 I_{ac_nom} 为基准值。

(2) 告警段，取 0.05p.u.，即 $I_{br\_set}=I_{ac\_nom}\times0.05$，延时 5s。

(3) 动作Ⅰ段作为桥臂电抗器区域单相接地故障的主保护，启动定值取 0.1p.u.，即 $I_{br\_set}=I_{ac\_nom}\times0.01$，延时定值取 150ms。

(4) 动作Ⅱ段作为桥臂电抗器区域内严重故障(相间，两相接地，三相短路)的主保护，取 0.5p.u.，即 $I_{br\_set}=I_{ac\_nom}\times0.5$，内部固有延时 5ms。

(5) k_{set} 为制动系数，推荐动作Ⅰ段取 0.1、动作Ⅱ段取 0.3。

表 9.3　桥臂电抗器的电流差动保护定值

序号	定值名称	整定值	单位	对应变量
01	告警段定值	0.05	p.u.	I_{br_set}
02	告警段延时	5	s	
03	Ⅰ段启动定值	0.1	p.u.	I_{br_set}
04	Ⅰ段比例系数	0.1		
05	Ⅰ段动作延时	150	ms	
06	Ⅱ段启动定值	0.5	p.u.	I_{br_set}
07	Ⅱ段比例系数	0.3		

该情况下，告警段出口方式为告警；动作Ⅰ段出口方式为闭锁换流阀，立即跳/锁定连接变开关，启动失灵保护；动作Ⅱ段出口方式为闭锁换流阀，立即跳/锁定连接变开关，启动失灵保护。

3. 阀侧零序过电压保护

连接变的阀侧零序过电压保护的主要目的是检测连接变阀侧是否发生接地故障，具体判据如下所示：

告警段判据为

$$\left|U_{\mathrm{vYA}}+U_{\mathrm{vYB}}+U_{\mathrm{vYC}}\right|>U_{\mathrm{acc0\_set}}\ \ \&\ \ \left(\left|U_{\mathrm{vYA}}\right| \mathrm{or} \left|U_{\mathrm{vYB}}\right| \mathrm{or} \left|U_{\mathrm{vYC}}\right|\right)<U_{\mathrm{ac\_set}} \tag{9.14}$$

动作段判据为

$$\left|U_{\mathrm{vYA}}+U_{\mathrm{vYB}}+U_{\mathrm{vYC}}\right|>U_{\mathrm{acc0\_set}} \tag{9.15}$$

上述保护的定值整定原则如表 9.4 所示，具体说明以下几点：

(1) $U_{\mathrm{acc0\_set}}$ 以连接变阀侧额定相电压为基准，告警段取 0.5p.u.；动作段取 1.8p.u.。由于该保护为本区域的后备保护，延时定值推荐 6s。

(2) $U_{\mathrm{ac\_set}}$ 以连接变阀侧额定相电压为基准，取 0.5p.u.。

表 9.4　连接变阀侧零序过压保护定值

序号	定值名称	整定值	单位	对应变量
01	告警段零序电压定值	0.5	p.u.	$U_{\mathrm{ac\_set}}$
02	动作段零序电压定值	1.8	p.u.	$U_{\mathrm{acc0\_set}}$
03	动作段延时	6	s	t_{set}

该情况下，告警段出口方式为发出告警信息；动作段出口方式为闭锁换流阀，立即跳/锁定换流变开关，启动失灵保护。

4. 桥臂环流监测

柔性直流系统运行中三相交流瞬时功率不等会导致三相的上下桥臂电压和不等，由此会在三相桥臂间产生环流，该环流叠加在桥臂电流上，导致桥臂电流发生畸变，换流器损耗增加，温度升高，降低系统的安全性[5]。桥臂环流检测上下桥臂电流的有效值，基值选取额定桥臂电流的直流偏置，当环流超过一定数值时，进行保护动作，

$$\mathrm{rms}\left(I_k-\frac{\sum\limits_{k=\mathrm{a,b,c}} I_k}{3}\right)>\Delta\ \ \&\ \ t>t_{\mathrm{set}} \tag{9.16}$$

判据的典型定值如下：

$\Delta=0.05$p.u.，$t_{\mathrm{set}}=2$s，报警；

Δ=0.05p.u.，　t_{set}=4s，冗余控制系统切换；

Δ=0.05p.u.，　t_{set}=6s，闭锁跳闸。

综上所述，柔性直流换流站保护主要利用了差动保护、过电流保护、零序过压保护等传统保护原理配置整体保护方案，主要可借鉴常规直流换流站保护配置方案。但是，由于在设备构成上有所差异，部分保护需要单独研究配置，如桥臂电抗器保护、启动电阻保护等。

9.5　直流侧保护区的保护配置

对于换流站出线的直流侧区域，需要对相关直流设备及直流输电线路进行保护配置。根据柔性直流换流站的运行方式和工作模式，可以配置直流电压不平衡保护、直流极母线差动保护、直流过电压保护、直流低电压保护以及直流谐波检测等。直流输电线路可以配置行波保护、暂态量保护、突变量保护、电流差动保护等。本书其他章节将对线路保护进行详细描述[6]。

参考文献

[1] 徐政. 柔性直流输电系统[M]. 2 版. 北京: 机械工业出版社, 2017.

[2] 周浩. 特高压交直流输电[M]. 杭州: 浙江大学出版社, 2017.

[3] 陶瑜. 直流输电控制保护系统分析及应用[M]. 北京: 中国电力出版社, 2015.

[4] 陈东, 乐波, 梅念, 等. ±320kV 厦门双极柔性直流输电工程系统设计[J]. 电力系统自动化, 2018, 42(14): 180-185.

[5] 李斌, 何佳伟, 冯亚东, 等. 多端柔性直流电网保护关键技术[J]. 电力系统自动化, 2016, 40(21): 2-12.

[6] 张浩, 吴金龙, 杨美娟, 等. 模块化多电平换流器新型桥臂环流抑制策略研究[J]. 电力系统保护与控制, 2015, 43(21): 73-80.

第 10 章　直流输电线路的行波保护

行波保护是直流输电线路保护的主保护。行波保护原理及其应用主要包括西门子公司和 ABB 公司提供的两种保护方案[1]，其中西门子公司采用极线行波保护作为主保护，而 ABB 公司采用模量行波保护作为主保护。极线行波保护利用线路故障后线路电压迅速跌落的特点，通过检测电压波头变化率判断故障发生。模量行波保护通过对直流线路共模、差模分量的测算来对直流线路进行安全检测[2]。本章主要分析介绍行波保护的基本工作原理。

10.1　行波的基本理论

均匀传输线是超(特)高压输电线路的一种理想化模型，是一种典型的分布参数电路。当在传输线某一侧的两端口加上激励电压时，就会在传输线的两根导体之间产生电场，同时导体中会有电流传播，该电流就会在导体周围产生磁场。传输线上的电压电流波的传输规律实质上就是上述电场与磁场随时间和空间变化的规律。因此，研究均匀传输线中的电磁过程，可以利用电磁场理论。

根据电磁场理论，电路中给的电流和电压均是以电磁波的形式以有限的速度 v 传播的，对于架空线而言，该速度近似等于光速，即 $v=3\times10^8\mathrm{m/s}$。行波是指沿输电线路传播的电压、电流波。行波分为稳态行波和暂态行波。稳态行波是指系统正常运行时沿线路传播的行波，它是由系统电源产生的。电能的传输、系统之间的联络都是由稳态行波来实现的。暂态行波是指系统运行过程中突然出现，而后又逐步消失的行波。暂态行波是由系统的扰动，如短路、断线、雷击及雷电感应等引起的。行波具有方向性，任何一点的行波都可以分解为正向行波和反向行波。

10.1.1　直流输电线路的故障过程

直流架空线路发生故障时，从故障电流的特征而论，短路故障的过程可以分为初始行波、暂态和稳态三个阶段。

1. *初始行波阶段*

故障后，线路电容通过线路阻抗放电，沿线路的电场和磁场所储存的能量相互转化形成故障电流行波和相应的电压行波。其中电流行波幅值取决于线路波阻抗和故障前瞬间故障点的直流电压值。线路对地故障点弧道电流为两侧流向故障点的行波电流之和，此电流在行波第一次反射或折射之前，不受两端换流站控制系统的控制。经过来回反射和折射后，故障电流转入暂态阶段。高压直流线路行波保护原理就是利用故障瞬间所传递的电流、电压行波来构成超高速的线路保护。另外，由于暂态电流、电压行波不受两端换流站的控制，其幅值和方向皆能准确反映原始的故障特征，而不受影响，可见其可靠性是很高的。

2. 暂态阶段

直流线路故障电流分量主要包含带有脉动而且幅值有变化的直流分量(强迫分量)和由直流主回路参数所决定的暂态振荡分量(自由分量)。在此阶段，控制系统中定电流控制开始起到较显著的作用，整流侧和逆变侧分别调节使滞后触发角增大，抑制了线路两端流向故障点的电流。传统基于电流、电压幅值或相位变化量的保护原理就是采用暂态阶段的故障分量，但其动作性能却远不如行波保护：首先，其反应速度慢于行波保护；其次，定电流控制的作用使得故障电流、电压的幅值和变化率减小，加大了故障识别的难度，甚至可能改变故障电流的方向，从而造成保护的不正确动作。

3. 稳态阶段

最终，故障电流进入稳态阶段，两侧故障电流提供的故障电流稳态值被控制到分别等于各自定电流控制的整定值，两侧流入故障点的电流方向相反，故障点电流为二者之差，即为电流裕额 ΔI_{d}。

10.1.2　直流输电线路的行波理论

1. 行波的概念

一根输电线可看成由无数个长度为 dx 的小段组成，即输电线是一个具有分布参数的电路元件，若每单位长度导线的电感为 L，串联电阻为 r，每单位长度导线的对地电容为 C，对地电导为 g，则线路的分布参数模型如图 10.1 所示。

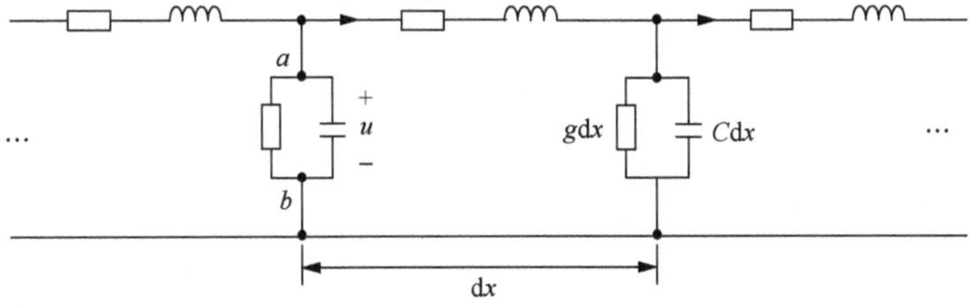

图 10.1　线路的分布参数模型

线路的分布参数特性使得线路中的能量传递或者线路上的扰动均以电压波、电流波的形式在线路中按一定的速度运动，故称为线路中的行波。分析时仅考虑无损线路上的行波过程，即 L、r、C 及 g 均为常数，且 r=0，g=0。如果线路上观测点的位置和动态过程时间分别用 x 和 t 来表示，则无损分布参数线路中的冲击波电压 u 和电流 i 的传播可用下面的一元波动方程表示：

$$\begin{cases}\dfrac{\partial^2 u}{\partial x^2}=LC\dfrac{\partial^2 u}{\partial t^2}\\[2ex]\dfrac{\partial^2 i}{\partial x^2}=LC\dfrac{\partial^2 i}{\partial t^2}\end{cases}\tag{10.1}$$

式(10.1)的达朗贝尔解为

$$\begin{cases}u(x,t)=u^{+}\left(t-\dfrac{x}{v}\right)+u^{-}\left(t+\dfrac{x}{v}\right)\\[2ex]i(x,t)=\dfrac{1}{Z_{\mathrm{C}}}u^{+}\left(t-\dfrac{x}{v}\right)-\dfrac{1}{Z_{\mathrm{C}}}u^{-}\left(t+\dfrac{x}{v}\right)\end{cases}\tag{10.2}$$

式中，$Z_{\mathrm{C}}=\sqrt{L/C}$，称为无损线的波阻抗；波速 $v=1/\sqrt{LC}$；u^{+}和 u^{-}分别为正向电压行波和反向电压行波。电流行波与电压行波的波形相似，只是幅值与波阻抗有关，可表示如下：

$$\begin{cases}u^{+}=Z_{\mathrm{C}}i^{+}\\u^{-}=Z_{\mathrm{C}}i^{-}\end{cases}\tag{10.3}$$

式中，i^{+}和 i^{-}分别代表正向电流行波和反向电流行波。

行波在无损线路上的传播，从电磁场的观点看，就是行波在所到达的导线周围空间建立的电场和磁场的传播过程。单位长度获得的电场能和磁场能分别为 $Cu_{\mathrm{q}}^2/2$ 和 $Li_{\mathrm{q}}^2/2$(u_{q}^2 和 i_{q}^2 表示一个正向行波)，获得的总能量为二者之和。行波的传播(包括它的折反射)也表现在这一能量的交替过程。

2. 行波的反射与折射

冲击波分析的要点是决定满足边界条件的正向行波与反向行波的波形，这里的边界条件是指电路节点上应满足的电压电流关系[3]。为满足这种边界条件，在不同波阻抗的连接点或集中参数阻抗连接点上会发生反射(reflection)和折射(refraction)现象。图 10.2 为故障点行波的反射与折射现象，图示为直角波。行波的反射与折射程度可以用反射系数与折射系数来表示。

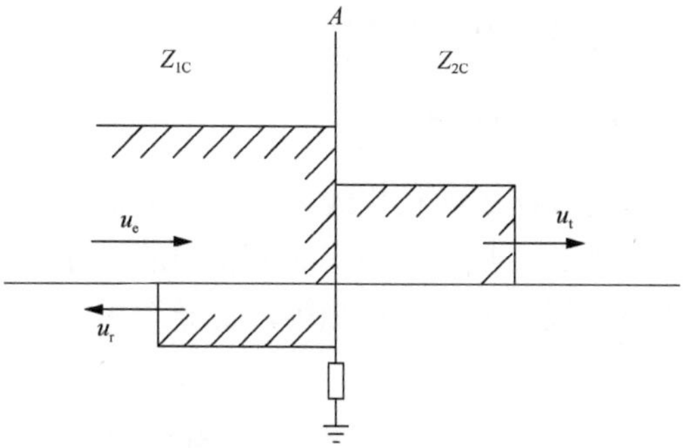

图 10.2　波的折射和反射

如图 10.2 所示，行波 u_e 在波阻抗为 Z_{1C} 的线路传播至 A 点时，线路的均匀性发生改变，设其等效波阻抗为 Z_{2C}。在线路连接处（A 点）满足关系：

$$\begin{cases} u_t = u_e + u_r \\ i_t = i_e + i_r \end{cases} \tag{10.4}$$

式中，u_e、i_e 分别为入射电压行波和入射电流行波；u_t、i_t 分别为折射电压行波和折射电流行波；u_r、i_r 分别为反射电压行波和反射电流行波。

$$\begin{cases} u_t = i_t Z_{2C} \\ u_r = -i_r Z_{1C} \\ u_e = i_e Z_{1C} \end{cases} \tag{10.5}$$

1）行波的反射

传输终端反向行波与正向行波电压或电流的比称为终端的反射系数。以图 10.2 为例，结合式（10.4）和式（10.5）可得 A 点的电压反射系数为

$$k_u = \frac{u_r}{u_e} = \frac{Z_2 - Z_1}{Z_2 + Z_1} \tag{10.6}$$

由式（10.2）可得电流的反射波极性发生改变，因此，电流反射系数为

$$k_i = \frac{i_r}{i_e} = \frac{-u_r}{u_e} = -k_u \tag{10.7}$$

式中，u_r 和 i_r 分别为反射电压行波和反射电流行波。

可见，电流反射系数与电压反射系数大小相等，符号相反。

2）行波的折射

如图 10.2 所示，行波在 A 点发生折射时，折射系数可用折射波电压（电流）与入射波电压（电流）之比表示，即

$$\rho_u = \frac{u_t}{u_e} = \frac{2Z_2}{Z_2 + Z_1} \tag{10.8}$$

此时，电流折射系数与电压折射系数相同。

10.1.3　输电线路行波时域传播计算方法

实际的单回直流输电线路的两根极线采用平行排布，因此其具有天然的对称性，属于对称线路，如图 10.3 所示。考虑到避雷线的电磁耦合影响可以通过数学方法进行化简，因此不同极线的自阻抗相等，自导纳相等，两根极线间也仅存在互阻抗和互导纳关系。

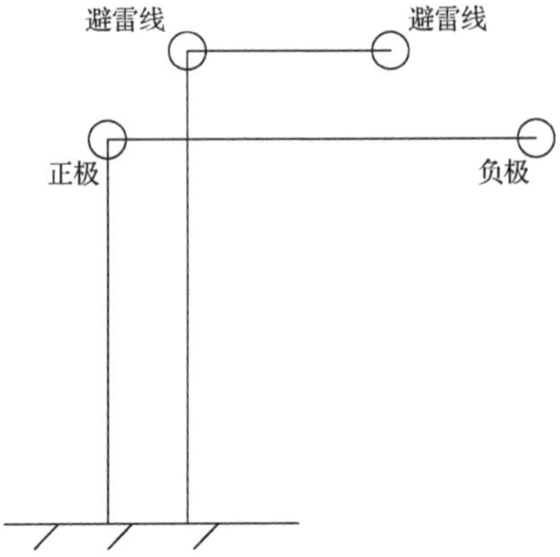

图 10.3　直流工程极线排布示意图

针对图 10.1 所示的线路模型，可知其满足关系式：

$$\begin{cases}\dfrac{\partial u}{\partial x}+L\dfrac{\partial i}{\partial t}+ri=0\\ \dfrac{\partial i}{\partial x}+C\dfrac{\partial u}{\partial t}+gu=0\end{cases}\tag{10.9}$$

为便于求解，将式(10.9)转换到频域内进行求解，得

$$\begin{cases}\dfrac{\mathrm{d}\dot{U}}{\mathrm{d}x}=-Z\dot{I}\\ \dfrac{\mathrm{d}\dot{I}}{\mathrm{d}x}=-Y\dot{U}\end{cases}\tag{10.10}$$

式中，$Z=sL+r$ 为串联阻抗；$Y=sC+g$ 为并联导纳。

因此，对于直流输电线路，式(10.10)可以写成如下形式：

$$-\frac{\mathrm{d}}{\mathrm{d}x}\begin{bmatrix}U_{\mathrm{P}}\\ U_{\mathrm{N}}\end{bmatrix}=\begin{bmatrix}Z_{\mathrm{s}} & Z_{\mathrm{m}}\\ Z_{\mathrm{m}} & Z_{\mathrm{s}}\end{bmatrix}\begin{bmatrix}I_{\mathrm{P}}\\ I_{\mathrm{N}}\end{bmatrix}\tag{10.11}$$

$$-\frac{\mathrm{d}}{\mathrm{d}x}\begin{bmatrix} I_{\mathrm{P}} \\ I_{\mathrm{N}} \end{bmatrix}=\begin{bmatrix} Y_{\mathrm{s}} & Y_{\mathrm{m}} \\ Y_{\mathrm{m}} & Y_{\mathrm{s}} \end{bmatrix}\begin{bmatrix} U_{\mathrm{P}} \\ U_{\mathrm{N}} \end{bmatrix} \tag{10.12}$$

式中，Z_{s}、Z_{m}、Y_{s} 和 Y_{m} 分别为线路的自阻抗、互阻抗、自导纳和互导纳；U_{P} 和 I_{P} 分别为正极极线的电压和电流；U_{N} 和 I_{N} 分别为负极极线的电压和电流。对式(10.11)和式(10.12)分别求导，并将另外一式代入得到电压和电流的二阶微分方程：

$$-\frac{\mathrm{d}^2}{\mathrm{d}x^2}\begin{bmatrix} U_{\mathrm{P}} \\ U_{\mathrm{N}} \end{bmatrix}=\begin{bmatrix} Z_{\mathrm{s}}Y_{\mathrm{s}}+Z_{\mathrm{m}}Y_{\mathrm{m}} & Z_{\mathrm{s}}Y_{\mathrm{m}}+Z_{\mathrm{m}}Y_{\mathrm{s}} \\ Z_{\mathrm{s}}Y_{\mathrm{m}}+Z_{\mathrm{m}}Y_{\mathrm{s}} & Z_{\mathrm{s}}Y_{\mathrm{s}}+Z_{\mathrm{m}}Y_{\mathrm{m}} \end{bmatrix}\begin{bmatrix} U_{\mathrm{P}} \\ U_{\mathrm{N}} \end{bmatrix} \tag{10.13}$$

$$-\frac{\mathrm{d}^2}{\mathrm{d}x^2}\begin{bmatrix} I_{\mathrm{P}} \\ I_{\mathrm{N}} \end{bmatrix}=\begin{bmatrix} Z_{\mathrm{s}}Y_{\mathrm{s}}+Z_{\mathrm{m}}Y_{\mathrm{m}} & Z_{\mathrm{s}}Y_{\mathrm{m}}+Z_{\mathrm{m}}Y_{\mathrm{s}} \\ Z_{\mathrm{s}}Y_{\mathrm{m}}+Z_{\mathrm{m}}Y_{\mathrm{s}} & Z_{\mathrm{s}}Y_{\mathrm{s}}+Z_{\mathrm{m}}Y_{\mathrm{m}} \end{bmatrix}\begin{bmatrix} I_{\mathrm{P}} \\ I_{\mathrm{N}} \end{bmatrix} \tag{10.14}$$

从式(10.13)和式(10.14)可以发现，由于线路对称排布的关系，线路电压、电流与其对于 x 的二阶导数的关系相同。但由于两极线路间存在耦合关系，式(10.13)和式(10.14)的计算是十分困难的，为此需要对其进行解耦。

易知，式(10.13)和式(10.14)中由 Z_{s}、Z_{m}、Y_{s} 和 Y_{m} 组成的矩阵满足：

$$\begin{bmatrix} Z_{\mathrm{s}}Y_{\mathrm{s}}+Z_{\mathrm{m}}Y_{\mathrm{m}} & Z_{\mathrm{s}}Y_{\mathrm{m}}+Z_{\mathrm{m}}Y_{\mathrm{s}} \\ Z_{\mathrm{s}}Y_{\mathrm{m}}+Z_{\mathrm{m}}Y_{\mathrm{s}} & Z_{\mathrm{s}}Y_{\mathrm{s}}+Z_{\mathrm{m}}Y_{\mathrm{m}} \end{bmatrix}=Q^{-1}\varLambda Q \tag{10.15}$$

式中，Q 和 $\varLambda$ 分别为对应的特征向量矩阵和特征值矩阵：

$$Q=\frac{1}{\sqrt{2}}\begin{bmatrix} 1 & 1 \\ 1 & -1 \end{bmatrix} \tag{10.16}$$

$$\varLambda=\begin{bmatrix} (Z_{\mathrm{s}}+Z_{\mathrm{m}})(Y_{\mathrm{s}}+Y_{\mathrm{m}}) & 0 \\ 0 & (Z_{\mathrm{s}}-Z_{\mathrm{m}})(Y_{\mathrm{s}}-Y_{\mathrm{m}}) \end{bmatrix} \tag{10.17}$$

设存在 0 模和 1 模分量满足如下关系：

$$\begin{bmatrix} U_{\mathrm{P}} \\ U_{\mathrm{N}} \end{bmatrix}=Q\begin{bmatrix} U_0 \\ U_1 \end{bmatrix} \tag{10.18}$$

$$\begin{bmatrix} I_{\mathrm{P}} \\ I_{\mathrm{N}} \end{bmatrix}=Q\begin{bmatrix} I_0 \\ I_1 \end{bmatrix} \tag{10.19}$$

式中，U_0、I_0、U_1 和 I_1 分别为 0 模和 1 模的电压分量和电流分量；Q 为单回直流

输电线路的解耦矩阵。将式(10.18)、式(10.19)代入式(10.13)和式(10.14)可得

$$-\frac{\mathrm{d}^2}{\mathrm{d}x^2}\begin{bmatrix}U_0\\U_1\end{bmatrix}=\begin{bmatrix}(Z_s+Z_m)(Y_s+Y_m) & 0\\0 & (Z_s-Z_m)(Y_s-Y_m)\end{bmatrix}\begin{bmatrix}U_0\\U_1\end{bmatrix}\tag{10.20}$$

$$-\frac{\mathrm{d}^2}{\mathrm{d}x^2}\begin{bmatrix}I_0\\I_1\end{bmatrix}=\begin{bmatrix}(Z_s+Z_m)(Y_s+Y_m) & 0\\0 & (Z_s-Z_m)(Y_s-Y_m)\end{bmatrix}\begin{bmatrix}I_0\\I_1\end{bmatrix}\tag{10.21}$$

根据式(10.20)、式(10.21)可得到行波的通解为

$$\begin{cases}U_0(x)=F_0\mathrm{e}^{-\gamma_0 x}+B_0\mathrm{e}^{\gamma_0 x}\\I_0(x)=\dfrac{F_0}{Z_0}\mathrm{e}^{-\gamma_0 x}-\dfrac{B_0}{Z_0}\mathrm{e}^{\gamma_0 x}\end{cases}\tag{10.22}$$

$$\begin{cases}U_1(x)=F_1\mathrm{e}^{-\gamma_1 x}+B_1\mathrm{e}^{\gamma_1 x}\\I_1(x)=\dfrac{F_1}{Z_1}\mathrm{e}^{-\gamma_1 x}-\dfrac{B_1}{Z_1}\mathrm{e}^{\gamma_1 x}\end{cases}\tag{10.23}$$

式中

$$\begin{cases}Z_0=\sqrt{(Z_s+Z_m)/(Y_s+Y_m)}\\\gamma_0=\sqrt{(Z_s+Z_m)(Y_s+Y_m)}\\Z_1=\sqrt{(Z_s-Z_m)/(Y_s-Y_m)}\\\gamma_1=\sqrt{(Z_s-Z_m)(Y_s-Y_m)}\end{cases}\tag{10.24}$$

Z_0 和 γ_0 分别为 0 模的波阻抗和传播常数；Z_1 和 γ_1 分别为 1 模的波阻抗和传播常数；F_0、B_0 分别为电压 0 模分量的正向行波幅值和反向行波幅值；F_1 和 B_1 分别为电压 1 模分量的正向行波幅值和反向行波幅值。即式(10.22)、式(10.23)中等号右侧第一项可认为是正向行波，等号右侧第二项可认为是反向行波。

根据解耦矩阵可知，0 模分量在两根极线上大小相等、极性相同，因此 0 模分量实际上与大地形成回路，即为地模波分量。而 1 模分量在两根极线上大小相等、极性相反，因此 1 模分量在两极线路之间形成回路，即为线模波分量。从上面的计算结果可以发现，解耦后的 0 模分量和 1 模分量在传播时并不会发生相互耦合，每一个模量均类似于单极输电线路。以上为单回直流输电线路行波解耦过程和耦合特性分析。

这里要说明的是，极波(pole mode wave)和地模波(ground mode wave)的划分，是一种为了便于判别故障和计算行波值所采用的数学方法。这种方法和交流分量计算中把 a、b、c 三相电流及电压分量转变为正序、负序、零序分量来解耦的原理是一致的。由于它们都是由故障电流行波和电压行波构成的，因此这里的极波和地模波都属于暂态故障行波。

10.2　直流输电线路的行波保护原理

在直流线路上发生故障时，会从故障点向线路两端传播故障行波，即反向行波。典型的高压直流输电线路行波保护就是利用反向行波来识别故障。本节将以 ABB 行波保护与西门子行波保护为例，对高压直流输电线路行波保护原理进行分析。

10.2.1　基本原理

1. 极波的本质

一般将极波定义为

$$P = I_{d1}Z_{c1} - U_{d1} \tag{10.25}$$

式中，Z_{c1} 为直流线路线模波阻抗，可由式(10.24)得到；U_{d1} 为直流线路电压线模分量，可由式(10.18)推出

$$U_{d1} = \frac{1}{\sqrt{2}}\left(U_P - U_N\right) \tag{10.26}$$

I_{d1} 代表直流线路电流线模分量，可由式(10.19)推出

$$I_{d1} = \frac{1}{\sqrt{2}}\left(I_P - I_N\right) \tag{10.27}$$

将式(10.23)代入式(10.25)可得

$$P = I_{d1}Z_{c1} - U_{d1} = -2B_1 e^{\gamma_1 x} \tag{10.28}$$

因此，由式(10.28)可知，极波的本质为反向行波。

2. 极波构成保护判据的基本原理

在正常运行情况下，线路上的反向行波主要为电源发出的正向行波经线路末

端反射而形成的反射波，该反射波因为经线路衰减而幅值较小，当有损均匀线路非常长时，在线路始端附近反射波常趋于零，因此分析时可认为该情况下无反射波。以如图 10.4 所示的系统为例，对于 M 端保护，其正向行波规定为电源 U_M 发出的正向行波，如 u_+所示，当该正向行波行进至线路末端时将产生反向行波，如 u_-所示，线路的衰减作用，将使得 M 端测得的反向行波可认为是一个接近零的较小值。

图 10.4　正常负荷情况下的行波

当直流线路发生接地故障时，可将电力系统分解为正常负荷分量和故障分量的叠加。如图 10.5(a)所示，直流线路 f 点发生单极接地故障时，故障网络可等效为如图 10.5(b)所示，从而得到正常负荷分量图和故障分量图，分别对应于图 10.5(c)和(d)。

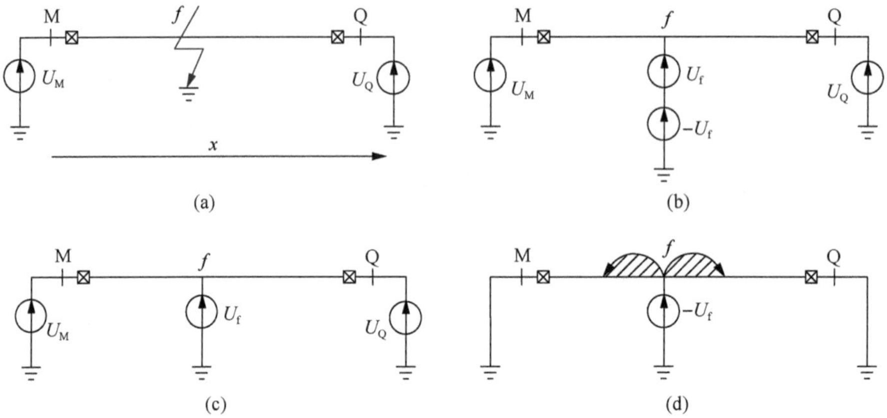

图 10.5　故障情况下的行波

由于极波的本质为反向行波，其幅值在正常运行时接近零，可认为其不反映正常负荷分量，可以对故障分量进行单独讨论。以图 10.5 中 M 端保护为例进行分析，当 f 点发生单极故障时，故障点电压将会迅速跌落至零，故障源将向两端发出故障行波。该情况下，对于 M 端保护，f 点发出的故障行波为反向行波，同时该故障行波的作用效果将远大于正常运行情况下由反射波构成的反向行波。因此，保护装置测量计算得到的极波的主要成分为故障点发出的行波值。同时，由式(10.28)可知，故障点位置越近，极波值越大。在 PSCAD 中搭建如图 10.6 所示的直流电网仿真模型，仿真结果如图 10.7 所示。当直流线路发生故障时，极波值和极波变化率均满足保护区内故障大于区外故障。因此，直流系统中可通过检测极波值大小判断直流线路区内外故障[4]。

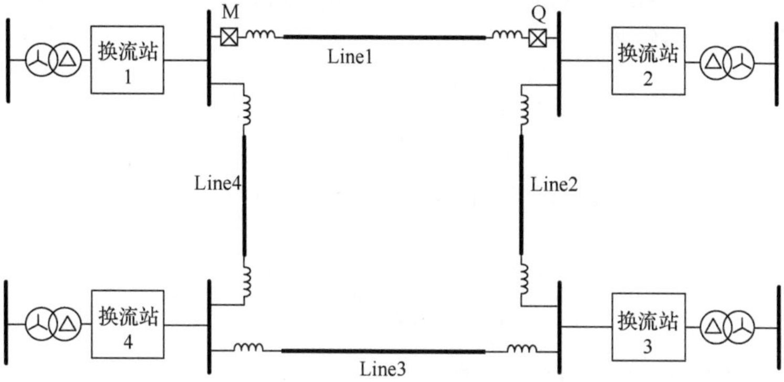

图 10.6　直流电网仿真模型

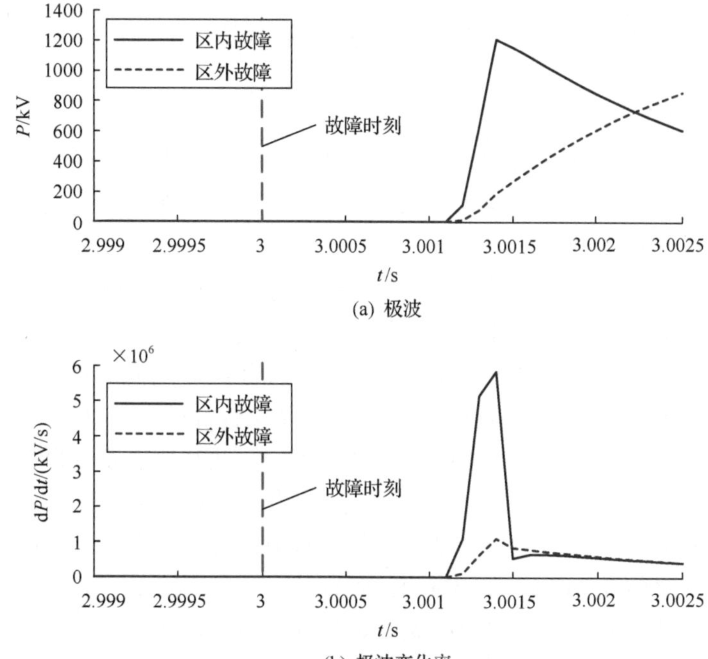

图 10.7　区内外故障极波与极波变化率

3. 地模波的本质

类比极波的定义，定义地模波为

$$G = Z_{c0}I_{d0} - U_{d0} \tag{10.29}$$

式中，Z_{c0} 为直流线路地模波阻抗，可由式(10.24)得到；U_{d0} 为直流线路电压地模分量，可由式(10.18)推出

$$U_{d0} = \frac{1}{\sqrt{2}}\left(U_{P}+U_{N}\right) \tag{10.30}$$

I_{d0} 为直流线路电流地模分量，可由式(10.19)推出

$$I_{d0} = \frac{1}{\sqrt{2}}\left(I_{P}+I_{N}\right) \tag{10.31}$$

将式(10.22)代入式(10.29)可得

$$G = Z_{c0}I_{d0} - U_{d0} = -2B_0 e^{\gamma_0 x} \tag{10.32}$$

因此，由式(10.32)可知，地模波的本质也为反向行波。

4. 利用地模波实现故障选极的基本原理

同样地，直流系统中可利用地模波值及其变化率大小判断直流线路区内外故障。如图 10.8 所示，直流线路发生故障时，地模波值和地模波变化率均满足保护区内故障大于区外故障。

此外，利用地模波值和地模波变化率可进行直流故障选极。在正常运行情况下，线路上的反向行波主要由反射波构成，其幅值较小可以忽略不计。当直流系统发生正极接地故障时，如图 10.5 所示，故障点为 f，正常负荷情况下 f 点的电压极性为正，在故障瞬间，故障点可认为产生一个负极性的电压$-U_f$，该故障分量将向 M 端、N 端发出故障行波。由式(10.32)可知，此时地模波值为正值，且故障距离越近，地模波值越大。而当直流输电系统发生负极接地故障时，故障点正常负荷情况下的电压极性为负，在故障瞬间，故障点可认为产生一个正极性的电压 U_f，该故障分量将向 M 端、Q 端发出故障行波。由式(10.32)可知，此时地模波值为负值，且距离越近，地模波值越大。如图 10.9 所示，当保护区内发生直流线路正极故障时，地模波值呈正向增长，地模波变化率大于零；当保护区内发生直流线路负极故障时，地模波值呈负向增长，且此时地模波变化率小于零。因此，可根据上述特征，利用地模波值及其变化率的正负判断故障极。

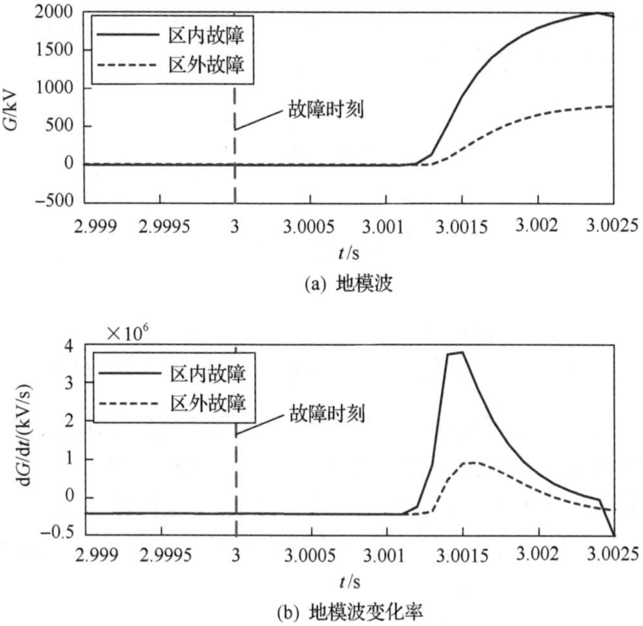

图 10.8　区内外故障地模波与地模波变化率

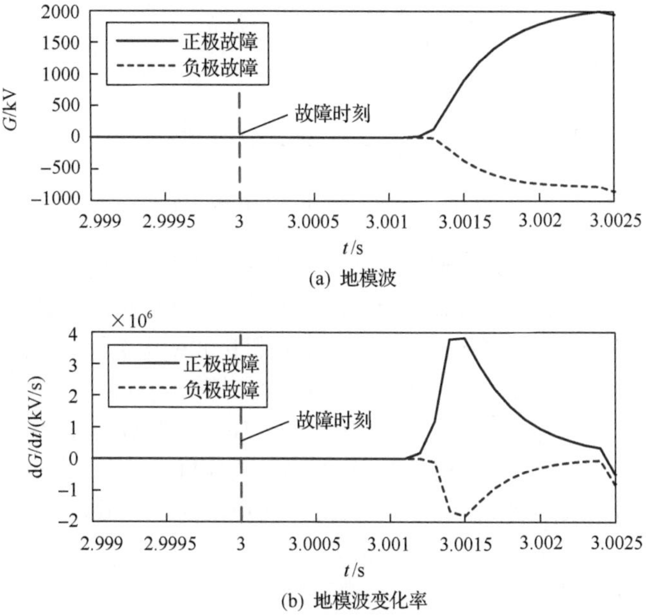

图 10.9　区内正负极故障地模波与地模波变化率

10.2.2 ABB 公司的行波保护判据

ABB 公司的行波保护主要通过判断输电线路上反向行波的变化情况确定是否为区内故障，并利用地模波判断故障极[4-7]。以图 10.10 所示的直流输电系统为例，其正极线路的行波保护判据为

$$\begin{cases} \Delta P_{\mathrm{P}} > \varDelta_1 \\ \mathrm{d}P_{\mathrm{P}} / \mathrm{d}t > \varDelta_2 \\ \Delta G_{\mathrm{wav}} > \varDelta_3 \\ \mathrm{d}G_{\mathrm{wav}} / \mathrm{d}t > \varDelta_4 \end{cases} \tag{10.33}$$

式中

$$\begin{cases} P_{\mathrm{P}} = Z_{\mathrm{cP}} I_{\mathrm{P}} - U_{\mathrm{P}} \\ G_{\mathrm{wav}} = Z_{\mathrm{c0}} (I_{\mathrm{G}} + I_{\mathrm{CN1}} + I_{\mathrm{CN2}}) / 2 - (U_{\mathrm{P}} + U_{\mathrm{N}}) / 2 \end{cases}$$

其中，P_{P} 正极线路的极波瞬时值；I_{P} 和 U_{P} 分别为正极线路的电流和电压；Z_{cP} 和 Z_{c0} 分别为正极线路的波阻抗和地模波阻抗；G_{wav} 为地模波瞬时值；I_{G} 为接地极线路电流；I_{CN1} 和 I_{CN2} 为故障时流过过电压吸收电容器 C 上的冲击电流；U_{N} 为负极线路电压。上述电压和电流的极性和方向如图 10.10 所示。此外，正实数 $\varDelta_1$～$\varDelta_4$ 为整定值。

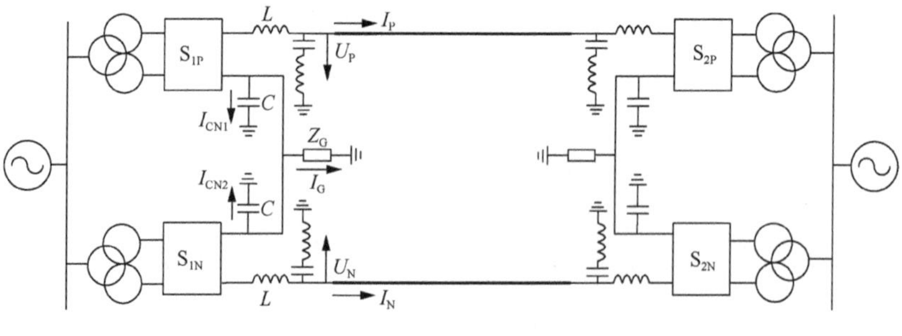

图 10.10 高压直流输电系统示意图

当直流正极线路正常运行时，极波、地模波瞬时值及其变化率等都接近于零。当发生故障时，极波、地模波瞬时值均快速上升。通过检测极波变化量 ΔP_{P} 作为行波保护的启动条件，即当 $\Delta P_{\mathrm{P}} > \varDelta_1$ 时，启动正极极波变化率保护判据和故障选极判据。若满足 $\mathrm{d}P_{\mathrm{P}}/\mathrm{d}t > \varDelta_2$、$G_{\mathrm{wav}} > \varDelta_3$ 且 $\mathrm{d}G_{\mathrm{wav}}/\mathrm{d}t > \varDelta_4$，即可判定直流正极线路发生故障。

理论上来说，换流站供给的地模电流等于 $I_{\mathrm{P}}+I_{\mathrm{N}}$。但常规直流换流站出口位置一般装设有直流滤波器，因此换流站极线供给的地模电流一部分经直流滤波器通过大地回流至换流站接地极。工程上计算地模电流时，一般以接地极系统回流的电流和，即 $I_{\mathrm{CN1}}+I_{\mathrm{CN2}}+I_{\mathrm{G}}$ 计算地模电流。

此外，为了避免相互干扰，工程中正负极线路上分别配置极波保护。为了提高动作可靠性，只有当地模波判别式判断出故障极，且相应极的极波判别式动作

才能判定该极发生了故障。因此，负极线路行波保护判据为

$$\begin{cases}\Delta P_{\mathrm{N}} < -\varDelta_1 \\ \mathrm{d}P_{\mathrm{N}} / \mathrm{d}t < -\varDelta_2 \\ \Delta G_{\mathrm{wav}} < -\varDelta_3 \\ \mathrm{d}G_{\mathrm{wav}} / \mathrm{d}t < -\varDelta_4\end{cases} \tag{10.34}$$

式中

$$\begin{cases}P_{\mathrm{N}} = Z_{\mathrm{cN}} I_{\mathrm{N}} - U_{\mathrm{N}} \\ G_{\mathrm{wav}} = Z_{\mathrm{c0}}(I_{\mathrm{G}} + I_{\mathrm{CN1}} + I_{\mathrm{CN2}}) / 2 - (U_{\mathrm{P}} + U_{\mathrm{N}}) / 2\end{cases}$$

P_{N} 定义为负极极波瞬时值；I_{P} 和 U_{P} 分别为正极线路电流和电压；Z_{cN} 为直流线路负极波阻抗。

10.2.3　西门子公司的行波保护判据[7-10]

西门子公司所采用的行波保护的基本原理为[5-8]：当直流线路发生接地故障时，在向故障点两端传播行波的同时，两端换流站检测到的直流电压下跌，整流侧直流电流急增，逆变侧直流电流急降；根据以上特点，可采用电压变化率 $\mathrm{d}u/\mathrm{d}t$ 和行波值 $b(t)$等计算($b(t)=\Delta i Z_{\mathrm{c}}-\Delta U_{\mathrm{d}}$，$\Delta i$ 和 Δu 代表直流线路电流和电压的变化)，即可检知线路故障，从而构成线路保护的主保护[10]。

该保护的具体判据为：当直流电压变化率 $\mathrm{d}u/\mathrm{d}t<-\delta$ 时(δ 为保护整定值)，对故障前的 $b(t)$与故障后的 $b(t)$差值 $\Delta b(i)=b(i)-b(m)$进行 10ms 积分。其中，$b(m)$为故障前一点的采样值，$b(i)$为故障后的第 i 点行波值。若积分值大于给定值(正值)，则判别为正极故障；若积分值小于给定值(负值)，则判别为负极故障，并延时 6ms 后发出行波保护动作信号，在此延时内，若有其他保护动作或另一极行波保护动作，则本级行波保护将被闭锁 800ms。

根据直流线路接地故障特征，在有些工程中(如天广直流)，西门子行波保护采用检测电压变化率 $\mathrm{d}u/\mathrm{d}t$ 实现故障启动，利用电压变化量 Δu 和电流变化量 Δi 进行线路故障识别，构成电压行波保护的判据[9,11]，如式(10.35)所示：

$$\begin{cases}\mathrm{d}u / \mathrm{d}t > \varDelta_1 \\ \Delta u > \varDelta_2 \\ \Delta i > \varDelta_3 & (\text{整流侧}) \\ \Delta i < \varDelta_4 & (\text{逆变侧})\end{cases} \tag{10.35}$$

故障以后的电压突变主要来自故障激励源产生的行波，因此本质欠压微分保护亦可称为行波保护。但是，对保护装置而言，故障激励源产生的行波相当于反向行波，欠压微分保护为剔除正向行波分量，易受到行波折射、反射的影响。

10.3　直流输电线路的行波方向保护

直流输电线路保护是直流系统发展的关键技术之一，其中快速、可靠判断故障方向是直流线路快速保护必不可少的关键环节。然而对于多端直流输电系统，直流线路在直流场经直流母线直接互联，且直流电抗器等边界元件可能仅安装于换流站出口，使得基于边界元件的方向判据无法适用。交流输电系统中基于正反向行波幅值比的方向保护判据由于不依赖直流电抗器且保护动作速度快等方面的优势[12]，在多端柔性直流电网中具有借鉴意义。本节以图 10.11 所示的高压输电系统拓扑为例，分析传统方向行波保护的基本原理。为便于说明，以下分析均以保护 M 为例。

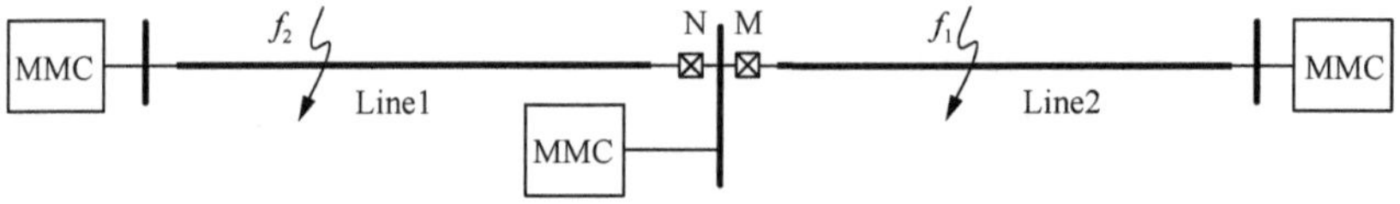

图 10.11　三端柔性直流输电系统示意图

1. 正方向故障

当图 10.11 中保护 M 的正方向 f_1 发生故障时，故障附加网络如图 10.12(a)所示。此时，在保护 M 处形成入射波且该行波对于保护 M 而言为反向行波，如图 10.12(b)中 u_{M1}^{-}。线路边界的影响使得入射波在保护 M 处发生行波的折射和反射，此后，保护 M 处的行波构成将随时间而不断变化。如图 10.12(b)所示，故障行波到达保护 M 的初始时刻，将产生折射波 u_{N1}^{+} 和反射波 u_{M1}^{+}，在折射波 u_{N1}^{+} 经相邻线路末端反射的行波 u_{N1}^{-} 到达保护 M 处之前，即在 $t_0 \sim t_0+2l_1/v$ (t_0 为初始故障行波到达保护 M 处时刻，l_1 为保护 M 相邻线路长度，v 为行波传播速度)时间段内，保护 M 处的行波主要由两部分构成：①经故障点反射的行波到达保护 M 处形成入射波以及经线路边界而产生的反射波；②经过本线路末端反射的行波到达保护 M 处形成的入射波以及由线路边界产生的反射波。

由上述分析可知，当保护正方向 f_1 故障时，在 $t_0 \sim t_0+2l_1/v$ 时间段内，保护 M 处的入射波与反射波之间均存在一个线路边界的反射系数，即测得的反向行波和正向行波之比可认为是行波在母线处的反射系数，如式(10.36)所示：

$$k_{\mathrm{r}} = \frac{\Delta u_{\mathrm{r}}}{\Delta u_{\mathrm{e}}} \tag{10.36}$$

考虑到母线对地杂散电容的影响，反射系数 k_{r} 一般满足 $0<|k_{\mathrm{r}}|<1$。换言之，当

保护正方向发生故障时，在故障行波经背侧线路末端反射达到本线路保护安装处的时间段内，保护测量得到的反向行波与正向行波幅值比将小于 1，仿真验证结果如图 10.13 所示。

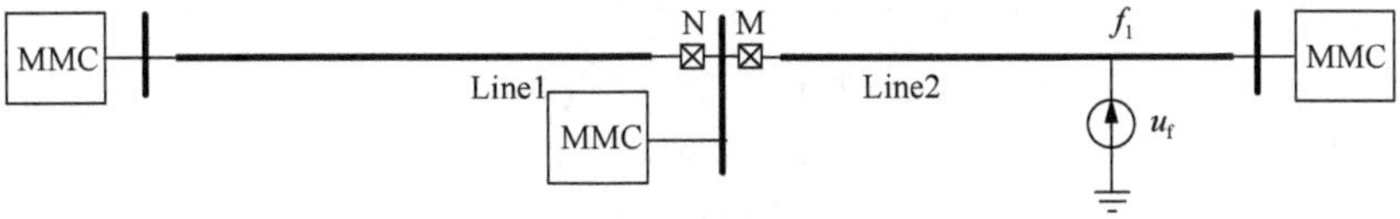

(a) 高压输电系统

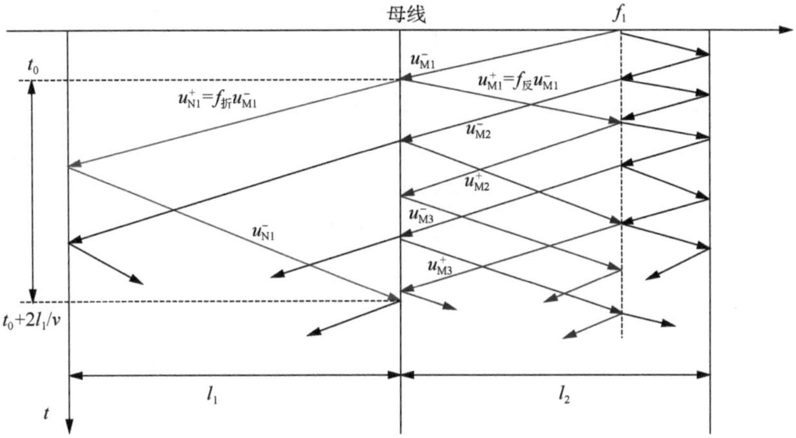

(b) 保护正方向故障时故障行波传输过程

图 10.12　正方向故障时行波传输特性

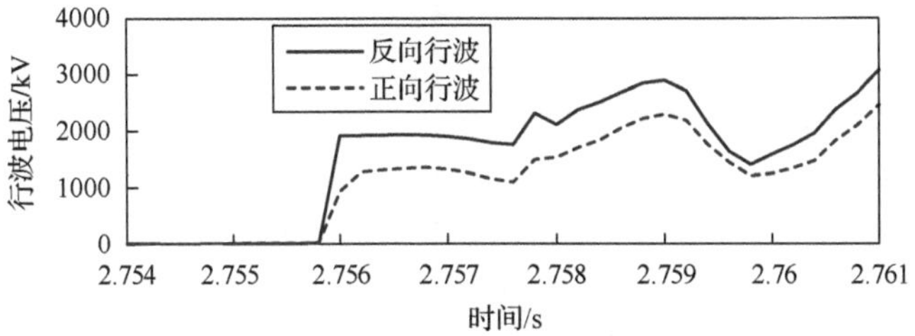

(a) 正方向故障正向行波与反向行波

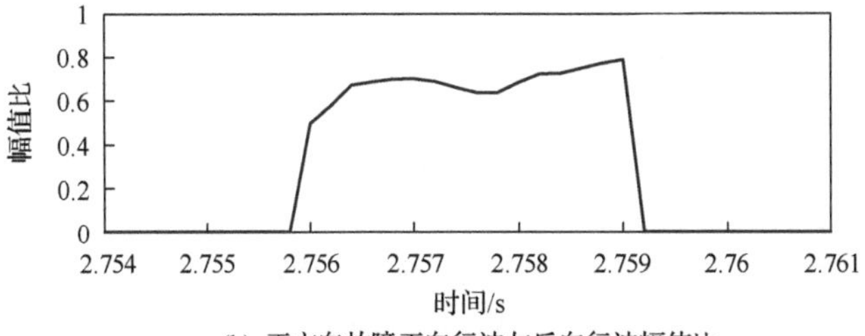

(b) 正方向故障正向行波与反向行波幅值比

图 10.13　保护正方向故障时行波传输特征仿真验证

2. 反方向故障

当图 10.11 中保护 M 的反方向 f_2 发生故障时，故障附加网络如图 10.14(a)所示，该情况下的行波传输过程如图 10.14(b)所示。当故障行波到达保护 M 处时，将发生折射和反射，其中，折射波将继续向线路末端传播，并经线路末端反射返回至保护 M 处，记该时间段为 $t_0 \sim t_0+2l_2/v$ (t_0 为初始故障行波到达保护 M 处时刻，l_2 为保护 M 所在线路长度)。在该时间段内，保护 M 处的故障行波主要包括：①经故障点反射的行波经本线路始端透射产生的透射波；②经过背侧线路末端反射的行波经本线路始端透射产生的透射波。

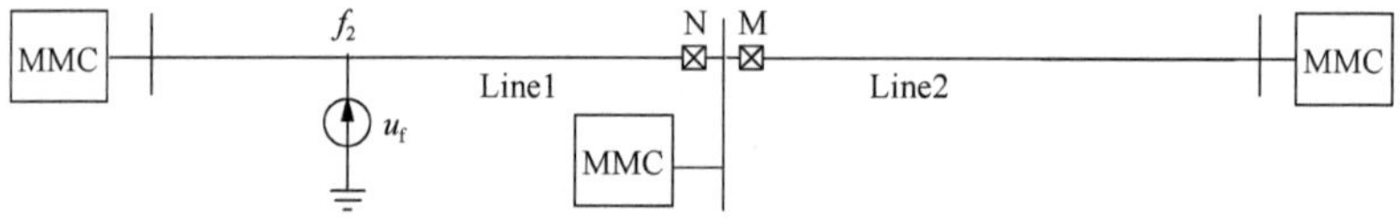

(a) 高压输电系统

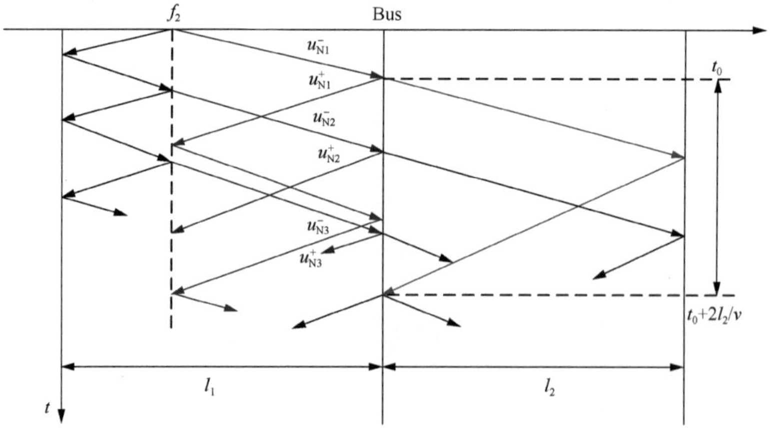

(b) 保护反方向故障时行波传输过程

图 10.14　反方向故障时行波传输特性

上述故障行波对保护 M 而言均是正向行波。因此，在时间段 $t_0 \sim t_0+2l_2/v$ 内，保护 M 处仅存在正向行波，而不存在反向行波。仿真验证结果如图 10.15 所示，在初始故障行波到达保护安装位置后，故障行波在线路始端发生透射形成正向行波，而在该正向行波经线路末端反射至保护位置期间，反向行波接近于零，因此，此时正向行波与反向行波幅值比值远远大于 1。

因此，传统行波方向保护可基于上述行波传输特征，利用正向行波和反向行波幅值比的方法判断故障方向，即故障启动后，若正向行波和反向行波幅值比小于整定值，则保护判定为正方向故障；若正向行波和反向行波幅值比大于整定值(整定值一般选用略大于 1 的数)，则保护判定为反方向故障。

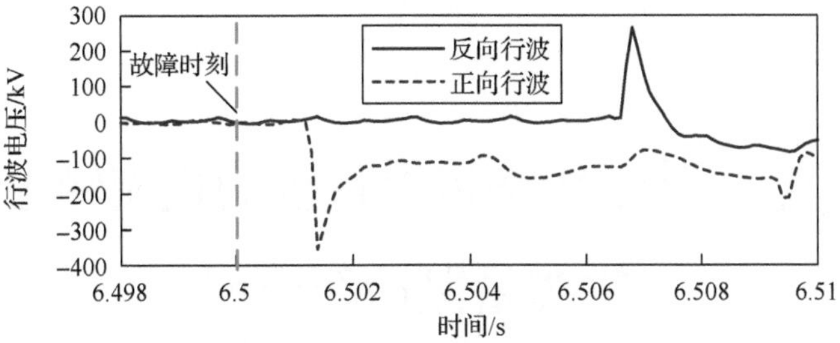

(a) 反方向故障正向行波与反向行波

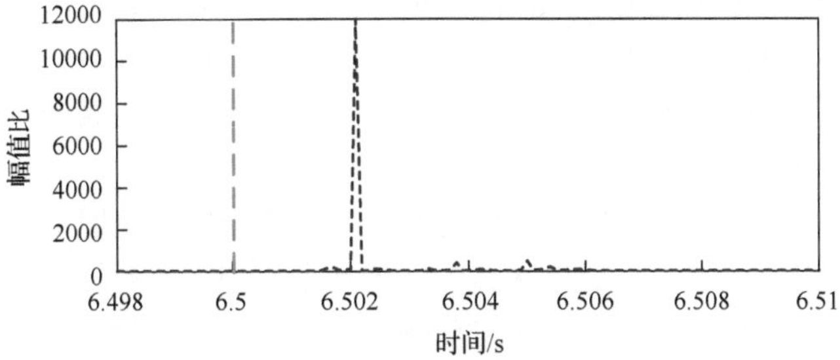

(b) 反方向故障正向行波与反向行波幅值比

图 10.15　保护反方向故障时行波传输特征仿真验证

参 考 文 献

[1] 宋国兵, 高淑萍, 蔡新雷, 等. 高压直流输电线路继电保护技术综述[J]. 电力系统自动化, 2012, 36(22): 123-129.

[2] 孙舒捷. 高压直流输电系统仿真及其输电线路行波保护方案[D]. 上海: 上海交通大学, 2009.

[3] 艾琳, 陈为化. 高压直流输电线路行波保护判据的研究[J]. 继电器, 2003, 31(10): 41-44.

[4] Ma Y J, Li H F, Hu J B, et al. Analysis of travelling wave protection criterion performance for double-circuit HVDC[C]. Power and Energy Engineering Conference, Kowloon, 2013.

[5] 艾琳. 高压直流输电线路行波保护的研究[D]. 北京: 华北电力大学, 2002.

[6] 叶猛, 曹海艳, 马国鹏. 高压直流输电线路保护分析[J]. 南方电网技术, 2008, 2(6): 43-46.

[7] 罗海云, 傅闯. 关于贵广二回直流线路行波保护中电压变化率整定值的讨论[J]. 南方电网技术, 2008, 2(1): 14-17.

[8] 朱韬析, 彭武. 天广直流输电系统线路高阻接地故障研究[J]. 电力系统保护与控制, 2009, 37(23): 137-140.

[9] 朱煜昆. 直流工程行波保护定值改进方法和系统[P]. 中国: CN106099877A, 2016-11-09.

[10] Li Z, Zou G B, Tong B B, et al. Novel traveling wave protection method for high voltage DC transmission line[C]. IEEE Power &Energy Society General Meeting, Denver, 2015.

[11] Li A, Cai Z X, Sun Q Z, et al. Study on the dynamic performance characteristics of HVDC control and protections for the HVDC line fault[C]. IEEE Power & Energy Society General Meeting, Calgary, 2009.

[12] 段建东, 张保会, 周艺. 超高速暂态方向继电器的研究[J]. 中国电机工程学报, 2005, 25(4): 7-12.

第 11 章　基于线路边界特征的直流输电线路暂态量保护新原理

柔性直流系统故障阻尼小，故障发展速度快，故障危害大，尤其是在利用架空线构建多端互联的直流电网以后，故障概率大大提高，故障影响显著增大。因此，研究适用于柔性直流电网的快速保护原理是涉及直流电网安全运行与故障生存的基础性问题[1-5]。

柔性直流电网线路保护研究主要可以借鉴交流电网传统继电保护和常规直流输电系统典型直流保护。交流电网继电保护基本原理主要包括过电流保护、距离保护和电流差动保护。其中，电流差动保护利用双端电气量，理论上能够保证绝对的选择性，但是由于受到线路分布电容电流的影响，一般需要较长的延时才能动作(百毫秒级至秒级)[6]，因此传统的电流差动保护无法适用于柔性直流电网。文献[7]将直流电网故障分为直流线路侧故障、交流电网侧故障、交流负载侧故障与直流负载侧故障等，并分析研究了过电流保护对于实现交直流系统故障划分及其后备保护的作用。过电流保护依靠保护的动作时间级差和可靠的断路器跳闸实现保护动作的选择性，而直流相邻线路保护动作的离散性和直流断路器自身性能不完善的现状使得直流系统过电流保护难以实现保护的选择性[8]。柔性直流电网应用距离保护时面临的关键问题在于精确的阻抗测量。文献[9]等对快速距离保护算法进行了研究，由于应用场合多为交流系统，阻抗计算往往需要较长的数据窗(1/4 工频周期、1/2 工频周期等)。文献[10]探讨了最小二乘算法对提高距离保护阻抗测量精度的作用，文献[11]将文献[10]所述方法应用于变频系统的阻抗测量，可以扩展为直流输电线路的距离保护。为了保证计算精度，基于最小二乘的阻抗计算方法仍然需要约 10ms 及以上的数据窗，不满足柔性直流电网对保护动作速度的要求。

研究常规直流输电系统线路保护对柔性直流电网线路保护的研究具有较大的借鉴意义。常规直流输电系统直流线路保护已经较为成熟，且具有广泛的工程实践应用经验。目前常规直流输电工程中配备的保护主要以行波保护、欠压微分保护为主保护，以电流差动保护为后备保护，部分工程还配备低电压保护。文献[12]和[13]对工程中广泛使用的 ABB 与西门子两种行波保护原理与判据进行了分析比较。ABB 行波保护判据主要利用极波值与极波变化率识别故障，利用地模波值与地模波变化率进行选极，该判据能保护线路全长，但抗干扰能力和耐受过渡电阻能力较弱。西门子行波保护通过积分的方式提高判据的抗干扰能力，但动作时延较 ABB 行波保护动作时延更长[14]。欠压微分保护以电压微分和欠压判据作为主判据，辅以电流变化量和电流突变量判据排除背侧故障，一般作为直流线路的主保护以及行波保护的后备保护。ABB 公司、西门子公司所采用的基于极波的行波保护的原理是通过极波计算公式(IZ_c–U)提取电压行波中的反向行波，再通过微分等方式进行故障判断，而欠压微分保护则是直接根据电压变化率进行故障判断。事实上，故障以后的电压突变主要来自故障激励源产生的行波，因此从本质上而言，基于极波的行波保护、基于电压变化率的欠压微分保护都是依赖故障点产生的行波，某种意义上，欠压微分保护也可称为行波保护。但是，对保护装置而言，故障激励源产生的行波相当于反向行波，欠压微分保护并未剔除正向行波分量，易受到行波折射、反射的影响。

文献[15]和[16]将行波保护、欠压微分保护应用于柔性直流输电系统线路保护，并通过提高采样率等方式将动作速度提高到毫秒级。此外，常规直流输电系统中的边界保护思想也可应用于柔性直流系统，如文献[17]利用直流电抗器作边界，利用小波算法提取暂态电流作单端量保护判据，实现了故障的快速可靠识别。文献[18]提出了一种基于直流电抗器两端暂态电压幅值比的新型快速方向纵联故障识别判据，该方法在硬件成本、动作速度、耐受过渡电阻能力等方面具有突出优势。文献[19]利用两电平 VSC 直流侧存在的并联大电容对高频暂态电流的吸收作用，通过高低频电流的幅值比来实现柔性直流输电线路区内外故障的识别。借鉴文献[20]的思想，文献[21]通过对特定次谐波的识别未区分区内外故障。文献[22]以换流器作为边界元件，通过小波变换提取区内外故障的小波熵差异实现故障识别。文献[23]利用电压小波、电压微分、电流小波三个判据进行综合判断，设计柔性直流线路保护方案，但其定值整定原则有待进一步明确。

现有柔性直流输电系统保护研究仍处于初期阶段，保护的动作速度可达数毫秒，但仍无法满足柔性直流电网保护的要求。柔性直流工程实践中倾向于在直流线路两端装设直流电抗器以降低故障危害，提高换流站故障穿越及电网故障生存能力[24-26]。这一线路边界特征为柔性直流电网的线路保护原理研究提供了突破口，因此本章提出了直流线路暂态量保护新原理[27,28]。

11.1　基于电抗器暂态电压幅值比的快速方向纵联保护原理

以直流电网中线路两端安装的直流电抗器作为线路边界[3]，本章分析了直流线路区内外故障时的暂态特性差异，提出了一种基于直流电抗器两侧电压小波变换细节系数幅值比的快速方向纵联保护原理，以快速识别区内外故障，并根据 MMC 直流故障特征，设计了适用于直流电网的故障选极判据，在 PSCAD/EMTDC

仿真平台上搭建了柔性直流电网模型，通过大量的仿真算例验证所设计线路保护方案的可行性。

11.1.1 直流线路区内外故障时的暂态电压幅值比

1. 直流电抗器两侧电压暂态分量幅值比

首先讨论基于 MMC 的直流电网线路保护区内外故障时的暂态特性差异。图 11.1 为多端柔性直流电网中某线路发生区内外故障时频域下的故障附加网络示意图。假设被保护线路两端的保护分别标记为保护 M 和保护 N，这里以单极接地故障为例进行分析。考虑到线路分布电容小于换流站子模块电容，这里分析时暂将其忽略。

如图 11.1(a)所示，当保护区内发生故障时，直流线路任意一端的直流电抗器的两侧电压在频率 ω 下的暂态分量幅值比分别可以表示成

$$\frac{|U_{\mathrm{M\_line}}|}{|U_{\mathrm{M\_bus}}|}=\frac{|Z_{\mathrm{SM}}+\mathrm{j}\omega L|}{|Z_{\mathrm{SM}}|} \tag{11.1}$$

$$\frac{|U_{\mathrm{N\_line}}|}{|U_{\mathrm{N\_bus}}|}=\frac{|Z_{\mathrm{SN}}+\mathrm{j}\omega L|}{|Z_{\mathrm{SN}}|} \tag{11.2}$$

式中，Z_{SM}、Z_{SN} 分别代表保护 M 和保护 N 背侧系统在频率 ω 下的等效阻抗；L 为线路出口安装的直流电抗器电感；$|U_{\mathrm{M\_line}}|$、$|U_{\mathrm{M_bus}}|$和$|U_{\mathrm{N_line}}|$、$|U_{\mathrm{N_bus}}|$分别代表保护 M 端和保护 N 端对应直流电抗器的线路侧和母线侧电压在频率 ω 下的暂态分量幅值。

如图 11.1(b)所示，当保护区外发生故障时，以保护 M 背侧发生故障为例，M 端和 N 端对应直流电抗器两侧电压在频率 ω 下的暂态分量幅值比分别可以表示为

$$\frac{|U_{\mathrm{M\_line}}|}{|U_{\mathrm{M\_bus}}|}=\frac{|Z_{\mathrm{SN}}+(R_1+\mathrm{j}\omega L_{\mathrm{line}})+\mathrm{j}\omega L|}{|Z_{\mathrm{SN}}+(R_1+\mathrm{j}\omega L_{\mathrm{line}})+2\mathrm{j}\omega L|} \tag{11.3}$$

$$\frac{|U_{\mathrm{N\_line}}|}{|U_{\mathrm{N\_bus}}|}=\frac{|Z_{\mathrm{SN}}+\mathrm{j}\omega L|}{|Z_{\mathrm{SN}}|} \tag{11.4}$$

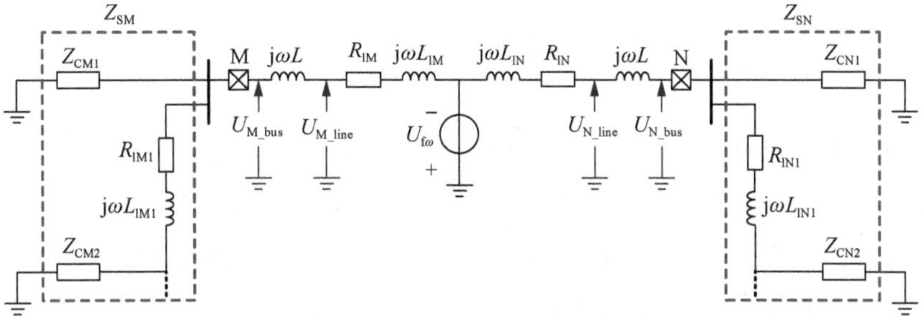

(a) 多端柔性直流系统区内故障频域附加网络

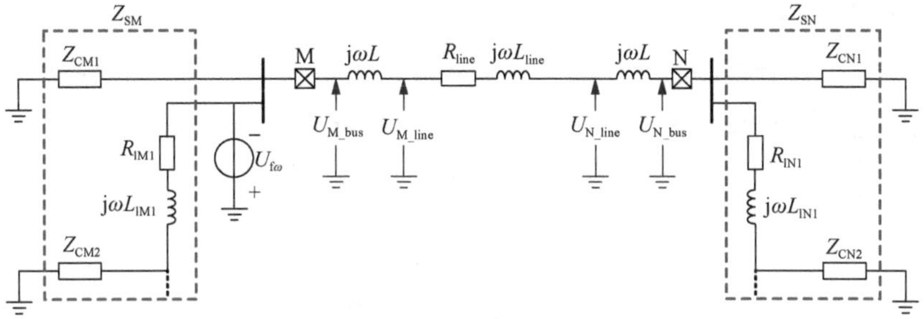

(b) 多端柔性直流系统区外故障频域附加网络

图 11.1　多端柔性直流系统故障频域附加网络

2. 保护背侧系统等效阻抗特性分析

由图 11.1 可知，保护背侧系统等效阻抗特性主要取决于换流站阻抗特性。对于单极接地故障，每个换流站可以等效成如图 11.2 所示。

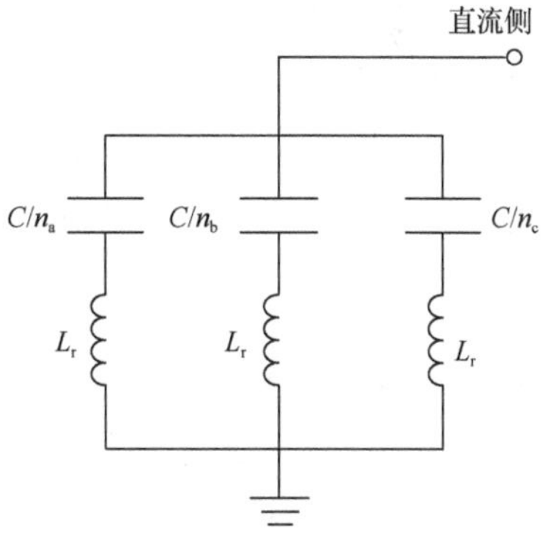

图 11.2　单极接地情况下 MMC 等效阻抗

图 11.2 中，L_r、C 分别代表桥臂电感和子模块电容；n_a、n_b、n_c 分别为故障极对应三相桥臂投入的子模块数量。在故障发生至换流器闭锁期间，n_a、n_b、n_c 由于控制策略的作用而不断变化，各自的最大值均为一个桥臂的子模块数量 N。

根据图 11.2，单极接地故障时换流站在闭锁以前的等效阻抗可以表示为

$$Z_C = j\left(\omega L_r - \frac{n_a}{\omega C}\right) // j\left(\omega L_r - \frac{n_b}{\omega C}\right) // j\left(\omega L_r - \frac{n_c}{\omega C}\right) \tag{11.5}$$

假设 n_a、n_b、n_c 均等于其最大值，即等于桥臂子模块数量 N，则有

$$Z_C=\frac{j}{3}\left(\omega L_r-\frac{N}{\omega C}\right) \tag{11.6}$$

由式(11.6)可知，当 $\omega>\sqrt{N/(L_rC)}$ 时，$[\omega L_r-N/(\omega C)]/3>0$。实际情况中，$n_a\leqslant N$、$n_b\leqslant N$、$n_c\leqslant N$，因此，当 $\omega>\sqrt{N/(L_rC)}$ 时，式(11.5)所表示的换流站等效阻抗呈感性。考虑到相邻线路的电感只会使保护背侧系统的感性特征更加明显，故必有保护背侧系统等效阻抗 Z_{SM}、Z_{SN} 呈感性的结论。

3. 区内外故障识别原理

由于保护背侧系统等效阻抗在 $\omega>\sqrt{N/(L_rC)}$ 时呈感性，此时可得这种情况下保护区内外发生故障时存在如式(11.7)所示的基本区别：

$$\begin{cases}\text{区内故障：}\dfrac{|U_{M\_line}|}{|U_{M\_bus}|}>1,\ \dfrac{|U_{N\_line}|}{|U_{N\_bus}|}>1\\ \text{区外故障：}\dfrac{|U_{M\_line}|}{|U_{M\_bus}|}>1,\ \dfrac{|U_{N\_line}|}{|U_{N\_bus}|}<1\\ \qquad\qquad\text{或}\dfrac{|U_{M\_line}|}{|U_{M\_bus}|}<1,\ \dfrac{|U_{N\_line}|}{|U_{N\_bus}|}>1\end{cases} \tag{11.7}$$

当发生区内故障时，对于线路两端保护而言均为正方向故障，线路两端直流电抗器两侧电压暂态分量幅值在 $\omega>\sqrt{N/(L_rC)}$ 时均满足线路侧大于母线侧；而当发生区外故障时，对于被保护线路其中一端保护而言，相当于发生背侧故障，相应的直流电抗器两侧电压暂态分量幅值在 $\omega>\sqrt{N/(L_rC)}$ 时满足母线侧大于线路侧。根据该原理，可构造方向纵联保护来可靠识别区内外故障。

11.1.2　直流线路快速方向纵联保护方案

柔性直流电网故障阻尼小，故障发展速度极快，要求保护能够在几毫秒内快速动作。超快的动作速度在对保护动作速动性提出苛刻要求的同时，由于可分析数据窗的缩短，亦对保护的选择性、可靠性和灵敏性提出了挑战。因此，柔性直流电网中利用多判据融合的思想保证保护的四性要求是较为合理的方案[29]。目前，柔性直流电网直流线路保护功能划分主要包括故障启动、故障检测、故障识别和故障选极[29]。其中，故障启动可参考常规直流输电线路保护，利用 du/dt、di/dt 实现故障后保护算法的快速启动[30]。柔性直流系统的故障检测判据主要功能在于可靠区分正常运行(包括扰动)与故障，一般采用过电流、低电压和电压不平衡判据，其工程应用已经较为成熟，这里不再赘述[29]。故障识别判据的作用主要是可靠区分区内外故障，这是柔性直流电网线路保护的主要技术难点。另外，故障选极判据的主要功能是在单极接地故障情况下正确选取故障极，以确保非故障极的继续运行。

1. 区内外故障识别判据

利用线路两端安装的直流电抗器两侧电压暂态分量在 $\omega > \sqrt{N/(L_{\mathrm{r}}C)}$ 时的幅值比构造方向纵联，实现区内外故障的可靠识别。柔性直流电网要求保护能够在故障后几毫秒内快速动作[30]，因此可供保护分析的数据窗最多为几毫秒。同时，考虑到被提取的信号在频段较高时识别效果较为明显，且能够有效降低过渡电阻的影响，建议尽量提取采样信号中的高频段暂态分量作为分析对象。而高频信号在时域中属于快变成分，因此本节以小波变换作为信号处理工具，利用其在信号高频段中有很好的时域分辨率的特点，实现短数据窗内采样数据高频分量的精确提取[23]。

1) 小波变换

式(11.8)所示是对信号 $x(t)$ 的连续小波变换。其中 $\psi(t)$ 为母小波函数，a、b 分别为尺度参数和位移参数。通过调整尺度参数和位移参数，可以构造一系列的小波函数，从而对原始信号按不同频段进行分层提取。

$$\mathrm{WT}(a,b)=\int_{-\infty}^{\infty} x(t)\frac{1}{\sqrt{a}}\psi^{*}\left(\frac{t-b}{a}\right)\mathrm{d}t \tag{11.8}$$

考虑到实际工程中获取的信号都是离散化的，小波变换也需要进行离散化。其中 Mallat 算法是目前较为典型的一种快速离散小波算法[31]。Mallat 算法通过一系列的滤波、二抽取和重构实现快速离散小波变换。对于一个离散信号 $a_0(k)$，其第 j 层平滑逼近系数 $a_j(k)$和细节系数 $d_j(k)$分别可以表示成[32]

$$\begin{cases} a_j(k)=\sum\limits_{n} a_j-1(n)h_0(n-2k) \\ d_j(k)=\sum\limits_{n} a_j-1(n)h_1(n-2k) \end{cases} \tag{11.9}$$

式中，h_0 和 h_1 分别表示低通和高通滤波器函数。Mallat 算法相当于二进小波变换[31]，相应地，$a_j(k)$ 和 $d_j(k)$ 分别代表从原始信号中提取的频段 $0\sim f_{\mathrm{T}}/2^{j+1}$ 和 $f_{\mathrm{T}}/2^{j+1}\sim f_{\mathrm{T}}/2^{j}$ 内的时域信号分量，其中 f_{T} 为原始信号采样率。因此，任意频段内的故障信号分量只需通过调整尺度参数 j 即可获取。

2) 方向纵联判据

将直流电抗器两侧电压 u_{line}、u_{bus} 分别进行小波变换，取第 j 层细节系数。细节系数层数的选取需保证提取的信号频段在 $\sqrt{N/(L_{\mathrm{r}}C)}$ 以上。同时考虑到频段越高，电感两侧的电压差距越大，方向判别效果也就越好，因此一般情况下 j 取 1。引入可靠系数(本节取 1.2)，可定义如下所示的方向判据：

$$R=\begin{cases}1, & \dfrac{\sum_{k=1}^{N}\left|d_{j\_\text{in}}(k)\right|}{\sum_{k=1}^{N}\left|d_{j\_\text{out}}(k)\right|}>1.2 \\ 0, & \dfrac{\sum_{k=1}^{N}\left|d_{j\_\text{in}}(k)\right|}{\sum_{k=1}^{N}\left|d_{j\_\text{out}}(k)\right|}\leqslant 1.2\end{cases} \tag{11.10}$$

当线路侧电压小波变换细节系数的幅值和大于母线侧时，表示发生正方向故障，R 取 1。当线路侧电压小波变换细节系数的幅值和小于母线侧时，则认为未发生正方向故障，R 取 0。线路两端保护分别进行故障方向判断，并进行方向纵联，即可靠识别区内外故障，相应的故障识别判据如式(11.11)所示：

$$\begin{cases}\text{区内故障}: R_\text{M}\ \&\ R_\text{N}=1 \\ \text{区外故障}: R_\text{M}\ \&\ R_\text{N}=0\end{cases} \tag{11.11}$$

2. 故障选极判据

故障选极判据的主要功能在于可靠选取故障极。以往研究中提出故障选极可利用单极接地时故障极电压暂态能量远大于非故障极电压暂态能量的特点，可靠区分故障极与健全极[23, 33]。但是，在 MMC 型直流系统中发生单极接地故障以后，故障极电压快速下降，产生明显的暂态能量；同时，非故障极电压幅值将在定直流电压控制策略作用下快速同步上升[29, 34]，也就是说，非故障极电压亦将出现明显的暂态能量。因此，基于暂态能量差异的故障选极判据在伪双极运行的柔性直流线路中应用可能无法正确选极。

如图 11.3 所示，直流系统接地方式以直流侧并联大电阻接地为例，柔性直流系统的直流电压是系统运行的主要控制目标，发生单极接地故障时，故障极电压幅值会快速跌落。而非故障极电压幅值会由于故障极电压跌落而在定直流电压控制作用下同步快速上升[34]。伪双极运行的 MMC 柔性直流系统单极接地故障时，故障电流 I_f 一般很小。故障点电压 $U_\text{f}=I_\text{f}R_\text{f}$，即使故障点存在较大的过渡电阻，由于 I_f 很小，故障点电压仍然很低。另外，直流系统发生两极短路故障时，正负极电压的幅值始终保持相等。因此，结合 MMC 型直流系统故障暂态特征，本节提出一种简单可靠的故障选极判据，如式(11.12)所示：

$$\begin{cases} \text{负极：} \dfrac{|U_{\text{dcP}}|}{|U_{\text{dcN}}|} > k_{\text{set}} \\ \text{正极：} \dfrac{|U_{\text{dcP}}|}{|U_{\text{dcN}}|} < \dfrac{1}{k_{\text{set}}} \\ \text{两极：} \dfrac{1}{k_{\text{set}}} \leqslant \dfrac{|U_{\text{dcP}}|}{|U_{\text{dcN}}|} \leqslant k_{\text{set}} \end{cases} \tag{11.12}$$

式中，U_{dcP}、U_{dcN} 分别代表正、负极电压；k_{set} 为设定的比值系数，考虑一定的裕度，该值一般可设为略大于 1 的一个值。当$|U_{\text{dcP}}|/|U_{\text{dcN}}|>k_{\text{set}}$时，即正极电压幅值大于负极电压幅值时，判定为负极接地故障；当$|U_{\text{dcP}}|/|U_{\text{dcN}}|<1/k_{\text{set}}$时，判定为正极接地故障；当 $1/k_{\text{set}}\leqslant|U_{\text{dcP}}|/|U_{\text{dcN}}|\leqslant k_{\text{set}}$时，判定为两极短路故障。

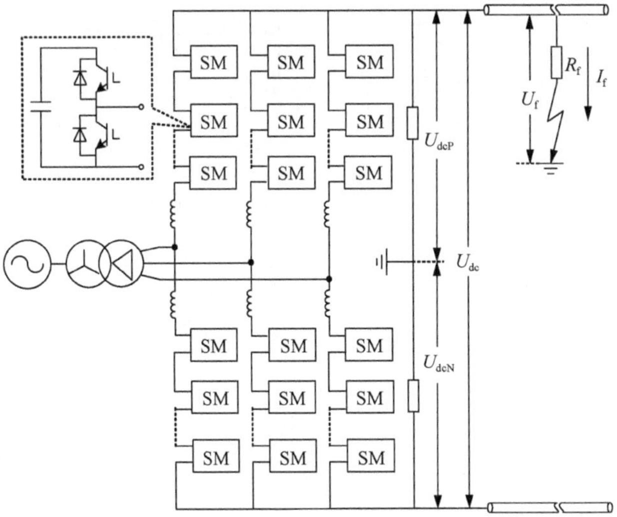

图 11.3　MMC 系统单极接地示意图

3. 直流线路保护方案

根据所设计的故障识别和故障选极判据，以过流、欠压和电压不平衡作为故障检测判据，提出如图 11.4 所示的柔性直流电网线路保护方案。为提高保护动作速度，当起动判据动作以后，各功能判据同步并行运行。故障检测判据主要用于判读是否存在故障，以区分正常运行期间的扰动和故障；故障识别判据用于识别故障区间；故障选极判据用于选择故障极。只有故障检测、故障识别和故障选极判据同时动作，相应线路直流断路器才会动作于跳闸。整个保护判断期间，只有故障识别需要传递故障方向逻辑信号，这种方式无需数据同步，大大降低了保护装置硬件的实现难度。

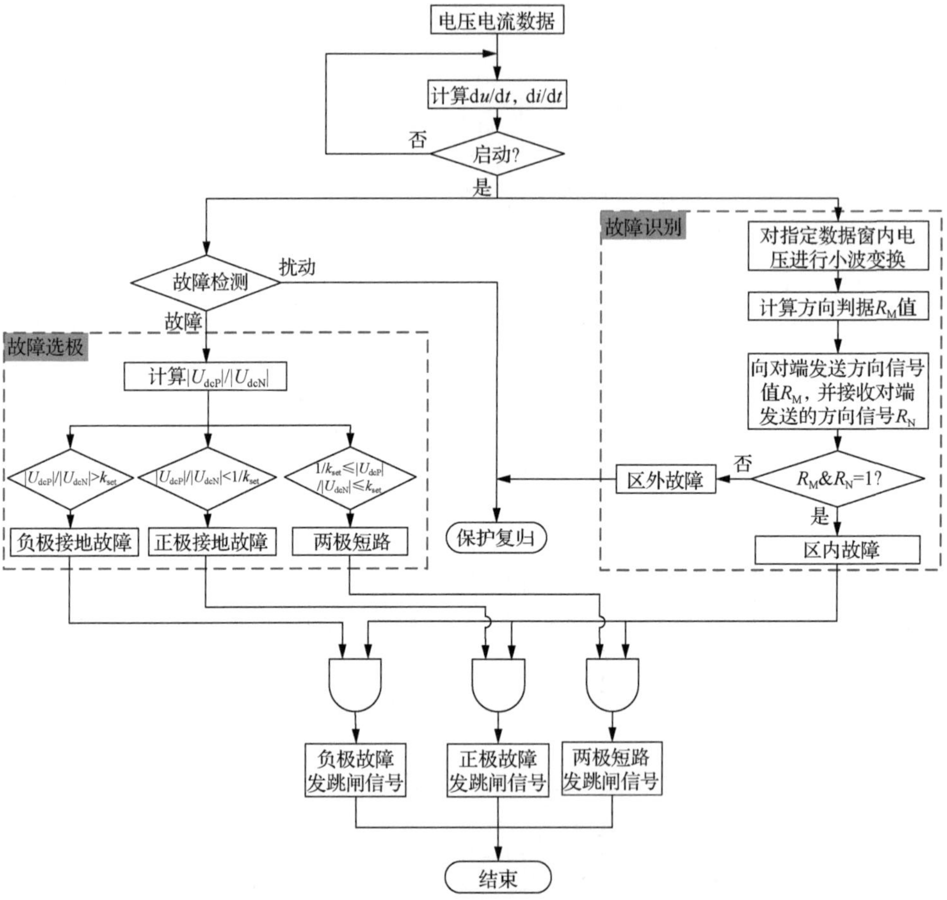

图 11.4 直流线路保护方案流程图

11.1.3 直流快速方向纵联保护的仿真验证

在 PSCAD/EMTDC 仿真平台上搭建如图 11.5 所示的四端 MMC 型直流电网仿真模型，其中直流线路采用依频线路模型，其他相关仿真参数如表 11.1 所示。

为了考察线路 Line1 保护 M 的动作情况，分别进行了区内外不同类型故障仿真试验。保护的故障检测判据如下：

(1) 过流判据：$I_{dc}>2I_{dcN}$；

(2) 欠压判据：$|U_{dcP}|<0.8|U_{dcPN}|$或$|U_{dcN}|<0.8|U_{dcNN}|$；

(3) 电压不平衡判据：$|U_{dcP}+U_{dcN}|>0.25U_{dcN}$[4]。

故障选极判据中 k_{set} 设为 1.2。数据采样率为 20kHz，为确保足够的抗过渡电阻能力和动作可靠性，以下仿真算例中利用 db10 小波进行尺度 1 细节系数的提取，提取的对应频段为 5～10kHz，分析数据窗选取故障启动前 1ms 至启动后 2ms 的时间窗，共 3ms。

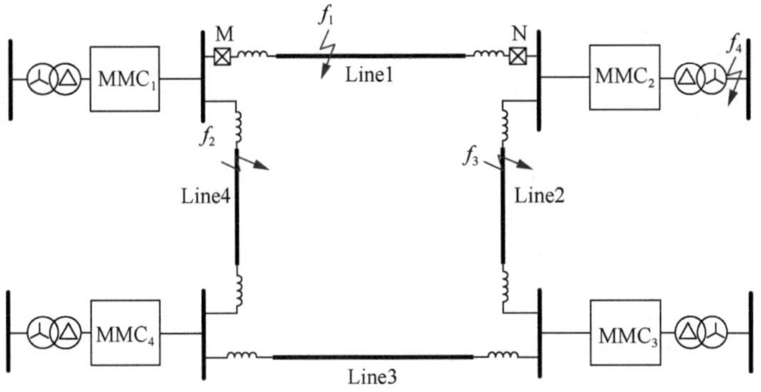

图 11.5　四端 MMC 型直流电网仿真模型

表 11.1　仿真模型系统参数

系统参数	参数值
额定直流电压/kV	±200
额定交流电压/kV	200
电平数	101
子模块电容/μF (站 1,站 2,站 3,站 4)	13000, 3250, 3250, 9750
桥臂电抗器电感/mH (站 1,站 2,站 3,站 4)	19.1, 119, 119, 37.6
线路长度/km	100
直流电抗器电感/mH	100
换流站额定容量/(MV · A)	站 1：定电压；站 2：100；站 3：100；站 4：300

1. 区内故障

1) 两极短路故障

假设在 Line1 的线路中点发生两极短路故障，故障时刻为 t=1s，并假设故障后 3ms 闭锁换流站，相应的仿真结果如图 11.6 和图 11.7 所示。

如图 11.6 (a) 所示，直流故障发生以后，直流电流立即上升，超过门槛值 2.5kA 以上时，保护检测判据动作。如图 11.6 (b) 和 (c) 所示，故障以后，正负极电压幅值比一直保持在 1，因此可判定为两极短路故障。

如图 11.7 所示，在选取的数据窗内，直流电抗器线路侧和母线侧电压小波变换细节系数的幅值之比大于 1.2，即线路两侧的保护 M 和保护 N 均能可靠判断出该故障为正方向故障，因此方向纵联判据能够确定该故障为区内故障。

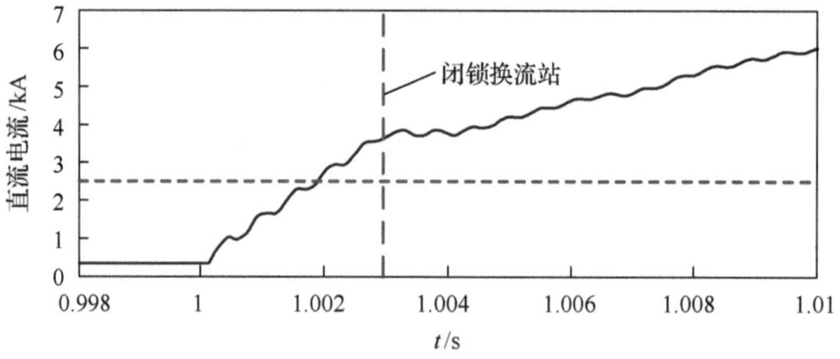

(a) 直流电流

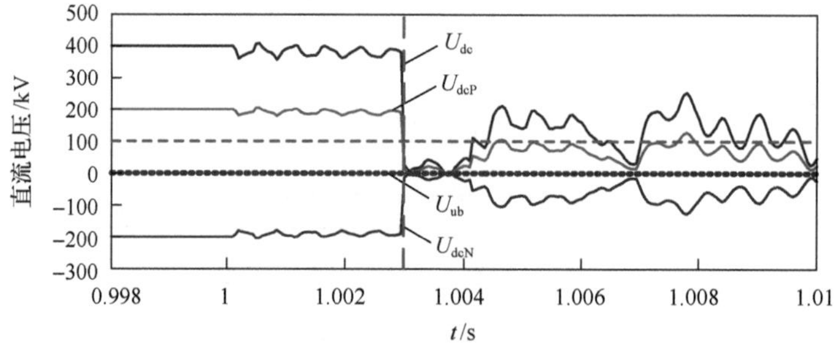

(b) 直流电压

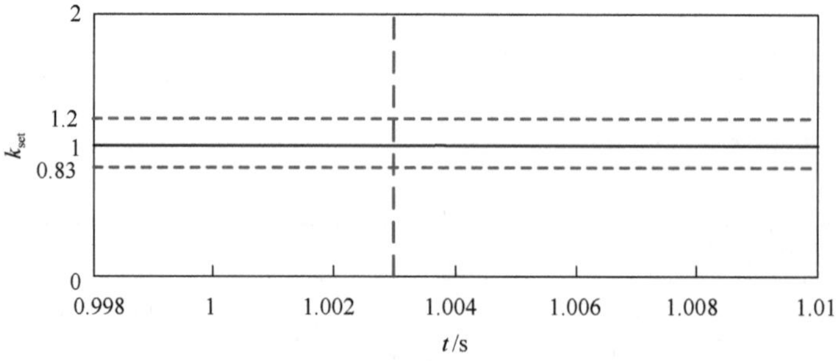

(c) 比值系数

图 11.6　区内两极短路故障仿真结果

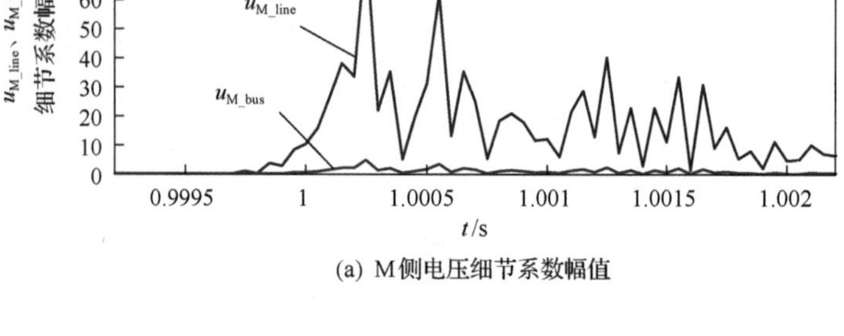

(a) M侧电压细节系数幅值

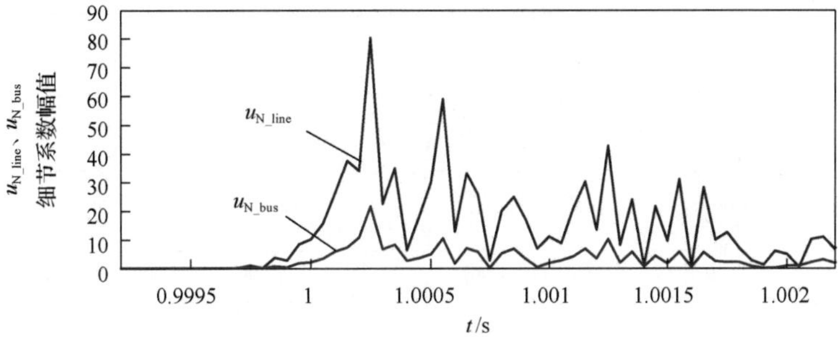

(b) N侧电压细节系数幅值

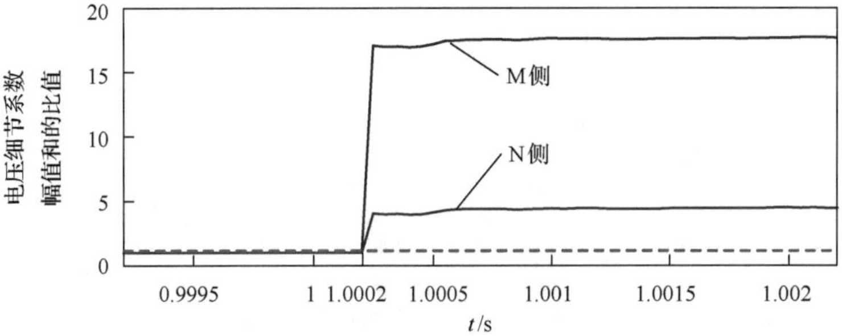

(c) 电压细节系数幅值和的比值

图 11.7　区内两极短路故障识别判据动作情况

2) 单极接地故障

假设在线路 Line1 中点发生正极经 100Ω 过渡电阻接地，其他设定与前述算例两极短路故障中相同，相应的仿真结果如图 11.8 和图 11.9 所示。

如图 11.8(a) 所示，单极接地故障发生以后，直流故障电流不明显，其幅值大致维持在额定电流；直流极间电压亦能够在闭锁前保持在额定电压水平。但如图 11.8(b) 所示，故障极(正极) 电压 U_{dcP} 却快速跌落到门槛值以下；同时非故障极(负极) 电压幅值由于定直流电压控制策略的同步响应而快速增大，导致电压不平衡量快速上升到门槛值以上。因此，保护起动判据能够可靠快速动作。此外，

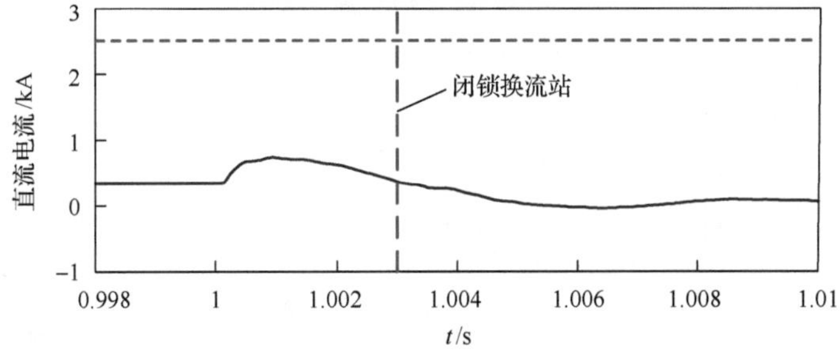

(a) 直流电流

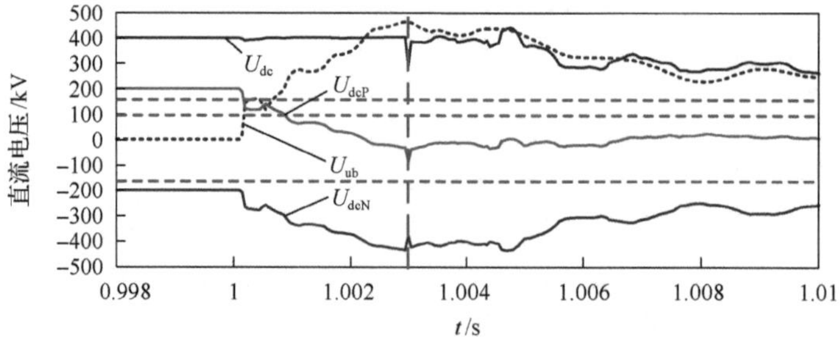

(b) 直流电压

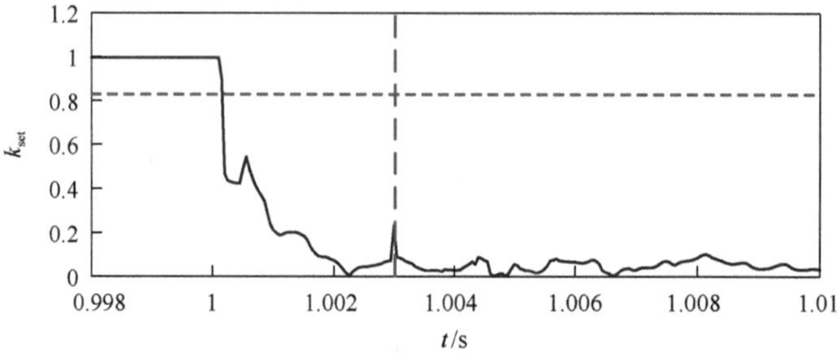

(c) 比值系数

图 11.8　区内正极接地故障仿真结果

如图 11.8(b) 和 (c) 所示，正负极电压幅值比在故障后迅速下降到门槛值 ($1/k_{set}$) 以下，因此由故障选极判据判断出该故障为正极故障。

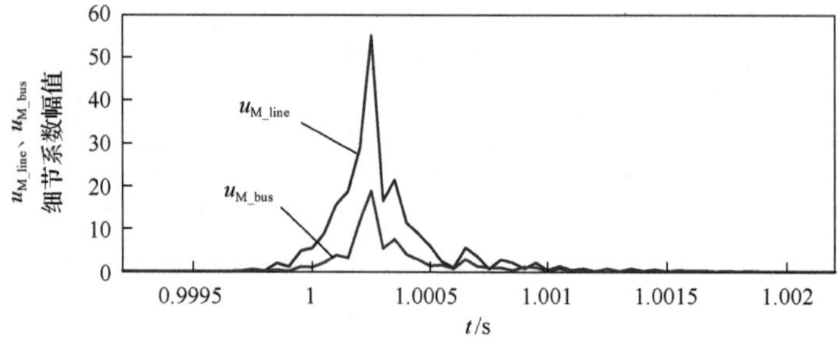

(a) M侧电压细节系数幅值

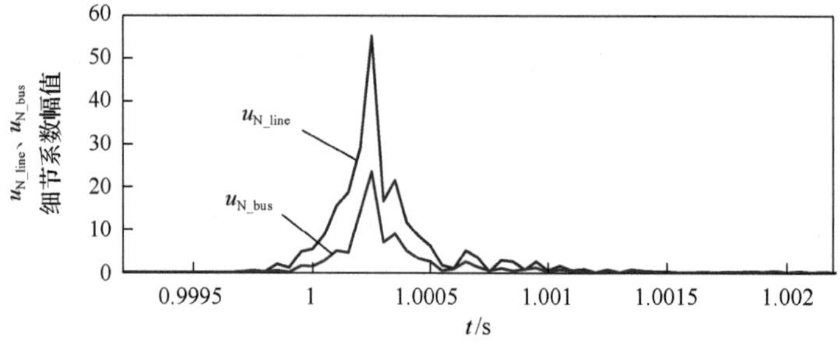

(b) N侧电压细节系数幅值

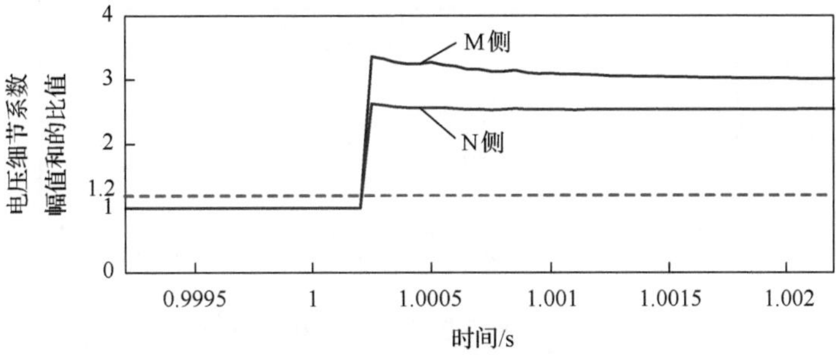

(c) 电压细节系数幅值和的比值

图 11.9　区内正极接地故障识别判据动作情况

如图 11.9 所示，保护 M 及其对侧保护 N 对应直流电抗器线路侧和母线侧电压小波变换细节系数幅值均满足线路侧大于母线侧，因此两侧保护均判定该故障为正方向故障，由方向纵联识别判据能可靠判断出其为区内故障。

2. 区外故障

如图 11.5 所示，假设 f_2～f_4 处的故障分别为背侧区外单极接地故障、对侧区外单极接地故障和交流系统单相接地故障，其他设定与前述仿真算例相同。

如图 11.10 所示，保护 M 背侧发生单极接地故障以后，M 端对应直流电抗器线路侧电压 u_{M_line} 小波变换细节系数幅值小于母线侧电压 u_{M_bus} 细节系数幅值，保护 M 能够立即判断出该故障为反方向故障，而保护 N 判断故障为正方向故障，因此方向纵联保护判定为区外故障。

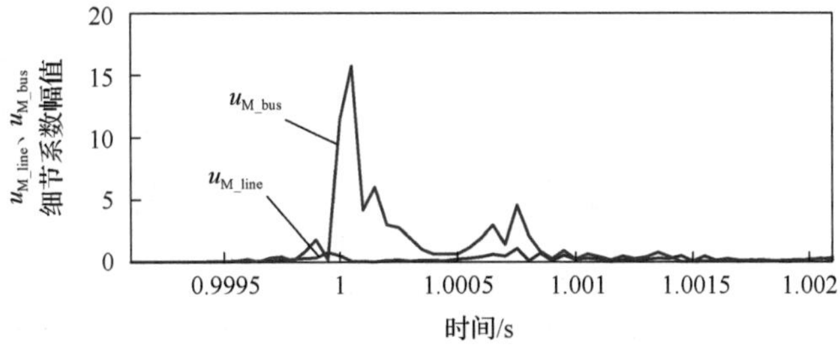

(a) M侧电压细节系数幅值

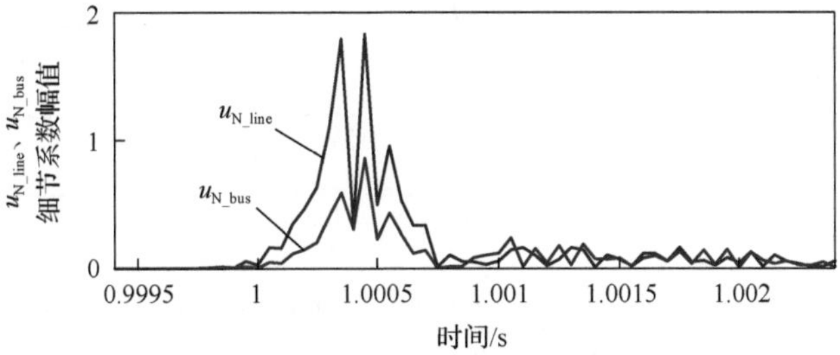

(b) N侧电压细节系数幅值

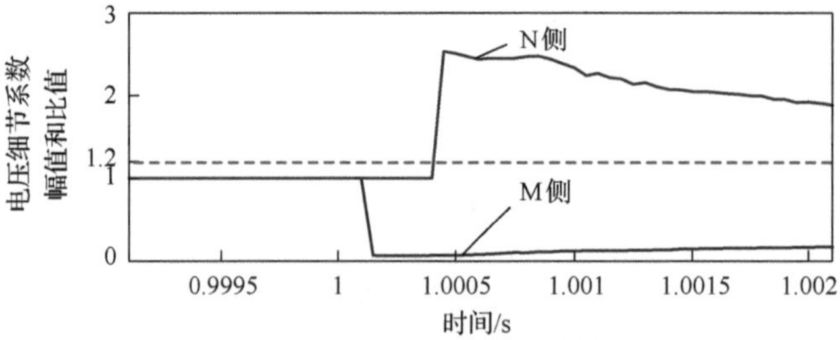

(c) 电压细节系数幅值和的比值

图 11.10　背侧区外单极接地故障识别判据动作情况

如图 11.11 所示，当保护 M 正方向上发生区外单极接地故障时，虽然保护 M 仍然判断该故障为正方向故障，但是其对侧保护 N 能够判断出该故障为反向故障，因此根据方向纵联原理亦能够判定该故障为区外故障。

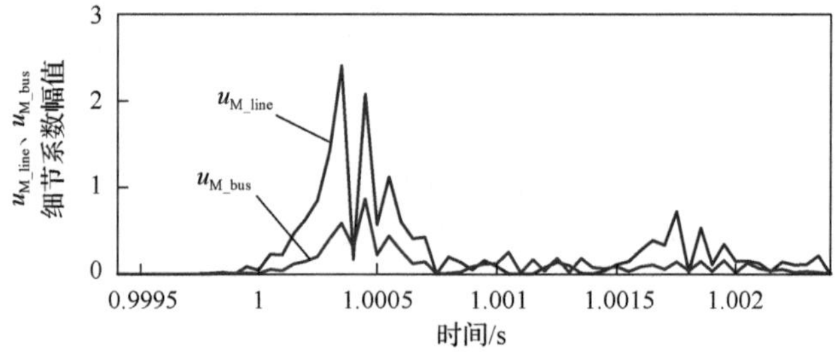

(a) M侧电压细节系数幅值

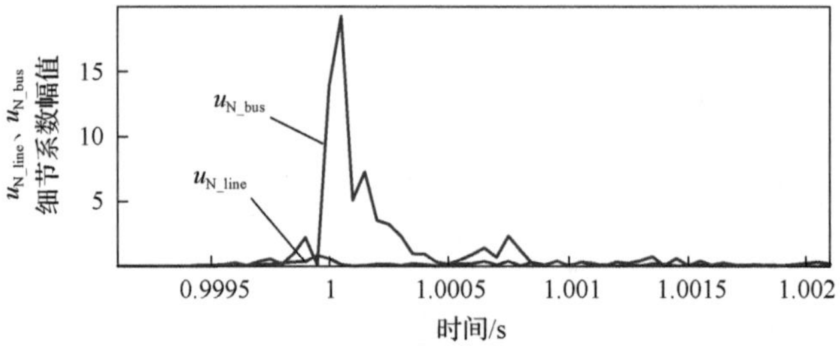

(b) N侧电压细节系数幅值

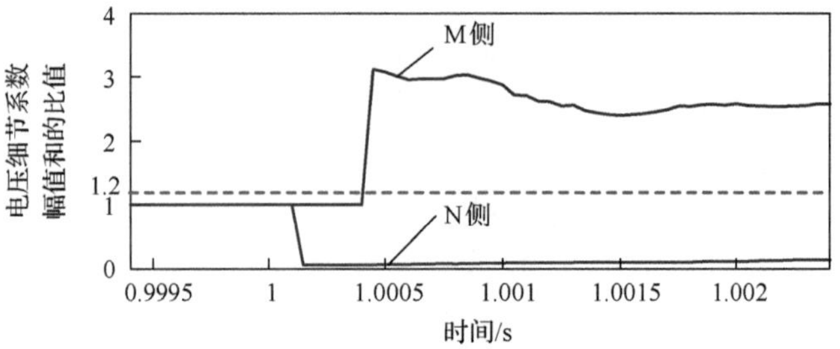

(c) 电压细节系数幅值和的比值

图 11.11　对侧区外单极接地故障识别判据动作情况

类似地，如图 11.12 所示，当交流系统故障时，线路 Line1 其中一端保护判定该故障为反方向故障，因此方向纵联判据能够可靠判断该故障为区外故障。

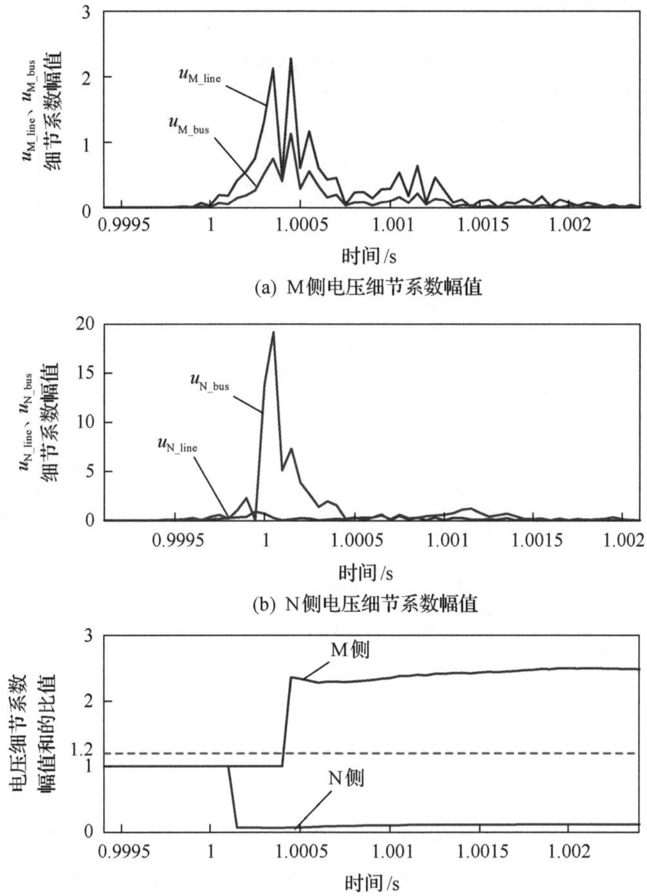

(a) M侧电压细节系数幅值

(b) N侧电压细节系数幅值

(c) 电压细节系数幅值和的比值

图 11.12　交流系统单相接地故障识别判据动作情况

3. 其他影响因素

在该柔性直流电网线路保护方案中，用于检测故障的过流、欠压和电压不平衡判据均是直流系统典型保护方法，这里不再详细讨论其动作可靠性。

表 11.2 给出了各类故障场景下故障选极和故障识别判据的动作情况。随着故障过渡电阻的增大，本节所设计的故障识别与选极判据均能够可靠动作，具有较强的耐受过渡电阻能力。仿真模型中的直流线路采用了依频模型，考虑了线路分布电容的影响。仿真结果表明，该保护方案能够可靠动作。另外，换流器闭锁会使故障暂态特征发生二次突变，而线路保护方案各功能判据均是基于换流器闭锁

前的故障暂态特征进行设计的，因此需考虑换流器闭锁对保护动作可靠性的影响。假设换流站在故障后 3ms 闭锁，如图 11.6 和图 11.8 所示，闭锁后故障检测判据和故障选极判据仍能可靠动作。

表 11.2　保护动作情况

故障类型	故障位置	过渡电阻/Ω	k_m	k_n	R_M	R_N	故障识别	k_{set}	故障选极
两极短路	出口	0	16.512	4.605	1	1	区内	1	两极
	中点	0	17.641	4.507	1	1	区内	1	两极
	末端	0	17.742	4.251	1	1	区内	1	两极
单极接地	出口	0	2.244	2.570	1	1	区内	0.091	正极
		100	2.814	2.62	1	1	区内	0.092	正极
		300	3.455	2.733	1	1	区内	0.317	正极
	中点	0	3.232	2.610	1	1	区内	0.104	正极
		100	3.015	2.534	1	1	区内	0.071	正极
		300	2.985	2.550	1	1	区内	0.3	正极
	末端	0	3.175	2.166	1	1	区内	0.125	正极
		100	3.179	2.723	1	1	区内	0.045	正极
		300	3.197	3.187	1	1	区内	0.261	正极

为了追求保护能够超快速动作，上述仿真算例中，故障识别判据仅利用了保护起动前 1ms 至起动后 2ms 的数据窗作为被分析时窗，即选取了闭锁前数据作为保护分析数据，没有反映换流器闭锁的影响。因此，在线路 Line1 中点发生正极经 100Ω 过渡电阻接地，且故障时刻为 t=1s，假设换流站在故障后 1ms 闭锁，此时保护的动作情况如图 11.13 所示。显然，在故障发生后至换流器闭锁之前的时间段，线路两端保护能正确判断出该故障为正方向故障，因此方向纵联识别判据能够可靠动作。但是，随着数据窗延伸到换流器闭锁时刻以后，两端保护计算得到的直流电抗器两侧电压细节系数的幅值和的比值均快速下降，使得保护动作可靠性大大降低；甚至可能跌落到门槛值 1.2 以下，导致保护可能误判。因此，该保护方案中的故障识别判据分析时窗应保证不超过换流器闭锁时刻，确保保护动作的可靠性与正确性。

本节提出的方向纵联保护动作速度快、整定容易，保护方案仅需传递方向信号，无需数据同步，大大降低了硬件实现难度。大量仿真算例证明，该保护方案具有较强的耐受过渡电阻能力，且不受线路分布电容影响。

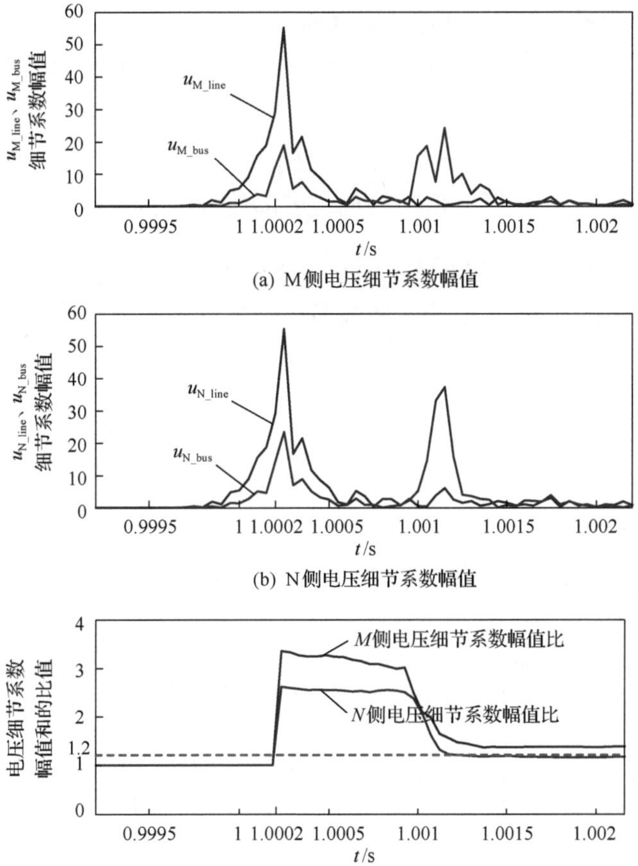

(a) M侧电压细节系数幅值

(b) N侧电压细节系数幅值

(c) 电压细节系数幅值和的比值

图 11.13　闭锁换流站的影响

11.2　基于单端暂态能量的快速保护原理及方案

安装于直流线路两端的直流电抗器为线路保护提供了天然的边界[18,35]。根据直流电抗器对线路区内外故障产生的特性差异，本节设计了基于电流暂态能量大小的单端暂态量线路保护方案，针对单端暂态能量判据无法兼顾区内末端故障时的灵敏性和背侧近端故障时的可靠不误动这一问题，设计了基于方向判断的单端暂态能量判据，以实现线路区内外故障的快速可靠判断。

11.2.1　直流线路区内外故障时的单端暂态能量特征分析

故障发生以后，暂态电流由故障点向两侧系统传播。图 11.14 是柔性直流电网区内外故障频域附加网络示意图。考虑到线路分布电容小于换流站内的子模块电容，因此示意图中忽略了线路分布电容。

如图 11.14(a)所示，当发生区内故障时，流经保护 M 的电流中频率 ω 对应的暂态电流分量 $I_{\mathrm{f}\omega内}$可以表示为

$$I_{\mathrm{f}\omega内}=\frac{U_{\mathrm{f}\omega}}{Z_{\mathrm{SM}}+\left(R_{\mathrm{line1}}+\mathrm{j}\omega L_{\mathrm{line1}}\right)+\mathrm{j}\omega L} \tag{11.13}$$

式中，Z_{SM}代表保护 M 背侧系统在频率 ω 下的等效阻抗，主要由换流站阻抗和线路阻抗组成。R_{line1}、$\omega L_{\mathrm{line1}}$代表故障线路在频率 ω 下的等效阻抗。

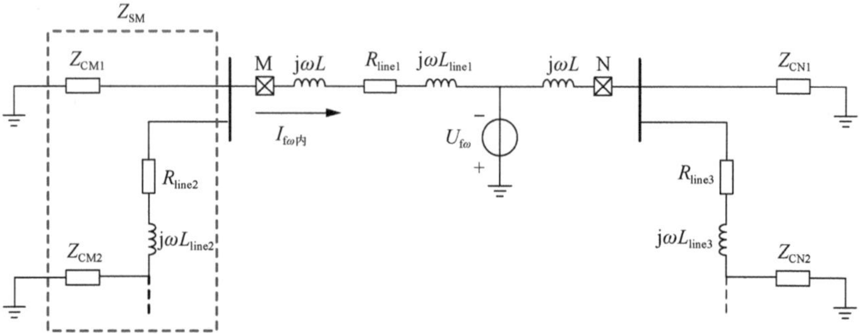

(a) 柔性直流电网区内末端故障频域故障附加网络

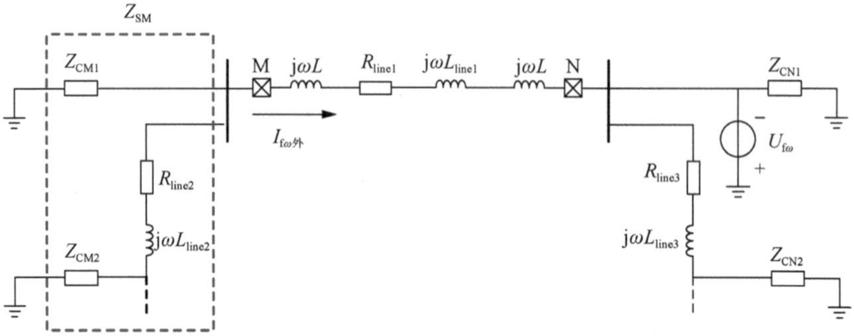

(b) 柔性直流电网区内外出口故障频域故障附加网络

图 11.14　柔性直流电网区内外故障频域附加网络

如图 11.14(b)所示，当区外近端发生故障时，流经保护 M 的电流中频率 ω 对应的暂态电流分量 $I_{\mathrm{f}\omega外}$可以表示为

$$I_{\mathrm{f}\omega外}=\frac{U_{\mathrm{f}\omega}}{Z_{\mathrm{SM}}+\left(R_{\mathrm{line1}}+\mathrm{j}\omega L_{\mathrm{line1}}\right)+2\mathrm{j}\omega L} \tag{11.14}$$

由式(11.5)和式(11.6)可知，当频率 f 大于 $\sqrt{N/(L_{\mathrm{r}}C)}/2\pi$ 时(N 为 MMC 中每个桥臂的子模块数量，L_{r}、C 分别为桥臂电感和子模块电容)，换流站等效阻抗特性

呈感性，结合图 11.1 所示的故障频域附加网络图可知，此时必有保护背侧阻抗 Z_{SM} 为感性，此时式(11.15)成立：

$$\left|Z_{SM}+\left(R_{line1}+j\omega L_{line1}\right)+2j\omega L\right|>\left|Z_{SM}+\left(R_{line1}+j\omega L_{line1}\right)+j\omega L\right| \quad (11.15)$$

频率越高，式(11.15)两侧算式的差值越大。因此可得

$$\left|I_{f\omega内}\right|>\left|I_{f\omega外}\right| \quad (11.16)$$

从物理意义而言，直流电抗器的存在使得被保护线路区内末端和区外近端之间存在阻抗不连续点，因此区内末端故障时，流经保护安装处的频率 ω 对应的暂态电流量将大于区外近端故障，而且频率 ω 越大，两者差距越大。国内外学者针对 LCC-HVDC 和 VSC-HVDC 提出了基于边界元件的单端暂态能量保护原理，但是现有文献所设计的直流系统单端暂态量保护方法忽略了故障方向这一关键问题。

如图 11.15 所示，当保护 M 背侧近端发生故障时，流经保护 M 的电流中频率 ω 对应的暂态电流分量 $I'_{f\omega外}$ 可以表示为

$$I'_{f\omega外}=\frac{U_{f\omega}}{Z_{SN}+\left(R_{line1}+j\omega L_{line1}\right)+2j\omega L} \quad (11.17)$$

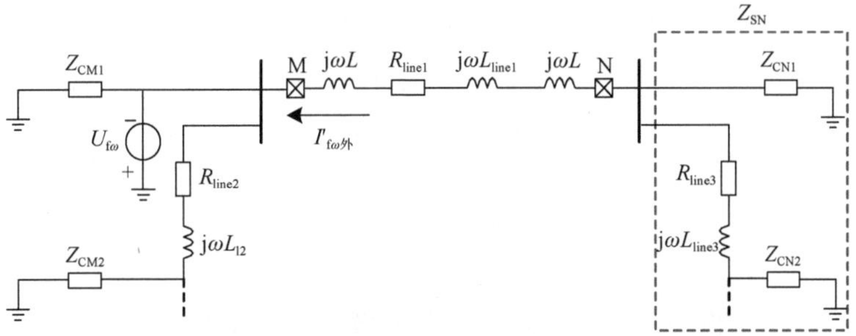

图 11.15　柔性直流电网区外背侧近端故障序网络示意图

由于图 11.14 中的 Z_{SM} 和图 11.15 中的 Z_{SN} 不相等，由式(11.13)和式(11.17)可知，可能出现$|Z_{SM}+(R_{line1}+j\omega L_{line1})+j\omega L|$和$|Z_{SN}+(R_{line1}+j\omega L_{line1})+2j\omega L|$很接近的情况，这种情况就意味着区内末端故障和区外背侧近端故障时电流暂态分量接近，即保护无法兼顾在区内末端故障时的灵敏性和区外背侧近端故障时的可靠性。

11.2.2　基于快速方向判断的单端暂态能量保护原理

当仅以单端暂态电流能量大小作为区内外故障识别判据时，无法兼顾保护在区内末端故障的灵敏性和区外背侧近端故障时的可靠不误动。针对该问题，这里引入 11.1.1 小节中设计的快速方向判据，利用方向判据识别所有保护背侧故障。在此基础上，利用单端暂态电流能量大小作为区分区内故障和正方向区外故障的识别判据。相应的保护动作流程如图 11.16 所示。

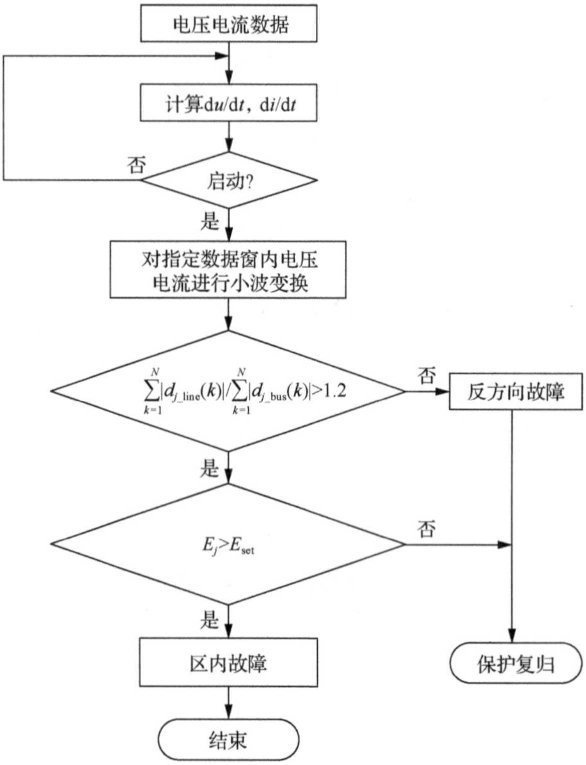

图 11.16　基于方向判断的单端暂态量线路保护方案

图 11.16 中，E_j 由式(11.18)计算得到，代表频段 $f_T/2^{j+1}\sim f_T/2^j$ 内的暂态电流能量的大小。E_{set} 为暂态能量判据的整定值，由于加入了方向判断，能够直接将反方向故障判断为区外故障，因此单端暂态能量判据的整定只需考虑躲过正方向区外故障即可。E_{set} 的整定原则为：正方向区外故障时的电流信号在指定频段内暂态能量的最大值，即正方向区外近端金属性故障暂态电流能量，同时考虑乘以一个大于 1 的可靠系数，最终定值可针对工程参数进行仿真计算确定。

$$E_j = \sum_k \left| d_j(k) \right|^2 \tag{11.18}$$

由 11.2.1 小节分析可知，频率越高，区内外故障的暂态电流能量差异越大，因此一般情况下尺度参数 j 取 1，以提取原始采样信号中最高频段的暂态电流。同时也要注意，提取的暂态分量频率越高，其幅值本身也越小。

如图 11.16 所示，保护起动后利用指定数据窗内的数据进行故障方向判断，当发生背侧故障时，方向元件直接判断出其为区外故障，而单端暂态能量判据的任务是区分区内故障和正方向上的区外故障。方向元件能够直接将背侧故障判定为区外故障，因此能够有效解决区内末端故障和背侧近端故障之间暂态电流大小差异不确定而导致的灵敏性与可靠性无法兼顾的问题。

11.2.3　直流单端暂态能量保护的仿真验证

仿真模型如图 11.5 所示的四端 MMC 型直流电网仿真模型，直流线路采用依频线路模型，其他相关仿真参数如表 11.1 所示。在仿真模型中，以线路 Line1 的保护 M 作为主要考察对象，分别进行了区内故障、正方向区外故障以及背侧区外故障仿真试验。同时，验证了本书所提出的方向判据以及基于方向判断的单端暂态能量保护方法在直流电网中的可行性。与 11.1.3 小节类似，假设换流站在故障后 3ms 闭锁，为突出保护的动作速度，保护判断的数据窗定为故障启动前 1ms 和启动后 2ms，以保证故障初期的信息被完全利用，提高动作可靠性。

1. 单端暂态能量保护动作性能

图 11.17 为区内末端、正方向区外近端与反方向区外近端正极接地故障时的直流电流以及小波变换细节系数幅值仿真结果，其中小波变换细节系数幅值代表了直流电流对应频段的暂态电流能量大小。

由图 11.17 可以看出，正方向区外近端故障时直流暂态电流能量远小于区内末端故障时的暂态电流能量，根据式(11.18)计算数据窗内 E_j 值，区内末端经不同过渡电阻接地故障时 E_j 值分别为 269.91(0Ω)、164.93(100Ω)、87.16(300Ω)；正方向区外近端金属性故障时 E_j 值为 2.14。因此仿真结果表明，即使存在较大的过渡电阻，区内末端故障时电流暂态能量仍然远大于区外金属性故障，表明该方法具有较强的耐受过渡电阻能力。

但是，根据式(11.18)计算可得反方向区外近端金属性故障时 E_j 值为 109.68，与区内末端故障时的暂态电流能量差距并不大，尤其是区内末端经大电阻接地时，其暂态电流能量还可能小于反方向区外近端金属性故障时的暂态电流能量。因此，单纯依靠单端暂态电流能量作为区内外故障识别判据将无法兼顾内部故障灵敏性和外部故障可靠性。如果以躲过所有区外故障情况为整定依据，区内末端故障时的动作灵敏性将显著降低，可能出现拒动问题；相反，如果希望提高区内故障保护的动作灵敏性，则无法保证对所有区外故障的可靠不误动。

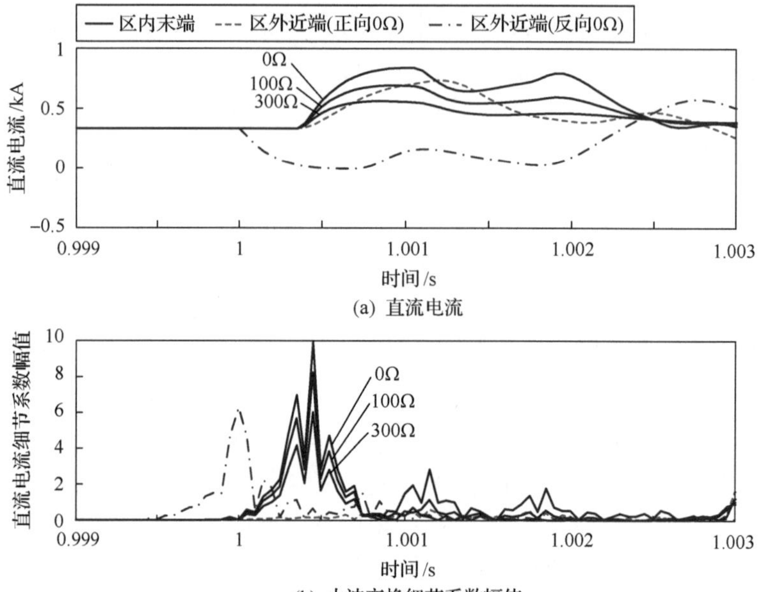

图 11.17　单端暂态量判据的动作性能

2. 基于方向判断的单端暂态能量保护动作性能

1) 方向元件动作原理

如图 11.18 和图 11.19 所示为区内外不同位置故障时本章提出的方向判据的动作情况(假设换流站在故障后 3ms 闭锁)，结合图 11.17 可验证基于方向判断的单端暂态能量保护方案的动作性能，其中 E_{set} 取 10.7(2.14×5)。如图 11.18(a)所示，区内故障时，直流电抗器线路侧电压小波变换细节系数幅值远大于母线侧电压小波变换细节系数幅值，因此由图 11.18(b)和式(11.18)可以判断该故障为正方向故障。结合单端暂态电流能量判据，可以确定该故障为区内故障。

如图 11.19 所示，当正方向区外近端发生故障时，方向判据仍然判断该故障为正方向故障，但是由于其暂态能量小于整定值，因此单端暂态能量判据能够可靠识别出该故障为区外故障。如图 11.20 所示，当反方向区外近端发生故障时，虽然此时流经保护 M 的暂态电流能量大于整定值，导致单端暂态能量判据无法正确动作，但是本章所提出的方向判据能够快速而可靠地判断出该故障为反方向故障，因此亦可确定该故障为区外故障。

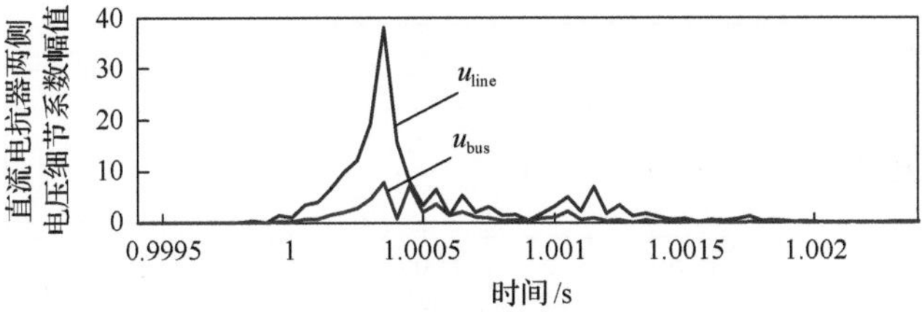

(a) 直流电抗器两侧电压细节系数幅值

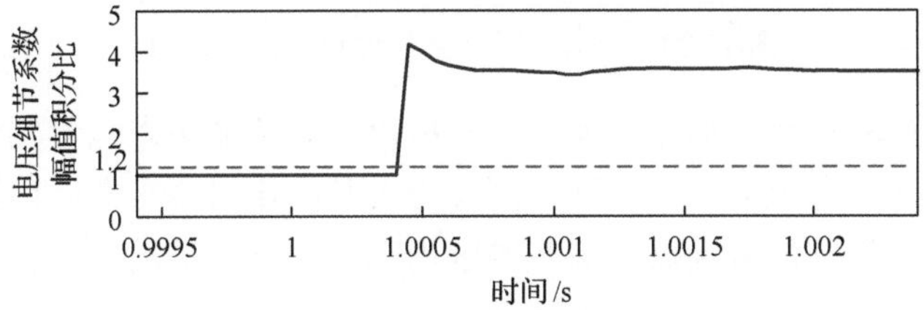

(b) 电压细节系数幅值积分比

图 11.18　区内末端正极经 300Ω 过渡电阻接地故障

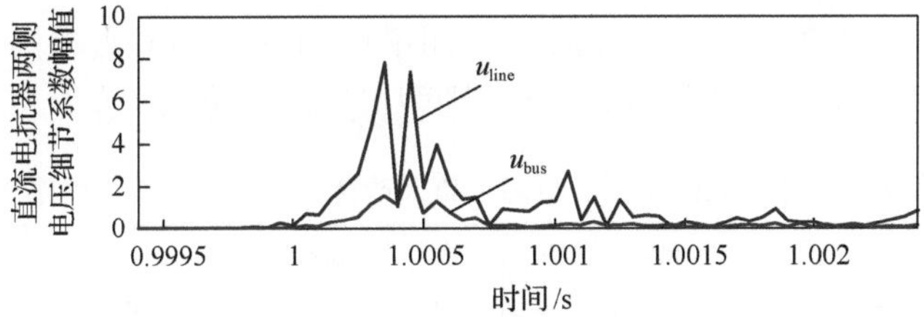

(a) 直流电抗器两侧电压细节系数幅值

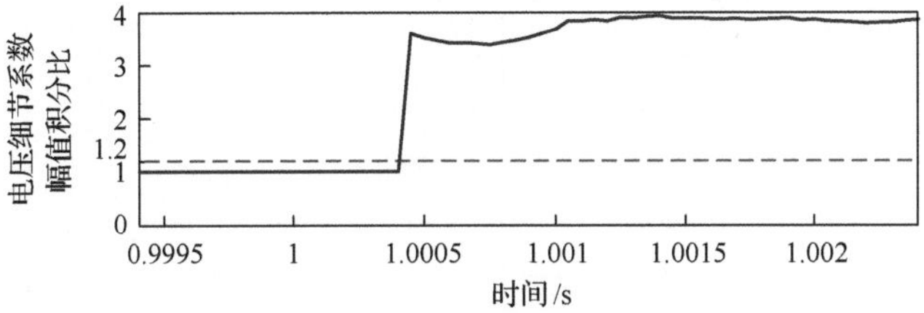

(b) 电压细节系数幅值积分比

图 11.19　正方向区外金属性正极接地故障

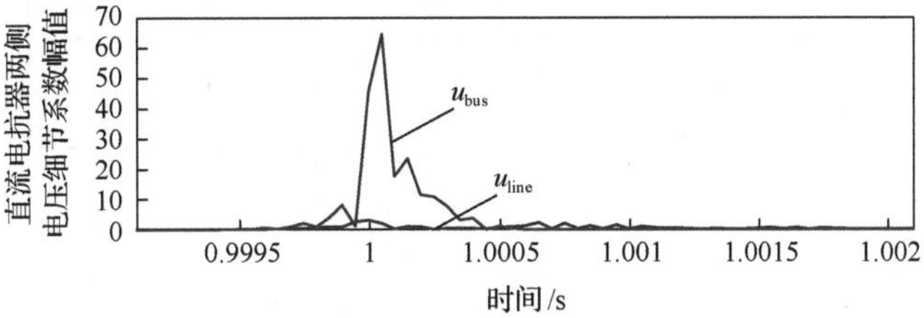

(a) 直流电抗器两侧电压细节系数幅值

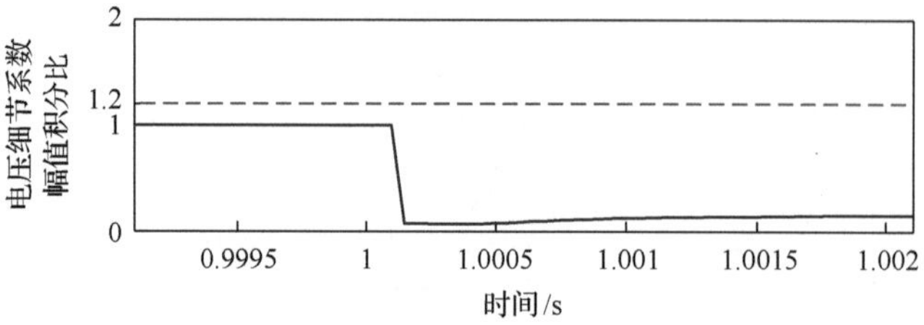

(b) 电压细节系数幅值积分比

图 11.20　反方向区外金属性正极接地故障

上述仿真试验表明，加入故障方向判据以后，单端暂态能量判据只需负责区分区内故障和正方向上的区外故障，而反方向故障则可由方向元件进行排除。这有效解决了单端暂态能量判据无法兼顾区内末端故障保护动作灵敏性和反方向区外近端故障保护可靠性的问题。

2) 加入方向元件后的动作性能

表 11.3 列出了不同故障类型、故障位置及故障场景下本章所设计的保护方案的动作情况(均假设换流站在故障后 3ms 闭锁)。正方向区外近端两极短路故障的暂态电流能量为 19.30，可靠系数为 5，则两极短路故障的 E_{set} 为 96.5。

表 11.3　不同故障类型、故障位置及故障场景下的保护动作情况

故障类型	故障位置	过渡电阻/Ω	k	故障方向	E_j	故障区段识别
两极短路	近端	0	17.61	正向	1.09×10^4	区内
	中点	0	16.71	正向	3.85×10^3	区内
	末端	0	17.76	正向	1.68×10^3	区内
	正向区外近端	0	17.25	正向	19.30	区外
	反向区外近端	0	0.37	反向	115.77	区外
单极接地	近端	0	2.41	正向	3.01×10^3	区内
		100	2.60	正向	459.38	区内
		300	3.23	正向	160.90	区内
	中点	0	4.19	正向	613.62	区内
		100	3.84	正向	104.69	区内
		300	3.38	正向	26.30	区内
	末端	0	3.32	正向	269.91	区内
		100	3.36	正向	164.93	区内
		300	3.53	正向	87.16	区内
	正向区外近端	0	3.86	正向	2.14	区外
	反向区外近端	0	0.15	反向	109.68	区外
交流系统	正向交流系统	0	2.39	正向	0.18	区外
	反向交流系统	0	0.19	反向	35.14	区外

由表 11.3 可知，暂态电流能量判据能够可靠识别区内故障和正方向区外故障。而反方向故障时，虽然暂态电流能量判据可能误动作，但是方向元件能够直接将该类故障确定为区外故障，从而保证保护动作的灵敏性和可靠性。类似地，对于单极接地故障，E_{set} 可取为 10.7，此时方向元件与单端暂态能量判据的配合保证了保护动作的灵敏性和可靠性，而且具有较强的耐受过渡电阻能力。

3) 换流器闭锁对保护的影响

上述仿真算例中均假设换流器在故障后 3ms 闭锁，而保护所取数据窗为故障前 1ms 至故障后 2ms。严重故障时，由于换流器桥臂电流过流而可能迅速闭锁，因此需要考虑换流器闭锁对保护动作性能的影响。图 11.21 是假设换流器在故障后 1ms 闭锁的情况下保护的动作情况。

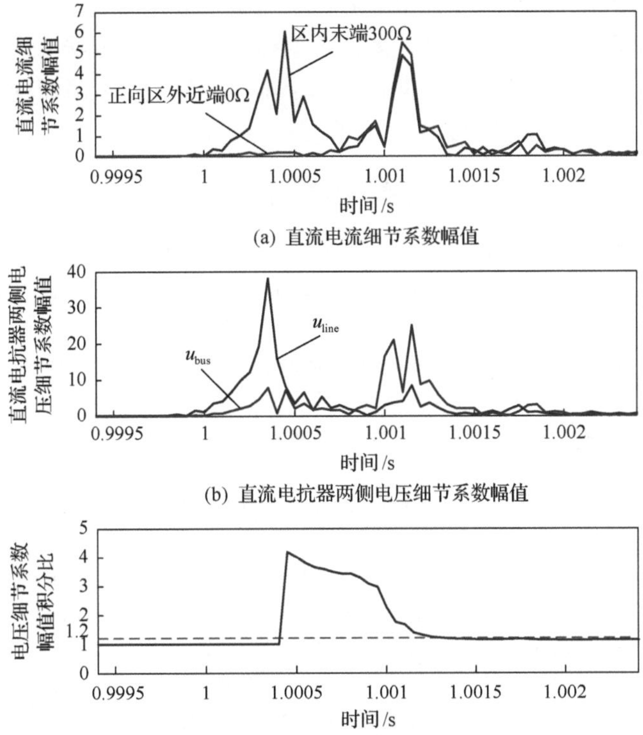

(a) 直流电流细节系数幅值

(b) 直流电抗器两侧电压细节系数幅值

(c) 电压细节系数幅值积分比

图 11.21　换流器闭锁的影响

图 11.21(a) 分别表示了区内末端经 300Ω 电阻接地和正方向区外金属性接地时的暂态电流小波变换细节系数的幅值。由仿真结果可知，换流器闭锁前区内末端故障时细节系数幅值远大于区外近端故障，但是当换流器闭锁后，区内末端故障时细节系数幅值与区外近端故障的差异很小，甚至小于区外近端故障时的细节

系数。由式(11.18)计算分析数据窗内的暂态能量分别为 149.24 和 79.34。区内末端故障和正方向区外近端故障电流暂态能量非常接近，保护很难再兼顾内部故障的灵敏性与外部故障的可靠性。

图 11.21(b)和(c)为区内末端故障时方向元件的动作情况，当分析数据窗包括了闭锁后数据时，方向元件亦会出现误判情况。其主要原因在于，换流器闭锁相当于在保护区外发生了电路拓扑的二次突变，使得电压、电流暂态量出现与区内故障时相反的特征，影响了保护动作性能。因此，为避免换流器闭锁对保护方案产生的影响，分析数据窗须不超过换流器闭锁时刻。

利用柔性直流线路的边界特性，本章设计了一种基于本地信息的新型直流线路快速保护方案：利用故障时线路边界对电流高频分量的阻滞作用，通过小波变换提取区内外故障的高频暂态能量差异，从而实现故障的快速、可靠识别；同时利用方向元件保证保护的方向性，降低定值整定难度。该方法的优点主要包括：动作速度快，可作为直流线路主保护；基于本地信息进行故障识别，无需通信；具有较强的耐受过渡电阻能力。

参 考 文 献

[1] 李斌, 何佳伟. 多端柔性直流电网故障隔离技术研究[J]. 中国电机工程学报, 2016, 36(1): 87-95.

[2] Tang L X, Boon-Teck O. Locating and isolating DC faults in multi-terminal DC system[J]. IEEE Transactions on Power Delivery, 2007, 22(3): 1877-1884.

[3] Mesut E B, Nikhil R M. Overcurrent protection on voltage-source-converter-based multiterminal DC distribution system[J]. IEEE Transactions on Power Delivery, 2007, 22(1): 406-412.

[4] Li B, He J W, Tian J, et al. DC fault analysis for MMC-based system[J]. Journal of Modern Power Systems and Clean Energy, 2017, 5(2): 275-282.

[5] 王珊珊, 周孝信, 汤广福. 模块化多电平换流器 HVDC 直流双极短路子模块过流分析[J]. 中国电机工程学报, 2011, 31(1): 1-7.

[6] 朱韬析, 彭武. 天广直流输电系统线路高阻接地故障研究[J]. 电力系统保护与控制, 2009, 37(23): 137-140.

[7] Baran M E, Mahajan N R. Over-current protection on voltage-source-converter-based multi-terminal DC distribution systems[J]. IEEE Transactions on Power Delivery, 2007, 22(1): 406-412.

[8] 汤广福, 罗湘, 魏晓光. 多端直流输电与直流电网技术[J]. 中国电机工程学报, 2013, 33(10): 8-17.

[9] 徐沙能. 精确匹配输电线路暂态模型的快速距离保护新原理[D]. 武汉: 华中科技大学, 2013.

[10] 张哲, 陈德树. 递推最小二乘法在微机距离保护中的应用研究[J]. 电力系统自动化, 1991, 15(4): 34-40.

[11] Li B, Duan Z T, Wang X, et al. Loss-of-excitation analysis and protection for pumped storage machines during starting[J]. IET Renewable Power Generation, 2016, 10(1): 71-78.

[12] 艾琳, 陈为化. 高压直流输电线路行波保护判据的研究[J]. 继电器, 2003, 31(10): 41-44.

[13] 叶猛, 曹海艳, 马国鹏. 高压直流输电线路保护分析[J]. 南方电网技术, 2008, 2(6): 43-46.

[14] 罗海云, 傅闯. 关于贵广二回直流线路行波保护中电压变化率整定值的讨论[J]. 南方电网技术, 2008, 2(1): 14-17.

[15] Descloux J, Raison B, Curis J B. Protection algorithm based on differential voltage measurement for MTDC grids[C]. The 12th IET International Conference on Developments in Power System Protection, Copenhagen, 2014.
[16] 张冰，赵书强，甄永赞. 柔性直流输电的改进行波保护仿真研究[J]. 电力系统保护与控制，2017，45(16)：58-63.
[17] 李斌，李晔，何佳伟. 具有直流故障清除能力的 MMC 子模块关键性能研究[J]. 中国电机工程学报，2016，36(8)：2114-2122.
[18] 李斌，何佳伟，李晔，等. 多端柔性直流系统直流故障保护方案[J]. 中国电机工程学报，2016，36(17)：4627-4637.
[19] 宋国兵，冉孟兵，褚旭，等. 利用高低频电流幅值比的 VSC-HVDC 输电线路全线速动保护新原理[J]. 电网技术, 2014, 35(5): 1042-1047.
[20] Zheng X D, Tai N L, Thorp J S, et al. A transient harmonic current protection scheme for HVDC transmission line[J]. IEEE Transactions on Power Delivery, 2013, 27(4): 2278-2285.
[21] Zheng X D, Tai N L, Wu Z Y, et al. Harmonic current protection scheme for voltage source converter-based high-voltage direct current transmission system[J]. IET Generation, Transmission & Distribution, 2014, 8(9): 1509-1515.
[22] Wang S, Bi T S, Jia K. Wavelet entropy based fault detection approach for MMC-HVDC lines[C]. Power & Energy Society General Meeting, Denver, 2015.
[23] Dekerf K, Srivastava K, Reza M, et al. Wavelet-based protection strategy for DC faults in multi-terminal VSC HVDC systems[J]. IET Generation, Transmission & Distribution, 2011, 5(4): 496-503.
[24] 孙栩，曹士东，卜广全，等. 架空线柔性直流电网构建方案[J]. 电网技术, 2016, 40(3): 678-682.
[25] 阎发友. 电压源型多端与直流电网协调控制及稳定性分析[D]. 北京：中国电力科学研究院, 2016.
[26] Li R, Xu L, Derrick H, et al. Continuous operation of radial multiterminal HVDC systems under DC fault[J]. IEEE Transactions on Power Delivery, 2016, 31(1): 351-361.
[27] 何佳伟，李斌，李晔，等. 多端柔性直流电网快速方向纵联保护方案[J]. 中国电机工程学报，2017，37(23)：6878-6887, 7078.
[28] 李斌，何佳伟，李晔，等. 基于边界特性的多端柔性直流配电系统单端量保护方案[J]. 中国电机工程学报, 2016, 36(21): 5741-5749.
[29] 孙刚，时伯年，赵宇明，等. 基于 MMC 的柔性直流配电网故障定位及保护配置研究[J]. 电力系统保护与控制, 2015, 43(22): 127-133.
[30] Luo S X, Dong X Z, Shi S X, et al. A directional protection scheme for HVDC transmission lines based on reactive energy[J]. IEEE Transactions on Power Delivery, 2016, 31(2): 559-567.
[31] Mallat S. A Wavelet Tour of Signal Processing[M]. San Diego: Academic Press, 1999.
[32] 何正友. 小波分析在电力系统暂态信号处理中的应用[M]. 北京：中国电力出版社, 2011.
[33] 张保会，张嵩，尤敏，等. 高压直流线路单端暂态量保护研究[J]. 电力系统保护与控制, 2010, 38(15): 18-23.
[34] 张建坡，赵成勇. MMC-HVDC 直流侧故障特性仿真分析[J]. 电力自动化设备, 2014, 34(7): 32-37.
[35] 汤广福. 基于电压源换流器的高压直流输电技术[M]. 北京：中国电力出版社, 2010.

第 12 章　直流输电线路的参数特性及其等效模型

输电线路模型可以分为集总参数模型和分布参数模型。集总参数模型由某特定频率下的集中元件构成，是最简单的线路模型，其适用场景一般在于线路长度较短的稳态计算中。直流输电的传输距离远，输电线路的长度长，需要考虑输电线路参数的分布特性。输电线路分布参数模型，又可以根据是否考虑线路参数的频变特性，分为常系数参数模型和频变参数模型。

12.1　直流输电线路的常系数参数模型

12.1.1　直流输电线路参数的分布特性

输电线路参数电阻 R、电感 L、电容 C 和电导 G 是沿线路均匀分布的，如果将其当作集中元件来处理，则会降低计算精度，随着线路的增长，其造成的误差将越来越明显。

如图 12.1 所示，利用微元法在输电线路任意点 x 处取任意微元 dx，图中 R、L、C、G 分别表示线路单位长度的电阻、电感、电容和电导。

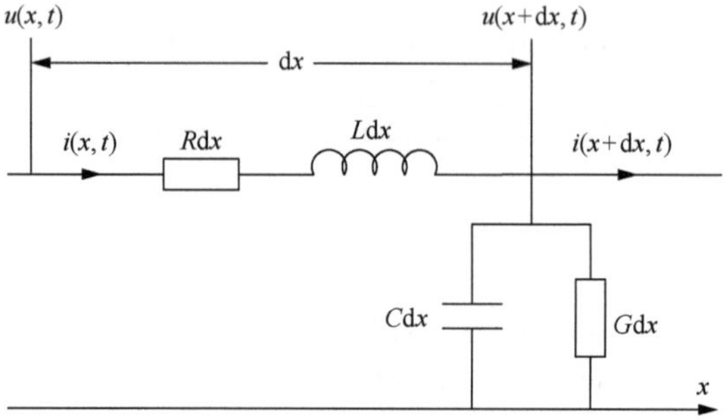

图 12.1　均匀分布参数线路模型

应用基尔霍夫定律，线路的电压、电流应满足如下关系：

$$u(x+\mathrm{d}x,t)=u(x,t)-R\mathrm{d}x\,i(x,t)-L\mathrm{d}x\frac{\partial i(x,t)}{\partial t} \tag{12.1}$$

$$i(x+\mathrm{d}x,t)=i(x,t)-G\mathrm{d}x\,u(x,t)-C\mathrm{d}x\frac{\partial u(x,t)}{\partial t} \tag{12.2}$$

对式(12.1)、式(12.2)化简可以得到：

$$\begin{cases} -\dfrac{\partial u}{\partial x} = Ri + L\dfrac{\partial i}{\partial t} \\ -\dfrac{\partial i}{\partial x} = Gu + C\dfrac{\partial u}{\partial t} \end{cases} \tag{12.3}$$

式(12.3)称为均匀传输线方程，也称电报方程。电报方程表明，传输线上连续均匀分布的电阻和电感将引起沿线电压的变化，连续均匀分布的电导和电容将引起沿线电流的变化。

12.1.2　直流输电线路的贝瑞隆等效模型

输电线路的贝瑞隆等效模型是不考虑线路参数频变特性并忽略线路损耗的一种常系数分布参数模型。它考虑了输电线路分布电容和分布电感的作用，形成了均匀输电线路任意两点间电压电流的时域函数关系。

当线路损耗可以忽略时，式(12.3)具有如下形式：

$$\begin{cases} -\dfrac{\partial u}{\partial x} = L\dfrac{\partial i}{\partial t} \\ -\dfrac{\partial i}{\partial x} = C\dfrac{\partial u}{\partial t} \end{cases} \tag{12.4}$$

式(12.4)中的电压电流存在耦合，进一步求导可得无损耗均匀传输线方程的二阶波动方程：

$$\begin{cases} \dfrac{\partial^2 u}{\partial x^2} = \dfrac{1}{v^2}\dfrac{\partial^2 u}{\partial t^2} \\ \dfrac{\partial^2 i}{\partial x^2} = \dfrac{1}{v^2}\dfrac{\partial^2 i}{\partial t^2} \end{cases} \tag{12.5}$$

式中，$v = 1/\sqrt{LC}$ 是行波在该无损线上的传播速度，亦称波速。

上述的无损线波动方程的电压电流具有如下形式的解：

$$\begin{cases} u(x,t) = u_1\left(t - \dfrac{x}{v}\right) + u_2\left(t + \dfrac{x}{v}\right) \\ i(x,t) = \dfrac{1}{Z_C}u_1\left(t - \dfrac{x}{v}\right) - \dfrac{1}{Z_C}u_2\left(t + \dfrac{x}{v}\right) \end{cases} \tag{12.6}$$

式中，$Z_C = \sqrt{L/C}$ 为无损线的波阻抗；u_1 和 u_2 分别为沿 x 正方向传播的电压正向

行波和沿 x 反方向传播的电压反向行波。以式(12.6)为基础进一步推导，对于线路长度为 l 的单根均匀无损传输线，可以得到单根无损输电线路的贝瑞隆等效模型，如图 12.2 所示[1]。

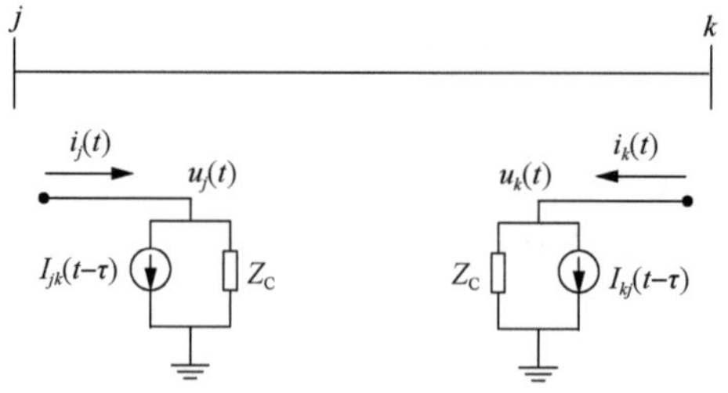

图 12.2　单根无损输电线路的贝瑞隆等效模型

假设以母线流向线路作为电流正方向，式(12.7)与式(12.8)分别给出了以线路 j 端为参考点和以线路 k 端为参考点的贝瑞隆电流计算方程：

$$i_j(t)=\frac{u_j(t)}{Z_C}+I_{jk}(t-\tau) \tag{12.7}$$

$$i_k(t)=\frac{u_k(t)}{Z_C}+I_{kj}(t-\tau) \tag{12.8}$$

式中，u_j 与 i_j 分别为线路 j 端的电压与电流；u_k 与 i_k 分别为线路 k 端的电压与电流。$\tau=l/v$ 为行波在传输线上的传播时延。I_{jk} 和 I_{kj} 是等效电流源，反映了线路对端传播过来的反射波：

$$I_{jk}(t-\tau)=-\frac{u_k(t-\tau)}{Z_C}-i_k(t-\tau) \tag{12.9}$$

$$I_{kj}(t-\tau)=-\frac{u_j(t-\tau)}{Z_C}-i_j(t-\tau) \tag{12.10}$$

以上推导是基于无损均匀传输线展开的，当需要考虑输电线路的分布电阻时，可以对分布电阻进行分段集中等效来简化计算。一般做法为：把线路的分布电阻作为集中电阻均分后串接在线路两头。这样的等效必然带来一定的误差，但工程实际中，将线路分成长度为 $l/2$ 的两段并分别进行分布电阻的集中等效处理，可以获得很好的计算精度。考虑线路损耗的输电线路的贝瑞隆模型如图 12.3 所示。

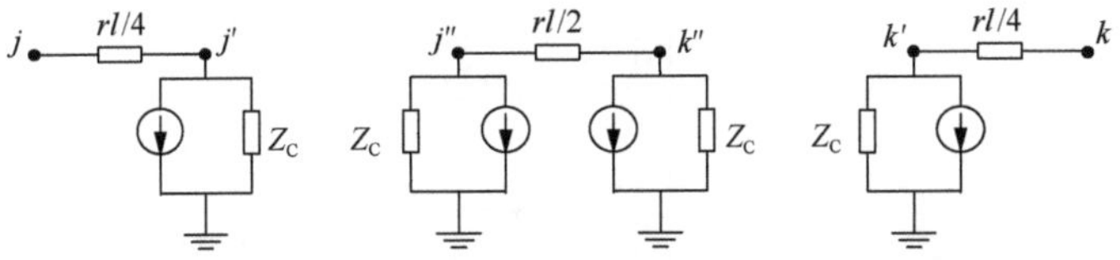

图 12.3　考虑电阻损耗的输电线路的贝瑞隆模型

相应地，可以得到计及线路损耗的输电线路贝瑞隆模型的计算方程。式(12.11)给出了利用 k 端电压电流测量值计算 j 端电流的贝瑞隆计算式：

$$
\begin{aligned}
i_j(t)=&\frac{1}{2Z_C}\left(\frac{Z_C+rl/4}{Z_C}\right)\left[u_k(t+\tau)-i_k(t+\tau)\left(Z_C+\frac{rl}{4}\right)\right]\\
&-\frac{1}{2Z_C}\left(\frac{Z_C-rl/4}{Z_C}\right)\left[u_k(t-\tau)+i_k(t-\tau)\left(Z_C-\frac{rl}{4}\right)\right]\\
&-\frac{1}{2Z_C}\frac{rl}{2Z_C}\left[u_k(t)-i_k(t)\left(\frac{rl}{4}\right)\right]
\end{aligned}
\tag{12.11}
$$

12.2　直流输电线路的频变参数模型

12.2.1　直流输电线路参数的频变特性

1. 输电线路波动方程的频域形式

输电线路及大地回路在交变的电磁场作用下将会出现集肤效应，导致输电线路表现出的电阻和电感不再是恒定不变的常数，而是随着频率变化的参数，使得线路阻抗具有频变特性，即式(12.1)、式(12.2)中线路的 R 和 L 可以表示为 $R=R(\omega)$ 和 $L=L(\omega)$。为了能够更方便地描述和解决参数频变问题，可将电报方程式(12.3)描述的时域关系转换到频域[2]：

$$
\begin{cases}
-\dfrac{\mathrm{d}U}{\mathrm{d}x}=ZI\\
-\dfrac{\mathrm{d}I}{\mathrm{d}x}=YU
\end{cases}
\tag{12.12}
$$

式中，U、I 分别为线路电压、电流的频域形式；$Z=R(\omega)+\mathrm{j}\omega L(\omega)$、$Y=G+\mathrm{j}\omega C$ 分别为线路的频域串联阻抗矩阵和并联导纳矩阵。

对式(12.12)的一阶微分方程进行解耦，可以得到无耦合的二阶微分方程：

$$\begin{cases} \dfrac{\mathrm{d}^2 U}{\mathrm{d}x^2} = ZYU \\ \dfrac{\mathrm{d}^2 I}{\mathrm{d}x^2} = ZYI \end{cases} \tag{12.13}$$

式(12.13)有如下形式的解：

$$U_x = A_1 \mathrm{e}^{-\gamma x} + A_2 \mathrm{e}^{\gamma x} \tag{12.14}$$

$$I_x = \frac{1}{Z_\mathrm{C}}(A_1 \mathrm{e}^{-\gamma x} - A_2 \mathrm{e}^{\gamma x}) \tag{12.15}$$

式中，波阻抗 Z_C 与传播系数 γ 都是线路电气参数和频率的函数：

$$Z_\mathrm{C}(\omega) = \sqrt{\frac{Z}{Y}} = \sqrt{\frac{R(\omega) + \mathrm{j}\omega L(\omega)}{G + \mathrm{j}\omega C}} \tag{12.16}$$

$$\gamma(\omega) = \sqrt{ZY} = \sqrt{\left[R(\omega) + \mathrm{j}\omega L(\omega)\right](G + \mathrm{j}\omega C)} \tag{12.17}$$

导致直流输电线路参数具有频变特性的原因是多方面的，如导体本身和大地回路在交变电磁场作用下的集肤效应以及非理想大地等都与线路参数的频变特性息息相关。

2. 平行多导体的阻抗矩阵

考虑到直流输电线路一般由正负两极线路构成，这里的分析以两根平行导体为例展开，但事实上所得结论也可以推广到两根以上导体构成的输电系统中。

如图 12.1 所示，输电线路的分布参数模型可以用单位线路长度的电阻 R、电感 L、电容 C 和电导 G 表示。假设输电线路的导线排布如图 12.4 所示，图中 r 为输电线路的半径(若采用分裂导线则为等效半径)，h_i 为线路 i 到地面的高度，$H_{ii} = 2h_i$ 为线路 i 到其自身关于大地的镜像 i' 的距离，D_{ij} 为线路 i 到线路 j 的距离，H_{ij} 为线路 i 到线路 j 关于大地的镜像 j' 的距离。

由线路的几何参数可以计算线路的串联阻抗矩阵 Z。阻抗矩阵 Z 的对角线元素 Z_s 为线路的自阻抗，非对角线元素 Z_m 为线路的互阻抗。

线路 i 的自阻抗 Z_{ii} 是反映了单极线路与大地回路电磁感应关系的阻抗，由三部分构成，分别是理想导体和理想大地情况下的回路电感 L_s、导体的内阻抗 Z_i、大地回路的内阻抗 Z_sg：

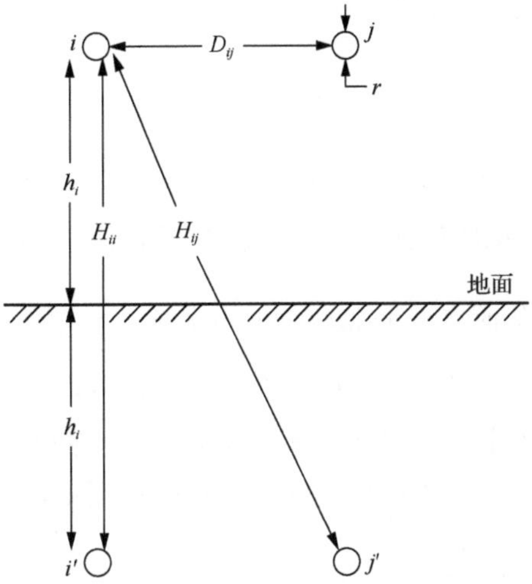

图 12.4　平行二导体线路

$$Z_s = j\omega L_s + Z_i + Z_{sg} \tag{12.18}$$

理想导体和理想大地情况下的回路电感 L_s 由式(12.19)计算：

$$L_s = \frac{\mu_0}{2\pi}\ln\frac{H_{ii}}{r} \tag{12.19}$$

式中，$\mu_0 = 4\pi \times 10^{-7}\,\mathrm{H/m}$ 为空气磁导率。线路的交流内阻抗为

$$Z_i = R_i + j\omega L_i \tag{12.20}$$

式中，R_i 为线路的交流电阻；L_i 为线路的交流内电感，可以通过导线的直流电阻 R_d 和直流内电感 L_d 换算得到。

大地内阻抗 Z_{sg} 由电阻和电抗两部分构成：

$$Z_{sg} = R_{sg} + jX_{sg} \tag{12.21}$$

线路 i 与线路 j 之间的互阻抗由两部分构成：

$$Z_m = j\omega L_m + Z_{mg} \tag{12.22}$$

式中，L_m 为理想导体和理想大地情况下线路 i 与线路 j 之间的互感：

$$L_m = \frac{\mu_0}{2\pi}\ln\frac{H_{ij}}{D_{ij}} \tag{12.23}$$

Z_{mg} 为线路 i 与线路 j 都以大地为返回回路而呈现出的与大地的互阻抗：

$$Z_{mg} = R_{mg} + jX_{mg} \tag{12.24}$$

对于式(12.20)所表示的线路交流内阻抗 Z_i、式(12.21)所表示的大地内阻抗 Z_{sg} 以及式(12.24)所表示的大地互阻抗 Z_{mg} 将在随后两节中展开详细分析。

3. 集肤效应与导体的交流电阻和交流内电感

当交变电流流过导线时，交变电流会在导体周围产生变化的磁场，导线周围变化的磁场也会在导线中产生感应电流，从而使导线截面的电流分布不均匀。尤其是当频率较高时，电流几乎在导线表面附近的薄层中流动，这种现象称为集肤效应。

如图 12.5 所示，由安培环路定理可知，当交变电流 i_c 通过导体时，将在导体中产生变化磁场 B，根据右手定则(右拇指指向电流方向，握拳四指指向了磁场方向)，磁场方向如图 12.5 所示。由法拉第电磁感应定律可知，变化的磁场将产生感应电流，根据右手定则(右手拇指指向磁场变化的反方向，四指握拳，四指方向即为感应电动势方向)，导体内的感应电流的方向如回路 *abcd* 和 *efgh* 所示。*ab* 边和 *hg* 边的电流方向与电流 i_c 方向相同，*dc* 边和 *ef* 边的电流方向与电流 i_c 方向相反，这导致趋于导体表面的电流加强，靠近导体中心流通的电流减弱，等同于流通导体的交变电流 i_c 趋向于在导体表面流通，导致导体的有效载流面积变小，导

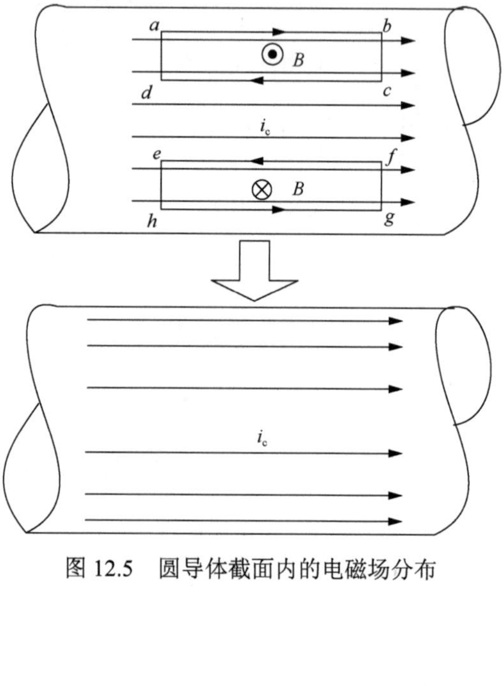

图 12.5　圆导体截面内的电磁场分布

体的交流电阻相较于直流电阻要更大；同时，由于导体截面电流的不均匀分布，与i_c交链的总磁链减小，导体的交流内电感较之直流内电感要更小。

下面定量分析集肤效应强弱与通流电流频率的函数关系及其对线路导体的交流电阻和交流内电感产生的影响[3]。以半无限空间的导体为例，建立如图 12.6 所示的坐标系，半无限大导体位于 x 正半轴。设导体中有正弦变化的电流 i 沿 y 轴方向，电流密度 J 只有沿 y 轴方向分量并在 yOz 平面上处处相等。

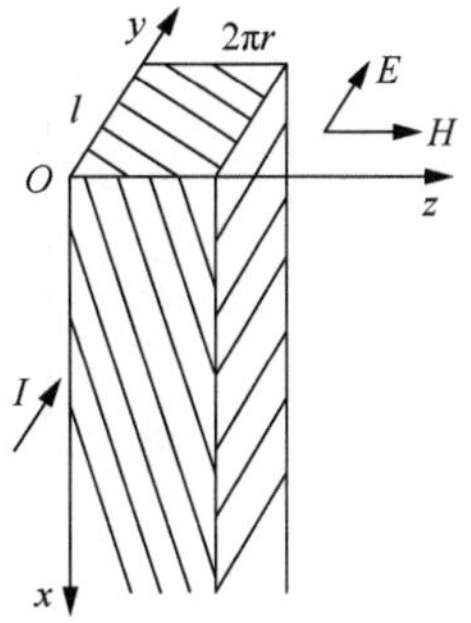

图 12.6　半无限大导体

由电磁场知识可知电流密度遵循如下微分方程：

$$\frac{\mathrm{d}^2 J_y}{\mathrm{d}x^2} = \mathrm{j}\omega\mu\sigma J_y \tag{12.25}$$

式中，ω 为角频率；μ 为磁导率；σ 为电导率。

假定边界条件当 x=0 时，导体表面的电流密度为 $J = J_0$，电场强度 $E = E_0$，则有

$$J_y = J_0 \mathrm{e}^{-kx} = J_0 \mathrm{e}^{-\alpha x} \mathrm{e}^{-\mathrm{j}\beta x} \tag{12.26}$$

式中

$$\begin{cases} k = \sqrt{\mathrm{j}\omega\mu\sigma} \\ \alpha = \beta = \sqrt{\dfrac{\omega\sigma\mu}{2}} \end{cases} \tag{12.27}$$

由此可看出，电流密度的大小沿着导体的深度，即沿着 x 轴正方向按指数规律衰减。它说明，当交变电流流过导体时，靠近导体表面处的电流密度大，离导体表面越远，电流密度越小，并且频率越高时，这种现象越明显。

实际工程中，常用集肤深度 δ 表示场量在良导体中的集肤深度，它等于电流密度 J_y 衰减到其表面值 J_0 的 1/e 倍所经过的距离，即由式(12.26)可得

$$\mathrm{e}^{-\alpha\delta} = \mathrm{e}^{-1} \tag{12.28}$$

于是，有

$$\delta = \frac{1}{\alpha} = \sqrt{\frac{2}{\omega\mu\sigma}} = \frac{1}{\sqrt{\pi\mu\sigma f}} \tag{12.29}$$

以铜为例，图 12.7 给出铜导体的集肤深度-频率变化曲线。铜的电导率为 5.8×

10^7S/m，磁导率为 $4\pi\times10^{-7}$H/m。由式(12.29)可知，集肤深度与磁导率 μ、电导率 σ 和频率的开方成反比；由图 12.7 可以看出，随着频率的升高，集肤深度将迅速降低，即交流电流将越发趋近于在导体表面流动。

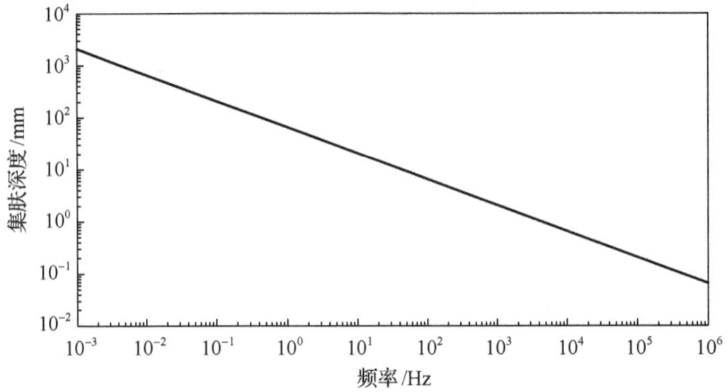

图 12.7　铜导体的集肤深度-频率图

实际的架空输电线路多为钢芯铝绞线，其电导率与磁导率都与铜导体有所不同，因此，集肤深度-频率曲线也必然与铜导体有所区别，但是由式(12.29)可以知道，输电线路的集肤深度必然是随着频率的升高而呈现出减小的趋势。

当圆导体的半径 r 远大于集肤深度 δ，即 $r\gg\delta$ 时，为了简化分析，把导体看成是厚度无穷大、宽度为导线截面周长 $2\pi r$ 的平面导体，即可建立如图 12.6 所示的坐标系，xOz 平面为圆导体的横截面，x 轴正方向为圆导体的径向，导线沿 y 轴正方向延伸。同样地，设圆导体中有正弦变化的电流 i 沿 y 轴方向，电流密度 J 只有沿 y 轴方向分量 J_y 并在 yOz 平面即圆导体表面处处相等。

如果设图 12.6 导体中通有总电流 I，那么根据对电流密度 J_y 积分可得总电流 I 为

$$I=\int_s J_y\mathrm{d}s=2\pi r\sigma E_0\int_0^{\infty}\mathrm{e}^{-kx}\mathrm{d}x=\frac{a\sigma E_0}{k} \tag{12.30}$$

它的等效交流电路参数为 $Z_{\mathrm{i}}=R_{\mathrm{i}}+\mathrm{jX_i}$，则由电路知识可知该导体消耗的复功率为

$$S=I^2\left(R_{\mathrm{i}}+\mathrm{j}X_{\mathrm{i}}\right) \tag{12.31}$$

同时由电磁场理论中的坡印亭定理可知，该导体的复功率也可以表示为

$$S=-\oint E\times H^*\mathrm{d}s \tag{12.32}$$

式中，$E=E_0\mathrm{e}^{-kx}$ 为导体沿 y 轴方向的电场强度，$H^*=-\dfrac{\mathrm{j}k}{\omega\mu}E_0\mathrm{e}^{-kx}$ 为导体沿 z 轴方向的磁场强度。

由式(12.31)和式(12.32)可以得到导体等效交流电路参数的计算公式：

$$Z_{\mathrm{i}}=R_{\mathrm{i}}+\mathrm{j}X_{\mathrm{i}}=\frac{-\oint E\times H^*\mathrm{d}s}{I^2} \tag{12.33}$$

由式(12.30)和式(12.33)可以计算得到单位长度圆导体的交流电阻和交流内电感：

$$R_{\mathrm{i}}=\frac{1}{2r}\sqrt{\frac{\mu f}{\pi\sigma}} \tag{12.34}$$

$$L_{\mathrm{i}}=\frac{X_{\mathrm{i}}}{\omega}=\frac{1}{4\pi r}\sqrt{\frac{\mu}{\pi\sigma f}} \tag{12.35}$$

同时，相同圆导体单位长度的直流电阻和直流内电感为

$$R_{\mathrm{d}}=\frac{1}{\sigma}\cdot\frac{1}{\pi r^2} \tag{12.36}$$

$$L_{\mathrm{d}}=\frac{\mu}{8\pi} \tag{12.37}$$

因此，由式(12.34)和式(12.36)可得同一导体单位长度的交流电阻和直流电阻的关系为

$$R_{\mathrm{i}}=\frac{\sqrt{\pi\mu\sigma f}}{2\pi r\sigma}=\frac{r}{2\dfrac{1}{\sqrt{\pi\mu\gamma f}}}\cdot\frac{1}{\sigma}\cdot\frac{1}{\pi r^2}=\frac{rR_{\mathrm{d}}}{2\delta} \tag{12.38}$$

由式(12.35)和式(12.37)可得同一导体单位长度的交流内电感和直流内电感的关系为

$$L_{\mathrm{i}}=\frac{2}{r\sqrt{\pi\mu\sigma f}}\cdot\frac{\mu}{8\pi}=\frac{2\delta L_{\mathrm{d}}}{r} \tag{12.39}$$

式中，δ 为导体集肤深度，由式(12.29)给出。

一般来说，当导线半径大于 5 倍集肤深度时，交流电阻和交流内电感就可以按照上述方式计算，其误差一般不会超过百分之一。

由式(12.38)可以看出，导线的交流电阻是在直流电阻的基础上乘以一个与集肤深度 δ 成反比的因子，而集肤深度 δ 随频率的升高而迅速减小，因此交流电阻将随着频率的升高而增大。由式(12.39)可以看出，导线的交流内电感是在直流内电感的基础上乘以一个与集肤深度 δ 成正比的因子，因此交流内电感随着频率升高而减小。

4. 大地返回效应对导线阻抗的影响

直流输电系统双极正常运行时，正负极线路流过的电流一般大小相等、方向相反，即直流输电系统的电流(线模电流)通过正负极输电线路形成完整的闭合回路。但是当系统不对称运行或发生故障时，正负极电流不再相等，此时会有不平衡电流(地模电流)需要通过大地回路形成回流。大地回流通道的电阻将会对输电线路的等效阻抗产生很大影响而且不可忽略，通常情况下可以在线路阻抗中加入校正因数来反映这部分影响。同时，对于大地回路的不同建模处理方式以及交变电流流经大地回路时，大地回路自身的集肤效应都是计算大地返回阻抗不可忽略的因素。

针对无穷大的均匀大地模型，Carson 公式[4]是一个应用较广的计算校正因数的方法。但是实际上土壤往往是由不同电磁性质的多层介质叠加而成的。为此，Sunde[5]提出了两层土壤的校正因数计算方法，之后还有许多学者提出了不同的大地返回效应校正因数的计算方法，Nakagawa 等[6]提出了一个更为通用的方法，可以对多层介电常数和电导率不同的土壤进行建模计算。

假设有两个平行传输导线 i 和 j，两者的相对空间位置以及与地面的相对位置如图 12.8 所示。不失一般性，考虑土壤为三层结构，假设第一层土壤、第二层土壤和第三层土壤的深度、电导率、磁导率和介电常数分别为 d_1、σ_1、μ_1、ε_1，d_2、σ_2、μ_2、ε_2 与 ∞、σ_3、μ_3、ε_3（∞ 代表第三次土壤的深度为无穷，即 d_1+d_2 到无穷远处都是第三层土壤)。

当把多层土壤大地处理为均匀理想大地时，通常取第一层土壤的参数作为均匀土壤的参数。多层土壤大地对输电线路的自阻抗和互阻抗的影响可以通过在理想大地阻抗的基础上加入校正量 Z_{sg} 和 Z_{mg} 来修正[7]：

$$\begin{cases} Z_{\mathrm{sg}} = \dfrac{\mathrm{j}\omega\mu_0}{\pi}\displaystyle\int_0^{\infty} \exp(-2h_i x)F(x)\mathrm{d}x \\ Z_{\mathrm{mg}} = \dfrac{\mathrm{j}\omega\mu_0}{\pi}\displaystyle\int_0^{\infty} \exp[-(h_i + h_j)x]\cos(yx)F(x)\mathrm{d}x \end{cases} \tag{12.40}$$

式中，$F(x)$ 是一个反映土壤几何分层和土壤电磁特性的复函数。Carson 公式是考虑大地为半无穷大均匀土壤的最简单情况，$F(x)$ 也具有最简单的形式。此后，随着所建土壤模型更加精细，$F(x)$的表达式也将更加复杂。

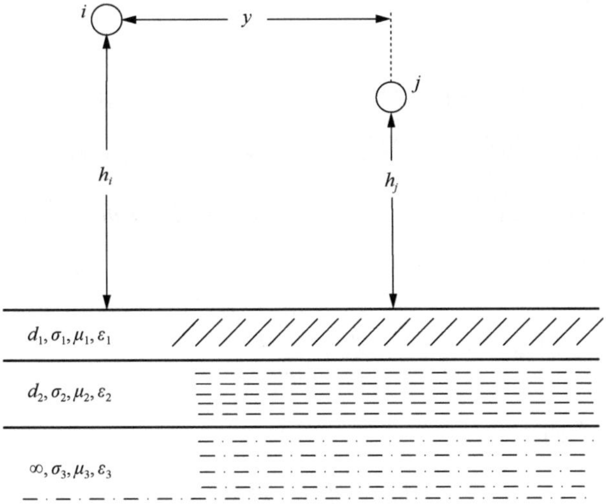

图 12.8　位于多层土壤之上的两个平行导体

假设地面以上的空气区域的相对介电常数为$\varepsilon = 1$，电导率$\sigma_0 = 0$。下面分别给出了 Carson 半无穷均匀(一层)土壤模型、Sunde 两层土壤模型及 Nakagawa 多层土壤模型的复函数$F(x)$的表达式。

(1) Carson 半无穷均匀(一层)土壤模型[4]：

$$F(x) = \frac{1}{x + \sqrt{x^2 + \mathrm{j}\omega\mu_0\sigma}} \tag{12.41}$$

式中，σ是土壤电导率，S/m。

(2) Sunde 两层土壤模型[5]：

$$F(x) = \frac{\alpha_1 + \alpha_2 + (\alpha_1 - \alpha_2)\mathrm{e}^{-2\alpha_1 d_1}}{(\alpha_1 + \alpha_2)(x + \alpha_1) + (\alpha_1 - \alpha_2)(x - \alpha_1)\mathrm{e}^{-2\alpha_1 d_1}} \tag{12.42}$$

式中，$\alpha_1 = \sqrt{\mu^2 + \gamma_1^2}$，$\gamma_1^2 = \mathrm{j}\omega\mu_1\sigma_1$，$\alpha_1 = \sqrt{\mu^2 + \gamma_2^2}$，$\gamma_2^2 = \mathrm{j}\omega\mu_2\sigma_2$。

(3) Nakagawa 多层土壤模型[6]。

两层土壤的修正情况可以推广到处理N层土壤的修正情况：

$$F(x) = \frac{F_1(x) + G_1(x)}{(x + \mu_0 b_1)F_1(x) + (x - \mu_0 b_1)G_1(x)} \tag{12.43}$$

复变函数$F_1(x)$与$G_1(x)$可以通过以下递归公式计算获得

$$
\begin{aligned}
&F_{N-1}(x)=b_{N-1}+b_N\\
&G_{N-1}(x)=(b_{N-1}-b_N)\mathrm{e}^{-2\alpha_{N-1}t_{N-1}}\\
&\qquad\vdots\\
&F_m(x)=[(b_m+b_{m+1})F_{m+1}(x)+(b_m-b_{m+1})G_{m+1}(x)]\mathrm{e}^{-2\alpha_m t_m}\\
&G_m(x)=[(b_m-b_{m+1})F_{m+1}(x)+(b_m+b_{m+1})G_{m+1}(x)]\mathrm{e}^{-2\alpha_m t_m}
\end{aligned}
\tag{12.44}
$$

式中，N 是土壤的分层总数目；$1\leqslant m\leqslant N-2$；$t_m$ 是第 m 层土壤的下边界到地标的距离。t_m 与 d_i 有如下的关系：

$$
t_m=\sum_{i=1}^{m}d_i \tag{12.45}
$$

计算 α 与 b 的公式如下：

$$
\begin{cases}
\alpha_i=\sqrt{x^2+k_0^2-k_i^2}\\
b_i=\alpha_i/\mu_i
\end{cases}
\tag{12.46}
$$

式中，$k_0^2=-\mathrm{j}\omega\mu_0(\sigma_0+\mathrm{j}\omega\varepsilon_0)$，$k_i^2=-\mathrm{j}\omega\mu_i(\sigma_i+\mathrm{j}\omega\varepsilon_i)$。

无论是均匀土壤大地还是分层土壤大地，对于式(12.40)的计算可以采用数值积分方法。对于式(12.40)的第一个积分方程的计算可以采用高斯-勒让德(Gauss-Legendre)方法和高斯-拉盖尔(Gauss-Laguerre)方法；对于第二个积分方程可以采用洛巴托(Lobatto)准则和高斯-拉盖尔方法。该数值计算方法具有很高的算法效率和很好的数值稳定性的优点[8]。

通过观察式(12.40)以及各类土壤模型对应的复函数 $F(x)$ 可以看出，无论是均匀土壤模型还是多层土壤模型，由于 $F(x)$ 中包含 ω 而使其与频率密切相关。此外，由于 $F(x)$ 中还包含复数 j 的开方项，所以大地返回效应对输电线路参数的影响将同时反映在电阻和电抗(电感)上。

特别地，对于 Carson 半无穷均匀土壤模型的 Carson 积分，即将式(12.41)代入式(12.40)的复函数积分，可以采用级数的方式对修正项 Z_{sg} 和 Z_{mg} 进行求解，最终得到 R_{g}、X_{g}、R_{gm} 和 X_{gm} 仅与系数 k 相关，系数 k 为

$$
k=4\pi\sqrt{5}\times10^{-4}D\sqrt{\frac{f}{\rho}} \tag{12.47}
$$

式中，D 在计算自阻抗时取 H_{ii}，在计算互阻抗时取 H_{ij} (参考图 12.4)；f 为回流电流的频率；ρ 为土壤电阻率。由式(12.47)可知，当输电线路的几何参数确定后，k 仅是电流频率 f 的函数，这就是造成直流输电线路阻抗参数具有频变特性的主

要原因[9-11]。

实际上，大地返回效应对输电线路参数频变特性的影响非常复杂。研究表明，土壤的某些参数如介电常数ε和电导率σ自身也是频率的函数，即土壤的介电常数ε和电导率σ也具有频变性质。由于土壤参数自身频变特性的分析过于复杂，数值计算复杂度过高，通常在进行直流输电线路建模时不予考虑。目前常用的电磁暂态仿真软件 PSCAD 中，对土壤的建模也只考虑了最简单的半无穷大均匀土壤的大地模型。

5. 直流输电线路参数的频变特性

综上所述，直流输电线路的几何参数一旦确定，可以通过集肤深度来计算线路的交流内阻抗，通过 Carson 公式来计算由大地回路的返回效应引起的线路阻抗的修正项Z_{sg}和Z_{mg}，即通过式(12.18)和式(12.22)可以获得直流输电线路的阻抗矩阵。

以某实际±800kV 直流输电线路为例进行说明，线路对地高度为 41.33m，正负极输电线路间水平距离为 22m，输电线为六分裂导线，架空地线与输电线的垂直距离为 17m，架空地线线间距离为 28m，其几何参数示意图如图 12.9 所示。在上述线路几何参数确定后，可以由 Carson 公式计算得到随频率变化而变化的直流线路参数。

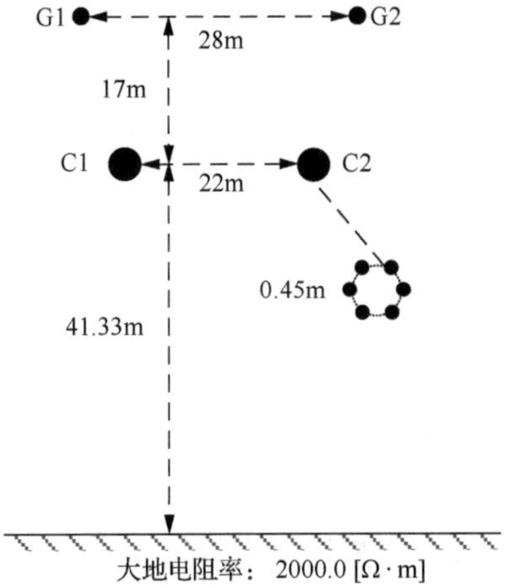

图 12.9　线路几何参数示意图

图 12.10～图 12.12 分别给出了图 12.9 中线路几何参数情况下的线路电气参数的频变特性曲线。直流输电线路可视为由正负极两条输电线路构成，两者之间存在电气耦合。可利用相模变换对存在耦合的极量进行解耦得到相互独立的模分量，分别是线模分量和地模分量。其中，线模分量通过正负两极线路构成回路，地模

分量通过极线与大地构成回路。

图 12.10 给出了线路电阻和电感的频变特性曲线。线路阻抗的频变特性是导体本身和大地回路的集肤效应共同作用的结果，其中，地模阻抗由于受到了大地返回效应的影响而具有更为明显的频变现象。从图中可以看出，地模电阻随着频率的升高而明显增大；线模电阻尽管总体上也是随着频率升高而增大，但是在较低频段下其值基本保持不变，当频率明显升高时才出现较为明显的变化。由于线路自感的外电感分量和线路互感不存在集肤效应，所以线路电感不会随频率的升高而无限接近 0，而且趋近一个大于 0 的正实数。从图中可以看出，地模电感在较低频段随着频率的升高而迅速减小，在较高频段地模电感的变化趋于变缓；线模电感的大小基本不随频率的变化而变化。以上特征与前面对集肤效应、大地返回效应的阻抗分析是一致的。

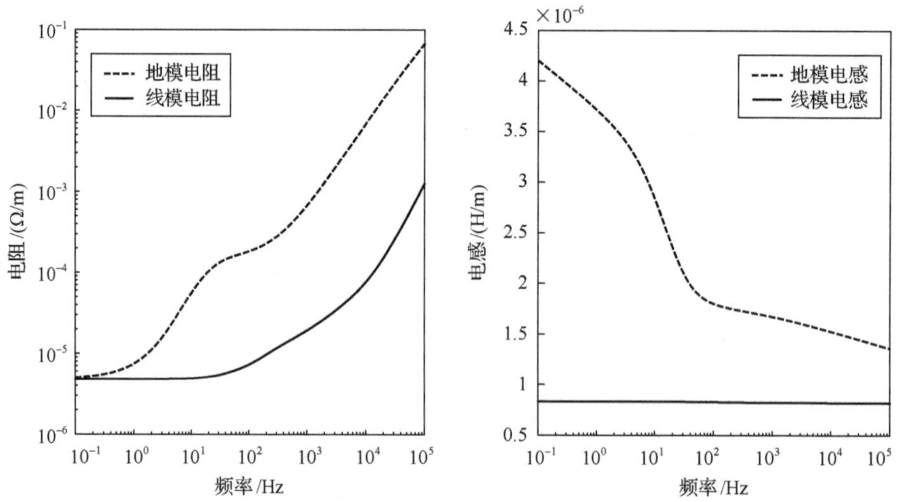

(a) 电阻频率特性　　(b) 电感频率特性

图 12.10　线路电阻与电感的频变特性

在得到线路各频率下电气参数的情况下，可以通过式(12.16)和式(12.17)进一步计算线路的波阻抗和传播系数，图 12.11 与图 12.12 分别给出了不同模量波阻抗和传播系数在不同频率下的幅值和相角。可见，线路的波阻抗和传播系数亦呈现明显的频变特性。

图 12.10～图 12.12 是基于图 12.9 所示的直流输电线路计算得到的线路参数频变特性曲线图。当输电线路的几何参数或者土壤模型发生改变时，输电线路的电气参数频变特性也将有所不同。但总体来说，各个模量的各个电气参数都将体现出相似的频变趋势。

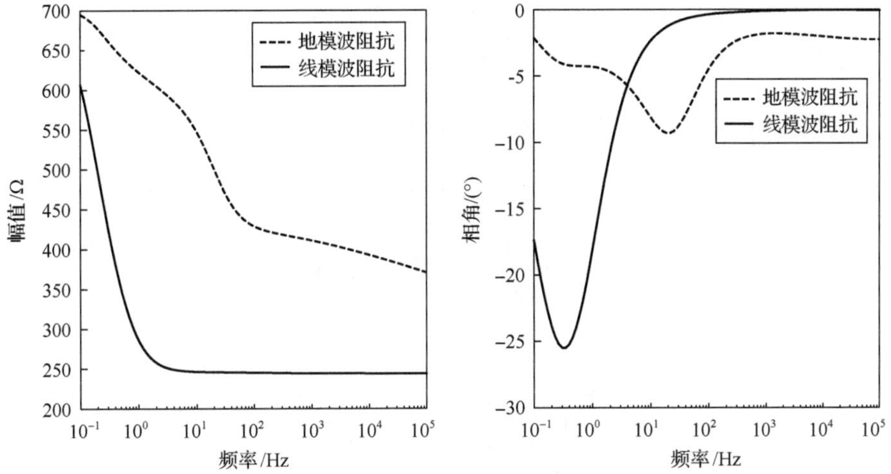

(a) 模量波阻抗幅频特性　　(b) 模量波阻抗相频特性

图 12.11　不同模量波阻抗的频变特性

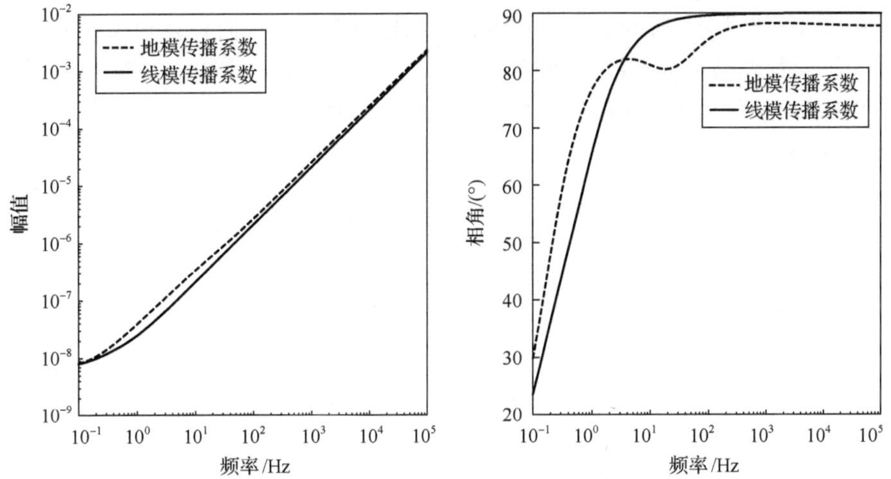

(a) 模量传播系数幅频特性　　(b) 模量传播系数相频特性

图 12.12　不同模量传播系数的频变特性

12.2.2 直流输电线路的频变参数模型

1. 输电线路频域等效电路

对于如图 12.13 所示的一条长度为 l 的输电线路 jk，由式(12.14)、式(12.15)可得，对于线路 j 端，x=0，其传播方程的频域解为

$$U_j = A_1 + A_2 \tag{12.48}$$

$$I_j = \frac{1}{Z_C}(A_1 - A_2) \tag{12.49}$$

对于线路 k 端，$x=l$，传播方程的频域解为

$$U_k = A_1 e^{-\gamma l} + A_2 e^{\gamma l} \tag{12.50}$$

$$I_k = \frac{1}{Z_C}(A_1 e^{-\gamma l} - A_2 e^{\gamma l}) \tag{12.51}$$

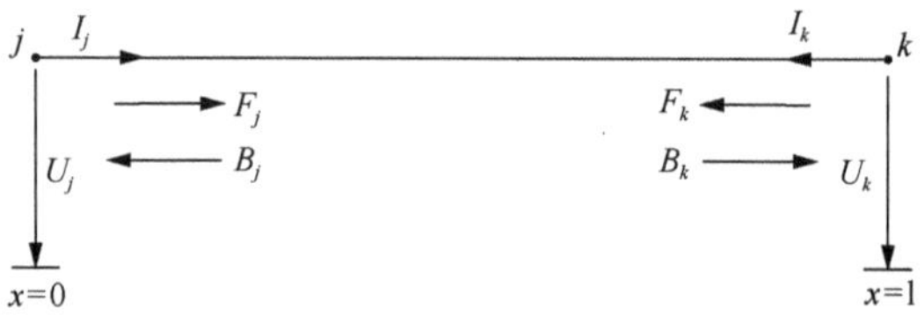

图 12.13　输电线路行波示意图

如图 12.13 所示，线路 j 端和 k 端的电压与电流都由正向行波和反向行波之和构成。正向行波与反向行波是相对于已设定好的正方向而言的，如图 12.13 所示，设定以端点(母线)流向线路作为电流正方向。因而在线路 j 端与 k 端可以得到如下一组方程：

$$U_j = F_j + B_j = F_j + F_k e^{-\gamma l} \tag{12.52}$$

$$I_j = \frac{1}{Z_C}(F_j - B_j) = \frac{1}{Z_C}(F_j - F_k e^{-\gamma l}) \tag{12.53}$$

$$U_k = F_k + B_k = F_k + F_j e^{-\gamma l} \tag{12.54}$$

$$I_k = \frac{1}{Z_C}(F_k - B_k) = \frac{1}{Z_C}(F_k - F_j e^{-\gamma l}) \tag{12.55}$$

通过比较式(12.52)～式(12.55)与线路方程的解(12.48)～式(12.51)，可得

$$F_j = A_1,\ B_j = A_2 = F_k e^{-\gamma l} \tag{12.56}$$

$$F_k = A_2 e^{\gamma l},\ B_k = A_1 e^{-\gamma l} = F_j e^{-\lambda l} \tag{12.57}$$

从式(12.56)与式(12.57)可以看出，j 端的反向行波是 k 端的正向行波在 j 端的响应，k 端的反向行波也是 j 端的正向行波在 k 端的响应，而 $e^{-\gamma l}$ 为传输函数。

对式(12.52)～式(12.55)进行变形，得到

$$F_j = \frac{1}{2}(U_j + Z_C I_j) \tag{12.58}$$

$$B_j = \frac{1}{2}(U_j - Z_C I_j) \tag{12.59}$$

$$F_k = \frac{1}{2}(U_k + Z_C I_k) \tag{12.60}$$

$$B_k = \frac{1}{2}(U_k - Z_C I_k) \tag{12.61}$$

将上述公式代入式(12.52)～式(12.55)中，得到

$$(U_j + Z_C I_j)e^{-\gamma l} = U_k - Z_C I_k = 2B_k \tag{12.62}$$

$$(U_k + Z_C I_k)e^{-\gamma l} = U_j - Z_C I_j = 2B_j \tag{12.63}$$

对其进一步推导可以得到:

$$I_j = \frac{U_j}{Z_C} + I_{hj} \tag{12.64}$$

$$I_k = \frac{U_k}{Z_C} + I_{hk} \tag{12.65}$$

其中等效电流源 I_{hj} 和 I_{hk} 为

$$I_{hj} = -\frac{1}{Z_C}(U_k + Z_C I_k)e^{-\gamma l} = -\frac{2F_j}{Z_C}e^{-\gamma l} = -\frac{2B_k}{Z_C} \tag{12.66}$$

$$I_{hk} = -\frac{1}{Z_C}(U_j + Z_C I_j)e^{-\gamma l} = -\frac{2F_k}{Z_C}e^{-\gamma l} = -\frac{2B_j}{Z_C} \tag{12.67}$$

根据式(12.66)、式(12.67)可得到输电线路的频域等效电路，如图 12.14 所示。当线路无损，线路参数又与频率无关时，特性阻抗 Z_C 和传播系数 γ 为常数，此时 $e^{-\gamma l}$ 只是延时函数，则图 12.14 就是图 12.2 所示的贝瑞隆无损线路模型。在考虑线路损耗和线路参数频变的情况下，特性阻抗 Z_C 和传播系数 γ 都随频率变化。采用线路参数频变模型计算电磁暂态过程，可以最真实地反映直流输电线路故障后的各电气量的暂态过程，但其计算量是巨大的。下面介绍一种目前广泛用于各类电磁暂态仿真软件中，对频变参数特性的输电线路进行暂态分析所采用的计算等

效方法。

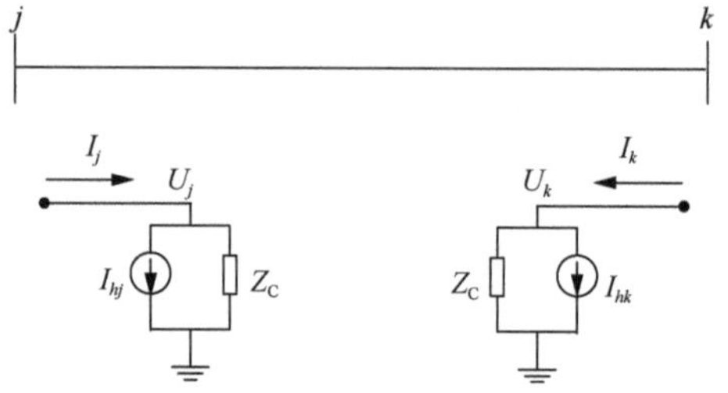

图 12.14　输电线路频域等效电路

2. 频变参数的有理式逼近

对于具有频变特性的阻抗 $Z(\omega)$，可以采用网络综合的方法，选择一个线性网络使它具有 $Z(\omega)$ 的频率特性，如果用有理分式表达这一特性，该等值网络就可以通过 R、C 元件来实现。实际计算时首先需要对阻抗 $Z(\omega)$ 在各个频率点的离散值进行拟合，因此需要先找到一个有理函数来拟合阻抗 $Z(\omega)$，该方法称为有理逼近[7]。具体做法是在复频域选择一个函数：

$$Z_{\mathrm{eq}}(s)=H\frac{(s+z_1)(s+z_2)\cdots(s+z_n)}{(s+p_1)(s+p_2)\cdots(s+p_n)} \tag{12.68}$$

令它具有以下特性：①H 是一个正实数；②该式的零点和极点个数相等；③该式的零点和极点都是一阶的负数。

这样的定义能使 $Z_{\mathrm{eq}}(s)$ 满足 $Z(\omega)$ 的边界条件。令 $s=\mathrm{j}\omega$，则有

$$\lim_{\omega\to 0} Z_{\mathrm{eq}}(\mathrm{j}\omega)=H\frac{z_1z_2\cdots z_n}{p_1p_2\cdots p_n} \tag{12.69}$$

其值为正实数。

$$\lim_{\omega\to\infty} Z_{\mathrm{eq}}(\mathrm{j}\omega)=H \tag{12.70}$$

其值为正实数。对于直流线路的特性阻抗，H 的物理意义为 $Z_{\mathrm{C}}(\infty)=\sqrt{L/C}$ 。

将式(12.68)改写成部分分式：

$$Z_{\mathrm{eq}}(s)=k_0+\frac{k_1}{s+p_1}+\frac{k_2}{s+p_2}+\cdots+\frac{k_n}{s+p_n} \tag{12.71}$$

式中

$$k_0 = \lim_{\omega \to \infty} Z_{\text{eq}}(s) = H \tag{12.72}$$

$$k_i = (s + p_i) Z_{\text{eq}}(s)\Big|_{s=p_i}, \quad i = 1, 2, \cdots, n \tag{12.73}$$

式(12.72)中的第一项 $k_0 = H$ 直接对应于一个电阻 R_0，其余各项都是并联阻容回路的复频域函数，第 i 个回路的阻抗表达式是

$$\frac{R_i \dfrac{1}{sC_i}}{R_i + \dfrac{1}{sC_i}} = \frac{\dfrac{1}{C_i}}{s + \dfrac{1}{R_i C_i}} \tag{12.74}$$

因此所求网络如图 12.15 所示，其中

$$R_0 = k_0 = \lim_{\omega \to \infty} Z_{\text{eq}}(s) = H \tag{12.75}$$

$$R_i = \frac{1}{p_i C_i} = \frac{k_i}{p_i} \tag{12.76}$$

$$C_i = \frac{1}{k_i}, \quad i = 1, 2, \cdots, n \tag{12.77}$$

图 12.15 所示等效电路的网络能够满足边界条件。低频情况下，电容接近开路，在 $\omega = 0$ 的极限情况下有

$$Z_{\text{eq}}(0) = R_0 + R_1 + R_2 + \cdots + R_n \tag{12.78}$$

高频下电容接近短路，有

$$Z_{\text{eq}}(\omega)\big|_{\omega \to \infty} = R_0 = Z_{\text{C}}(\omega)\big|_{\omega \to \infty} \tag{12.79}$$

以上为网络综合法的完整思路：对已知频变特性的阻抗 $Z(\omega)$ 进行有理拟合，可以得到如式(12.71)所示的有理函数 Z_{eq}，该有理函数可以表示为图 12.15 所示的等效电路。其中，等效电路中的各项参数 R_0、R_i、C_i 由式(12.71)中的 Z_{eq} 对频变特性阻抗 $Z(\omega)$ 的拟合得到。

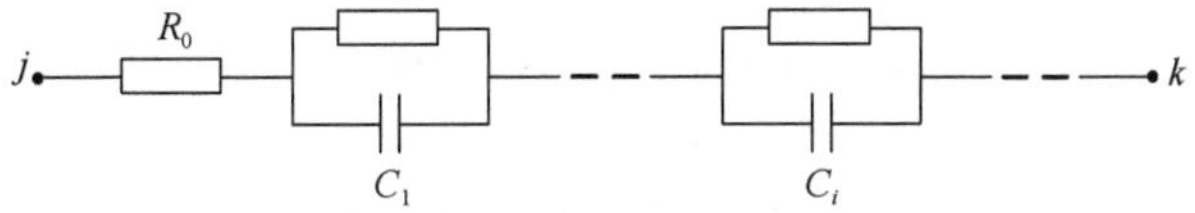

图 12.15　$Z_{\text{eq}}(\omega)$ 的等效电路

通过将式(12.71)进行拉普拉斯逆变换，可以得到特性阻抗的时域表达式为

$$z_{\text{eq}}(t) = k_0\delta(t) + k_1\mathrm{e}^{-p_1 t} + k_2\mathrm{e}^{-p_2 t} + \cdots + k_n\mathrm{e}^{-p_n t} \tag{12.80}$$

上述过程介绍了对波阻抗 Z_{C} 的拟合，对于传输函数 $\mathrm{e}^{-\gamma l}$ 可以采用相同的处理方式，在频域上通过有理拟合后转换到时域。需要注意的是，电磁波沿长度为 l 的输电线路传输时，从一端传播到另一端需要 $\tau = l / v$ 的时延，因而时域下的传输函数 $\mathrm{e}^{-\gamma l}$ 在 $t < \tau$ 时应为零。

3. 频变输电线路的 Marti 模型

由式(12.71)、式(12.74)～式(12.77)与图 12.15 所示的等效电路可以看出，如果能够找到一个滤波网络 Z_{eq} 使它与线路的特性阻抗具有相同的频率特性，将其变换到时域后进行卷积可以得到行波，同样对传输函数 $\mathrm{e}^{-\gamma l}$ 进行相似的拟合然后变换到时域后进行卷积得出等效电流源，就可以计算时域下的电流值。

对于具体的输电线路，特性阻抗 $Z_{\mathrm{C}}(\omega)$ 与传输函数 $\mathrm{e}^{-\gamma l}$ 可认为已知。线路电导 G 主要是绝缘子链的泄露电导，约为 $10^{-7}\Omega^{-1}/\mathrm{km}$，可忽略不计。在数值计算时，特性阻抗 $Z_{\mathrm{C}}(\omega)$ 计算公式中一般需给定 G 的数值才能避免当 $\omega = 0$ 时 Z_{C} 趋于无穷大而导致计算不稳定。

根据频变阻抗的有理逼近得到 $Z_{\mathrm{C}}(\omega)$ 的等效网络以后，下一步便可以计算输电线路中的电压行波与电流行波。由式(12.58)～式(12.61)可以计算时域下的电压行波：

$$f_j(t) = u_j(t) + i_j(t) * Z_{\text{eq}}(t) \tag{12.81}$$

$$b_j(t) = u_j(t) - i_j(t) * Z_{\text{eq}}(t) \tag{12.82}$$

$$f_k(t) = u_k(t) + i_k(t) * Z_{\text{eq}}(t) \tag{12.83}$$

$$b_k(t) = u_k(t) - i_k(t) * Z_{\text{eq}}(t) \tag{12.84}$$

如果得到一端的行波后，由(12.56)、式(12.57)可知，便可以计算另一端的行波。

以 k 端电压行波计算 j 端电压行波为例，时域下的计算式为

$$b_j(t) = f_k(t) * a(t) \tag{12.85}$$

$$f_j(t) = b_k(t) / * a(t) \tag{12.86}$$

式中，$a(t)$ 为对 $\mathrm{e}^{-\gamma l}$ 进行有理逼近得到的频域下的分式转换到时域下得到的函数，符号“/*”代表反卷积。

此外，对于上述计算中的卷积与反卷积，由于在计算机中的数据处理中，各信号量均为离散数据。对于离散数据的卷积，一般将其转换为乘积累加的形式。假设将一个 N 点输入信号 $x(n)(n=0,1,2,\cdots,N-1)$ 与 M 点冲击响应 $h(m)(m=0,1, 2,\cdots,M)$ 进行卷积，卷积计算结果为 $N+M-1$ 点信号 y，计算式如下：

$$y(i)=\sum_{j=0}^{M-1}h(j)x(i-j) \tag{12.87}$$

式中，$i=0,1,2,\cdots,N-1$ 且 $j=0,1,2,\cdots,M-1$。上述卷积的计算可按式(12.87)进行计算。

在 $i\leqslant M-1$ 时，将式(12.87)展开为如下矩阵形式：

$$\begin{bmatrix} y(0) \\ y(1) \\ y(2) \\ \vdots \\ y(i) \end{bmatrix}=\begin{bmatrix} h(0) & 0 & 0 & \cdots & 0 \\ h(1) & h(0) & 0 & \cdots & 0 \\ h(2) & h(1) & h(0) & \cdots & 0 \\ \vdots & \vdots & \vdots & & \vdots \\ h(i) & h(i-1) & h(i-2) & \cdots & h(0) \end{bmatrix}\begin{bmatrix} x(0) \\ x(1) \\ x(2) \\ \vdots \\ x(i) \end{bmatrix} \tag{12.88}$$

由式(12.88)中每行元素的推导可知，在已知输出信号和冲激响应的情况下，可计算输入信号 $x(i)$ 为

$$x(i)=\left[y(i)-\sum_{j=1}^{i}h(j)x(i-j)\right](h(0))^{-1} \tag{12.89}$$

式中，$h(0)$ 为非零值，但是当其值较小时，容易使得计算误差增大，导致反卷积计算的准确性降低。

当 $i>M-1$ 时，同理可推导此时输入信号的计算公式为

$$x(i)=\left[y(i)-\sum_{j=1}^{M-1}h(j)x(i-j)\right](h(0))^{-1} \tag{12.90}$$

可根据式(12.89)和式(12.90)计算上述公式中的反卷积。

上述的波阻抗和传播系数的频域拟合、拉普拉斯逆变换以及时域卷积完整地考虑了线路参数的频变特性，形成了完整的任意频变参数特性的线路电气量时域计算方法。

参考文献

[1] 李斌. 特高压长线路继电保护原理与技术——基于线路精确模型的保护新原理研究[D]. 天津：天津大学, 2006.
[2] 何金良. 时频电磁暂态分析理论与方法[M]. 北京：清华大学出版社, 2015.
[3] 冯慈璋. 工程电磁场导论[M]. 北京：高等教育出版社, 2000.

[4] Carson J R. Wave propagation in overhead wires with ground return[J]. Bell System Technical Journal, 1926, 5 (4): 539-554.

[5] Sunde E D. Earth Conduction Effects in Transmission Systems[M]. 2nd ed. New York: Dpver, 1968.

[6] Nakagawa M, Ametani A, Iwamoto K. Further studies on wave propagation in overhead transmission lines with earth return: Impedance of stratified earth[J]. Proceedings of IEEE, 1973, 120: 1521-1528.

[7] Papagiannis G K, Tsiamitros D A, Labridis D P, et al. A systematic approach to the evaluation of the influence of multilayered earth on overhead power transmission lines[J]. IEEE Transactions on Power Delivery, 2005, 20 (4): 2594-2601.

[8] Dommel H W. Electromagnetic Transients Program Manual (EMTP Theory Book) [M]. Portland: Bonneville Power Administration, 1986.

[9] 吴维韩, 张芳榴, 等. 电力系统过电压数值计算[M]. 北京: 科学出版社, 1989.

[10] Marti J R. Accurate modeling of frequency-dependent transmission lines in electromagnetic transient simulation[J]. IEEE Transactions on Power Apparatus and Systems, 1982, 101 (1): 147-157.

[11] Stevenson W D. Elements of Power System Analysis[M]. New York: McGraw-Hill. 1962.

第 13 章　直流输电线路的电流差动保护新原理

目前，实际直流输电工程往往将电流差动保护作为输电线路的后备保护，需要经过一个较长的时间延时来躲过区外故障不平衡电流等因素的影响，以保证电流差动保护的选择性。天津大学曾提出基于输电线路贝瑞隆模型的特高压交流输电线路电流差动保护，消除分布电容电流的影响[1]。借鉴该思想，本章详细分析了基于线路贝瑞隆模型的快速直流输电线路电流差动保护新原理。同时需要注意，线路贝瑞隆模型是常系数参数模型，并未考虑线路参数的频变特性。线路参数随频率变化的特性将影响电流差动保护的计算精度，限制了差动保护性能的提升。在第 12 章对线路参数模型分析研究的基础上，本章阐述了适用于直流输电线路的电流差动保护新原理。

13.1　直流输电线路常规电流差动保护

直流输电线路的行波保护、微分欠压保护等在线路高阻接地故障时可能无法实现可靠的故障检测和保护，因此直流输电线路往往配置电流差动保护作为后备保护。常规电流差动保护的基本工作原理是测量并比较线路两端在相同时标下的极线电流，其保护判据为

$$\begin{cases} i_{\text{diff}} > I_{\text{set}} \\ T > T_{\text{set}} \end{cases} \tag{13.1}$$

直流输电线路常规电流差动保护利用线路两端电流直接加和得到 i_{diff} 构成差动判据，在稳态运行或区外故障的情况下，线路流过电流差动保护的电流为穿越电流，线路始端电流与末端电流大小近似相同，电流方向相反，差电流 i_{diff} 始终为零或者为较小值，差动保护不动作；直流输电线路发生区内故障时，由于故障点的存在，线路两端电流都为正方向，差电流 i_{diff} 将大于门槛值 I_{set}，差动保护动作。

事实上，由于输电线路存在分布电容，尤其是直流输电线路距离远，分布电容电流非常明显。暂态过程中由于输电线路沿线电压的高频分量将引起更大幅值的暂态电容电流。因此，任何可能导致输电线路电压变化的过程，如线路区外故障、直流系统启停过程都可能引起较大幅值的分布电容电流。若分布电容电流大于式(13.1)的启动电流，则将引起电流差动保护误动作。因此，常规电流差动保护往往需要设置较长的延时以躲过暂态过程的影响。虽然电流差动保护可以为直

流线路的高阻故障提供保护，但真正的动作时间往往达到秒级(如 1s 以上)[2]。

针对直流电网对故障隔离速度、动作选择性等具体要求，有必要分析研究速动性好、灵敏性高、选择性和可靠性有充分保障的直流输电线路电流差动保护新原理。

13.2 基于分布参数模型的直流线路分极电流差动保护

由于基于线路频变的参数模型不利于直接通过显式的方式得出输电线路故障差电流的函数分析结果，因此为了分析问题的方便，这里仍以具有分布参数特性的输电线路贝瑞隆模型为基础分析线路故障时线路两端电气量之间的函数关系，从而形成合理的故障判定依据。

13.2.1 输电线路故障时的电气量函数关系

当输电线路内部发生故障时，可以认为输电线路以故障点为分界点分成了两段均匀输电线路，如图 13.1 中所示的线路 jf 段和 kf 段。针对这两段线路，利用式(12.7)与式(12.8)可以得到新的两段线路的时域关系式，如式(13.2)与式(13.3)所示。

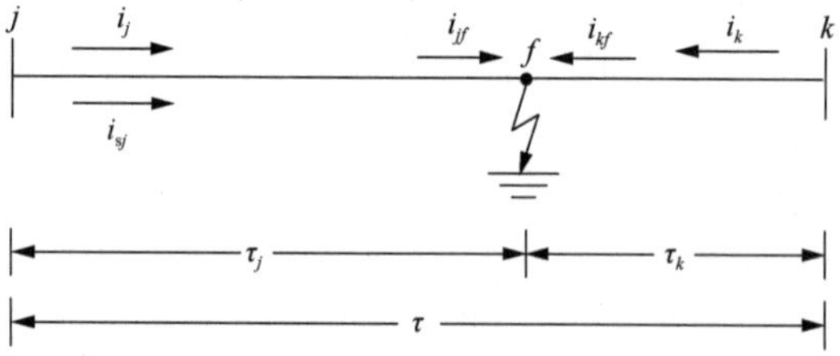

图 13.1 单根线路发生内部故障时的情况

$$-i_j(t)+\frac{u_j(t)}{Z_C}=-i_{jf}(t-\tau_j)+\frac{u_f(t-\tau_j)}{Z_C} \tag{13.2}$$

$$i_{kf}(t)+\frac{u_f(t)}{Z_C}=i_k(t-\tau_k)+\frac{u_k(t-\tau_k)}{Z_C} \tag{13.3}$$

式中，τ_j 为行波从线路 j 端传播到故障点所用时间；τ_k 为行波从线路 k 端传播到故障点所用时间；i_{jf} 为线路 jf 段流向故障点的电流；i_{kf} 为线路 kf 段流向故障点的电流。

将式(13.3)中的 t 以 $t-\tau_j$ 代替，同时注意到 $\tau_j+\tau_k=\tau$，因此可得

$$i_k(t-\tau)+\frac{u_k(t-\tau)}{Z_C}=i_{kf}(t-\tau_j)+\frac{u_f(t-\tau_j)}{Z_C} \tag{13.4}$$

联立式(13.4)与式(13.2)消去 u_f 可得

$$i_j(t)-\frac{u_j(t)}{Z_C}+i_k(t-\tau)+\frac{u_k(t-\tau)}{Z_C}=i_{jf}(t-\tau_k)+i_{kf}(t-\tau_j)=i_f(t-\tau_j) \tag{13.5}$$

同理，也可以得

$$i_k(t)-\frac{u_k(t)}{Z_C}+i_j(t-\tau)+\frac{u_j(t-\tau)}{Z_C}=i_f(t-\tau_k) \tag{13.6}$$

式(13.5)与式(13.6)是基于贝瑞隆线路模型的电流差动保护原理的基础，同时也是行波差动保护的理论基础[3]。

13.2.2　差电流与故障点电流的函数关系

常规电流差动保护选取线路两端的测量电流直接进行差电流计算和故障判定，这种方式不可避免地受输电线路分布电容电流的影响。因此，在输电线路上选择某一位置作为计算参考点，并定义参考点差电流为：利用线路两端电压电流采样值通过贝瑞隆模型计算得到的参考点两侧电流进行差动计算得到的电流。如图 13.1 所示，当线路参考点恰好是故障点 f 时，则参考点两侧计算得到的电流就分别是 i_{jf}、i_{kf}，二者进行差动计算就得到了参考点差电流，而且该差电流恰好是故障点电流 i_f。

参考点位置是预先选定的，而故障发生位置是无法预知的，因此无法总是假设参考点与故障点位置相同。为此需要分析参考点差电流与故障点电流之间的函数关系。将参考点选取为线路两端或将其选取为线路中某点时，参考点差电流与故障点电流具有的函数关系略有区别。考虑到将参考点选为线路两端的情况下更易于分析参考点差电流与故障点电流的函数关系，故本节以参考点选为线路两端的情况展开分析。以选取参考点为输电线路的 j 端为例，这样一来，参考点两侧的注入电流分别是 j 端实际测量得到的 j 端电流测量值 i_j，以及由 k 端电气测量值通过线路贝瑞隆模型计算得到的 j 端电流计算值 i_{sj}。因此，此时参考点(j 端)差电流的计算式为

$$i_{j\text{diff}}(t)=i_j(t)-i_{sj}(t) \tag{13.7}$$

式中，$i_{j\text{diff}}$ 为参考点 j 的差电流；$i_j(t)$ 为线路 j 端实际测量得到的电流；$i_{sj}(t)$ 为线路 k 端电气测量值通过式(12.7)所描述的线路贝瑞隆模型而计算得到的 j 端电流计

算值：

$$i_{sj}(t)=\frac{u_j(t)}{Z_C}+I_{jk}(t-\tau)=\frac{u_j(t)}{Z_C}-\frac{u_k(t-\tau)}{Z_C}-i_k(t-\tau) \tag{13.8}$$

将式(13.8)代入式(13.7)，得到参考点(j 端)的差电流为

$$i_{j\text{diff}}(t)=i_j(t)-i_{sj}(t)=i_j(t)-\frac{u_j(t)}{Z_C}+\frac{u_k(t-\tau)}{Z_C}+i_k(t-\tau)=i_f(t-\tau_j) \tag{13.9}$$

上述关系式的推导都是基于单根无损线推导得到的，当考虑线路损耗时，仍可采取图 12.3 和式(12.11)的电阻分段处理方式。

单根输电线路由于不存在线路间的电磁耦合，可以采用上述公式直接进行计算。而直流系统常常是双极线路运行，线路之间在故障暂态过程中存在电磁耦合，因而在双极运行的直流线路中应用线路贝瑞隆模型进行分析时，应首先对双极线路进行解耦，直流双极线路的极模变换矩阵 S 为

$$S=\frac{1}{\sqrt{2}}\begin{bmatrix}1 & 1\\ 1 & -1\end{bmatrix} \tag{13.10}$$

极模反变换矩阵为其逆矩阵：

$$S^{-1}=\frac{1}{\sqrt{2}}\begin{bmatrix}1 & 1\\ 1 & -1\end{bmatrix} \tag{13.11}$$

直流双极线路两端采集得到的电压电流量利用上述相模变换解耦后，可以得到模量下的电压电流量。以线路 j 端电流量为例说明极模变换，如式(13.12)所示：

$$\begin{bmatrix}i_{j0}(t)\\ i_{j1}(t)\end{bmatrix}=S\begin{bmatrix}i_{jP}(t)\\ i_{jN}(t)\end{bmatrix}=\frac{1}{\sqrt{2}}\begin{bmatrix}1 & 1\\ 1 & -1\end{bmatrix}\begin{bmatrix}i_{jP}(t)\\ i_{jN}(t)\end{bmatrix} \tag{13.12}$$

式中，i_{j0} 为线路 j 端地模电流分量；i_{j1} 为线路 j 端线模电流分量；i_{jP} 为线路 j 端正极电流；i_{jN} 为线路 j 端负极电流。j 端电压量、k 端电压量与电流量以及故障点电流量的解耦与其类似。

将解耦后的模量代入式(13.9)中，可以得到模量下的参考点差电流表达式，如式(13.13)所示：

$$\begin{bmatrix}i_{j0\text{diff}}(t)\\ i_{j1\text{diff}}(t)\end{bmatrix}=\begin{bmatrix}i_{f0}(t-\tau_{j0})\\ i_{f1}(t-\tau_{j1})\end{bmatrix} \tag{13.13}$$

式中，$i_{j0\text{diff}}$ 和 $i_{j1\text{diff}}$ 分别为 j 端地模差电流和线模差电流；i_{f0} 和 i_{f1} 分别为故障点电流的地模分量和线模分量。

式(13.13)反映了以线路 j 端为参考点的地模和线模差电流表达式。对式(13.13)进行相模反变换，又可以得到极量下的参考点差电流表达式：

$$\begin{bmatrix} i_{j\text{Pdiff}}(t) \\ i_{j\text{Ndiff}}(t) \end{bmatrix} = S^{-1} \begin{bmatrix} i_{j0\text{diff}}(t) \\ i_{j1\text{diff}}(t) \end{bmatrix} = \frac{1}{\sqrt{2}} \begin{bmatrix} 1 & 1 \\ 1 & -1 \end{bmatrix} \begin{bmatrix} i_{f0}(t-\tau_{j0}) \\ i_{f1}(t-\tau_{j1}) \end{bmatrix} \tag{13.14}$$

式中，$i_{j\text{Pdiff}}$ 和 $i_{j\text{Ndiff}}$ 分别为参考点(j 端)正极和负极线路的差电流。

式(13.14)反映了线路参考点(j 端)的正负极差电流 $i_{j\text{Pdiff}}$、$i_{j\text{Ndiff}}$ 与故障点电流 i_f 的关系。如果直流系统为双极运行，直流线路上发生的故障可以分为三类：正极接地故障、负极接地故障和双极短路故障。针对这三类故障，下面分别分析每种故障情况下的参考点差电流与故障点电流的函数关系。

1. 正极接地故障

假设故障点电流大小为 i_f，故障电流正方向为从线路流向大地，该假设对于负极接地故障与双极短路故障同样适用。当直流线路发生正极接地故障时，如图 13.2 所示，此时故障点电流具有如下关系：

$$\begin{bmatrix} i_{f\text{P}}(t) \\ i_{f\text{N}}(t) \end{bmatrix} = \begin{bmatrix} i_f(t) \\ 0 \end{bmatrix} \tag{13.15}$$

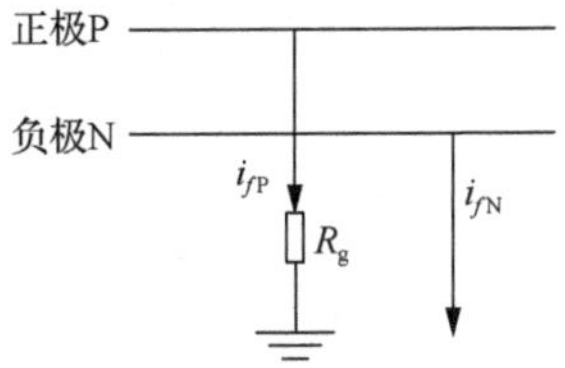

图 13.2　正极接地故障示意图

式中，$i_{f\text{P}}$ 和 $i_{f\text{N}}$ 分别为故障点处正极和负极线路的故障电流。

对上述故障点电流进行解耦得到故障电流的地模分量与线模分量：

$$\begin{bmatrix} i_{f0}(t) \\ i_{f1}(t) \end{bmatrix} = S \cdot \begin{bmatrix} i_{f\text{P}}(t) \\ i_{f\text{N}}(t) \end{bmatrix} = \frac{1}{\sqrt{2}} \begin{bmatrix} 1 & 1 \\ 1 & -1 \end{bmatrix} \cdot \begin{bmatrix} i_f(t) \\ 0 \end{bmatrix} = \frac{1}{\sqrt{2}} \begin{bmatrix} i_f(t) \\ i_f(t) \end{bmatrix} \tag{13.16}$$

将 $t-\tau_{j0}$ 与 $t-\tau_{j1}$ 代入式(13.16)中，得到以下关系式：

$$\begin{bmatrix} i_{f0}(t-\tau_{j0}) \\ i_{f1}(t-\tau_{j1}) \end{bmatrix} = \frac{1}{\sqrt{2}} \begin{bmatrix} i_f(t-\tau_{j0}) \\ i_f(t-\tau_{j1}) \end{bmatrix} \tag{13.17}$$

将式(13.17)代入式(13.14)中，得

$$\begin{bmatrix} i_{j\text{Pdiff}}(t) \\ i_{j\text{Ndiff}}(t) \end{bmatrix} = \frac{1}{2}\begin{bmatrix} i_f(t-\tau_{j0}) + i_f(t-\tau_{j1}) \\ i_f(t-\tau_{j0}) - i_f(t-\tau_{j1}) \end{bmatrix} \tag{13.18}$$

式(13.18)为直流线路正极发生故障时，以线路 j 端为参考点差电流与故障点电流的函数关系。

2. 负极接地故障

当直流线路发生负极接地故障时，如图 13.3 所示。此时故障点电流具有如下关系式：

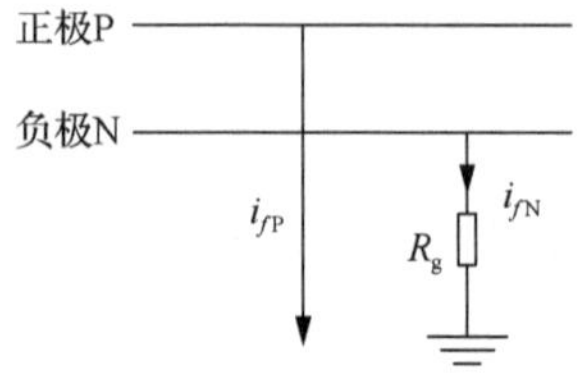

图 13.3　负极接地故障示意图

$$\begin{bmatrix} i_{fP}(t) \\ i_{fN}(t) \end{bmatrix} = \begin{bmatrix} 0 \\ -i_f(t) \end{bmatrix} \tag{13.19}$$

对上述故障点电流进行解耦得到故障电流的地模分量与线模分量：

$$\begin{bmatrix} i_{f0}(t) \\ i_{f1}(t) \end{bmatrix} = S\begin{bmatrix} i_{fP}(t) \\ i_{fN}(t) \end{bmatrix} = \frac{1}{\sqrt{2}}\begin{bmatrix} 1 & 1 \\ 1 & -1 \end{bmatrix}\begin{bmatrix} 0 \\ -i_f(t) \end{bmatrix} = \frac{1}{\sqrt{2}}\begin{bmatrix} -i_f(t) \\ i_f(t) \end{bmatrix} \tag{13.20}$$

将 $t-\tau_{j0}$ 与 $t-\tau_{j1}$ 代入式(13.20)中，得到以下关系式：

$$\begin{bmatrix} i_{f0}(t-\tau_{j0}) \\ i_{f1}(t-\tau_{j1}) \end{bmatrix} = \frac{1}{\sqrt{2}}\begin{bmatrix} -i_f(t-\tau_{j0}) \\ i_f(t-\tau_{j1}) \end{bmatrix} \tag{13.21}$$

同正极接地故障时的推导过程类似，最后可得如下负极接地故障时的参考点差电流与故障点电流的函数关系：

$$\begin{bmatrix} i_{j\text{Pdiff}}(t) \\ i_{j\text{Ndiff}}(t) \end{bmatrix} = \frac{1}{2}\begin{bmatrix} -i_f(t-\tau_{j0}) + i_f(t-\tau_{j1}) \\ -i_f(t-\tau_{j0}) - i_f(t-\tau_{j1}) \end{bmatrix} \tag{13.22}$$

3. 双极短路故障

当直流线路发生双极短路故障时，如图 13.4 所示。此时故障点电流具有如下关系式：

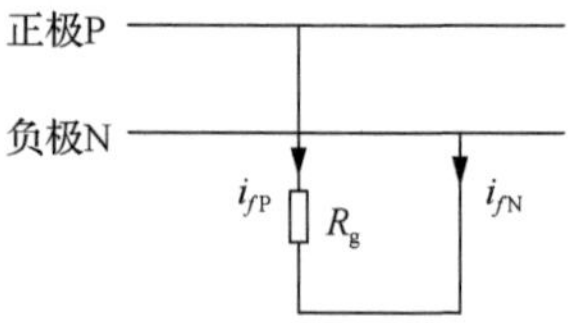

图 13.4　双极短路故障示意图

$$\begin{bmatrix} i_{fP}(t) \\ i_{fN}(t) \end{bmatrix} = \begin{bmatrix} i_f(t) \\ -i_f(t) \end{bmatrix} \tag{13.23}$$

对上述故障点电流进行解耦得到故障电流的地模分量与线模分量：

$$\begin{bmatrix} i_{f0}(t) \\ i_{f1}(t) \end{bmatrix} = S^{-1}\begin{bmatrix} i_{f\mathrm{P}}(t) \\ i_{f\mathrm{N}}(t) \end{bmatrix} = \frac{1}{\sqrt{2}}\begin{bmatrix} 1 & 1 \\ 1 & -1 \end{bmatrix}\begin{bmatrix} i_f(t) \\ -i_f(t) \end{bmatrix} = \frac{1}{\sqrt{2}}\begin{bmatrix} 0 \\ 2i_f(t) \end{bmatrix} \tag{13.24}$$

将 $t-\tau_{j0}$ 与 $t-\tau_{j1}$ 代入式(13.24)中，得到以下关系式：

$$\begin{bmatrix} i_{f0}(t-\tau_{j0}) \\ i_{f1}(t-\tau_{j1}) \end{bmatrix} = \frac{1}{\sqrt{2}}\begin{bmatrix} 0 \\ 2i_f(t-\tau_{j1}) \end{bmatrix} \tag{13.25}$$

同正极接地故障时的推导过程类似，最后可得如下负极接地故障时的参考点差电流与故障点电流的函数关系：

$$\begin{bmatrix} i_{j\mathrm{Pdiff}}(t) \\ i_{j\mathrm{Ndiff}}(t) \end{bmatrix} = \begin{bmatrix} i_f(t-\tau_{j1}) \\ -i_f(t-\tau_{j1}) \end{bmatrix} \tag{13.26}$$

由式(13.18)、式(13.22)、式(13.26)可知，基于输电线路贝瑞隆模型的新型直流极线差电流将由故障点电流 i_f 构成。

由上述理论分析可以得出结论：正极接地故障时，正极线路计算得到的参考点差电流幅值远大于负极线路差电流；负极线路故障时，负极线路计算得到的参考点差电流幅值远大于正极线路差电流；双极短路故障时，正极线路与负极线路计算得到的参考点差电流幅值相同。

上述是将参考点选为线路两端时，参考点差电流与故障点电流所具有的函数关系。以线路中某一点为参考点时，差电流与故障点电流所具有的函数关系略有不同，但形式上仍是故障点电流的函数，参考点的正负极线差电流仍满足上述结论。

13.2.3　基于贝瑞隆模型的新型分极电流差动保护

基于 13.2.2 小节的理论分析，基于输电线路贝瑞隆模型可以实现输电线路电流差动保护的时域电容电流全补偿，由此构建快速分极电流差动保护新原理：对于某直流输电线路 jk，在线路上选取一个参考点 r，如图 13.5 所示。利用线路两端的电压电流采样值 u_j、i_j、u_k、i_k，通过式(12.11)计算该参考点 r 两侧的计算电流 i_{sjr} 和 i_{skr}；当线路正常运行或者发生区外故障时，输电线路两端的电气量满足贝瑞隆模型，即利用 j 端电气量计算得到的计算电流 i_{sjr} 与利用 k 端电气量计算得到的计算电流 i_{skr} 完全相等，差电流为 0；当线路发生故障时，输电线路以故障点为分割点被分成两段满足贝瑞隆模型的线路，此时计算电流 i_{sjr} 与 i_{skr} 不再相等，极线的差电流主要由故障点电流决定。

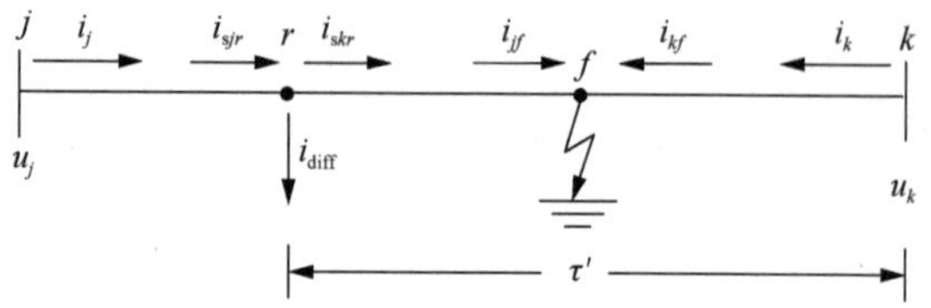

图 13.5　参考点 r 示意图

构造基于线路贝瑞隆模型的新型分极电流差动保护判据：

$$\begin{cases} i_{\text{diff}} = i_{skr} - i_{sjr} \\ \left| i_{\text{diff}} \right| \geqslant I_{\text{set}} \end{cases} \tag{13.27}$$

式中，i_{diff} 为通过两端各自的电压电流采样值计算得到参考点 r 的差电流（由计算电流 i_{sjr} 和 i_{skr} 作差得到）；I_{set} 为差动保护动作的门槛值，I_{set} 整定为各类区外故障时可能出现的最大不平衡电流，以及区内不对称故障时的非故障极可能出现的最大不平衡电流，取二者的较大值并乘以一个可靠系数，即

$$I_{\text{set}} = k_{\text{rel}} \cdot \max\left\{ i_{\text{unbalance}} \right\} \tag{13.28}$$

式中，$\max\left\{ i_{\text{unbalance}} \right\}$ 表示各种故障情况下健全线路或故障线路健全极可能出现的最大不平衡电流；k_{rel} 为可靠系数，一般取 1.3～1.5。

由于在时域上消除了直流线路分布电容电流的影响，新型电流差动保护无需长延时来躲过故障暂态电容电流的影响，可以大大提高直流输电线路电流差动保护的速动性。

基于线路贝瑞隆模型的参考点 r 的差电流计算补充说明如下，如图 13.5 所示，以利用 k 端电气量计算线路 r 点右侧的计算电流 $i_{skr}(t)$ 为例，假设线路 k 端到参考点 r 的距离为 x，令线路 k 端到参考点 r 的传播时延 $\tau' = x/v$。观察式（12.11）可以看出，利用 k 端电压电流来计算电流 $i_{skr}(t)$ 时需要用到 $t+\tau'$、t、$t-\tau'$ 三个时刻的 k 端电压电流值 $u_k(t+\tau')$、$u_k(t)$、$u_k(t-\tau')$、$i_k(t+\tau')$、$i_k(t)$、$i_k(t-\tau')$。实际计算时不可能在 t 时刻提前获取得到 $(t+\tau')$ 时刻的电压电流值。因此，在实际计算时只可以利用 t、$t-\tau'$、$t-2\tau'$ 三个时刻的 k 端电压电流值 $u_k(t)$、$u_k(t-\tau')$、$u_k(t-2\tau')$、$i_k(t)$、$i_k(t-\tau')$、$i_k(t-2\tau')$ 计算得到参考点 r 在 $t-\tau'$ 时刻的计算电流 $i_{skr}(t-\tau')$，如图 13.6 所示。

由于直流双极线路之间存在耦合，在计算参考点 r 两侧的电流时必须先将存在电磁耦合的极量通过参数矩阵解耦变换为模量形式，线路两端的模量通过式（12.11）计算得到参考点两侧的模量电流，再通过极模反变换得到参考点两侧的极电流，如图 13.7 所示。

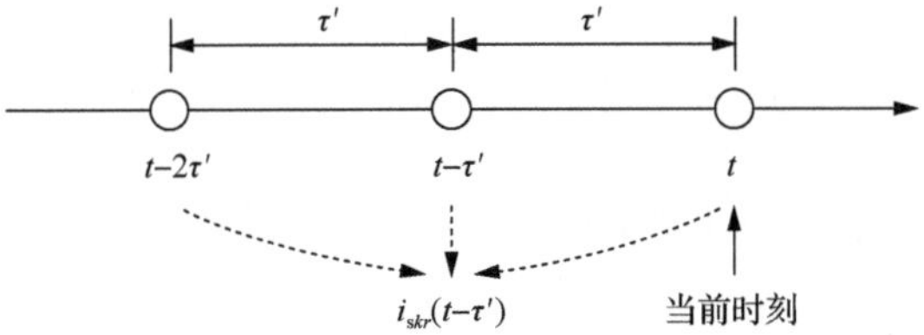

图 13.6　沿线参考点电流的计算时刻

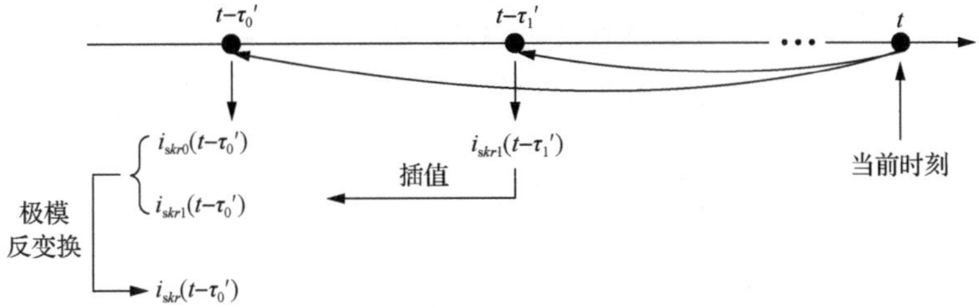

图 13.7　直流线路沿线参考点的极电流计算

仍以利用线路 k 端电气量计算参考点 r 右侧电流为例说明具体的计算步骤：

(1) 将 k 端正负极的电压电流进行极模变换，得到 k 端电压电流的线模分量和地模分量。

(2) 通过 k 端的电压电流模量 $u_{km}(t)$、$u_{km}(t-\tau'_m)$、$u_{km}(t-2\tau'_m)$、$i_{km}(t)$、$i_{km}(t-\tau'_m)$、$i_{km}(t-2\tau'_m)$ 和对应的模量线路波阻抗 Z_{Cm} 和波速 v_m，计算参考点 r 右侧的模量电流 $i_{skrm}(t-\tau'_m)$，即在 t 时刻计算得到 $t-\tau_1$ 时刻的线模电流 $i_{skr1}(t-\tau'_1)$ 和 $t-\tau'_0$ 时刻的地模电流 $i_{skr0}(t-\tau'_0)$。其中，$m=0$ 或 1，分别代表地模和线模。

(3) 由于线模波速 v_1 和地模波速 v_0 并不相等，线模传播时延 τ'_1 和地模传播时延 τ'_0 不相等，因此在 t 时刻获得的线模电流 $i_{skr1}(t-\tau'_1)$ 和地模电流 $i_{skr0}(t-\tau'_0)$ 就不是同一时刻。通常情况下线模波速 v_1 高于地模波速 v_0，因此线模传播时延 τ'_1 小于地模传播时延 τ'_0。为了获取同一时刻下的线模电流和地模电流，可以通过插值的方式获得 $t-\tau'_0$ 时刻的线模电流 $i_{skr1}(t-\tau'_0)$。

(4) 利用 $t-\tau'_0$ 时刻的线模电流 $i_{skr1}(t-\tau'_0)$ 和地模电流 $i_{skr0}(t-\tau'_0)$，通过极模反变换可以获得 $t-\tau_0$ 时刻参考点 r 的右侧极线电流 $i_{skr}(t-\tau'_0)$。

通过上述计算流程，可以通过线路两端的电气量计算得到沿线任意一点的电流(或电压)值，并且该计算过程完全考虑了线路的分布参数特性，但未考虑线路参数频变特性的影响，这部分内容将在 13.3 节中详述。

实际应用时可以将参考点 r 选取在线路的中点，这样在计算差电流 i_{diff} 所需要的数据窗延时最短。考虑到两端电压电流的测量误差、通信延时误差等因素，新型电流差动保护还可以通过必要的短延时或采用积分的方式以提高保护可靠性。例如，分极电流差动保护可以采用如下所示的带有制动量的积分形式判据[4]：

$$\frac{1}{T}\left|\int_0^T i_{\text{diff\_P}}(t)\right| > \frac{K}{T}\cdot\left|\int_0^T i_{\text{diff\_N}}(t)\right| + I_{\text{set}} \tag{13.29}$$

式中，T为积分窗长；K为比例制动系数；I_{set}为差动保护的固定门槛。

13.2.4　仿真验证

在PSCAD/EMTDC上搭建了±800kV特高压三端混合直流输电电网，如图13.8所示，其中换流站1为常规直流换流站(LCC换流站)，换流站2与换流站3为模块化多电平柔性直流换流站(MMC换流站)，正常运行时，换流站1作为整流站运行，换流站2与换流站3作为逆变站运行，三个换流站正负极均采用高低阀组串联运行的方式，系统采用真双极结构。

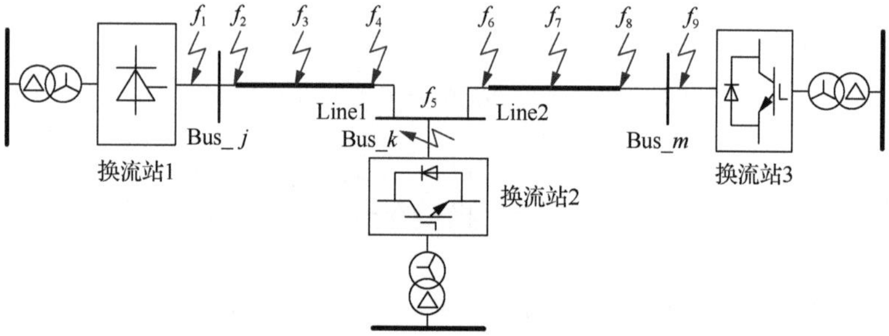

图13.8　三端混合直流输电电网故障位置示意图

图13.8中，f_1表示换流站1出口到直流母线Bus_j区域的故障，f_2表示线路Line1出口的故障，f_3表示线路Line1中点的故障，f_4表示线路Line1末端的故障，f_5表示换流站2与直流母线Bus_k之间区域的故障，f_6表示线路Line2出口的故障，f_7表示线路Line2中点的故障，f_8表示线路Line2末端的故障，f_9表示直流母线Bus_m与换流站3出口之间区域的故障。

LCC换流站1的仿真模型参数如表13.1所示。

表13.1　LCC换流站1仿真模型参数

换流站参数	参数值
额定直流功率/MW	5000
额定直流电压/kV	±800
交流额定电压/kV	525
变压器变比	525/172
高低阀组脉动数	12
直流电抗器电感/mH	100

MMC 换流站 2、3 的仿真模型参数如表 13.2 所示。

表 13.2　MMC 换流站 2、3 仿真模型参数

换流站参数	换流站 2	换流站 3
额定直流功率/MW	3000	2000
额定直流电压/kV	±800	±800
交流额定电压/kV	525	525
高低阀组电平数	207	207
变压器变比	525/190	252/189.5
子模块电容/μF	12000	18000
桥臂电抗器电感/mH	61.2	41.2
直流电抗器电感/mH	75	75

为了验证 13.2.3 小节提出的基于线路贝瑞隆模型的新型分极电流差动保护性能，这里暂不考虑线路参数的频变特性，即仅考虑常系数分布参数的输电线路，线路 Line1 和线路 Line2 的参数如表 13.3 所示。

表 13.3　线路 Line1 和线路 Line2 参数设置

线路参数		Line1	Line2
线路长度/km		800	400
单位电阻/Ω	线模	7.65×10^{-3}	
	地模	7.86×10^{-3}	
单位电感/(mH/km)	线模	0.833	
	地模	4.202	
单位电容/(μF/km)	线模	1.379×10^{-2}	
	地模	9.93×10^{-3}	

为了能够清晰、直观地反映新型分极电流差动保护的性能，以下仿真采用式(13.30)进行计算并直接给出参考点差电流的时域波形。线路 Line1 和线路 Line2 的正负极线路都配置了新型电流差动保护。假设 1s 时在线路 Line1 中点处(图 13.8 中 f_3)发生正极金属性接地故障，故障点电流、新型差动保护差电流以及常规差动保护差电流的波形如图 13.9 所示。

如图 13.9 可见，由于故障后电磁波传播延时和基于线路贝瑞隆模型的计算延时，差电流波形与实际故障电流相比有传播延时的时差。但不难发现，基于线路贝瑞隆模型计算得到的新型差动保护差电流 i_{diff} 与故障点电流波形完全一致。这说明新型差动保护计算得到的差电流准确反映了故障点电流，而常规差动保护计算得到的差电流由于受到分布电容电流等因素的影响，只能大致反映故障点电流的情况。

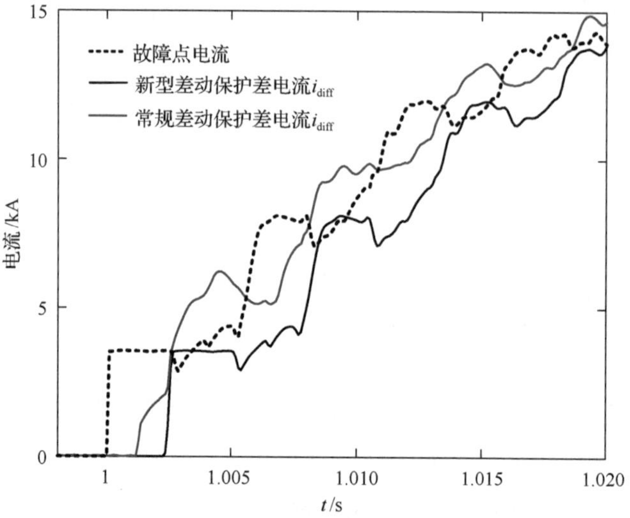

图 13.9　故障线路故障极参考点差电流与实际故障点电流对比

同样地，对于上述 f_3 点的故障，线路 Line1 与线路 Line2 正负极的新型电流差动保护和常规电流差动保护的计算结果如图 13.10 所示。图 13.10(a)给出了故障线路(Line1)故障极(正极)的两种差动保护差电流波形，其实就是图 13.9 的扩展。图 13.10(b)给出了故障线路(Line1)非故障极(负极)的两种差动保护差电流波形。从中可以看出，常规电流差动保护由于未消除线路暂态分布电容电流的影响而出现了很大的不平衡电流。图 13.10(c)和(d)则分别给出了非故障线路(Line2)的正负极差动保护差电流波形。可以看出，由于故障暂态过程中的分布电容电流影响，常规电流差动保护都会出现较大的不平衡电流，为防止保护误动只能采取较长的时间延时以躲过暂态不平衡电流，降低直流输电线路电流差动保护的速动性。相比而言，基于线路贝瑞隆模型的新型电流差动保护的差电流不受故障暂态分布电容电流影响，仅有计算误差所带来的微小的不平衡电流。

以上仿真验证表明：在不考虑线路参数频变的情况下，基于线路贝瑞隆模型的新型电流差动保护可以在时域下完全消除电容电流影响。这使得新型差动保护在各类线路区外故障情况下均只有很小的不平衡电流，提高可靠性的同时，也可以大大提高直流输电线路电流差动保护的速动性和灵敏性。

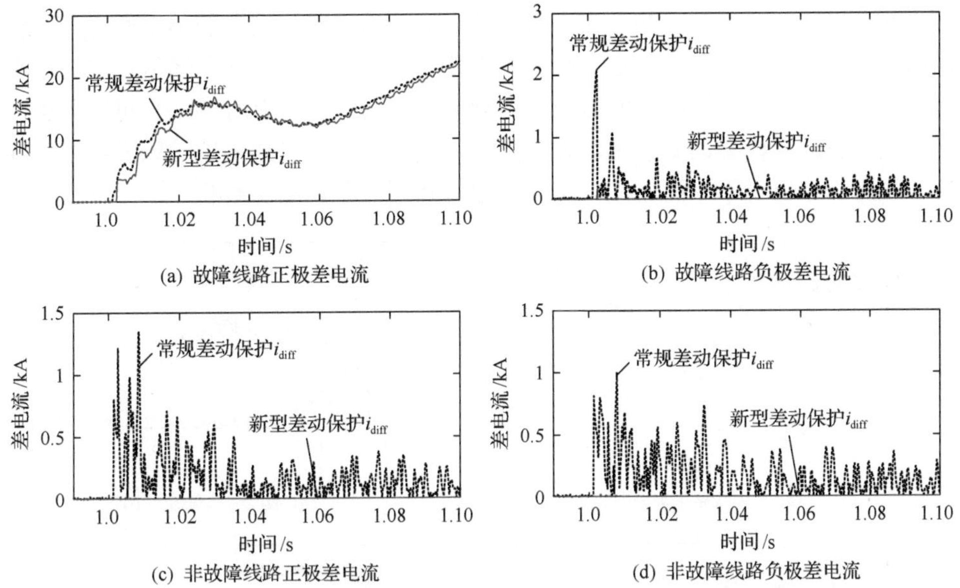

图 13.10　f_3处正极金属性接地时电流差动保护的差电流(线路为贝瑞隆模型)

13.3　线路参数频变特性对新型电流差动保护的影响

13.3.1　线路参数频变的影响

由第 12 章的分析可知，直流输电线路必须考虑线路参数的频变特性。输电线路的贝瑞隆模型是无损常系数分布参数模型，无法反映线路参数的频变特性。直流输电线路正常运行时，正负极线路电流一般为较为恒定的直流。此时为了保证基于线路贝瑞隆模型的差电流计算准确性，可以采用低频情况下的线路参数进行计算。例如，可以选用频率为 0.1Hz 或 0.01Hz 的直流线路参数进行计算。但是，直流输电线路故障时，由于短路电流包含着宽频域的故障信息，此时直流输电线路参数的频变特性必然会对基于线路贝瑞隆模型的新型差动保护产生影响。

这里仍以 13.2.4 小节中±800kV 的特高压三端混合直流电网为例进行分析。其中，直流输电线路模型改换为反映频变参数的线路依频模型，输电线路的几何参数如图 12.9 所示，直流电网的其他参数不变。仍以图 13.8 中的f_3处发生正极金属性接地故障为例进行分析，仿真结果如图 13.11 所示。

图 13.11(a)、(b)分别给出了故障线路(Line1)正负极电流差动保护的差电流。对于新型电流差动保护，故障极的差电流仍然较好地反映了故障点电流，但非故障极的差电流也出现了较大不平衡电流。图 13.11(c)、(d)分别给出了非故障线路(Line2)正负极电流差动保护的差电流。从中可以看出，非故障线路正负极的常规

电流差动保护均由于受线路分布电容电流的影响而出现了较大的不平衡电流。相较而言，新型电流差动保护由于受参数频变特性的影响也出现了幅值不等的不平衡电流，但其总体计算结果明显优于常规电流差动保护。由图 13.11 可以看出，基于线路贝瑞隆模型的新型电流差动保护不能准确反映线路参数的频变特征，导致非故障线路出现不平衡电流，实际应用时必须考虑其重要影响。

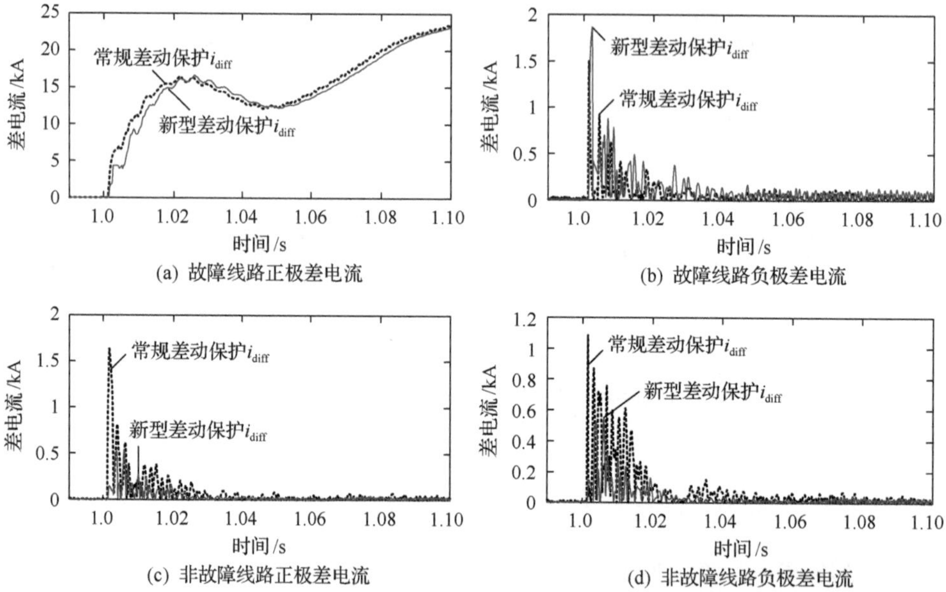

(a) 故障线路正极差电流　(b) 故障线路负极差电流

(c) 非故障线路正极差电流　(d) 非故障线路负极差电流

图 13.11　f_3 处正极金属性接地时电流差动保护的差电流(线路为依频模型)

图 13.12 给出 f_3 处正极经 500Ω 过渡电阻接地故障时新型电流差动保护的差电流波形。图 13.12(a)、(b)分别对应故障线路(Line1)正负极新型电流差动保护的差电流。

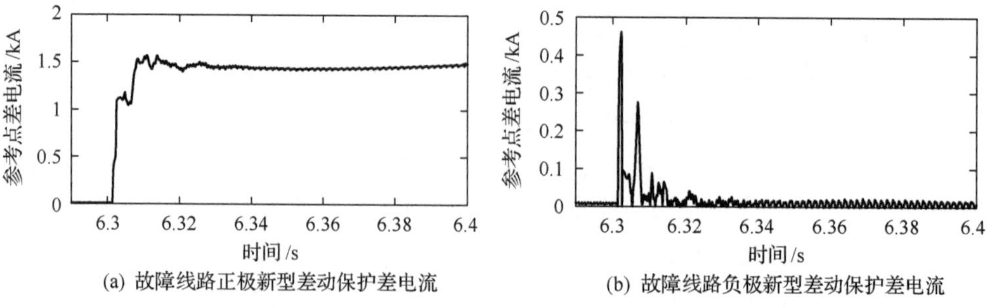

(a) 故障线路正极新型差动保护差电流　(b) 故障线路负极新型差动保护差电流

图 13.12　f_3 处正极经 500Ω 过渡电阻接地故障时新型电流差动保护的差电流

由图 13.11 可以看出，正极电流差动保护的差电流最大值约为 1.5kA，负极电流差动保护的差电流幅值更小。然而，对比图 13.12 可见，f_3 处正极金属性故障时负极的新型电流差动保护差电流受不平衡电流影响较大，其动作门槛至少要达到 2kA 才能避免误动。因此，这种情况下将使得新型电流差动保护难以兼顾可靠性和抗过渡电阻能力。

解决上述问题的方法可以采用较长延时判定的方式躲过不平衡电流影响，或者采用式(13.29)等带有比例制动特性的积分形式差动保护判据。但其实这些方法均需要牺牲电流差动保护的速动性来确保保护的可靠性。针对直流电网故障过程发展迅速，继电保护需要快速动作的要求，需进一步深入研究可消除频变参数影响的电流差动保护方法。

13.3.2　行波色散的影响

由 13.2.3 小节分析可知，直流输电线路通过极模变换后得到地模分量和线模分量，而不同的模量得到了不同的线路参数，即不同模量沿线传播时具有不同的波阻抗和传播速度。故障发生后，故障行波沿线传播时，其线模分量和地模分量传播速度不同，导致保护安装处所测量得到的故障行波波形与故障点初始行波波形出现差异，即出现了行波色散现象。另外，由于直流输电线路参数具有频变特性，而直流故障行波中包含有不同频率的故障分量，这些不同频率的故障分量在直流输电线路上传播时将具有不同的传播波速和衰减速度，这也进一步影响了故障行波传播所存在的行波色散现象。因此，直流输电线路线模、地模参数分量的差异性，以及线路参数本身的频变特性都会引起线路故障时的行波色散现象。

通过第 12 章的分析可知，直流输电线路的线模参数与地模参数具有不同的频变特性。从图 12.10 可以看出，相较于线模参数，地模参数的频变现象要更为明显，这主要是因为地模分量是通过大地回路形成通路，不仅受到导线自身集肤效应的影响，还受到大地回路的集肤效应影响。

以图 12.9 所示的双极直流输电线路为例，图 13.13 给出了线模波速和地模波速的对比。可以看出，线模波速随频率的变化很小，无论在低频段还是高频段，线模波速都较为接近于真空中的光速；而地模波速的频变特性则十分明显，其在低频段的大小仅略高于真空中光速的一半，随着频率的升高，地模波速逐渐升高，但总体而言，地模波速总小于线模波速。

当直流输电线路发生故障时，故障行波中一部分频率较高的分量具有更快的传播速度，将率先到达线路两端的保护安装处，而频率较低的分量因其波速较小而略晚于高频分量到达线路两端。由 13.2.3 小节可知，新型电流差动保护基于的输电线路贝瑞隆模型是常系数分布参数模型，其电磁波传播的分析计算不能反映行波色散现象。新型电流差动保护计算时往往选取某一低频下(如 0.1Hz)的固定参数来计算，因此利用线路两端电气量计算参考点差电流时就无法准确反映实际故障电流中的地模分量，即产生了较大的畸变，影响了电流差动保护参考点差电流的计算精度。相较于地模分量，线模分量的波速受频率影响很小，故障行波中线模分量的色散现象并不明显，因此利用线路贝瑞隆模型仍可以较为准确地计算得到参考点的线模电流分量。

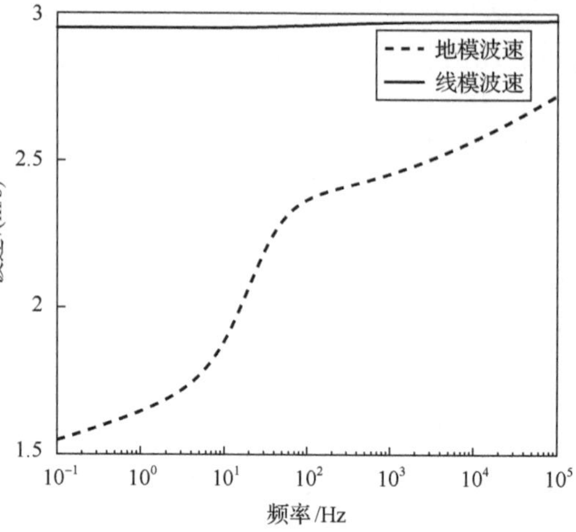

图 13.13　线模波速与地模波速对比图

综上所述，为了清晰地观察考虑线路参数频变特性情况下线模分量和地模分量的计算精度，仍以图 13.8 所示的混合直流输电系统为例，假设故障位置为图中 f_3 处。图 13.14 单独给出了线路 Line1 示意图，并对变量进行说明。

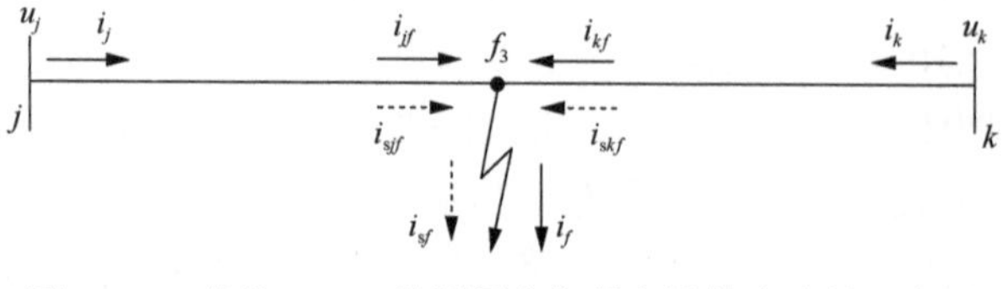

图 13.14　线路 Line1 的测量电气量和计算电流的示意图

图 13.14 中，u_j、i_j 分别是线路 j 端的测量电压和电流，u_k、i_k 分别是线路 k 端的测量电压和电流；i_{jf}、i_{kf} 分别是故障点两侧实际测量得到的电流；i_{sjf} 是利用 j 端电气量计算得到故障点左侧电流，i_{skf} 是利用 k 端电气量计算得到故障点右侧电流；下标 0 和 1 分别代表地模分量和线模分量。

图 13.15(a)给出了故障点 f_3 左侧的测量电流的地模分量 i_{jf0} 和计算电流的地模分量 i_{sjf0}；图 13.15(b)给出了故障点 f_3 左侧的测量电流的线模分量 i_{jf1} 和计算电流的地模分量 i_{sjf1}。同理，图 13.15(c)、(d)分别给出了故障点 f_3 右侧的测量电流和计算电流的地模分量 i_{kf0} 和 i_{skf0}、线模分量 i_{kf1} 和 i_{skf1}。由图可以看出，由于故障行波地模分量的色散现象，利用线路两侧的电气量计算得到的故障点两侧的地模电流分量相较于故障点两侧的测量地模电流分量相比有较大畸变，即利用线路贝瑞

隆模型计算沿线地模电流分量时误差较大。对比而言，由于线模分量受频率影响小，故障行波的线模分量计算精度较高，即利用线路贝瑞隆模型仍可以较为准确地计算得到沿线的线模电流分量。

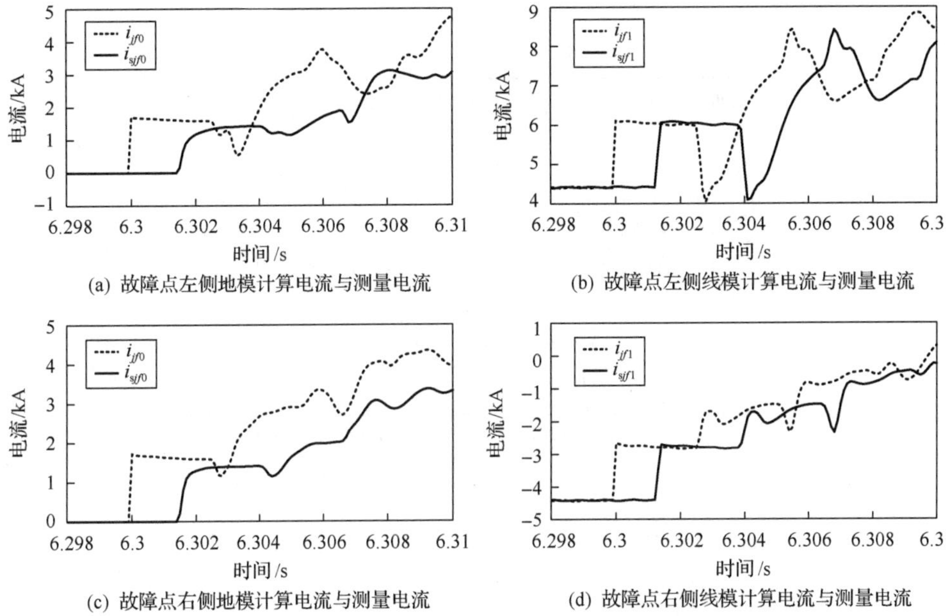

(a) 故障点左侧地模计算电流与测量电流　(b) 故障点左侧线模计算电流与测量电流

(c) 故障点右侧地模计算电流与测量电流　(d) 故障点右侧线模计算电流与测量电流

图 13.15　故障点 f_3 两侧计算模量电流和测量模量电流

图 13.16 给出了故障点测量电流 i_f 与基于线路贝瑞隆模型计算得到故障点差电流 i_{sf} 的波形，并且分别给出了其地模分量 i_{f0}、i_{sf0} 和线模分量 i_{f1}、i_{sf1} 的波形。同样可以看出，由于地模分量的行波色散现象较为明显，故障点的地模差电流与实际故障点电流的地模分量差异较大；而故障点的线模差电流能够较为准确地反映实际故障点电流的线模分量。正是由于地模电流分量受行波色散现象的严重影响，基于线路贝瑞隆模型的直流极线的电流差动保护出现较大的不平衡电流，参见 13.3.1 小节中的仿真验证。

需要说明的是，直流输电线路解耦为线模分量和地模分量时由于参数不同，不同模量对应的波阻抗和波速也不同，因此故障行波从故障点向线路两侧传播时出现行波色散现象。此外，即使针对同一模量，由于故障行波中不同频率分量对应的参数也不同，同样会对故障行波的计算产生影响。但是，我们也需要注意，对于较短的直流输电线路，不同模量波速不同造成的行波色散影响就会很小，而线路参数频变造成的贝瑞隆模型计算误差也会减小，因此对于短距离直流输电线路而言，基于贝瑞隆模型的新型分极电流差动保护具有很好的计算精度。

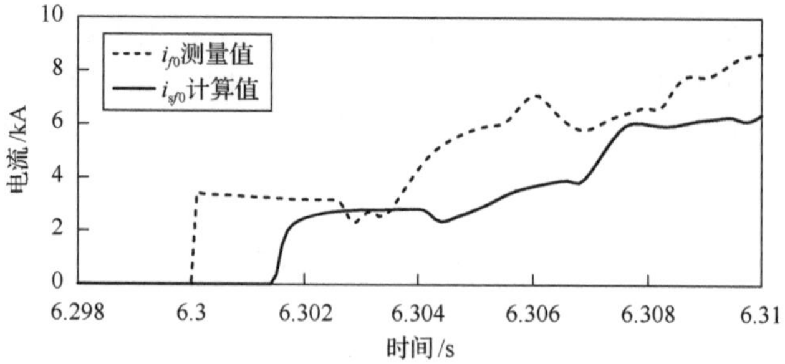

(a) 地模分量对比

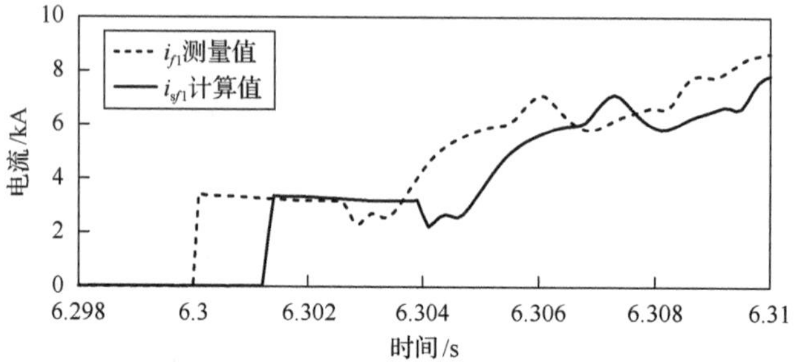

(b) 线模分量对比

图 13.16 线路 Line1 故障点测量电流与计算电流的波形

13.4 考虑线路参数频变特性的模量电流差动保护方案

基于线路贝瑞隆模型的新型电流差动保护原理很好地解决了故障暂态分布电容电流的影响，大大提高了直流输电线路电流差动保护的性能。但由于贝瑞隆模型是常系数分布参数模型，直流输电线路参数的频变特性使得基于贝瑞隆的电流差动保护仍然有较大的计算误差而形成平衡电流[6]。

13.4.1 基于线路贝瑞隆模型的模量电流差动保护

由 13.3.2 小节分析可知，分极电流差动保护的不平衡电流主要来自地模分量的影响，而线模分量的行波色散现象不明显，因此可以利用基于线路贝瑞隆模型构建基于线模分量的模量电流差动保护[6]：

$$\begin{cases} i_{1\text{diff}} = i_{sjr1} - i_{skr1} \\ \left| i_{1\text{diff}} \right| \geqslant I_{\text{set}} \end{cases} \tag{13.30}$$

式中，$i_{1\text{diff}}$ 为参考点 r 两侧的线模电流分量 i_{sjr1} 和 i_{skr1} 的差电流(线模差电流)；i_{sjr1} 和 i_{skr1} 分别由线路两端电气量的线模分量计算得到；I_{set} 整定为躲过各类区外故障时可能出现的最大不平衡电流的定值，即

$$I_{\text{set}} = k_{\text{rel}} \cdot \max\left\{i_{\text{1unbalance}}\right\} \tag{13.31}$$

式中，$\max\left\{i_{\text{1unbalance}}\right\}$为各种故障情况下贝瑞隆线模差动电流可能出现的最大不平衡电流值；k_{rel}为可靠系数，一般取 1.3～1.5。

对于任意一条直流输电线路，一般来说区外近端发生双极短路故障的情况下本线路的电流差动保护会出现最大不平衡电流；而区内发生高阻接地故障的情况下电流差动保护会计算得到最小的线模差电流。为了验证模量电流差动保护的可靠性，以图 13.14 的 Line1 为研究对象，Line1 线路中点 f_3 发生经 500Ω 过渡电阻接地故障时的线模差电流波形，如图 13.17(a)所示。而在区外的 f_5 点发生双极短路故障时，Line1 的参考点线模差电流波形如图 13.17(b)所示。从图中可以看出，区外近端(f_5)双极极间短路故障引起的最大不平衡电流仅为 0.3kA 左右；而区内经 500Ω 高阻接地故障时，线路参考点的线模差电流有 1kA 左右。可见，采用线模分量的模量电流差动保护可以可靠躲过故障暂态过程引起的不平衡电流，且具有足够的灵敏性和可靠性。

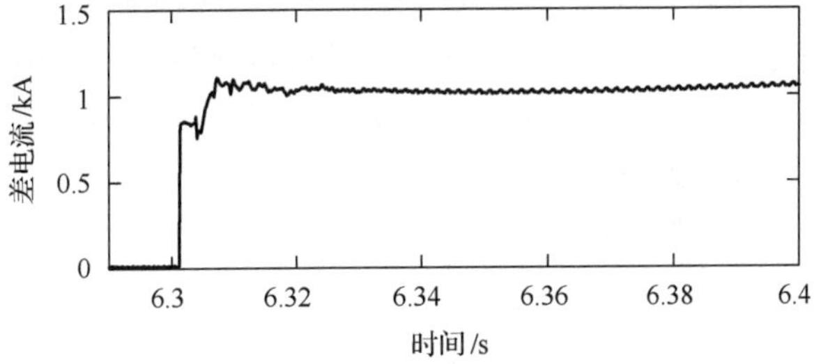

(a) 区内正极经500Ω过渡电阻接地故障

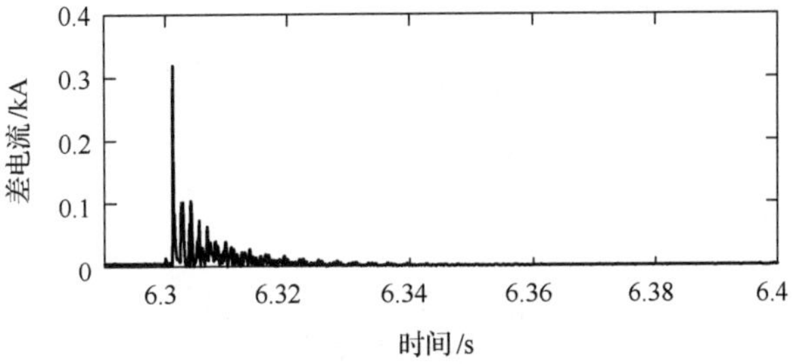

(b) 区外近端双极短路故障

图 13.17　参考点的线模差电流

基于线路贝瑞隆模型的电流差动保护从原理上消除了分布电容电流的影响，同时，利用色散现象不明显的线模分量实现差电流计算又减小了线路参数频变的影响，因此基于线路贝瑞隆模型的线模电流差动保护仅需躲过区外故障时较小的不平衡电流，可以大幅提高电流差动保护的速动性和灵敏性。由于模量电流差动保护无法实现故障选极，因此需要配置相应的故障选极方法。

13.4.2 故障选极方法

基于模量的电流差动保护不具备故障选极的能力，因此需要考虑故障选极的方法。例如，根据故障极电压跌落来识别故障极[5]，但高阻接地故障时电压跌落不明显，故障选极的灵敏性不足。为此，本节提出利用模量差电流构造的选极方法。

仍以线路贝瑞隆模型为理论基础，参考式(13.13)给出的当前时刻参考点(式中参考点为线路 j 端)的模量差电流与故障点电流模量的函数关系，可以得到参考点为任意点时，故障点电流模量与参考点模量差电流的函数关系如下：

$$\begin{bmatrix} i_{0\text{diff}}(t+\tau_0) \\ i_{1\text{diff}}(t+\tau_1) \end{bmatrix} = \begin{bmatrix} i_{f0}(t) \\ i_{f1}(t) \end{bmatrix} = S^{-1}\begin{bmatrix} i_{f\text{p}}(t) \\ i_{f\text{n}}(t) \end{bmatrix} = \frac{1}{\sqrt{2}}\begin{bmatrix} i_{f\text{n}}(t)+i_{f\text{p}}(t) \\ i_{f\text{n}}(t)-i_{f\text{p}}(t) \end{bmatrix} \tag{13.32}$$

式中，$i_{0\text{diff}}(t+\tau_0)$ 为 $t+\tau_0$ 时刻的参考点地模差电流；$i_{1\text{diff}}(t+\tau_1)$ 为 $t+\tau_1$ 时刻的参考点线模差电流；τ_0 和 τ_1 分别为参考点与故障点之间的地模、线模传播时延。

图 13.2～图 13.4 分别给出了不同类型故障的示意图。同时，将式(13.15)、式(13.19)与式(13.23)分别代入式(13.32)，可以得到三种故障类型的贝瑞隆模量差动电流与故障电流的关系。

对于两极极间短路故障：

$$\begin{bmatrix} i_{0\text{diff}}(t+\tau_0) \\ i_{1\text{diff}}(t+\tau_1) \end{bmatrix} = \sqrt{2}\begin{bmatrix} 0 \\ i_f(t) \end{bmatrix} \tag{13.33}$$

对于正极接地故障：

$$\begin{bmatrix} i_{0\text{diff}}(t+\tau_0) \\ i_{1\text{diff}}(t+\tau_1) \end{bmatrix} = \frac{1}{\sqrt{2}}\begin{bmatrix} i_f(t) \\ i_f(t) \end{bmatrix} \tag{13.34}$$

对于负极接地故障：

$$\begin{bmatrix} i_{0\text{diff}}(t+\tau_0) \\ i_{1\text{diff}}(t+\tau_1) \end{bmatrix} = \frac{1}{\sqrt{2}}\begin{bmatrix} -i_f(t) \\ i_f(t) \end{bmatrix} \tag{13.35}$$

通过比较式(13.33)～式(13.35)可以发现，不同的故障类型，参考点的线模差电流与地模差电流关系不同，可以利用二者的比值 $i_{0\text{diff}}(t+\tau_0)/i_{1\text{diff}}(t+\tau_1)$ 构成故障选极判据。当线路发生双极短路故障时，$i_{0\text{diff}}(t+\tau_0)/i_{1\text{diff}}(t+\tau_1)$ 为 0；当线路发生正极接地故障时，$i_{0\text{diff}}(t+\tau_0)/i_{1\text{diff}}(t+\tau_1)$ 为 1；当线路发生负极接地故障时，$i_{0\text{diff}}(t+\tau_0)/i_{1\text{diff}}(t+\tau_1)$ 为−1。由此设计如下的故障选极判据：

$$\begin{cases} \left| i_{0\mathrm{diff}}(t+\tau_0)/i_{1\mathrm{diff}}(t+\tau_1) \right| < S, & \text{双极短路} \\ i_{0\mathrm{diff}}(t+\tau_0)/i_{1\mathrm{diff}}(t+\tau_1) > S, & \text{正极接地} \\ i_{0\mathrm{diff}}(t+\tau_0)/i_{1\mathrm{diff}}(t+\tau_1) < -S, & \text{负极接地} \end{cases} \tag{13.36}$$

式中，S 为门槛值，以躲过行波色散现象给参考点差电流计算带来的误差。由于 $\tau_0 > \tau_1$，所以在式(13.30)给出的基于线模分量的模量电流差动保护动作后，需要延时等待 $\tau_0 - \tau_1$ 的时间后，式(13.33)～式(13.35)才能够得到结果，由式(13.36)才能够判断出故障极。不过对于一般线路长度，$\tau_0 - \tau_1$ 是很微小的时差。

图 13.18、图 13.19 和图 13.20 分别给出了三种类型故障时的故障选极判据 $i_{0\mathrm{diff}}(t+\tau_0)/i_{1\mathrm{diff}}(t+\tau_1)$ 的结果。

由图 13.18 可见，区内两极极间短路故障时 $i_{0\mathrm{diff}}(t+\tau_0)/i_{1\mathrm{diff}}(t+\tau_1)$ 的比值十分接近零，其值不超过 0.01。

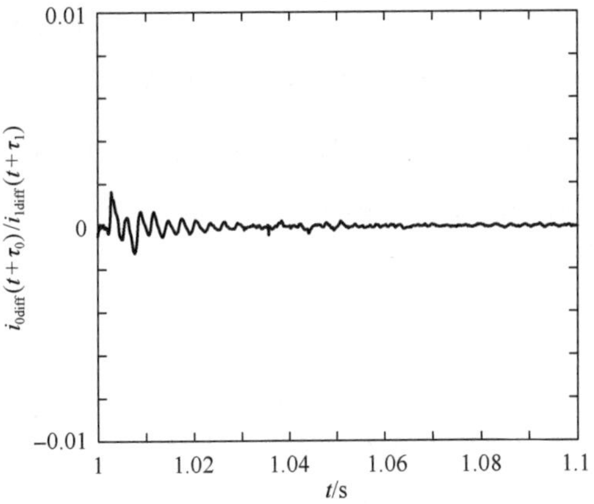

图 13.18　两极极间短路故障

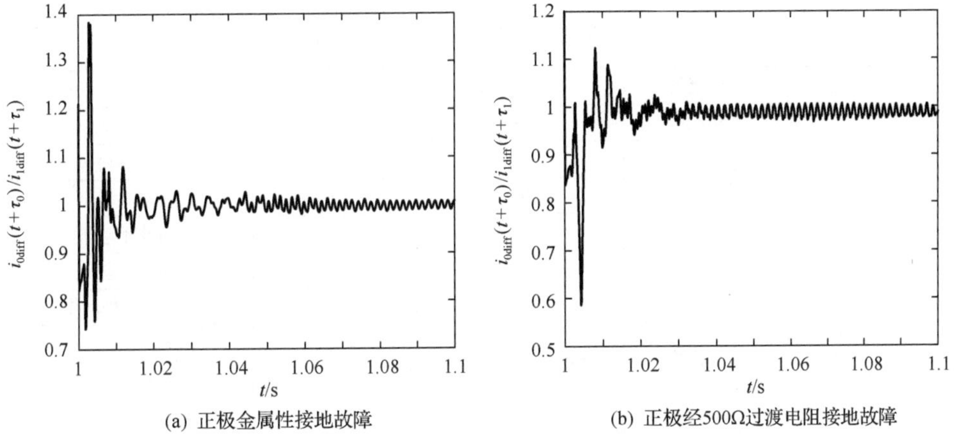

图 13.19　正极接地故障

由图 13.19 可见，区内正极接地故障时 $i_{0\text{diff}}(t+\tau_0)/i_{1\text{diff}}(t+\tau_1)$ 在故障初期有波动，但其值仍接近于 1。

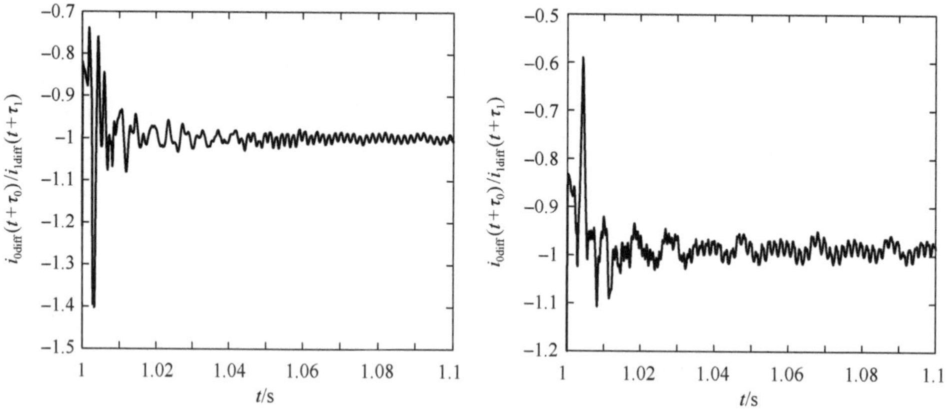

(a) 负极金属性接地故障　　(b) 负极经500Ω过渡电阻接地故障

图 13.20　负极接地故障

由图 13.20 可见，区内负极接地故障时 $i_{0\text{diff}}(t+\tau_0)/i_{1\text{diff}}(t+\tau_1)$ 在故障初期有波动，但其值接近–1。由以上仿真结果可见，判定门槛值 S 设置为 0.1 就可以保证足够的裕量和灵敏度。

13.4.3　仿真验证

与 13.3.1 小节中的三端混合直流电网的仿真模型相同，线路模型也采用依频模型。电流差动保护采样率为 10kHz，线模电流差动保护的动作门槛值 I_{set} 设置为 0.5kA，故障选极判据门槛值 S 设置为 0.1。$f_1 \sim f_9$ 的故障位置参见图 13.8 中的说明。表 13.4 给出了各类故障情况下线模电流差动保护方案的动作情况。

表 13.4　线模电流差动保护方案的动作情况

故障位置	故障类型	过渡电阻/Ω	故障选极	线模差动保护
f_1	双极故障	0	—	可靠不动作
	正极接地	0	—	可靠不动作
		500	—	可靠不动作
	负极接地	0	—	可靠不动作
		500	—	可靠不动作
f_2	双极故障	0	0.001	Line1 双极动作
	正极接地	0	0.989	Line1 正极动作
		500	0.957	Line1 正极动作
	负极接地	0	–0.994	Line1 负极动作
		500	–0.980	Line1 负极动作

续表

故障位置	故障类型	过渡电阻/Ω	故障选极	线模差动保护
f_3	双极故障	0	-2×10^{-5}	Line1 双极动作
	正极接地	0	0.992	Line1 正极动作
		500	0.974	Line1 正极动作
f_3	负极接地	0	−0.989	Line1 负极动作
		500	−0.977	Line1 负极动作
f_4	双极故障	0	−0.001	Line1 双极动作
	正极接地	0	1.005	Line1 正极动作
		500	0.977	Line1 正极动作
	负极接地	0	−0.995	Line1 负极动作
		500	−0.980	Line1 负极动作
f_5	双极故障	0	—	可靠不动作
	正极接地	0	—	可靠不动作
		500	—	可靠不动作
	负极接地	0	—	可靠不动作
		500	—	可靠不动作
f_6	双极故障	0	1×10^{-4}	Line2 双极动作
	正极接地	0	1.006	Line2 正极动作
		500	0.988	Line2 正极动作
	负极接地	0	−1.004	Line2 负极动作
		500	−0.994	Line2 负极动作
f_7	双极故障	0	1×10^{-4}	Line2 双极动作
	正极接地	0	1.002	Line2 正极动作
		500	0.991	Line2 正极动作
	负极接地	0	−1.001	Line2 负极动作
		500	−1.001	Line2 负极动作
f_8	双极故障	0	-1×10^{-4}	Line2 双极动作
	正极接地	0	0.998	Line2 正极动作
		500	0.991	Line2 正极动作
	负极接地	0	−0.998	Line2 负极动作
		500	−1.004	Line2 负极动作
f_9	双极故障	0	—	可靠不动作
	正极接地	0	—	可靠不动作
		500	—	可靠不动作
	负极接地	0	—	可靠不动作
		500	—	可靠不动作

由于实际两极短路故障情况下过渡电阻很小，表 13.4 中只给出了两极金属性接地短路故障的情况。对于接地故障，仿真中考虑了金属性故障和经 500Ω 过渡

电阻接地故障的情况。从表 13.4 可以看出，针对不同的故障位置和故障类型，本节所提的模量电流差动保护新原理及故障选极方法均能够可靠判定故障。由于该电流差动保护方案消除了线路分布电容电流影响，解决了线路参数频变特性的影响，因此基于模量的电流差动保护无须通过很长的延时来躲过故障暂态过程不平衡电流的影响，实现长距离直流输电线路的快速电流差动保护。

本章提出了基于线路贝瑞隆模型的新型极线电流差动保护新原理，并分析验证了线路参数频变特性对电流差动保护的重要影响。事实上，直流输电系统中，直流线路的输电距离决定了线路参数频变特性和行波色散特性对电流差动保护的影响大小。对于较短的直流线路，线路频变参数特性造成的计算误差不至于影响保护的正确动作。此时，基于线路贝瑞隆模型的新型电流差动保护完全可以提供快速可靠的纵联差动保护方案。而对于远距离直流输电线路，必须考虑线路参数频变特性的影响。

另外，正负极直流线路的保护按间隔配置，本章提出的保护方法由于需要解耦运算，因此需要采集正负极电气量信息，并进行相关的计算和判定。对于只能获得本间隔正极或负极电气量的情况，不解耦运算必然带来较大误差，此时具体情况要根据实际的线路参数和运行情况而论证确定无解耦运算时快速极线电流差动保护的可行性。

参考文献

[1] 郭征, 贺家李. 输电线纵联差动保护的新原理[J]. 电力系统自动化, 2004, 28(11): 1-5.

[2] 李晓华, 戴扬宇, 丁晓兵, 等. 高压直流纵差保护动作特性分析及改进[J]. 电网技术, 2016, 40(1): 283-289.

[3] 李斌. 特高压长线路继电保护原理与技术——基于线路精确模型的保护新原理研究[D]. 天津: 天津大学, 2006.

[4] 邱宏. 混合多端直流系统故障特征与保护原理研究[D]. 天津: 天津大学, 2018.

[5] 高淑萍, 索南加乐, 宋国兵, 等. 高压直流输电线路电流差动保护新原理[J]. 电力系统自动化, 2010, 34(17): 45-49.

[6] 张纪航. 直流输电系统保护与故障测距新原理[D]. 天津: 天津大学, 2019.